Axel Meyer

ADAMS APFEL UND EVAS ERBE

Axel Meyer

ADAMS APFEL UND EVAS ERBE

Wie die Gene unser Leben bestimmen
und warum Frauen anders sind
als Männer

Mit einem Vorwort von Harald Martenstein

C. Bertelsmann

Verlagsgruppe Random House FSC® N001967
Das für dieses Buch verwendete FSC®-zertifizierte
Papier *Munken Premium Cream* liefert
Arctic Paper Munkedals AB, Schweden.

1. Auflage
© 2015 by C. Bertelsmann Verlag, München,
in der Verlagsgruppe Random House GmbH
Umschlaggestaltung: buxdesign, München
Bildredaktion: Dietlinde Orendi
Satz: Uhl + Massopust, Aalen
Druck und Bindung: GGP Media GmbH, Pößneck
Printed in Germany
ISBN 978-3-570-10204-6

www.cbertelsmann.de

Inhalt

Vorwort von Harald Martenstein   9

Einleitung   13
1   Was heißt hier eigentlich genetisch?   21
2   Die klassische Genetik nach Gregor Mendel   40
3   Erblichkeit oder warum Holländer so groß sind   55
4   Sex, Fitness und der Sinn des Lebens   84
5   Alle unsere Gene und was man in ihnen lesen kann   104
6   Ein X macht noch keine Frau: das X-Chromosom   131
7   Madam, I'm Adam: das Y-Chromosom   152
8   LGBTQIA und Genderchaos: die genetischen Grundlagen des »kleinen Unterschieds«   166
9   Fortpflanzung: Kampf ums Geschlecht   197
10   Monogamie versus Polygamie oder warum strikte Treue nicht unser Ding ist   215
11   Gene und Schönheitsideale: Was macht uns attraktiv?   231
12   Gene, Geschlecht, Intelligenz oder warum nicht alle Kinder überdurchschnittlich sein können   252

13	Homosexualität: »Born this way« oder »Made this way«?	291
14	Wie unterschiedlich sind Frauen und Männer wirklich?	316
15	Gene, Gender und Gesellschaft	337
	Epilog	364
	Dank	375
	Anmerkungen	377
	Personenregister	397
	Sachregister	401
	Bildnachweis	413

Für Hillary

Vorwort

Von Harald Martenstein

Die Naturwissenschaftler und die Ingenieure haben mehr für die Menschen getan als sämtliche Geisteswissenschaftler, als die Politiker, die Schriftsteller, die Journalisten und alle Befreiungstheorien. Wir werden heute älter und sind gesünder als jemals eine Generation von Menschen. Die meisten von uns können, wenn die Lust sie packt, ein Flugzeug besteigen und an einen südlichen Strand reisen. Wir können im Computer auf fast jede Frage blitzschnell eine Antwort finden und mit Leuten in Australien Freundschaften pflegen. Die landwirtschaftlichen Erträge sind gewaltig gestiegen und steigen weiter. In Europa leben wir, trotz aller Krisen, besser als unsere Großeltern, trotzdem arbeiten wir kürzer. Selbst an unserem Todestag werden wir weniger Schmerzen erleiden als je eine Generation vor uns, sogar das ist einfacher geworden.

Klar, es ist gibt auch Schattenseiten, wo gäbe es die nicht? Aber jeder, der sich über Genfood, den ungerechten Kapitalismus und das Klimaproblem aufregt, würde von einer Zeitreise in das Jahr 1800 ziemlich erleichtert in die Gegenwart zurückkehren.

So, wie wir heute in Europa leben, haben sich unsere Ahnen wohl das Land Utopia vorgestellt. Diese Welt, die angenehmste Welt, die es je gab, haben im Wesentlichen Naturwissenschaftler, Ingenieure und Unternehmer geschaffen. Kaum eine ihrer Errungenschaften verdanken wir einer politischen Theorie oder einer Ideologie. Im Gegenteil: Millionen Menschen sind für Ideologien gestorben oder im Namen der Religion. Als segensreich hat sich nur der Gedanke der Freiheit bewährt, die Idee, dass wir unsere Regierung und unsere Lebensverhältnisse selbst bestimmen, auf eine demokratische Weise, ohne Bevormundung und in gegenseitigem Respekt.

Es ist seltsam, dass in unseren politischen Debatten die Naturwissenschaftler fast keine Rolle spielen. In den Feuilletons melden sie sich nur selten zu Wort. Die öffentliche Meinung bestimmen sie nicht mit.

Dies ist das Buch eines renommierten Naturwissenschaftlers, der sich in gesellschaftliche Debatten einmischt. Er stellt die ältesten aller Menschheitsfragen: Wer sind wir? Was macht uns zu dem, was wir sind?

Axel Meyer ist Evolutionsbiologe. Mit dem Wort »Biologie« verhält es sich ähnlich wie mit dem Wort »Chemie«, es hat heute bei manchen ein schlechtes Image. Der Gedanke, dass wir Naturgeschöpfe sind und deswegen nicht völlig frei, ist uns unangenehm. Die Natur setzt uns Grenzen, die wir nicht überschreiten können, die wichtigste und unerfreulichste dieser Grenzen ist der Tod. Wir altern, wir können Kinder gebären oder nicht, wir haben einen starken oder schwachen Körper, wir haben einen Charakter, der nicht ganz in unserer Hand liegt, wir sind groß oder klein. Vieles von dem, was an uns Natur ist und das Erbe unserer Ahnen, können wir mit bloßem Auge erkennen. Der Einfluss der Biologie auf uns reicht aber weiter. Auch von diesem Eisberg sehen wir nur die Spitze. Das Werkzeug der Biologie aber sind die Gene.

Wer so redet, bekommt heute schnell den Vorwurf zu hören, er oder sie sei »Biologist«. Das Wort ist ein politischer Kampfbegriff. Es soll unabhängige Forschung diffamieren, es soll die Neugier unter Generalverdacht stellen. Ein Biologist aber ist nur derjenige, der so tut, als wären wir Sklaven unserer Gene, als liefe in uns ein Programm ab, gegen das wir uns genauso wenig auflehnen können wie eine Ameise oder ein Buntbarsch. Ein Biologist kann nur sein, wer die menschliche Intelligenz ignoriert, unsere Fähigkeit, zu entscheiden und frei zu sein. Kein Evolutionsbiologe wird bestreiten, dass wir Menschen auch von unserem Elternhaus geprägt werden, von der Gesellschaft, in der wir leben, von unserem sozialen Umfeld. Die Gene, wird er lediglich hinzufügen, sind ebenfalls ein wichtiger Faktor. Wir sind frei, wird er sagen, aber wir sind nicht völlig frei.

Das, was unsere Kindheit aus uns gemacht hat, werden wir nie ganz los, genauso wenig können wir uns je ganz von unseren Genen emanzipieren. Der Mensch ist keine Knetmasse, die sich, vielleicht im Namen einer Ideologie, beliebig formen lässt.

Die Naturwissenschaften sind bei Ideologen jeder Couleur unbeliebt, weil sie ergebnisoffen forschen. Es geht ihnen nicht darum, im Dienst einer schönen Idee etwas zu beweisen, etwa die Richtigkeit eines Menschenbildes, sei es sozialistisch, feministisch, konservativ oder religiös. Natürlich hat auch der Naturwissenschaftler seine Vorstellungen und seine Vorurteile, wie alle. Aber wenn er den Beruf ernst nimmt, dann weiß er, dass jede seiner vermeintlichen Gewissheiten von der Wirklichkeit jederzeit widerlegt werden kann. Wahr ist nur, was sich verifizieren lässt. Am Ende zählt das Experiment, nicht die Theorie.

Aus diesem unabhängigen Geist heraus ist dieses Buch entstanden. Es fasst zusammen, was die Evolutionsbiologie über Männer und Frauen weiß, über Sex und Vererbung, darüber, was uns zu den Menschen macht, die wir sind.

Einleitung

Die erste Frage, die bei einer Schwangerschaft gestellt wird, lautet fast immer: »Junge oder Mädchen?« Die Chance, das eine oder das andere zu sein, ist erstaunlicherweise nicht genau 50:50. Aber warum werden eigentlich etwas mehr Jungen (rund 52 Prozent) als Mädchen (rund 48 Prozent) geboren?[1, 2] Das Geschlecht ist der fundamentalste aller Unterschiede zwischen Menschen, ja, zwischen den allermeisten Lebewesen überhaupt. Dieser Unterschied betrifft die Basis der Biologie, und er steht auch für die Frage aller Fragen, die uns ein Leben lang begleiten wird: Wer sind wir? Was bedeutet es, ob wir als Junge oder als Mädchen auf die Welt kommen? Und wie sind wir zu dem geworden, was wir sind? Dabei entscheidet auch ganz einfach Glück oder Pech darüber, welche Gene wir von unseren Eltern und Großeltern bekommen haben.

Unsere Eltern können wir uns bekanntermaßen nicht aussuchen. Das nenne ich die Lotterie des Lebens. Einige von uns bekommen einen Adamsapfel, und die Evas unter uns erben weibliche Attribute, die sich von denen Adams unterscheiden. Viele Krankheiten haben genetische Ursachen – wir bekommen von unseren Vorfahren entweder gesunde oder mutierte Versionen der Gene. Dagegen können wir nichts machen; es ist unser Schicksal, es sind unsere Gene. Wir sind schon von Geburt an nicht gleich, sondern jeder Mensch auf diesem Planeten – außer eineiigen Zwillingen – ist ein klein wenig anders als seine Artgenossen, nicht besser und nicht schlechter, aber anders. Unser genetisches Startkapital fürs Leben ist einzigartig für jeden von uns – wir können nur versuchen, das Beste daraus zu machen!

Sicher sind wir das »kulturellste« Wesen auf Erden, aber was oft mehr zählt – ob es nun Ihrer Weltanschauung entsprechen mag oder nicht –, sind unsere Natur, unsere evolutionäre Vorgeschichte und damit unsere Gene. Ja, sie sind oft ausschlaggebend für viele Aspekte unseres Lebens: unser Aussehen, unsere Talente, unser Wesen oder dafür, woran wir sterben werden. Eltern wissen, dass ihre Kinder ganz unterschiedlich sind hinsichtlich Temperament und Talent, denn auch wenn Geschwister dieselben Eltern haben, sind sie genetisch doch nicht gleich. Jedes Kind hat die Hälfte seiner Gene vom Vater und die andere Hälfte von der Mutter – es besteht dabei eine Chance von 50:50, dass ein Gen vom Vater oder von der Mutter stammt. Deshalb sind Geschwister auch nur zu 50 Prozent genetisch identisch zueinander und zu jedem Elternteil – in puncto Verteilung der Genvarianten zwischen den Individuen. Die Genvarianten werden in jeder Generation neu gemischt. Die Natur hat es so eingerichtet, dass diese Mischung auf verschiedene Arten und Weisen stattfinden kann. Es gibt da keinen tieferen Sinn, es ist ein Faktum der Natur wie Erdbeben oder Vulkanausbrüche. Die Natur hat keine Moral. Auch dies ist Teil dessen, was ich im Titel »Evas Erbe« genannt habe. Warum das so ist, werde ich in diesem Buch erklären.

Zwei von drei Menschen sterben an Krankheiten, die, zumindest teilweise, genetische Ursachen haben. Bei zwei Dritteln von uns ist also schon bei der Geburt eine wahrscheinliche Todesursache in den Genen festgelegt. Krankheiten wie Herzversagen, Diabetes, Krebs oder Alzheimer haben eine beträchtliche genetische Komponente. Auch wenn es der heute so weit verbreiteten Lebensphilosophie nicht entsprechen mag und Sie fest an die Macht der Kultur und der gesunden Ernährung glauben sollten: Gene sind unser wichtigstes Erbe, und beim Arzt erteilen Sie deshalb bereitwillig Auskunft darüber, ob es »Krebs in der Familie« gibt. Implizit glauben Sie also doch an die Macht der Gene, auch wenn Ihnen dies vielleicht bisher noch nicht so richtig bewusst gewesen ist.

Welche genetischen Karten haben uns unser evolutionäres Erbe oder das direkte Erbe unserer Eltern und Großeltern für das Spiel des Lebens zugeteilt? Welches Ass haben wir im Ärmel oder welchen Schwarzen Peter in der Hand? Welche Scheidewege und unüberwindlichen Barrieren erlegt unsere evolutionäre Geschichte uns auf? Und wie können andererseits Umwelt, Erziehung und Kultur unser geschlechtsspezifisches Verhalten und unsere Gesundheit so beeinflussen, dass wir unser genetisches Erbe überwinden können?

Ich möchte Ihnen in diesem Buch einige grundlegende Dinge über Biologie, Genetik und Evolution vermitteln, die für unsere Existenz und für die Unterschiede zwischen den Geschlechtern relevant sind. Dabei werde ich besonders auf diejenigen Themen der Biologie eingehen, die für das Verständnis der Geschlechtsunterschiede beim Menschen besonders wichtig sind – mit wissenschaftlichen Argumenten, aber auch für den Laien verständlich und hoffentlich unterhaltsam. Dieser Spagat zwischen Allgemeinverständlichkeit und wissenschaftlicher Exaktheit ist nicht immer ganz einfach. Über jedes Thema, das ich hier in lediglich einem Kapitel anreiße, könnte man ganze Bücher schreiben. Die gibt es natürlich auch, und darauf werde ich verweisen.

Schon als kleiner Junge wusste ich, dass ich Biologe werden wollte. Ich war einer dieser Jungs, die immer einen Frosch in der Hosentasche oder Wasserflöhe für ihre Fische gefangen hatten. Ich mag Tiere, und ich will möglichst viel über sie verstehen. Meinen Traum lebe ich aus als Wissenschaftler, der Tiere beobachtet, ihre Ökologie erforscht und ihre Gene analysiert. In meinem Wissenschaftsgebiet versuche ich als Genomiker und Evolutionsbiologe Gene zu finden, die für die Unterschiede bei Tieren und Menschen verantwortlich sind. Ich könnte mir keinen schöneren Beruf vorstellen.

Mein Ziel ist es daher, gerade auch naturwissenschaftlichen

Laien ein wenig von meiner Begeisterung für biologisches Wissen, das übrigens auch für gesellschaftlich-politische Themen relevant ist, aus einer unvoreingenommenen wissenschaftlichen Sichtweise nahezubringen. Ich sage »unvoreingenommen«, denn politisch-ideologisch ist es mir vollkommen egal, wie viel Prozent eines Verhaltens oder eines echten oder vermeintlichen Geschlechtsunterschieds nun kulturell oder genetisch begründet werden können. Es geht mir darum, anhand neuester wissenschaftlicher Erkenntnisse zu erläutern, welche Macht die Gene einerseits haben und wo diese andererseits endet und die Kultur ins Spiel kommt.

In diesem Buch werde ich nicht vor »heißen Eisen« wie genetischem Geschlecht, kulturell und sozial determiniertem Gender, genetischem Beitrag zur Intelligenz etc. zurückschrecken, sondern vielmehr thematisieren, was dazu aus wissenschaftlicher Sicht zu sagen ist. Es geht mir um wissenschaftliche Erkenntnisse, nicht um Weltanschauung und politische Korrektheit. Natur oder Umwelt, Gene oder Kultur, biologisches oder soziales Geschlecht – auf diese immer noch heiß umstrittenen Fragen werde ich dezidiert eingehen, insbesondere im Hinblick auf Geschlechtsunterschiede, aber auch auf Krankheiten und Intelligenz. Ich werde versuchen, den aktuellen Stand der Wissenschaft darzustellen. Da wir zum Glück die Welt um uns herum mit jedem Tag, an dem geforscht wird, ein bisschen besser verstehen und gerade auf dem Gebiet von Evolutionsbiologie und Genetik große Fortschritte erzielt werden, liegt es in der Natur der Sache, dass manches Wissen relativ schnell veraltet und auch meine hier dargelegten Erkenntnisse nur den Status quo widerspiegeln können und einem Verfallsdatum unterliegen.

Die Wahrheit muss nicht politisch korrekt sein. Denn auch unbequeme oder unangenehme wissenschaftliche Ergebnisse müssen akzeptiert werden als das, was sie sind – Erkenntnisse, die nach bestem Wissen die Natur, auch die menschliche, erklären. Was daraus dann im politischen Tagesgeschäft gemacht wird, steht auf einem anderen Blatt und unterliegt oft nicht mehr – leider öfter, als einem lieb sein kann – der Kontrolle der Wissenschaftler. Ich will mich nicht für eine Technokratie starkmachen, dennoch bin ich der Meinung, dass Politik in größerem Ausmaß wissenschaftliche Erkenntnisse einbeziehen sollte. Manche mögen nicht zu bestimmten politischen Weltanschauungen passen. Trotzdem sollte Wissenschaft allen Versuchungen widerstehen und immer frei von Ideologie sein. Scheuklappen bringen die Wissenschaft wie die Gesellschaft nicht voran. Deshalb bin ich auch gegen jegliche wissenschaftliche Selbstzensur. Ein Verbot etwa, bestimmte wissenschaftliche Fragen zu stellen, die zu politisch nicht opportunen Ergebnissen führen könnten, stellt auch eine Form der Zensur dar, und die kann in einer offenen und liberalen Demokratie niemand ernsthaft wollen.

Lange Zeit etwa diente der Terminus »Biologismus« – gerade in den Geistes-, Sozial- und Kulturwissenschaften – als Kampfbegriff und Schimpfwort, um bestimmte Erkenntnisse der Biologie und der Biologen zu diskreditieren. Damit demonstriert man aber nur, dass man mit Scheuklappen und Vorurteilen durch die Welt geht und nicht offen ist für Daten, Fakten und objektive Erklärungen, die eventuell liebgewonnene Annahmen und eigene Weltanschauungen infrage stellen könnten. Die »Kulturisten« leugnen den oft erheblichen Einfluss unseres biologischen Erbes auf viele Aspekte menschlichen Lebens. Dabei ist dies oft eine falsche Dichotomie: Bei den meisten Fragen liefern nämlich weder Gene noch Kultur allein die ganze Antwort. Oft liegt die Wahrheit irgendwo in der Mitte. Denken Sie also bei den Debatten über »Nature versus Nurture« oder »Kultur versus Gene« bitte nicht in Schwarz-Weiß, sondern seien Sie offen für die beste Erklärung, die die Wissenschaft anzubieten hat.

Die Emotionalität und die manchmal fast schon religiös anmutende Emphase vieler solcher Debatten in Deutschland zeigen nach meinem Dafürhalten auch, dass in diesem Land, dem

Land der Dichter und hoffentlich auch immer noch der Denker und Ingenieure, zum Teil die Ignoranz fundamentalster biologischer Kenntnisse gesellschaftlich akzeptiert wird und Naturwissenschaft überhaupt einen negativen Beigeschmack zu haben scheint. Oder warum zum Beispiel haben so viele Menschen in Deutschland eine so starke Abneigung gegen Statistik? Sie ist eines der wichtigsten Werkzeuge der Wissenschaft, ohne sie gäbe es keine einzige medizinische Studie und damit letztlich auch keine Medikamente.

Die zunehmende Wissenschafts- und Technikfeindlichkeit befremdet mich, denn in einem Land ohne Rohstoffe sind kluge Köpfe nun einmal das einzige Kapital, das wir haben. Daher ist dieses Buch auch ein Plädoyer für rationales, ja materialistisches Denken gegen hierzulande leider weit verbreiteten antiwissenschaftlichen Hokuspokus wie etwa Anthroposophie, Homöopathie oder Genderstudies.

Die Unwissenheit und Voreingenommenheit in Bezug auf die Biologie und damit die Bedeutung der Gene und der Natur ist aus naturwissenschaftlicher Sicht eine Folge mangelnder Information und einer dogmatischen Sichtweise auf die Welt. Dabei sind Gene doch in aller Munde, im wörtlichen wie auch im übertragenen Sinn. In Medien und Öffentlichkeit hierzulande wird das Wort »Gen« extrem inflationär und auch unbedacht verwendet. Dabei hat es einen höchst ambivalenten Charakter: Auf der einen Seite dienen Gene als scheinbare Erklärung für dies oder das, egal wie kompliziert ein Sachverhalt sein mag. Vom »Demokratie-Gen«, dem »Gott-Gen«, dem »Schwulen-Gen«, dem Sowieso-Gen ist da die Rede, man liest die abenteuerlichsten Wortkonstrukte, als ob noch so spezifische Eigenschaften des Menschen sich auf ein einziges Gen reduzieren ließen.

Auf der anderen Seite fällt auf, dass »Gen« oft negativ besetzt ist – Gene werden als gefährlich, krankmachend, bedrohlich charakterisiert und dämonisiert, insbesondere wenn es um Biomedizin oder Landwirtschaft geht – Stichwort »gentechnikfrei«! Wenn es um das Thema Gen geht, ist es in Deutschland vorbei mit der Rationalität, so zumindest meine Beobachtung. Gene und insbesondere genetisch modifizierte Organismen – Stichwort: »Ich esse keine genmanipulierten Tomaten« – haben hierzulande einen schlechten Ruf. Völlig zu Unrecht, wie ich in diesem Buch darlegen werde. Gene sind erst einmal neutral und die Basis des Lebens, indem sie Information von einer Generation an die nächste weitergeben. Ja, sie sind Teil der Definition dessen, was Leben eigentlich ist, und ohne genetische Vererbung würde es gar kein Leben geben – auch Ihres nicht.

Unser größtes Glück ist es, dass wir in Mitteleuropa geboren wurden, in einer Epoche der Menschheitsgeschichte mit der bisher höchsten Lebenserwartung, mit dem gesündesten – trotz Pestiziden, Herbiziden, Antibiotika, gentechnisch verändertem (GMO) Mais und Goldenem Reis – Essen und dem bisher besten Gesundheitssystem, das uns auch gerade wegen der Erkenntnisse über Genetik und Gentechnologie Medikamente zur Verfügung stellt, die uns heilen. Ohne gentechnisch hergestelltes Insulin etwa wären viele Diabetiker längst gestorben. Natürlich möchten wir unser Schicksal selbst kontrollieren können und uns dem Glauben hingeben, dass wir Herr unseres Schicksals sind. Aber auch ein noch so gesunder Lebenswandel wird uns nicht retten können, wenn unsere Gene uns für eine Krankheit prädisponieren.

Das Leben ist nicht gerecht, und wir sind nicht alle gleich. Wie schrecklich wäre die Alternative – wenn wir alle gleich wären! Wie langweilig wäre das! Wenn wir alle genetisch identisch wären, also identische Klone, dann würden wir alle mit dem gleichen genetischen Los unser Leben beginnen. Gut für den Fortbestand unserer Art wäre das nicht. Die Evolution würde zum Erliegen kommen. Denn die Evolution braucht Variation, und Geschlechter brauchen Unterschiede – das war schon immer so und wird auch immer so bleiben.

1
Was heißt hier eigentlich genetisch?

Alea iacta est?

Es war weit nach Mitternacht. Der gepackte Koffer lag schon auf dem Boden des Schlafzimmers, in wenigen Stunden sollte es zu einer Konferenz in die USA losgehen. Wie immer würde ich vor einem Transatlantikflug nicht genügend Schlaf bekommen. Das war schon einkalkuliert, ich schlafe immer im Flugzeug – so bedeutet das Reisen wenigstens nicht ganz so viel verlorene Zeit. Und wie immer waren die letzten Tage vor so einer Reise Stress pur. Es galt eine umfangreiche To-do-Liste abzuarbeiten, mit der nahenden Abreise wechselten ständig die Prioritäten in Bezug darauf, was noch unbedingt erledigt werden musste.

Aber eine Sache war besonders wichtig, sie konnte vielleicht mein Leben verändern. Sie konnte gut ausgehen, aber auch sehr, sehr schlecht. Egal, es sollte ja nur wenige Minuten dauern. Ich bin Wissenschaftler, und als solcher bin ich der Überzeugung, zu wissen ist immer besser als nicht zu wissen. Wir müssen mit dem Schicksal leben, das uns gegeben ist, und dann versuchen, das Beste daraus zu machen. Und natürlich liegt nicht alles in unserer Hand. Wenn überhaupt, könnten wir höchstens unseren Eltern oder Großeltern einen Vorwurf machen, aber die konnten wir uns bekanntermaßen nicht aussuchen und die sich ihre Kinder und Enkel auch nicht. Das ist aber auch besser so – man mag sich gar nicht vorstellen, wie viel mehr Kinder Brad Pitt und Angelina Jolie dann noch hätten!

Um die Sache zu einem Ende zu bringen, saßen wir beide auf der Bettkante. Meine Frau war etwas unsicher, weinte fast. Ich war stoischer und entspannter, aber ehrlich gesagt auch etwas nervös. Es war wie beim Zahnarzt: Es macht keinen Spaß, aber man muss da durch. Wird schon nicht so schlimm werden, und wenn doch, dann ändern wir wirklich unser Leben. Sie machte mir Vorwürfe, dass wir das vorher nicht ausreichend besprochen hätten, dass ich sie gar nicht wirklich gefragt hätte und dass sie das alles eigentlich gar nicht wollte. Dann spuckten wir beide aber doch in die Plastikröhrchen der Firma 23andMe. Wir würden uns genetisch testen lassen – unser gesamtes Erbmaterial (Genom) auf Dispositionen für Krankheiten, Medikamentenunverträglichkeiten und andere Eigenschaften, so auch auf unsere genetische Ähnlichkeit zum Neandertaler. Die Würfel waren gefallen. Jetzt würden wir bald genauer wissen, welches Los wir in der genetischen Lotterie des Lebens gezogen haben. Wie sieht unser genetisches Erbe aus?

Um die Informationen, die uns 23andMe für lächerliche 99 US-Dollar zur Verfügung stellen würde, näher erklären zu können, muss ich jetzt erst einmal etwas weiter ausholen und einiges Grundsätzliche dazu sagen, was unter Gene, Vererbung, Berechnung der Erblichkeit etc. zu verstehen ist. Bleiben Sie am Ball!

Was sind Gene?

Kurz gesagt sind Gene die Einheiten in unserem Erbgut, in denen Vererbung messbar stattfindet. Zunächst war »das Gen« nur eine Idee, ein hypothetisches Konstrukt, ohne dass man wusste, was es genau ist, woraus es besteht und wie es funktioniert. Die biochemische Basis der genetischen Vererbung besteht aus Desoxyribonukleinsäure, abgekürzt DNS beziehungsweise DNA (nach der englischen Bezeichnung *Deoxyribonucleic Acid*). Dieses Kettenmolekül ist in Form einer Doppelhelix –

Doppelspirale – angeordnet (Abb. 1.1). Dabei werden die beiden gegeneinander versetzten Hauptspiralstränge durch Basenpaare miteinander verbunden. Man unterscheidet vier Basen, die das genetische Alphabet bilden: Adenin (A), Thymin (T), Guanin (G) und Cytosin (C). Dabei ist immer ein A mit einem T und ein G mit einem C gepaart. Das heißt: Wenn in der Doppelhelix an einer bestimmten Stelle ein A ist, dann weist der gegenläufige DNA-Strang an der gegenüberliegenden Stelle ein T auf. Man kann sich das als verdrehte Hängeleiter vorstellen, bei der sich zwei einzelne komplementäre, also gegensätzliche, sozusagen umgekehrt gleiche DNA-Stränge gegenüberliegen. Dieses Schema des Doppelstrangs ist entscheidend dafür, wie die DNA-Stränge kopiert werden, damit in sich teilenden Zellen neue DNA-Kopien entstehen können. Für die Entdeckung, dass die DNA das »Molekül des Lebens« ist, gab es übrigens einen Nobelpreis. Und ebenso für den Nachweis, dass sie in Form einer Doppelhelix organisiert ist – Letzteres gelang 1953 James Watson und Francis Crick.

Gene sind nun einzelne Abschnitte auf den langen, langen DNA-Molekülen. Der Code der Gene ergibt sich aus der Reihenfolge dieser vier Basen. So wie der Morse- oder auch der Computercode nur je zwei Zeichen hat, so hat der genetische auf der Ebene der DNA eben vier. Die meisten Gene sind kurz, sie umfassen nur um die 1200 Basenpaare. Die Reihenfolge dieser G, A, T und C wiederum wird in eine Abfolge von 400 Aminosäuren übersetzt. Das heißt, der DNA-Code enthält die Informationen für die Reihenfolge dieser Aminosäuren. Gene werden also – über die Zwischenstufe von Ribonukleinsäuren (RNS beziehungsweise RNA) – in Proteine übersetzt, die aus einer Abfolge von Aminosäuren bestehen. Meist mehrere tausend Gene liegen hintereinander auf demselben DNA-Strang, den man Chromosom nennt (Abb. 1.1).

Man kann sich ein Gen als eine Buchseite mit den Buchstaben G, A, T und C vorstellen, wobei nicht alle Seiten gleich groß sind. Ein Gen kann sich auch über mehrere Seiten erstrecken, so wie ein Satz von Thomas Mann, wo man die Seite umblättern muss, um endlich das Verb auf der nächsten Seite zu finden. Viele tausend Gene finden sich in je einem Buch, das man Chromosom nennt (Abb. 1.1). Die Buchmetapher ist nicht ganz perfekt, um die biologischen Realitäten abzubilden, aber sie erleichtert ein wenig das Verständnis der Strukturen und Vorgänge.

Chromosomen

Chromosomen bestehen aus je zwei DNA-Strängen, also einer Doppelhelix (und Proteinen, dazu mehr später). Sie liegen geschützt im Zellkern jeder unserer Körperzellen (Abb. 1.1). In jeder seiner Zellen hat der Mensch 23 Chromosomenpaare, also insgesamt 46 Chromosomen. Unsere gesamte Geninformation ist also in einer kleinen Bibliothek mit 23 Büchern (mit je einem Duplikat) organisiert. Das stimmt so nicht ganz, denn der Mensch hat von genau 22 Chromosomen (Autosomen genannt) je ein Duplikat. Vom 23. Chromosom jedoch, dem X-Chromosom, haben lediglich die weiblichen Vertreterinnen unserer Spezies zwei Kopien, die Männer jedoch je ein X- und ein Y-Chromosom. Diese beiden werden Geschlechtschromosomen genannt.

Das wäre also schon einmal der größte und alles entscheidende genetische Unterschied zwischen Männern und Frauen. Die beiden Geschlechtschromosomen spielen eine ganz besondere Rolle bei der Geschlechtsbestimmung. Der Umstand, dass wir zwei Chromosomensätze haben – und damit je zwei Kopien eines Gens –, macht uns zu sogenannten diploiden Organismen, wie es für fast alles komplexe Leben zutrifft. Im Gegensatz dazu verfügen die meisten einfacheren Lebewesen, wie beispielsweise Bakterien, über nur je eine Kopie eines Gens, sie haben also nur einen einfachen Gensatz – und werden deshalb »haploid« genannt.

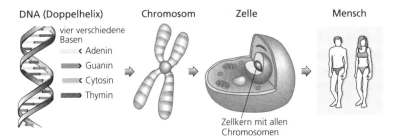

Abb. 1.1: Die genetische Information des Menschen ist in den Chromosomen enthalten, von denen in jeder menschlichen Körperzelle jeweils 23 Paare vorhanden sind. Ein Chromosom besteht aus einem mit Proteinen verpackten Abschnitt der DNA, die die Form einer durch Basenpaare miteinander verbundenen Doppelspirale (Doppelhelix) hat.

In jeder unserer rund 37 Billionen Zellen, aus denen unser Körper besteht – so die letzten Schätzungen –, gibt es in dem Set von 23 verschiedenen Chromosomen insgesamt etwa drei Milliarden G, A, T und C, die Instruktionen für insgesamt etwas mehr als 20 000 verschiedene Gene enthalten. Jeder von uns ist also das Produkt von nur rund 20 000 Genen, die während unserer Embryonalentwicklung in einer fantastisch-komplexen Partitur einen funktionierenden Körper »basteln«. Allerdings – und das soll hier gleich zu Anfang unterstrichen werden – ist das, was am Ende aus den genetischen Instruktionen resultiert, auch immer beeinflusst durch das Wechselspiel von Genen und Umwelteinflüssen.

Der menschliche Körper entsteht aus der Verschmelzung von je einem Chromosomensatz der Mutter und einem des Vaters in Gestalt der Eizelle und der Samenzelle. Die aus der Vereinigung dieser beiden Geschlechtszellen resultierende befruchtete Eizelle nennt man Zygote – die als erste Zelle eines neuen Körpers wieder einen doppelten Satz Chromosomen hat. Aus dieser einzigen Zelle, die den Beginn unseres individuellen Lebens darstellt, bilden sich alle Leber-, Haut-, Knochen- und die sonstigen etwa 200 verschiedenen Zelltypen unseres Körpers heraus. Dies geschieht durch Zellteilung (Mitose genannt – siehe Abb. 4.1), bei der aus der Mutterzelle genetisch identische Tochterzellen entstehen. Dazu muss die gesamte DNA der Mutterzelle (organisiert in 46 Chromosomen) vorher verdoppelt (auf 46 Chromosomenpaare) und dann je genau zur Hälfte auf die beiden Tochterzellen verteilt werden. Dies ist kein ganz leichtes Unterfangen und muss – in einem Prozess, der Mitose genannt wird – exakt orchestriert werden. Das geht nicht immer gut und kann unangenehme Folgen haben, falls dabei etwas schieflaufen sollte.

Und hier kommen wir auf Watson und Crick zurück, denn die Art und Weise, wie ein DNA-Strang identisch kopiert wird, hat mit der Doppelhelixstruktur der DNA zu tun. Die beiden gegenläufigen DNA-Stränge trennen sich in einem Schritt der Zellteilung beim »Mitoseballett« und ermöglichen es somit, dass die G, A, T und C exakt kopiert werden. So bleiben alle Zelllinien identisch – falls, wie gesagt, nichts schiefgeht. Anschließend wird in einer Reihe von Sicherheitsmaßnahmen überprüft, ob die Kopien wirklich hundertprozentig gleich sind. Dazu gibt es Überprüfungs- und auch Reparaturenzyme. Trotzdem können Fehler bei diesem Kopierschritt auftreten, die in den meisten Fällen zwar harmlos sind, gelegentlich aber doch fatale Folgen haben können, indem sie beispielsweise zu Krebs führen. Diese genetische Variation nennt man Mutationen. Allerdings haben nur Mutationen, die bei der Produktion von Samen- oder Eizellen erfolgen (Meiose), einen Einfluss auf Abstammung und Evolution (Abb. 4.1).

Das Humangenom-Projekt

Genetische Variation ist mein tägliches Brot, denn schon seit meiner Doktorarbeit bestimme ich die Abfolge von G, A, T und C in verschiedenen Tierarten und Genen. Es geht dabei darum, Unterschiede – die Mutationen – zwischen Organismen aufzufinden. Ende der 1980er-Jahre war die Bestimmung der Abfolge der vier Basen noch sehr mühsam – wir mussten dafür mit radioaktiv markierter DNA arbeiten. Heute sind die Verfahren zur Bestimmung von DNA-Sequenzen viel schneller, und es werden auch keine radioaktiven Substanzen mehr dafür verwendet.

Da ich viele Jahre mit dieser Art von Forschung im Labor verbracht habe, sind für mich wissenschaftliche Meilensteine wichtig, die mir ein Leben lang im Gedächtnis bleiben. Ein solch einschneidendes Ereignis war für mich der 26. Juni 2000. Fast jeder von uns wird sich für den Rest des Lebens daran erinnern, wo er am 11. September 2001 war. Ich weiß noch, wo ich am 26. Juni 2000 war, einem Tag, der in seiner Bedeutung für die Wissenschaft durchaus vergleichbar ist mit den Anschlägen vom 11. September 2001 für die jüngere Zeitgeschichte. An diesem Tag war ich gerade zu Forschungszwecken in Berkeley in Kalifornien, an einem Genomzentrum, als der vorläufige Abschluss des Humangenom-Projekts verkündet wurde. Im Fernsehen traten der damalige US-Präsident Bill Clinton und sein britischer Amtskollege Tony Blair, der via Satellit aus London zugeschaltet war, zusammen mit den Leitern der beiden konkurrierenden Humangenom-Projekte, Francis Collins und Craig Venter, im Weißen Haus auf und verkündeten in pathetischen Worten, dass man nun die Sprache gelernt habe, in der Gott Leben kreiert hat: »Today we are learning the language in which God created life«, so Clinton. »Heute lernen wir die Sprache, in der Gott das Leben erschaffen hat.«

Es hatte ein Jahrzehnt lang die hartnäckige Arbeit von Tausenden von Wissenschaftlern in vielen Ländern und mehrere Milliarden US-Dollar gekostet, das erste Humangenom, also die Gesamtheit der vererbbaren Informationen des Menschen, mit seinen drei Milliarden Basenpaaren in jedem Satz Chromosomen zu bestimmen. Allerdings war die im Jahr 2000 vorgelegte Abfolge der Bausteine des menschlichen Genoms noch sehr lückenhaft, es sollte noch drei weitere Jahre dauern, bis das menschliche Genom 2003 (fast) endgültig entziffert und das Humangenom-Projekt, zumindest vorläufig, abgeschlossen war.

Heute, rund 15 Jahre nach diesem historischen Tag, kann sich jeder von uns schon für einige tausend US-Dollar sein eigenes Genom sequenzieren lassen. Der technische Fortschritt auf diesem Gebiet in den letzten beiden Jahrzehnten war phänomenal. So wurden von 2008 bis 2010 beim 1000-Genome-Projekt die Erbgutdaten von 1000 Menschen bestimmt[1], seit 2010 läuft ein 10 000-Genome-Projekt, bei dem das Erbgut von 10 000 Menschen mit seltenen Erbkrankheiten sequenziert werden soll. Tausende von kompletten menschlichen Genomen wurden bisher also schon bestimmt, in fünf bis zehn Jahren dürfte jeder Mensch zumindest in der westlichen Welt und im Fernen Osten die Möglichkeit haben, sein Genom sequenzieren zu lassen. Der Leiter des weltgrößten Genomzentrums, des BGI (Beijing Genome Institute) in China, hat im Februar 2015 auf einer Konferenz angekündigt, dass sein Institut eine Milliarde menschliche Genome komplett sequenzieren will! Genügt es denn nicht, *ein* menschliches Genom zu kennen? Nein, denn wir sind auch heute noch weit davon entfernt, das Genom wirklich wie ein Buch oder eine Gebrauchsanweisung lesen zu können. Zwar kann die Abfolge der drei Milliarden G, A, T und C heute schon relativ schnell und preiswert bestimmt werden. Aber man muss hierfür immer noch in teure Geräte investieren, deren Kaufpreis selbst den eines Reihenhauses in München übertrifft, und in Computer mit sehr, sehr großer Rechenkapazität. Und man braucht hierfür vor allem eine ganze Reihe von extrem spezialisierten, klugen Wissenschaftlern, die sich sowohl mit Molekularbiologie als auch mit Bioinformatik auskennen, um wenigstens ansatzweise zu verstehen, was diese schier endlose Abfolge von G, A, T und C im Detail bedeutet.

Aber ein Mensch lässt sich nicht allein durch seine Gene beschreiben oder auf seine Genetik reduzieren. Ein Individuum ist immer auch das Produkt von Umwelteinflüssen, die auf manche Merkmale stärker und auf andere geringer einwirken, sowie von Interaktionen zwischen Genen und Umwelt. Gerade

Letzteres ist nicht immer leicht zu verstehen und auch schwer vorherzusagen. Deshalb benötigt man viele Genomsequenzen für die Entdeckung von Mustern, die aufzeigen, welche Mutation in welchem Gen mit welcher Krankheit oder welchem Merkmal – wie Augenfarbe oder Medikamentenunverträglichkeit – assoziiert ist.

Genomforscher versprechen sich von solchen Mammutprojekten, die genetische Variation, die jeden Menschen einzigartig macht, besser verstehen und interpretieren zu können. Denn es gibt nicht *das* menschliche Genom, jedes Genom ist ein wenig anders. Zwei Menschen unterscheiden sich typischerweise um etwa 0,1 Prozent der DNA-Sequenz ihres gesamten Genoms voneinander. Das heißt also, Sie unterscheiden sich von Ihrem Nachbarn, Ihrem Arbeitskollegen, Ihrem Partner um durchschnittlich drei Millionen (0,1 Prozent von drei Milliarden Bausteinen pro Chromosomensatz) genetische Mutationen. Im Umkehrschluss bedeutet das aber auch, dass sich alle Menschen zu etwa 99,9 Prozent gleichen. Lediglich 0,1 Prozent Differenz im Genom entscheiden also über die zahlreichen individuellen Unterschiede in puncto Gesundheit, Körpergröße, Nasenform und Intelligenz etc.! Die Wissenschaft ist noch weit davon entfernt, die Wirkungen dieser 0,1 Prozent verstehen und lokalisieren zu können. Aber was man weiß, und woher man es weiß, das will ich in diesem Buch beispielhaft darstellen.

Interessanterweise sind die nichtmenschlichen Menschenaffen, also Schimpansen, Gorillas und Orang-Utans, innerhalb ihrer jeweiligen Art genetisch viel variabler als unsere Art *Homo sapiens*. Wir sind genetisch alle Afrikaner, denn wir stammen alle von Populationen aus Afrika ab, die vor vielleicht 60 000 Jahren diesen Kontinent verließen und sich in Europa, Asien und schließlich Amerika und Australien verbreiteten. Ein Teil der genetischen Variation innerhalb unserer Art, die sich schon vor etwa 200 000 bis 100 000 Jahren genetisch zu differenzieren begann (obwohl durchaus, wenn auch in geringem Maße, noch vor etwa 40 000 bis 20 000 Jahren Genaustausch, also Sex, mit Neandertalern stattfand[2] und deshalb bis zu 4 Prozent des menschlichen Genoms vom Neandertaler stammen), ging wahrscheinlich wieder verloren, als mehrere der dann schon bestehenden geografischen Populationen des *Homo sapiens* aus unbekannten Gründen stark dezimiert wurden. Weil nur relativ wenige Individuen überlebten, gingen auch viele Genvarianten verloren, denn jeder Mensch kann ja nur je zwei Kopien eines Gens in sich tragen.

Der afrikanische Kontinent beheimatet auch heute noch mehrere genetisch unterschiedliche evolutionäre Linien, darunter die ältesten der Menschheit. Insgesamt sind Menschen aus Afrika daher genetisch variabler als die menschlichen Populationen außerhalb Afrikas. Dies ist so, weil sie menschheitsgeschichtlich älter sind – die Wiege der Menschheit stand in Afrika –, weil ihre Populationen größer waren und blieben, weil sich deshalb mehr genetische Variation ansammelte und von Generation zu Generation weitergegeben werden konnte. Von Afrikanern unterscheiden sich also Europäer vielleicht um ein wenig mehr als diese 0,1 Prozent, dies gilt aber auch für genetische Unterschiede zwischen zwei Menschen innerhalb Afrikas.

Drei Millionen Unterschiede sind in den riesigen Dimensionen der drei Milliarden Basenpaare des menschlichen Genoms relativ wenig. Eine Mutation pro eintausend Buchstaben kann man mit einem »Tippfehler« vergleichen, zumindest sollte ein solcher den Sinn eines Buches nicht unverständlich machen. Ich wünschte, ich könnte so gut tippen. Zu verstehen, was die einzelnen Varianten und vor allem die unvorstellbar hohe Anzahl der Kombinationen der einzelnen Mutationen miteinander bewirken, ist so etwas wie der heilige Gral der Genomforschung, den zu entdecken noch sehr viel Mühe erfordern wird. Deshalb also versucht man in den schon erwähnten wissenschaftlichen Mammutprojekten, möglichst viele menschliche Genomsequenzen zu bestimmen, um möglichst viele Varianten kartieren und deren Bezug zu Krankheiten und anderen Merkmalen erkennen zu können.

Die Frage ist, wie aus den genetischen Unterschieden in den lapidaren Abfolgen von G, A, T und C auf unseren Chromosomen unterschiedliche Menschen werden, von denen der eine eine spitze, der andere eine breite Nase, der eine blaue Augen, der andere braune hat. Warum werde ich ein Mann, wenn ich ein X- und ein Y-Chromosom habe, und warum eine Frau, wenn ich zwei X-Chromosomen habe?

Von unterschiedlichen Gensequenzen bis zur unterschiedlichen Augenfarbe oder Körpergröße ist es ein weiter Weg, der bisher oft nur in Ansätzen verstanden ist. Beim vorhin erwähnten Event im Weißen Haus zum Humangenom-Projekt war Bill Clinton im Jahr 2000 offensichtlich zu vollmundig. Wir verstehen das Buch des Menschen, unser Genom, längst noch nicht ausreichend, auch 15 Jahre nach der Verkündigung der Entschlüsselung des ersten kompletten menschlichen Genoms. Es gibt diesbezüglich noch eine ganze Menge zu erforschen, auch für die nächste Generation von Wissenschaftlern.

Von Genen zu Proteinen

Aber einiges wissen wir schon zum Thema Genetik. Der menschliche Körper besteht nur zum geringeren Teil aus DNA-Molekülen, zu einem viel größeren jedoch aus Eiweißen. Das sind Ketten von einzelnen Aminosäuren. Die Aminosäuren heißen so, weil sie immer eine Carboxygruppe (COOH) und eine Aminogruppe (NH_2) enthalten. Es gibt 20 natürliche »proteinmachende« Aminosäuren, die jeweils unterschiedliche biochemische Eigenschaften haben. Was auf DNA-Ebene die vier Basen G, A, T und C sind – sozusagen die vier Grundbuchstaben dieses »Alphabets« –, sind auf der Ebene der Proteine die 20 verschiedenen Aminosäuren. Die Übersetzung von der DNA-Basenabfolge in die aus Aminosäureketten zusammengesetzten Proteine erfolgt durch die Zwischenschritte der Transkription und der Translation. Dabei wird – kurz zusammengefasst, die Prozesse sind in Wirklichkeit natürlich komplizierter als hier geschildert – die DNA zunächst zur m-RNA (m = *messenger*, Bote) umgeschrieben (Transkription). Drei aufeinanderfolgende Basen der m-RNA (Basentriplett oder Codon genannt) werden dann mithilfe jeweils spezifischer Botenmoleküle (t-RNA, t = Transfer) »abgelesen« und in eine der 20 verschiedenen Aminosäuren übersetzt (Translation). Je nach Abfolge der einzelnen Aminosäuren entstehen daraus dann unterschiedliche Proteine mit unterschiedlichen Eigenschaften. Die Reihenfolge der Aminosäuren in einem Protein ist also die Übersetzung der Information, die in der DNA – in Form der Basen G, A, T und C – enthalten war. Die DNA ist sozusagen die Legislative, die Proteine sind die Exekutive, die ausführenden Organe unseres Körpers.

Die Abfolge der vier Basen G, A, T und C in der DNA enthält also einen Code, der in Aminosäuren übersetzt wird. Was ist nun das Geheimnis dieses Codes? Den genetischen Code zu entziffern war aufregend wie nur wenige Herausforderungen in der Biochemie und eine intellektuelle Glanztat.[3] Es war, als ob man lernte, Hieroglyphen zu entziffern. Es hätte ja sein können, dass zum Beispiel ein A für eine der 20 verschiedenen Aminosäuren kodiert. Dies fragten sich die Biochemiker als Erstes, als klar wurde, dass die DNA (mit ihren vier verschiedenen Basen) die genetische Information enthält, die dann von 20 verschiedenen Aminosäuren umgesetzt wird. Aber das konnte nicht die Lösung sein. Es würde auch nicht ausreichen, wenn je zwei G, A, T oder C für eine Aminosäure kodierten, denn dann gäbe es ja nur 16 (4 × 4) verschiedene Möglichkeiten, die G, A, T oder C in Zweiergruppen zu lesen. Liest man aber Dreierkombinationen (die oben erwähnten Tripletts) ab, ergeben sich 64 (4 × 4 × 4, weil an jeder der drei Positionen in einem Triplett ein G, A, T oder C stehen könnte) verschiedene Kombinationen. Die Entschlüsselung des genetischen Codes, also die Übersetzung der Abfolge von drei Basenpaaren in eine der 20 möglichen Aminosäuren, erfolgte zu Beginn der 1960er-Jahre hauptsächlich an der University of Cambridge, unter Beteiligung von Francis Crick, Sydney Brenner (auch ein Nobelpreisträger) und anderen Forschern. Es ist also nicht nur die Sequenz, das heißt die Reihenfolge von G, A, T und C, ausschlaggebend, sondern auch deren »Leserahmen«, ob sich also ein G beispielsweise an der ersten, zweiten oder dritten Position eines Tripletts befindet.

Daher haben Mutationen, genetische Veränderungen, die den Leserahmen verändern, indem beispielsweise eine Base verloren geht oder dazukommt und damit den 3er-Rhythmus in der Abfolge von G, A, T und C stört, oft einen gravierenden oder gar tödlichen Effekt auf das Funktionieren eines Gens. Meistens ist es nicht so wichtig, wie die dritte Stelle der Tripletts besetzt ist, denn Mutationen an dieser Stelle resultieren nur relativ selten im Austausch einer Aminosäure. Es ist allein die Reihenfolge der Aminosäuren, die darüber entscheidet, ob ein Protein überhaupt und wie gut es funktioniert. Nur Mutationen in der DNA-Sequenz, die zu Veränderungen in der Aminosäureabfolge eines Proteins führen, können dessen Funktion ändern und so beispielsweise eine Krankheit hervorrufen. Oft sind aber selbst solche Veränderungen harmlos.

Aminosäuren kann man manchmal riechen

Ein Beispiel hierfür ist die Asparaginsäure, eine der (in diesem Fall nicht essenziellen) 20 Aminosäuren im menschlichen Körper. Sie kommt in der Spargelpflanze (*Asparagus officinalis*) vor und verdankt ihr auch den Namen. Sie erkennen sie vielleicht am charakteristischen Geruch in Ihrem Urin nach einem Spargelmahl. Der unangenehme Geruch entsteht durch die enzymatische Umwandlung der Asparaginsäure in schwefelhaltige, volatile, stark riechende Stoffe. Ein Teil (je nach

Population um die 40 Prozent) der Bevölkerung kann diese Abbaustoffe riechen, der Rest nicht. Eine Studie der Firma 23andMe legte nahe, dass dieser Umstand wohl mit einem »Geruchsgen« (OR2M7 genannt) zu tun hat, das in zwei Varianten vorkommt.[4] Der in diesem Fall harmlose Unterschied – ob man »Spargelurin« riechen kann oder nicht – wird durch eine Mutation hervorgerufen, durch die an einer bestimmten Stelle des Proteins Valin gegen Alanin ausgetauscht wird. Die Aminosäurenabfolge ist eben nicht bei allen Menschen gleich. Daher funktioniert dieses Gen – oder genauer gesagt: das Protein, für das es kodiert – unterschiedlich gut, was man in diesem Fall riechen kann.

Solche Unterschiede zwischen den Menschen gibt es zuhauf – mal haben sie nur minimale Auswirkungen wie hier die Geruchsempfindlichkeit für diese ganz speziellen schwefelhaltigen Abbauprodukte des Spargels, mal können sie aber auch tödliche Konsequenzen haben. Laut der letzten Zählung gibt es etwas mehr als 20 000 verschiedene Gene in unserem gesamten Genom. Jedes Gen kodiert im Prinzip für ein Protein. Mal entsteht ein Keratin aus einer Gensequenz (das ist der Hauptbestandteil unserer Haare und Fingernägel), mal ein Kristallin (ein Bestandteil unserer Augenlinse), mal ein Geruchsrezeptor, der nur bei der Geruchsempfindlichkeit für Spargel eine Rolle zu spielen scheint.

Auch die 20 Aminosäuren, die es im menschlichen Körper gibt, werden jeweils mit einem Buchstaben abgekürzt. Indem man die entsprechenden Buchstabenfolgen nebeneinanderschreibt (wie Wörter aus Buchstaben unseres Alphabets), kann man den Menschen leicht mit seinen nächsten lebenden Verwandten, den Schimpansen und Bonobos, vergleichen. Dabei fällt auf, wie groß die Verwandtschaft, also die genetische Ähnlichkeit, ist, denn die meisten menschlichen Proteine sind identisch oder nahezu identisch mit denen anderer Primaten, insbesondere des Schimpansen, aber auch des Gorillas. Wir Menschen unterscheiden uns genetisch nur um etwa 1 Prozent von unseren Primatenvettern, und dies, obwohl es bereits fünf bis sechs Millionen Jahre zurückliegt, dass sich *Homo sapiens* von seinem nächsten Verwandten, dem Schimpansen (*Pan troglodytes*), getrennt hat. Das ist also nur der zehnfache Wert dessen, um den sich die Individuen des *Homo sapiens* voneinander unterscheiden. Obwohl die Aminosäuresequenzen der Schimpansen fast identisch sind mit unseren, sind wir offensichtlich nicht gleich. Auch daran sieht man, dass eine einzelne Mutation einen riesigen Unterschied bewirken kann, zum Guten wie zum Schlechten.

Wo sind dann die Unterschiede zwischen Mensch und Schimpanse genetisch zu verorten? Was macht uns menschlich? Diese Frage ist ähnlich schwierig zu beantworten wie umgekehrt diejenige nach den Konsequenzen von genetischen Unterschieden innerhalb der Art *Homo sapiens*. Welche Mutationen erklären Prädispositionen für Krankheiten in bestimmten Familien oder Unterschiede bei Nebenwirkungen von Medikamenten? In welchen Genen haben die Mutationen stattgefunden, die die individuelle Ausprägung der Intelligenz erklären? Welche Gene sind für die Geschlechtsunterschiede beim Menschen verantwortlich?

Bezeichnenderweise ist der genetische Code für (fast) alle Lebensformen auf der Erde gleich. Alle Lebewesen sprechen sozusagen die gleiche genetische Sprache: Es wird immer dieselbe Reihenfolge von G, A, T und C in dieselben Aminosäuren übersetzt, egal ob beim Blutegel, bei der Giraffe oder beim Menschen. Dies bedeutet aber leider auch, dass Bakterien und Viren, die es schaffen, in unseren Körper einzudringen, leichter unsere Zellen kidnappen oder fremdbestimmen können, weil auch ihre Gene denselben Code benutzen wie unsere Gene. So können sie uns manipulieren und krank machen zu ihrem eigenen evolutionären Vorteil, um möglichst viele neue Kopien von sich herzustellen. Und wir husten und niesen dann auch noch als zusätzlichen Service frische Bakterien und Viren in die Luft, auf dass sie neue menschliche Wirte finden mögen.

Von Mutanten und Wildtypen

Gene bestehen also aus Abfolgen von Basenpaaren aus G, A, T und C. Ist beispielsweise ein C an einer bestimmten Position in einem Gen bei Ihrem Mann oder bei Ihnen gegen ein T ausgetauscht, nennt man das eine Punktmutation. Von jedem Ihrer Mitmenschen unterscheiden Sie sich im Durchschnitt also um etwa drei Millionen solcher Mutationen in allen Genen Ihres Körpers. Nun ist »Mutation« ein negativ behafteter Begriff, sollte es aber nicht sein, denn wir sind alle Mutanten, und keiner von uns ist genetisch identisch zu irgendeinem anderen Menschen – mit Ausnahme von eineiigen Zwillingen. Genvarianten werden also durch Mutationen, zum Beispiel Punktmutationen, hervorgerufen. Manchmal ist es für das Funktionieren eines Proteins relativ unerheblich, ob sich an einer bestimmten Stelle eine ganz spezifische oder eine andere Aminosäure befindet – denken Sie an den Spargelurin. Ein Protein funktioniert dann immer noch gleich gut oder allenfalls etwas besser oder schlechter. Aber manchmal hat so ein Protein auch echte Probleme und tut nicht mehr das, was es eigentlich tun sollte. Das kann dann problematisch werden und zu Krankheit und Tod führen.

»Mutation« besagt zunächst einmal nicht mehr, als dass es einen genetischen Unterschied gibt zwischen einem Individuum und einem anderen, meist dem Vergleichstyp, auch »Wildtyp« genannt. Letzteres bezeichnet lediglich die Gensequenz, die am häufigsten in einer Population anzutreffen ist. Der Wildtyp ist der Regelfall und dient deshalb als Referenz – was nicht heißt, dass er notwendigerweise besser sein muss. Es ist daher wichtig zu verstehen, dass das Referenzgenom, die Standardversion des menschlichen Genoms, weder von lediglich einem Individuum stammt noch in irgendeiner Weise irgendeinem Ideal entspricht. Es ist nicht das perfekte menschliche Genom, sondern schlicht ein mehr oder weniger zufälliger Standard, zu dem es unzählige Variationen gibt.

Aber auch dieser Normalfall des »Wildtyps« ist nicht immer

der gleiche in allen menschlichen Populationen, denn man kann genetisch zwischen Menschen aus unterschiedlichen Populationen unterscheiden. Allerdings sind die Ursachen für die meisten Unterschiede zwischen Menschen aus unterschiedlichen Populationen fast immer nur in der Häufigkeit bestimmter Mutationen zu suchen. Es ist also eher selten, dass beispielsweise alle Afrikaner sich nur durch ein bestimmtes genetisches Merkmal von beispielsweise Asiaten unterscheiden. Typischerweise ist eher zu erwarten, dass Menschen aus unterschiedlichen geografischen Regionen lediglich im Hinblick auf die Häufigkeit bestimmter Mutationen differieren.

Genvarianten und Brustkrebs bei Männern

Meist genügt es, dass nur eine der beiden Kopien eines Gens – jeder Mensch hat ja einen doppelten Chromosomensatz – eine Mutation hat, die die Funktion des Proteins verändert oder gar ganz unterbindet. Ein Beispiel ist das BRCA1-Gen (BReast CAncer 1). Es wird landläufig etwas ungenau als Brustkrebsgen bezeichnet – es ist das Gen, in dem auch die Schauspielerin Angelina Jolie eine Mutation hat. In der typischen Wildtypform ist dieses Gen bei allen Menschen, auch bei Männern, vorhanden und hat eine positive Funktion, um Tumore am Wachsen zu hindern. So zeigt eine neue Studie, dass dieses Gen auch in großen Mengen im Gehirn von Säugetieren – wie üblich wurde das erstmals an einer Labormaus nachgewiesen – angeschaltet ist. Seine normale Funktion besteht ferner wohl darin, dass sich im Embryo Zellen in Hirnregionen, die für das Gedächtnis, aber auch für Bewegungskontrolle und Wahrnehmung der Umwelt (Neocortex, Hippocampus, Cerebellum, Riechkolben im Gehirn) zuständig sind, weiterentwickeln. Einiges spricht sogar dafür, dass BRCA1 zur Entwicklung des Gehirns beiträgt, ja, evolutionär sogar mitverantwortlich ist für die Vergrößerung des menschlichen Gehirns im Vergleich zu demjenigen unserer Primatenverwandten.[5]

Allerdings gibt es Varianten, die entweder schon defekt vererbt wurden oder durch neue Mutationen entstanden sind und die dann Brustkrebs verursachen können. Es ist also falsch zu sagen: »Angelina Jolie hat das Brustkrebsgen.« Wir alle haben es, sie hat es hingegen in einer Variante, die die normale und wichtige Funktion des Gens, nämlich für die Verhinderung von Tumoren und Krebs zu sorgen, nicht mehr oder nur weniger gut ausüben kann. Wenn eine oder mehrere Mutationen im BRCA1-Gen (oder auch im ähnlichen BRCA2-Gen) dessen normale Funktion verändern oder ganz ausschalten, kann dies dazu führen, dass die Trägerin dieser Genvariante Brustkrebs entwickelt. Allerdings leisten dazu noch andere Gene und nicht erforschte Umwelteinflüsse ihren Beitrag. Bei nur etwa 5 bis 10 Prozent aller Brustkrebsfälle sind die BRCA-Gene involviert.

Nebenbei: Ich rede hier von Träger*in*, aber das stimmt nicht ganz, denn auch Männer können Brustkrebs bekommen (wenn auch nur sehr selten). Hier spielen Risikofaktoren wie Familiengeschichte (genetische Vorbelastung), aber auch Umwelteinflüsse wie Strahlenbelastung, Chemikalien, Hitze, Fettleibigkeit, Alkoholismus oder Leberkrankheiten eine Rolle. Einige dieser Umwelteinflüsse können bei Männern hormonelle Veränderungen (Östrogen) hervorrufen, die wiederum die Wahrscheinlichkeit für die Entwicklung von Brustkrebs verändern.

Dominante und rezessive Genvarianten

Jede Körperzelle des Menschen hat zwei Sätze von Chromosomen, hat also 2 ˣ 23 = 46 Chromosomen. Deshalb haben wir auch jedes Gen in zweifacher Kopie. Eine Kopie stammt von der Eizelle der Mutter, die andere vom Samen des Vaters. Oft sind die beiden Kopien jedoch nicht identisch: Sie können sich schon in Vater und Mutter unterschieden haben, es kann aber auch in der neuen Generation eine neue Mutation aufgetreten sein, was aber relativ selten ist. Verschiedene Versionen eines Gens nennt man Allele oder Genvarianten. Also ist auch das BRCA1-Gen in je zweifacher Kopie in jeder Zelle des Körpers vorhanden. Dabei ist es möglich, dass beide Kopien nicht identisch sind. Wenn jemand zwei verschiedene Varianten eines Gens hat, so nennt man dies »heterozygot«. Sind beide Kopien identisch, ist das Individuum bezüglich dieses Gens »homozygot«. Homozygot für ein bestimmtes Gen zu sein bedeutet daher auch, dass sowohl der Vater als auch die Mutter die gleiche Genvariante im Samen und in der Eizelle weitergegeben haben.

Der Umstand, dass wir diploide Lebewesen sind, hat große Auswirkungen darauf, wie sich die beiden Genkopien miteinander arrangieren und wie sie die Gesundheit oder die Ausbildung von Merkmalen beeinflussen. Beide Genvarianten können gleich stark auf den Körper wirken, es kann aber auch eine Kopie im Vergleich zur anderen durchsetzungskräftiger sein. Man spricht dann von dominanten beziehungsweise rezessiven Varianten.

In den Fällen, in denen Frauen eine mutierte Form des BRCA1-Gens geerbt haben, erkranken sie mit einer Wahrscheinlichkeit von 50 bis 80 Prozent etwa 20 Jahre früher an Brustkrebs als Frauen ohne diese vererbte Mutation. Dies ist auch bei Angelina Jolie der Fall, deren Mutter, Großmutter und Tante früh an Brustkrebs starben. Ich komme hier auf BRCA1 zurück, weil dieses Gen ein Beispiel für einen autosomalen dominanten Erbgang ist. Das heißt, dass nur eine der beiden Kopien des BRCA-Gens mutiert sein muss, um seine negative Wirkung zu entfalten, und dass das fragliche Gen auf einem Autosom (Chromosom, das nicht Geschlechtschromosom, also X oder Y, ist) liegt.

Auf der Ebene des einzelnen Gens ist dies jedoch eine eher falsche Art, sich die Vererbung vorzustellen. Wie ich noch ausführlicher darstellen werde, trifft die Vorstellung »1 Gen = 1 Merkmal« in der Realität eher selten zu. Weitaus häufiger ist es so, dass es mehrere Gene sind, die jeweils zu einem kleinen Teil zur Ausprägung einer Eigenschaft beitragen. Zunächst wollen wir uns jedoch detaillierter den Prinzipien der Vererbung zuwenden.

2
Die klassische Genetik nach Gregor Mendel

Gregor Mendel und seine Erbsen

Warum sehen Kindern ihren Eltern ähnlich? Wie werden bestimmte Eigenschaften von einer Generation zur nächsten weitergegeben? Warum überspringen Merkmale manchmal Generationen? Warum hat der Enkel, aber nicht der Sohn Opas Augenfarbe? Um das zu verstehen, müssen wir zunächst einige Prinzipien der Genetik, der Vererbungslehre, besprechen. Gregor Mendel, ein katholischer Mönch aus Böhmen, hat bereits vor über 150 Jahren, also zu Zeiten Charles Darwins, Antworten auf diese Fragen gefunden. Er züchtete Erbsen und bemerkte, dass dabei auftretende Varianten bestimmter Merkmale von einer Generation an die nächste vererbt werden. Anhand seiner Kreuzungsexperimente erkannte Mendel die Prinzipien der Vererbung. Was Gregor Mendel bei seinen Erbsen als Regeln identifiziert hat, gilt prinzipiell für alle Lebewesen – auch für den Menschen. Diese Art der Genetik wird heute klassische oder Mendel'sche Genetik genannt. Man unterscheidet dabei die Uniformitätsregel (wenn beide Elternteile homozygot für ein Merkmal sind), die Spaltungsregel (bei Heterozygotie) und die Unabhängigkeitsregel (bei Vererbung mehrerer Merkmale).

Zunächst bemerkte Mendel, dass offensichtlich nicht alle Erbsen hinsichtlich ihrer Merkmale gleich waren. Einige reiften an eher großen Pflanzen, andere an kleineren, einige waren gelb, andere grün, einige hatten eine glatte Oberfläche, andere eine schrumpelige. Was ist die genetische Grundlage hierfür? Das in etwa fragte sich auch Mendel, abgesehen davon, dass das Wort »Genetik« noch nicht erfunden war. Dazu kreuzte er im Klostergarten von Brünn (Brno) Pflanzen mit unterschiedlichen äußerlichen Merkmalen (Phänotypen). Aus der Verbindung einer schrumpeligen »Muttererbse« mit einer glatten »Vatererbse« erhielt er in der ersten, der sogenannten F1-Generation (F = Filialgeneration, von lateinisch *filius* beziehungsweise *filia*, »Sohn« beziehungsweise »Tochter«) nur glatte Erbsen. Der Kreuzung zweier glatter Erbsen aus dieser F1-Generation entsprangen zu seiner Überraschung allerdings in der F2-Generation wieder einige schrumpelige Erbsen. Genauer gesagt waren seine Erbsen in der zweiten Generation zu etwa drei Vierteln glatt, aber etwa ein Viertel hatte eine schrumpelige Oberfläche.

Heute wissen wir übrigens über die genetische Basis (Gene und deren Mutationen) der insgesamt sieben Merkmale von Erbsen, die Mendel erforschte, viel mehr als zu seinen Zeiten.[1] Oft sind rezessive Allele nicht voll funktionsfähig, und dominante Genvarianten funktionieren gut. Ein Beispiel dafür ist, dass »blonde« Haare rezessiv sind gegenüber »dunklen« Haaren, die dunkle Pigmente enthalten. Wenn nun ein Gen in der Herstellungskette dieses dunklen Pigments nicht oder schlecht funktioniert, wird sich dies nur bei Menschen, bei denen beide Kopien dieses relevanten Gens defekt (rezessiv) sind, in besonders heller Haut oder blonden Haaren zeigen. Ansonsten überwiegt das eine funktionierende Gen, das die Haare dunkler werden lässt.

Wie kann es sein, dass man aus zwei glatten Erbsen der F1-Generation in der F2-Generation wieder schrumpelige Erbsen erhält? Welche genetischen Gesetze liegen diesem Resultat zugrunde? Die Lösung besteht darin, dass die Genvariante, also das Allel, für »schrumpelig« zwar in der F1-Generation vorhanden gewesen sein muss, aber unterdrückt wurde, sich also nicht im Aussehen, im Phänotyp, der Erbse manifestiert hat.

Die Eigenschaft war zwar genetisch in der Elterngeneration und auch der F1-Generation präsent, zeigte sich aber nicht im Phänotyp der F1-Generation. Die Genvariante für das Merkmal »schrumpelig« ist in diesem Fall rezessiv – es schlägt nur dann im Phänotyp durch, wenn beide Kopien dieser Genvariante vorhanden sind –, aber diejenige für die Eigenschaft »glatt« dagegen dominant, das heißt, sie kann sich phänotypisch selbst mit nur einer Kopie durchsetzen. Da Mendel in der F2-Generation glatte und schrumpelige Erbsen erhielt, müssen die beiden glatten Erbsen, die er zur Kreuzung in der F1-Generation benutzt hatte, heterozygot gewesen sein. Erinnern Sie sich: Ein Lebewesen ist homozygot in Bezug auf ein Merkmal, wenn die beiden Kopien des betreffenden Gens gleich sind; es ist heterozygot, wenn die beiden Genkopien (Allele) sich unterscheiden.

Der eigentliche Sinn und Zweck von Sex

An dieser Stelle sei kurz der Sinn und Zweck sexueller Fortpflanzung erläutert. Von den 46 Chromosomen in jeder Ihrer Zellen stammen 23 von der Samenzelle Ihres Vaters und 23 von der Eizelle Ihrer Mutter. Dieser diploide – zweifache – Zustand wurde erreicht, indem die beiden haploiden Keimzellen (Eizelle und Spermienzelle) – diese enthalten im Gegensatz zu den übrigen Körperzellen ja nur einen Satz Gene/Chromosomen – bei der Zeugung miteinander verschmolzen. Danach hatte jede Zelle Ihres aus dem Sexualakt resultierenden Körpers wie die elterlichen Körperzellen wieder 46 Chromosomen. Allerdings – und dies ist sehr wichtig – sind es nicht immer und ganz exakt dieselben Chromosomen wie bei den Eltern. Die Chromosomen des Kinds wurden neu zusammengewürfelt (Abb. 4.1). Was ist nun das Geheimnis dieser Neukomposition?

Dieses »Durcheinanderwürfeln« des genetischen Materials ist der eigentliche Sinn und Zweck der sexuellen Fortpflanzung.

Sex, geschlechtliche Fortpflanzung, ist der Hauptmechanismus bei der Lotterie des Lebens. Dabei passiert Folgendes: Durch einen Prozess, den man Meiose beziehungsweise Reduktionsteilung nennt, gelangt lediglich die Hälfte aller Chromosomen in je eine Samen- beziehungsweise Eizelle. Diese Keimzellen haben, wie bereits erwähnt, nur den haploiden Chromosomensatz, also 23 Chromosomen. Im weiteren Verlauf werden die Chromosomen Ihrer Mutter und Ihres Vaters während der Meiose neu kombiniert. Am Ende haben die Zellen des neu entstehenden Lebens wieder den diploiden Chromosomensatz, also 46 Chromosomen.

Nach der erfolgreichen Befruchtung haben Sie also von jedem Gen zwei Kopien: Eine stammt von Ihrer Mutter, eine von Ihrem Vater. Je die Hälfte Ihrer genetischen Information kommt also von Ihrer Mutter und Ihrem Vater. Aber welche der ursprünglich zwei Genkopien Ihrer Mutter (beziehungsweise Ihres Vater) sich in genau der Eizelle (beziehungsweise der Spermazelle) befindet, woraus Sie entstanden sind, ist Zufall (Abb. 4.1). Das bedeutet, dass jede der beiden Kopien Ihrer Mutter (beziehungsweise Ihres Vaters) eine Fifty-fifty-Chance hat, sich in einer bestimmten Ei- beziehungsweise Spermienzelle wiederzufinden – dies ist die Basis der ersten Mendel'schen Regel, der Uniformitätsregel.

Punnett-Quadrate

Zurück zu Mendels Erbsen. Anhand der Eigenschaften »dominant« und »rezessiv« lässt sich nun verstehen, warum die unterschiedlichen Phänotypen in der F2-Generation im Verhältnis drei zu eins auftreten, warum also drei Erbsen glatt sind und eine schrumpelig ist. Dank eines einfachen Hilfsinstruments, des Punnett-Quadrats (benannt nach dem britischen Genetiker Reginald Punnett, siehe Abb. 2.1), lässt sich dies leicht nachvollziehen.

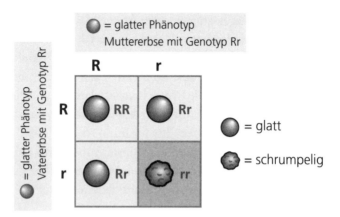

Abb. 2.1: Punnett-Quadrat mit Darstellung der Kreuzung zweier heterozygoter Erbsen. R ist das dominante Merkmal für »glatt«, r das rezessive Merkmal für »schrumpelig«. Es entstehen im Durchschnitt etwa drei glatte und eine schrumpelige Erbse.

In die Zeile über dem Quadrat werden in unserem Beispiel der Mendel'schen Erbsen die beiden Genvarianten (Allele) der Mutterpflanze eingetragen, in die Spalte links davon diejenigen der Vaterpflanze. R bedeutet »rund, glatt« (als dominantes Merkmal in Großbuchstaben geschrieben), r »schrumpelig« (rezessiv, in Kleinbuchstaben). In Abbildung 2.1 lässt sich erkennen, dass beide Elternpflanzen (der F1-Generation) heterozygot sind hinsichtlich der Genvarianten für das Merkmal glatte/schrumpelige Oberfläche. In beiden Elternteilen, die genotypisch und phänotypisch gleich (glatt) sind, ist sowohl die für die glatte Oberfläche als auch die für die schrumpelige Oberfläche verantwortliche Genvariante vorhanden. »Schrumpelig« (= r) ist in diesem Fall die »versteckte« genetische Variation, die im Genom zwar vorhanden, im Phänotyp aber nicht zu bemerken ist.

Bei der Fortpflanzung wird nun von beiden Elternteilen jeweils nur eine Genvariante mit der Ei- oder der Samenzelle weitergegeben, also entweder R oder r. Im Punnett-Quadrat werden nun die beiden Genvarianten der Elterngeneration in die vier Felder eingetragen, in denen sich die entsprechenden Spalten und Zeilen kreuzen. Aus der (von Ei- und Samenzelle) resultierenden Buchstabenkombination wird dann ersichtlich, dass in diesem Fall aus der Kreuzung nur drei mögliche Genotypen entstehen: RR, Rr (zweimal) und rr. Dabei ist es gleichgültig, ob eine Variante vom Vater oder von der Mutter stammt.

Alle Varianten der nächsten Generation, die wenigstens ein dominantes R-Allel enthalten, sind im Phänotyp gleich und haben eine glatte Oberfläche – das trifft insgesamt auf drei Viertel der Nachkommen (zwei mit der Allele-Kombination Rr, eines mit RR) zu. Die vierte Kreuzungsmöglichkeit hingegen enthält zwei gleiche rezessive Allele (rr), nur in diesem Fall – der lediglich bei durchschnittlich einem Viertel der Nachkommen eintreten wird – kann sich das rezessive Merkmal auch phänotypisch ausprägen. Dieses Viertel Erbsen wird deshalb schrumpelig sein. RR und rr werden reinerbig (homozygot) genannt und Rr mischerbig (heterozygot). Auf diese Art und Weise kann man durch Kreuzungsexperimente vom äußeren Aussehen, dem Phänotyp, auf die zugrunde liegende genetische Aufmachung, also den Genotyp, schließen. So funktioniert Genetik sowohl bei Erbsen als auch beim Menschen, und das erkannte schon Gregor Mendel in dieser ersten nach ihm benannten Regel.

Aber Erbsen interessieren Sie wahrscheinlich weniger als die Frage, woher denn Ihre Kinder die blauen Augen haben, obwohl Sie und ihre Frau braune haben. Die Vererbung von Augenfarben ist komplizierter, weil mehr Gene – nicht nur eines wie in diesem Erbsenbeispiel – involviert sind. Man kann die Vererbung von Augenfarben aber vereinfacht so darstellen, dass das Allel für braune Augen [B] dominant ist gegenüber dem Allel für blaue [b] Augen. In Analogie zu unserem Erbsenbeispiel gilt auch hier: Sind beide Elternteile heterozygot für braune Augen, haben also jeweils die Genvarianten Bb, sind durchschnittlich bei einem Viertel ihrer Kinder blaue

Augen (Genotyp bb) zu erwarten. Sind Mutter und Vater aber beide homozygot hinsichtlich der dominanten Allele für braune Augen, würde keines der Kinder blaue Augen bekommen können.

Dies ist eine sehr vereinfachte Darstellung des Vererbungsmusters der Augenfarbe. Denn mehrere Gene sind an deren Bestimmung beteiligt. Wie komplex deren Vererbung wirklich ist und wie sich diese Kenntnisse bei der Verbrechensbekämpfung einsetzen lassen, zeigen Studien von Manfred Kayser von der Erasmus-Universität in Rotterdam. Auf dem Forschungsfeld der forensischen DNA-Technologie versucht man beispielsweise, anhand von sichergestellten DNA-Spuren an einem Tatort auf Haar-, Augen- und Hautfarbe eines möglichen Täters zu schließen. Kaysers Team analysierte Genvarianten in acht Genen bei 6000 Individuen und fand heraus, dass Mutationen in zwei Genen (OCA2 und HERC2) einen besonders großen Einfluss auf die Augenfarbe haben.[2] Sechs Mutationen in diesen beiden Genen erlaubten mit einer Genauigkeit von 90 Prozent vorherzusagen, ob eine Person blaue oder braune Augen hat. Bei anderen Augenfarben betrug dieser Wert immerhin noch 70 Prozent. Allerdings lassen sich solche Prognosen nur auf Menschen beziehen, die derselben genetischen Population wie der Träger der Test-DNA angehören – in diesem Fall waren das Nordeuropäer.

Blutgruppen oder warum Blut dicker ist als Wasser

Ein bekanntes Objekt der Vererbungsforschung sind die Blutgruppen beim Menschen, das bei uns geläufige Blutgruppensystem AB0 (in den USA wird es ABO genannt – Blutgruppe 0 heißt in den USA O). Wenn bei einer Bluttransfusion das falsche Blut gegeben wird, erkennt das Immunsystem unseres Körpers die Oberflächen in den Blutkörperchen als fremd an und versucht, sie durch Verklumpung aus dem Körper zu bekommen – was tödlich enden kann. Wenn man Blutgruppen vor einer Bluttransfusion bestimmt, rettet man also Leben. Zu Recht erhielt Karl Landsteiner, der Wiener Arzt, der das AB0-System 1901 entdeckte und so benannte, dafür 1930 den Nobelpreis für Medizin.

Blutgruppen unterscheiden sich voneinander in der Zusammensetzung von Molekülen an der Oberfläche von roten Blutkörperchen. Das Gen für diesen Unterschied, das AB0-Gen, liegt auf Chromosom 9 am Ende von dessen langem Arm. Es kodiert für das Enzym Glycosyltransferase, besteht aus 1062 Aminosäuren und kommt in vier Varianten (A1, A2, B und 0) vor. Die Blutgruppen A und B unterscheiden sich voneinander nur um vier Aminosäuren. Größer ist die Differenz zu Blutgruppe 0, denn bei dieser liegen keine Punktmutationen vor, sondern eine Mutation, die den Leserahmen des gesamten Gens unterbricht, und zwar schon an Position 258. Trotz dieses offensichtlichen Defekts scheinen aber Menschen mit Blutgruppe 0 ein normales, gesundes Leben führen zu können.

Wir haben es also beim AB0-System mit drei verschiedenen Allelen zu tun und nicht nur mit zwei wie beim Beispiel der Oberflächen von Erbsen. Zusätzlich zum AB0-System gibt es noch den Rhesusfaktor (ja, er wurde nach den Affen benannt), den wir aber hier der Einfachheit halber ignorieren. Wenn Sie nun Blutgruppe AB haben, heißt das, dass Sie je eine Kopie der A- und der B-Variante haben. Bei der Bestimmung der Blutgruppen sind die Effekte der Gene zum Teil kodominant, das heißt, sowohl das A- als auch das B-Allel sind gleich stark (im Gegensatz zu den vorher erwähnten dominanten/rezessiven Konstellationen bei den schrumpeligen/glatten Erbsen). Das Allel für Blutgruppe 0 ist allerdings rezessiv gegenüber denjenigen der Blutgruppen A und B. Für jemanden, der Blutgruppe 0 hat, bedeutet dies, dass er homozygot 00 sein muss, also zwei 0-Allele hat. Wer Blutgruppe A (im Phänotyp) hat, kann im Genotyp sowohl AA-homozygot als auch A0-heterozygot sein. Das Gleiche gilt für Blutgruppe B. Angehörige der Blutgruppe AB müssen AB-heterozygot sein – in diesem Fall sind Geno- und Phänotyp gleich.

Auch die Vererbung von Blutgruppen lässt sich mithilfe von Punnett-Quadraten gut nachvollziehen (Abb. 2.2). Beim folgenden Beispiel hat die Mutter Blutgruppe 0 (ist also homozygot), der Vater Blutgruppe A. Nehmen wir für den ersten Fall an, dass er homozygot-AA ist (Abb. 2.2, links oben). Alle Kinder dieses Paares werden dann genetisch A0 heterozygot sein – also Blutgruppe A haben, denn das Allel 0 ist ja rezessiv.

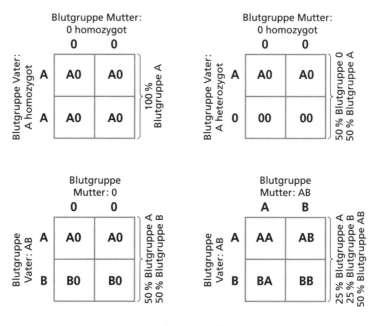

Abb. 2.2: Vier Punnett-Quadrate, die die Vererbung von Blutgruppen erklären.

Im zweiten Fall (Abb. 2.2, rechts oben) hat der Vater zwar phänotypisch Blutgruppe A, ist aber ein heterozygoter Träger eines A- und eines 0-Allels. In diesem Fall werden statistisch die Hälfte der Kinder dieses Paares über Blutgruppe A (A0-heterozygot) und die andere Hälfte über Blutgruppe 0 verfügen (homozygot rezessiv).

Hat aber die Mutter Blutgruppe 0 und ist der Vater AB-heterozygot, werden diese Eltern jeweils zur Hälfte Kinder mit Blutgruppe A und mit Blutgruppe B haben, die alle heterozygot sind (Abb. 2.2 unten links). Weisen schließlich beide Eltern Blutgruppe AB auf (Abb. 2.2 unten rechts), wird ein Viertel der Kinder Blutgruppe A haben, ein weiteres Viertel B und die Hälfte AB.

Assoziiert mit den Blutgruppen sind auch bestimmte Anfälligkeiten und genetische Prädispositionen für Krankheiten. Zum Beispiel sind bei Trägern der Blutgruppe A bestimmte Krebsformen (Ösophagus, Pankreas, Magen) etwas häufiger. Menschen mit Blutgruppe 0 bekommen hingegen leichter Pest und bestimmte Magengeschwüre und scheinen auch »attraktiver« für Moskitos zu sein, haben aber gleichzeitig eine höhere Überlebenschance im Fall einer Malariainfektion. Blutgruppe AB wiederum scheint am besten gegen Cholera zu schützen; ihre Träger sind wohl häufiger immun gegen diese Bakterien.[3] Diese Assoziationen von Blutgruppen und anderen Merkmalen wie Anfälligkeiten für bestimmte Krankheiten oder gar Charaktereigenschaften sind mit Vorsicht zu genießen, sind aber in einigen Kulturen zu einer Art Volkssport geworden.

Die Unabhängigkeitsregel

Zum Abschluss unserer Exkursion in die klassische Genetik sei noch die 3. Mendel'sche Regel, die Unabhängigkeits- oder auch Neukombinationsregel, kurz angeschnitten. Diese Regel beschreibt die Vererbung von zwei verschiedenen Merkmalen – zum Beispiel Augenfarbe und Haarfarbe, die jeweils in zwei verschiedenen Formen, etwa Braun und Blau sowie Blond und Schwarz auftreten.

Bemerkenswert ist dabei, dass neue homozygote Kombinationen von Merkmalen entstehen können, die es in den vorherigen Generationen noch nicht gab. Sicher kennen Sie auch das Phänomen (entweder von sich selbst oder in Ihrer Verwandtschaft oder Ihrem Freundeskreis), dass der Enkel dieses oder jenes Merkmal von Opa hat, während es bei beiden Elternteilen nicht zutage getreten ist. Mendels Unabhängigkeitsregel erklärt, wie sich zwei Merkmale bei der Kreuzung (homozygoter) Individuen auf die übernächste Generation verteilen. Weil beide Merkmale, wie wir heute wissen, auf verschiedenen Chromosomen angelegt sind, werden sie auch unabhängig voneinander vererbt. Das konnte Mendel nicht wissen, denn Chromosomen waren zu seiner Zeit noch nicht bekannt.

Die Mendel'sche Unabhängigkeitsregel gilt für Merkmale, die dominant-rezessiv vererbt werden und auf verschiedenen Chromosomen liegen. In der F2-Generation treten die beiden Merkmale dann im Phänotyp in der relativen Häufigkeit von 9:3:3:1 auf. Dieses Mal sind von der Mutter und dem Vater jeweils zwei Merkmale zu berücksichtigen (Augenfarbe und Haarfarbe), deshalb gibt es hier jetzt vier Zeilen und vier Spalten und 16 Quadrate. Auch dieses Beispiel zeigt uns, dass durch sexuelle Fortpflanzung und Rekombination während der Meiose neue Varianten von Gen-(Chromosom-)Kombinationen hergestellt werden.

Übrigens gilt das 9:3:3:1-Schema nicht, wenn die Merkmale nahe beieinander auf demselben Chromosom liegen, denn sie werden dann ja nicht unabhängig vererbt, sondern sind auf einem Chromosom »gekoppelt«. Benachbarte Gene werden umso häufiger gemeinsam vererbt, je näher sie zueinander auf einem Chromosom lokalisiert sind. Allerdings werden bei der geschlechtlichen Fortpflanzung nicht nur neue Chromosomenkombinationen erzeugt, sondern manchmal auch Teile von gleichen Chromosomen miteinander ausgetauscht – man nennt dies »Crossing-Over«. Aufgrund dieses Prinzips lassen sich sogenannte »genetische Karten« erstellen, die aufzeigen, wie nahe beieinander auf einem Chromosom bestimmte Merkmale angeordnet sind und ob Gene auch auf anderen Chromosomen lokalisiert sind. Darauf werde ich später noch genauer eingehen. Für den Moment kommt es darauf an zu verstehen, dass neue genetische Kombinationen, die durch sexuelle Fortpflanzung entstehen – also Rekombinationen –, oft wichtiger und weitaus häufiger sind als neue Mutationen.

0, A, B, AB und Premierminister Shinzo Abe

Zurück zu den Blutgruppen. In manchen Regionen der Welt werden mit Blutgruppen sogar bestimmte Charaktereigenschaften assoziiert, auch wenn dies wissenschaftlich völliger Humbug zu sein scheint. Besondere Blüten treibt der Blutgruppenkult in Korea und Japan. Dort gibt es Blutgruppenhoroskope, und bei der Partnersuche ist die Kompatibilität von Blutgruppen ein wichtiges Kriterium. Selbst Wahlkampf wird dort mit Blutgruppenzugehörigkeiten gemacht, der japanische Wikipedia-Eintrag für Premierminister Shinzo Abe enthält seine Blutgruppe (B). In Japan haben etwa 30,7 Prozent der Bevölkerung Blutgruppe 0, 17 der 32 Premierminister seit dem Zweiten Weltkrieg hatten ebenfalls diese Blutgruppe. Facebook hat in Japan sogar nach Blutgruppen analysiert, wer mehr Freunde hat, häufiger auf Facebook präsent ist oder fast nie etwas von sich dort preisgibt. Menschen mit Blutgruppe 0 sollen sozialer sein, solche mit A hingegen pünktlicher und ordentlicher. Die Auswüchse der Blutgruppenhysterie in Japan erscheinen aus mitteleuropäischer Sicht bizarr und reichen in viele Bereiche des privaten und öffentlichen Lebens hinein. Kinder werden auf dem Schulhof gehänselt, wenn sie die »falsche« Blutgruppe haben, und auch in Vorstellungsgesprächen wird nach der Blutgruppe gefragt. Bereits im Zweiten Weltkrieg wurde in Japan nach Soldaten mit der Blutgruppe 0 gesucht, denn sie galten als besonders zäh und stark. Dahinter steckten wohl durchaus eugenische Absichten der damaligen japanischen Regierung.

Diesen Ansatz übrigens, Soldaten nach echten oder vermeintlichen genetischen Prädispositionen zu sieben, gibt es beim Militär heute immer noch – und vielleicht bald noch mehr als in Japan zu Zeiten des Zweiten Weltkriegs. Viele Kriegsveteranen leiden nach traumatischen Kriegserfahrungen an PTSD, *Post-Traumatic Stress Disorder*, was hohe Folgekosten für psychotherapeutische Behandlungen oder Arbeitsunfähigkeit nach sich zieht. Daher versuchen Armeen wie die US-amerikanische (aber auch die deutsche), künftig mit genetischen Tests vorher abzuschätzen, wer für PTSD anfällig sein könnte. Es ist abzusehen, dass wohl bald nach solchen genetischen Kriterien ausgesucht wird, wer im Krieg wie und wo eingesetzt wird oder wer überhaupt als Soldat infrage kommt.

Die geografische Verbreitung von Blutgruppen zeigt in gewisser Weise auch auf, wer sich in der Vergangenheit mit wem gepaart hat, wie menschliche Populationen gewandert sind und welche medizinischen Vorteile einige Blutgruppen unter bestimmten Umweltbedingungen mit sich gebracht haben. Dieser Genfluss lässt sich auch anhand der Häufigkeit bestimmter Genvarianten nachvollziehen. Weil Blutgruppen erst 1901 identifiziert wurden, sind sie auch ein »vorurteilsfreier« Marker menschlichen Migrations- und Fortpflanzungsverhaltens. Denn die meisten Menschen, zumindest außerhalb Japans und Koreas, kennen ihre Blutgruppe nicht einmal und suchen auch keine Ehepartner nach diesem Kriterium aus. Die wohl häufigste Blutgruppe scheint 0 zu sein – besonders oft kommt diese unter den indigenen Bewohnern Nord- und Südamerikas vor. Aber auch die australischen Aborigines weisen zu über 60 Prozent die Blutgruppe 0 auf. Ebenso ist sie weit verbreitet im westlichen Europa, wo aber auch Blutgruppe A häufig ist.

Vom Vorteil, genetisch durchmischt zu sein

Mit Blut hängt auch vor allem eine in Afrika oft vorkommende Erbkrankheit zusammen, an der sich die Bedeutung des sogenannten Heterozygotenvorteils demonstrieren lässt. Bei der Sichelzellenanämie wird durch eine Punktmutation (von A zu

T an einer bestimmten Stelle) im Gen für Betaglobin eine Glutaminsäure durch eine Valin-Aminosäure ersetzt. Betaglobin ist eine Proteinkette, aus zweien davon und zwei Alphaglobinen ist Hämoglobin aufgebaut. Hämoglobin in den roten Blutkörperchen macht unser Blut rot, es dient dazu, Sauerstoff in der Lunge zu binden und durch den Blutstrom im ganzen Körper zu verteilen. Diese Mutation kann entweder nur die eine Sorte oder beide Betaglobine betreffen. Ersteres ist die mildere, heterozygote Form, Letzteres die schwere, homozygote Form der Sichelzellenanämie.

Der Effekt dieser Mutation ist, dass die Funktionsfähigkeit des für den Sauerstoff- und Kohlendioxidtransport im Blut verantwortlichen Hämoglobins reduziert wird und sich unter bestimmten Bedingungen, wie niedriger Sauerstoffkonzentration, sogar die Form der roten Blutkörperchen verändert. Sie bleiben nicht rund, sondern werden sichelförmig und tendieren dann dazu, kleine Blutgefäße zu verstopfen. Dies kann zu starken Schmerzen, Schlaganfall und anderen gesundheitlichen Problemen führen. Sichelzellenanämie verringert die Lebenserwartung erheblich; ein Drittel der Kinder mit dieser genetischen Krankheit stirbt in den ersten Lebensjahren.

Allerdings sind die Individuen mit heterozygoter Sichelzellenanämie, bei denen etwa ein Drittel aller roten Blutkörperchen zu Sichelzellen deformiert ist, besser vor Malaria geschützt, denn die Parasiten (Trypanosomen), die diese Krankheit verursachen, benötigen gesunde rote Blutkörperchen in ihrem menschlichen Wirt. Aa-heterozygote (A bezeichnet den gesunden Genotyp, a den Sichelzellen-Genotyp) Menschen sind resistenter gegen Malaria – ein Beispiel für den Vorteil eines heterozygoten Zustands, denn AA-homozygotische Menschen bekommen leichter Malaria, und aa-Individuen sterben früh an Sichelzellenanämie.

Der Selektionsdruck ist extrem hoch: Jedes Jahr erkranken 300 bis 500 Millionen Menschen an Malaria, Millionen sterben daran – davon etwa die Hälfte Kinder unter fünf Jahren.

Dies wiederum hat dazu geführt, dass in bestimmten Gegenden Afrikas ein Drittel aller Menschen Aa-heterozygot ist, während diese genetische Komposition in anderen Gegenden der Welt gar nicht vorkommt.

Die Sichelzellenanämie gilt daher als gutes Beispiel für den Heterozygotenvorteil (Heterosis). Der relativ hohe Anteil heterozygoter Menschen mit Sichelzellenanämie in afrikanischen Malariagebieten ist ein Beleg für die Vorzüge genetischer Variation. Außerhalb von Malariagebieten kommt diese Variante fast nicht vor, denn ohne den Selektionsdruck durch Malaria überwiegen die Nachteile dieses genetischen Defekts.[4] Umwelt und Genetik interagieren. So ist die Häufigkeit von Trägern dieser Mutation bei den Nachkommen der einstigen Sklavenpopulation in den USA im Vergleich zur Ursprungspopulation, hauptsächlich aus Westafrika, von etwa 4 auf unter 0,25 Prozent gefallen, denn in den malariafreien USA überwiegen die Nachteile dieser Mutation im Vergleich zu den Verhältnissen in Afrika, wo Malaria weit verbreitet ist. Sichelzellenanämie ist die häufigste genetische Krankheit der Welt – wohl wegen des Heterozygotenvorteils. Auch hier zeigt sich, dass die Umwelt neben den Genen eine ganz wichtige Rolle spielt, denn sie bestimmt, ob ein Merkmal oder eine Mutation von Vorteil oder von Nachteil ist und wie häufig Letztere deshalb vorkommt.

3
Erblichkeit oder warum Holländer so groß sind

Ein Merkmal – viele Gene

Wir haben uns bisher mit Beispielen beschäftigt, bei denen ein einziges Gen genügt, durch seine jeweilige Ausprägung ein Merkmal eines Lebewesens, etwa die glatte oder die schrumpelige Oberflächenbeschaffenheit von Erbsen oder die Art der Blutgruppe, zu verändern. Ein weiteres Beispiel ist die Evolution von Hunderassen, die wohl auch deshalb so schnell verlief, weil nur wenige Gene verantwortlich sind für sehr große äußere Unterschiede. So ist etwa die stark unterschiedliche Körpergröße von Hunden vor allem auf die Variation in einem einzelnen Gen, IGF1 (*Insulin-like Growth Factor*), zurückzuführen.[1] Neuere Analysen zeigten aber, dass eine Handvoll von Genen dabei eine Rolle spielt.[2]

Mit einer Genotyp-Phänotyp-Beziehung »1 Gen – 1 Merkmal« lassen sich die Prinzipien der Vererbung anschaulich erklären. Aber diese Art der Vererbung ist in der Natur eher nicht der Regelfall. Sie gibt es bei Krankheiten wie beispielsweise Chorea Huntington, die von Mutationen im HTT-Gen herrührt. Weitaus häufiger ist es jedoch eine Vielzahl von Genen, die die Ausbildung eines Merkmals beeinflussen, wenn auch nur in jeweils geringem Maße. Man nennt dies polygenetische Vererbung (Polygenität). Dies ist beispielsweise bei Intelligenz oder Körpergröße der Fall, aber auch bei vielen komplexen Krankheiten, etwa psychischen Erkrankungen wie Schizophrenie.

Viele Merkmale lassen sich nicht exakt in Kategorien – denken Sie an die Augenfarbe – einteilen, sondern sind innerhalb eines kontinuierlichen Spektrums zu verorten, eben wie Körpergröße oder Intelligenz: Zwischen groß und klein und klug und dumm liegen ja die meisten von uns. Denn nur so ist es verständlich, dass die Verteilung der Körpergrößen einer Gauß'schen Normalverteilung (Glockenkurve, Abb. 3.1) folgt und es nicht nur Menschen gibt, die genau 1,60, 1,75 oder 1,90 Meter groß sind. Francis Galton, ein Cousin zweiten Grades von Charles Darwin, erforschte diese Art und Weise der Vererbung als Erster systematisch. Er erkannte, dass »quantitative« Genetik typischer ist als die »Mendel'sche«.

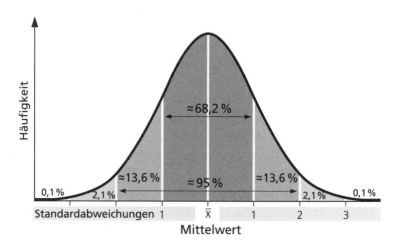

Abb. 3.1: Als Normalverteilung bezeichnet man eine durch die Überlagerung vieler Einflüsse entstandene Verteilungsform der Werte eines Merkmals. Wenn etwa die männliche Durchschnittsgröße in einer Population 1,75 Meter beträgt, darf man erwarten, dass ca. 68% aller Männer eine Körpergröße haben, die maximal eine Standardabweichung von diesem Mittelwert abweicht, und ca. 95% aller Männer innerhalb eines Bereichs von zwei Standardabweichungen liegen.

Polygenität triff im Übrigen auch auf die Augenfarbe zu, deren Bestimmung im Detail komplizierter ist, als es das Schema »braune Augen = dominant, blaue Augen = rezessiv« nahelegt. Die Effekte der einzelnen Gene addieren sich auf oder minimieren sich gegenseitig, und auch Umwelteinflüsse interagieren. Für jedes einzelne Gen treffen selbstverständlich die Mendel'schen Regeln weiterhin zu. Allerdings bedeutet eine komplexere polygenetische Grundlage auch, dass, anders als bei der simplen Mendel'schen Genetik, genauere statistische Prognosen für das Individuum nicht mehr so ohne Weiteres möglich sind. Die Vorhersagen der »quantitativen« Genetik gelten – und dies ist wichtig im Hinterkopf zu behalten – nur als Durchschnittswert für eine Population, sie beziehen sich also immer auf eine Anzahl von Individuen und nicht notwendigerweise auf *ein* Individuum. Man kann also je nach Grad der geschätzten Erblichkeit – übrigens eine dimensionslose Zahl zwischen 0 und 1 (die mit 100 multipliziert dann auch oft in Prozent ausgedrückt wird, also 0,55 ist gleich 55 Prozent) – einigermaßen genau Vorhersagen über »Männer wie Hans« machen, aber nicht unbedingt genau über Hans selber.

So ist der Einfluss der Genetik auf die Körpergröße komplizierter, als man gemeinhin vermutet.[3] Aufgrund der Forschungen des australischen Genetikers Peter M. Visscher schließt man, dass mindestens 180 Gene die Körpergröße eines Menschen mehr oder weniger stark beeinflussen.[4] Die Genetiker wissen aber oft nicht genau, um welche Gene es sich handelt, was einzelne Gene exakt tun oder welches Gen welchen Körperteil beeinflusst, zum Beispiel die Länge des Unterschenkels.[5] Die berechnete Zahl von 180 Genen bedeutet lediglich, dass man 180 Stellen auf verschiedenen Chromosomen im gesamten Genom des Menschen identifiziert hat, die einen messbaren, wenn auch kleinen Anteil der Variation in der Körpergröße erklären. Sie addieren sich in ihren jeweils kleinen Effekten zu einem messbaren Unterschied in der Körpergröße zwischen Individuen.

Oft kommen solche Ergebnisse heute durch sogenannte GWAS-Studien zustande. GWAS steht für *Genome-Wide Association Studies* (genomweite Assoziationsstudien). Dabei wird mit möglichst großen Stichprobenzahlen nach Beziehungen zwischen genetischen Varianten im gesamten Genom (auch Genotyp genannt) und dem Phänotyp, etwa der Körpergröße, gesucht. Es ist eine Methode, mit der man Gene im Menschen identifizieren kann. Auf diese Weise wurde auch das OR2M7-Gen als mögliche Ursache für das Spargelurinriechen identifiziert.

Erblichkeit und Umwelt

Wenn Genetiker von einer Erblichkeit (oder Heritabilität, Maß der Erblichkeit) beispielsweise der Intelligenz oder – unverfänglicher – der Körpergröße sprechen, dann meinen sie damit den Teil der Variation zwischen Menschen einer Population in einem Merkmal wie Körpergröße, der sich durch genetische Unterschiede erklärt und nicht durch Umwelteinflüsse. Dies heißt aber längst noch nicht, dass bekannt wäre, wie viele oder gar welche Gene zu dieser Erblichkeit beitragen. Erblichkeit muss nicht im traditionellen – und falschen – Kontext der Gene-versus-Umwelt-Denkweise (*nature* versus *nurture*) gesehen werden. Vielmehr hat jedes Merkmal immer eine Umwelt- und eine genetische Komponente. Diese beiden gegeneinander in Stellung zu bringen ist der falsche Ansatz. Es geht darum, die relative Stärke beider Komponenten und auch deren Interaktion (G[ene] x E[nvironment] genannt) – als »dritte Kraft« – unter bestimmten Umweltbedingungen und innerhalb einer bestimmten Population zu ermitteln. Es gilt also zu erkennen, dass alle Merkmale und Charakteristiken eines Organismus abhängig sind sowohl von der Erblichkeit als auch von der Umwelt, in der seine Genetik sich entfaltet und gemessen wird. Ein Gen kann nicht ohne eine Umwelt »angeschaltet« werden, und eine Umwelt kann sich nur im Rahmen der genetischen Aufmachung eines Organismus manifestieren.

Die genetische Variation zwischen einzelnen Organismen ist die Grundlage der Evolution, denn nur wenn es erbliche

Variation gibt, kann die Evolution in der Form der natürlichen Auslese selektieren. Was bedeutet, dass einige Varianten unter bestimmten Umweltbedingungen bessere Chancen haben, Fressfeinden, Krankheiten oder Parasiten zu entgehen, Paarungspartner zu finden und mehr Nachfahren zu hinterlassen als andere Varianten. Wenn sich diese Varianten als im evolutionären Sinn »fitter« erweisen, also mehr Nachfahren haben, dann werden in zukünftigen Generationen mehr und mehr Individuen diesen Varianten äußerlich ähnlicher sein als den nicht so »fitten«. Dies bedingt aber auch, dass die Ähnlichkeit von Eltern und Kindern eine genetische Basis hat. Charles Darwin war der Erste, der diese Puzzleteile für seine Theorie der Evolution durch natürliche Selektion zusammengesetzt hat. »Variation« war für ihn einer der zentralen Begriffe, während die Biologen vor ihm damit Probleme hatten, denn warum sollte beispielsweise ein perfekter Gott unterschiedliche und weniger »perfekte« Individuen einer Art erschaffen? Und obwohl Darwin nichts von Genetik wusste – Gregor Mendels Erkenntnisse wurden erst nach Darwins Tod bekannt und die Struktur der DNA erst fast 100 Jahre nach der Publikation von Darwins berühmtem Buch *Über die Entstehung der Arten* entdeckt –, so wusste er trotzdem, dass Nachfahren ihren Eltern ähnlicher sehen als anderen Individuen der gleichen Art. Dies ist die Grundlage sowohl der Evolution als auch einer Methode der Berechnung der Erblichkeit.

Grundsätzlich gilt: Je größer der Einfluss der Gene ist, je weniger also Umweltbedingungen eine Rolle spielen, desto höher ist auch die Erblichkeit. Wenn Umwelteinflüsse (wie Qualität der Nahrung, Temperatur, Bildung etc.) aber ein Merkmal stärker beeinflussen, dann bedeutet dies eine geringere Erblichkeit. Aber wie kann man die Erblichkeit messen? Dazu will ich drei Methoden beschreiben. In natürlichen Populationen hat man es typischerweise mit genetisch heterogenen Gruppen von Organismen zu tun, die auch für viele Gene heterozygot sind. Diese Genvarianten interagieren miteinander (sind zum Beispiel dominant oder rezessiv), oder Gene beeinflussen sich gegenseitig (man nennt das epistatische Effekte). Technisch ausgedrückt ist die Erblichkeit (im weiteren Sinne, *broad-sense heritability*, abgekürzt H^2) derjenige Teil der gesamten äußerlichen (phänotypischen) Variation einer Population (V_p), der durch die genetische Variation (V_g) erklärt wird, ausgedrückt im Verhältnis $H^2 = V_g/V_p$. Damit kann man den relativen Einfluss von Genen und Umwelt auf die Ausprägung individueller Unterschiede berechnen, beispielsweise durch den Vergleich von H^2 von Geschwistern und Halbgeschwistern oder ein- und zweieiigen Zwillingen. Ich will dies hier nicht im Detail vertiefen, aber man unterscheidet davon die Erblichkeit im engeren Sinne h^2, die nur die additive genetische Varianz (der Summe der Wirkung der einzelnen Gene) berechnet und die für Züchtungsversuche entscheidend ist.

Erblichkeit wird als Prozentzahl ausgedrückt. In anderen Worten: Erblichkeit ist ein Maß, anhand dessen quantitativ bestimmt werden soll, wie groß der Anteil der Variation eines Merkmals in einer Population ist, der durch genetische Faktoren bedingt ist. Historisch und im Alltagsverständnis drückt sich dies durch die Ähnlichkeit zwischen Eltern und deren Kindern aus. Größere Erblichkeit zeigt sich durch größere Ähnlichkeit, und geringere Ähnlichkeit impliziert eine geringere Erblichkeit.

Wie lässt sich dies nun quantifizieren, mit einer Zahl ausdrücken? Normalerweise kann man die drei Faktoren – Gene, Umwelt, Interaktion Gene/Umwelt – am einfachsten auseinanderdividieren, wenn man es mit genetisch identischen Organismen (eineiigen Zwillingen oder Klonen) zu tun hat oder mit Zuchtlinien von Pflanzen oder Tieren, die seit vielen Generationen ausschließlich untereinander gekreuzt wurden (denn so werden genetische Varianten eliminiert, und die Zuchtlinien sind genetisch homogener, also auch für mehr Gene homozygot). Denn nur dann wären festgestellte Unterschiede nicht durch genetische Differenzen zu erklären, sondern lediglich durch die anderen beiden Faktoren.

Beispielsweise kann man an Pflanzenklonen, die in unterschiedlichen Höhen an einem Berghang ausgesät werden, leicht beobachten, dass genetisch identische Pflanzen unterschiedlich groß werden. In je höherer Lage am Hang eine Pflanze wächst, desto kleiner gerät sie, während ein genetisch identischer Samen im Tal typischerweise eine größere Pflanze hervorbringt. Die Umwelt allein und deren Interaktion mit den Genen lassen also in diesem Fall genetisch identische Pflanzen ganz unterschiedlich aussehen.

Drei Methoden der Erblichkeitsberechnung

Erblichkeitsmessung durch Zwillingsstudien

Eineiige Zwillinge (EZ) stammen aus derselben befruchteten Eizelle, der Zygote, ab – deshalb werden sie auch monozygotische Zwillinge genannt. Sie haben immer das gleiche Geschlecht und sind genetisch identisch. Man könnte sie auch Klone nennen – genetisch gleiche Organismen. Dagegen resultieren zweieiige – dizygotische – Zwillinge (ZZ) aus zwei verschiedenen Eizellen und zwei verschiedenen Samenzellen. Sie müssen deshalb nicht das gleiche Geschlecht haben und teilen auch nur 50 Prozent ihrer Genvarianten (wie normale Geschwister), wachsen jedoch gleichzeitig in derselben Mutter heran und im selben Haushalt auf (sprich: in derselben Umwelt, deren Effekt wir deshalb ignorieren können). Aufgrund dieser Voraussetzungen sind Zwillinge beliebte Objekte von Erblichkeitsstudien.

Niemand wird bestreiten, dass Körpergröße eine bedeutende genetische Komponente, will heißen: Erblichkeit hat. Misst man die Körpergröße einer ganzen Reihe von EZ und ZZ, so stellt man erwartungsgemäß fest, dass die Unterschiede zwischen EZ kleiner sind als diejenigen zwischen ZZ. Die größere Ähnlichkeit der Körpergröße bei monozygotischen Zwillingen gegenüber derjenigen von dizygotischen Zwillingen erklärt sich durch die doppelt so große genetische Ähnlichkeit. Dieses Ergebnis lässt sich in Form einer Regression quantifizieren. Ausgehend von der Körpergröße eines EZ kann die Variation der Körpergröße seines Zwillingsgeschwisters mit oft über 90 Prozent Genauigkeit vorausgesagt werden, im Falle eines ZZ jedoch nur mit etwa 60 Prozent. Aus dem Unterschied dieser beiden Regressionen kann dann nach folgender Formel die Erblichkeit der Körpergröße berechnet werden:

$$h^2 = 2 \times (r\ EZ - r\ ZZ), \text{ also: } h^2 = 2 \times (0{,}9 - 0{,}6) = 0{,}6$$

Die Korrelation – man könnte es Prognosevermögen nennen – wird ausgedrückt im Korrelationskoeffizienten r. In unserem Beispiel beträgt er 0,9 für EZ und 0,6 für ZZ. Das Quadrat des Korrelationskoeffizienten wird auch Bestimmtheitsmaß R^2 genannt. Es gibt ungefähr an, welcher Prozentsatz der Streuung in einer Variablen die Streuung in der anderen Variablen erklärt. In unserem Beispiel der Körpergröße von eineiigen Zwillingen war der Korrelationskoeffizient mit 0,9 sehr hoch. Und $r \times r$, also $0{,}9 \times 0{,}9 = 0{,}81$, bedeutet, dass wir in diesem Beispiel über 80 Prozent der Variation in der Körpergröße durch genetische Faktoren erklären können (was ein weit höherer Wert ist als bei vielen anderen Merkmalen). Erblichkeit erklärt in diesem Fall also etwa 80 Prozent der Variation um die Durchschnittsgröße. Umgekehrt heißt dies auch, dass etwa 20 Prozent der Variation auf Umweltfaktoren (und Interaktionen zwischen Genen sowie Interaktionen zwischen Genen und Umwelt) zurückgehen. Die Bedingungen ihres Aufwachsens, ihrer Ernährung etc. haben also einen vergleichsweise geringen Einfluss auf ihre Körpergröße, denn diese hat ja eine starke genetische Komponente.

Bei der Geburt getrennte und in verschiedenen Umwelten aufgezogene eineiige Zwillinge wären der »Goldstandard« für die Erblichkeitsberechnung, denn die gemessenen Unterschiede bei diesen genetisch identischen Zwillingspaaren wären allein auf die Umwelt zurückzuführen. Die Ähnlichkeiten, beispielsweise in Körpergröße oder Intelligenz, ließen sich dann durch Gene, also Erblichkeit, erklären. Allerdings gibt es nicht sehr viele identische Zwillinge, die bei der Geburt getrennt wurden. Erwartungsgemäß sind eineiige Zwillinge, die in einem Haushalt leben, ähnlicher als getrennt aufwachsende. Bei diesen Zwillingspaaren lassen sich die Effekte von Umwelt oder Erziehung und Genetik nicht so ohne Weiteres voneinander trennen.

Alle Unterschiede zwischen getrennt aufgewachsenen eineiigen Zwillingen müssten auf Umwelteinflüsse und nicht auf genetische Unterschiede zurückzuführen sein. Es ist bemerkenswert, dass in Studien über getrennt aufgewachsene eineiige Zwillinge (EZ) fast identische Intelligenzquotienten ermittelt wurden. Was auf den ersten Blick für einen extrem hohen Grad der Erblichkeit von Intelligenz sprechen würde. Allerdings ist auch zu berücksichtigen, dass die Adoptivfamilien sich wohl nicht so stark voneinander unterscheiden, denn die Organisationen, die Adoptionen vermitteln, versuchen die Kinder an Familien zu geben, die den biologischen Herkunftsfamilien ähneln. Also war auch die Umwelt ähnlicher, was die Schätzung des Anteils der Erblichkeit fälschlicherweise erhöht. Dennoch, ohne zu viel vorwegzunehmen, kann ich hier schon verraten, dass Intelligenz eine hohe Erblichkeit hat.

Da zweieiige Zwillinge durchschnittlich nur 50 Prozent ihrer Genvarianten teilen, sind sie damit nur halb so eng verwandt oder genetisch ähnlich wie eineiige Zwillinge. Deshalb kann eine Analyse der Ähnlichkeiten (zwischen eineiigen und zweieiigen Zwillingen) in einem Merkmal wie beispielweise Intelligenz helfen, zwischen dem Einfluss von Genen und demjenigen der Umwelt zu unterscheiden. Der Vergleich von eineiigen und zweieiigen Zwillingspaaren, die unter ansonsten gleichen Umweltbedingungen zusammen oder getrennt aufgezogen wurden, ist daher im Hinblick auf Erblichkeit besonders aussagekräftig.

Züchtungsexperimente

Pflanzen lassen sich aus ethischen Gründen experimentell leichter manipulieren. Zuchtexperimente an Pflanzen oder Tieren stellen die zweite Methode dar, die Erblichkeit bestimmter Merkmale oder Eigenschaften zu messen. In einer kontrollierten Umwelt (um den Effekt der Interaktion zwischen Genen und Umwelt zu minimieren), etwa einem Gewächshaus, werden in unserem Beispiel (Abb. 3.2) Bohnen gezüchtet. Es sollen besonders hohe Bohnenstauden werden. Dabei soll die Elterngeneration (P-Generation) eine Normalverteilung um einen Mittelwert von beispielsweise 1,00 Meter Höhe haben. Der Züchter wählt aus dieser Elterngeneration besonders große Bohnen aus, die einen höheren Mittelwert von angenommen 1,50 Meter Höhe aufweisen. Diese Differenz der beiden Mittelwerte ist die sogenannte Selektionsdifferenz S (Abb. 3.2). In der nächsten Generation (F-Generation) sind die Bohnen dann im Durchschnitt größer als in der vorherigen (sagen wir: 1,25 Meter), der Unterschied zwischen dem Mittelwert der Filial- (1,25 Meter) und dem der Elterngeneration (1,00 Meter) wird dann Selektionserfolg (R) genannt (Abb. 3.2). Dieser Züchtungserfolg ist möglich, weil die Höhe der Bohnen eine große erbliche Komponente hat.

Die Erblichkeit in Züchtungsstudien ist der Quotient R/S, in diesem Beispiel also 50 Prozent. Die Formel h^2 = R/S wird auch Züchterformel genannt und sagt den zu erwartenden Züchtungserfolg vorher. Allein aus der Ähnlichkeit von Verwandten in Züchtungsexperimenten lässt sich also die Erblichkeit errechnen. Je größer die Erblichkeit ist, desto schneller, das heißt in umso weniger Generationen sollte das erwartete Züchtungsergebnis erreicht werden können. Je ähnlicher sich die Bohnen von Eltern- und Filialgeneration bezüglich ihrer Größe sind, desto größer ist der genetische Beitrag zur Variation in dieser Population. Empirisch wird ab etwa 45 Prozent von einer hohen Erblichkeit gesprochen.

Setzt man die Zucht mit allen Bohnen der F-Generation fort, so werden die Bohnen der übernächsten Generation allerdings im Durchschnitt wieder kleiner sein (als 1,25 Meter) und sich dem ursprünglichen Mittelwert der Elterngeneration wieder annähern. Francis Galton nannte dies einen Regress, man spricht deshalb auch von Regression.

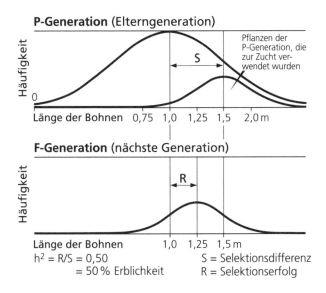

Abb. 3.2: Prinzip der Erblichkeitsberechnung in einem Züchtungsexperiment. Um größere Bohnen zu züchten, werden aus der Elterngeneration (P-Generation) Pflanzen ausgewählt, die hinsichtlich ihrer Größe einen höheren Mittelwert haben (kleinere Glockenkurve der oberen Abbildung). Der Mittelwert der daraus gezüchteten Pflanzen (untere Abbildung) wird zwischen dem der gesamten P-Generation und dem der zur Zucht verwendeten Bohnen der P-Generation liegen. Aus dem Verhältnis von Selektionserfolg (R) und Selektionsdifferenz (S) lässt sich die Erblichkeit berechnen.

Ähnlichkeiten zwischen Eltern und Kindern

Oft lassen sich solche kontrollierten Experimente wie hier mit den Bohnen nicht an allen Arten durchführen, aus ethischen Gründen natürlich auch nicht beim Menschen. Bei diesem bietet sich zur Erblichkeitsmessung neben dem bereits aufgeführten Vergleich von ein- und zweieiigen Zwillingen die Korrelation zwischen Phänotypen von Eltern und Kindern sowie von Geschwistern und Halbgeschwistern an. Bei dieser dritten Methode der Erblichkeitsberechnung vergleicht man das Merkmal in einer Population von Eltern mit dem in der Population ihrer Kinder.

In natürlichen Populationen ist es schwierig, die Umwelteinflüsse konstant zu halten oder ein Zuchtexperiment zu machen. Aber man kann mithilfe von Kennzeichnung, etwa indem man in einer Vogelpopulation Individuen in Nestern beringt, die Erblichkeit messen, beispielsweise Schnabelbreite, Flügelspannweite oder auch Eierzahl pro Nest. Die entsprechenden Messwerte werden typischerweise für beide Elternteile und ihre Kinder erfasst. Anschließend berechnet man in einer Art Verwandtenkorrelation den Mittelwert beider Eltern sowie denjenigen aller ihrer Nachkommen und trägt diese Daten für möglichst viele dieser Eltern-Kinder-Paare in ein Koordinatensystem ein (Abb. 3.3). Aus der daraus entstehenden Punktewolke ergibt sich als beste lineare Annäherung eine Gerade – die sogenannte Regressionsgerade, aus der sich die Regression ablesen lässt. Je steiler die Regressionslinie ist, desto erblicher ist das Merkmal. So misst man die Abhängigkeit einer Variablen (zum Beispiel durchschnittliche Intelligenz oder Schnabelbreite) von einer anderen Variablen (etwa von der durchschnittlichen Intelligenz der beiden Elternteile oder von der durchschnittlichen Schnabelbreite von Vogelkindern). Daraus kann dann abgeschätzt werden, wie hoch die Erblichkeit dieses Merkmals ist, wie groß also der relative Einfluss von Genen und Umweltfaktoren ist. Liegen die Mitt-Eltern- und Mitt-Kinder-Messpunkte für ein Merkmal breit verstreut (siehe A in Abb. 3.3), ist die Erblichkeit nur gering (hier nur etwa 10 Prozent). Abbildung 3.3 (B) spiegelt eine sehr hohe Erblichkeit von etwa 90 Prozent wider, denn die Schnabelbreite der Vogeleltern lässt sehr genaue Vorhersagen über die Schnabelbreite ihrer Vogelkinder zu.

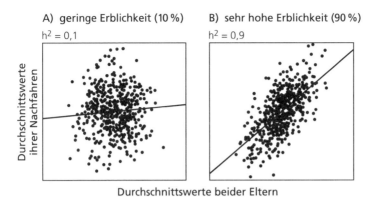

Abb. 3.3: Prinzip der Erblichkeitsberechnung durch Regression des Mittelwerts der Eltern und deren Nachkommen. Für ein bestimmtes Merkmal (z.B. Schnabelbreite bei Vögeln) werden die Mittelwerte der Eltern-Kinder-Paare in ein Koordinatensystem eingetragen. Aus der Punktewolke gewinnt man als beste lineare Annäherung die sogenannte Regressionsgerade, aus deren Steigung sich die Erblichkeit (h^2) ablesen lässt.

Eine geringe Erblichkeit bedeutet, dass man das Aussehen der Kinder nicht genau vorhersagen kann, auch wenn dasjenige der Eltern bekannt ist. Bei einer hohen Erblichkeit jedoch ist eine präzisere Prognose möglich. Allerdings ist zu berücksichtigen, dass selbst bei einer sehr hohen Erblichkeit von 90 Prozent (Abb. 3.3, rechts) immer noch eine relativ große Streuung der gemessenen Werte beobachtet wird – will sagen, dass selbst in diesem Fall die Kindergeneration nicht völlig der Elterngeneration gleicht. Selbst bei einer Erblichkeit von 100 Prozent gleichen Kinder nicht zu 100 Prozent den Eltern. Weil viele verschiedene Gene zum gesamten Phänotyp beitragen und die Wahrscheinlichkeit für jede Genvariante, von einem Elternteil auf ein Kind vererbt zu werden, nur 50 Prozent beträgt, werden die Kombinationen von Genvarianten von Generation zu Generation neu vermischt. Dieser Aspekt trägt also dazu bei, dass es überraschend große Unterschiede zwischen Geschwistern geben kann, selbst bei Merkmalen mit hoher Erblichkeit.

Man weiß bei diesen drei Arten von Erblichkeitsberechnungen immer noch nicht, welche und wie viele Gene involviert sind oder wie sie genau mit der Umwelt interagieren. Es wird lediglich errechnet, in welchem Ausmaß die gesamte Variation etwa der gemessenen Schnabelweiten aller Jungvögel durch genetische Effekte (genauer: additive genetische Effekte, die für die Ähnlichkeit von Kindern zu ihren Eltern verantwortlich sind) zu erklären ist. Es ist, wie bereits erwähnt, eine Populationsschätzung, sie bezieht sich nicht unmittelbar auf das Individuum, sondern sagt nur mehr oder weniger genau, abhängig von der Erblichkeit, den Durchschnitt aller Nachfahren eines Elternpaares voraus. Oft hat die Erblichkeit von Merkmalen, die mit Anpassungen an die Natur zu tun haben, nur relativ geringe Erblichkeiten von 10 bis 20 Prozent.

Exaktheit von Erblichkeitsberechnungen

Bei all diesen Erblichkeitsberechnungen muss man im Hinterkopf behalten, dass sie mit Fehlern und Ungenauigkeiten behaftet sind, die eventuell mit zu geringen Stichprobenzahlen oder einer ungenauen Messung des Phänotyps zu tun haben. Ebenso ist zu bedenken, dass diesen Berechnungen immer bestimmte Annahmen zugrunde liegen. Und je nach Studie sind diese mal mehr, mal weniger zutreffend. Beispielsweise geht man bei Studien, in denen ein- und zweieiige Zwillinge verglichen werden, davon aus, dass diese in der gleichen Umwelt aufwachsen. Dies trifft wohl auch in den meisten Fällen zu, und dann wäre es gerechtfertigt, die Unterschiede zwischen diesen Zwillingspaaren genetisch zu erklären.
Allerdings hat sich erwiesen, dass schon die Reihenfolge bei der Geburt eine Rolle spielen kann. Auch sind die vorgeburtlichen Umweltbedingungen nie ganz gleich. Wir wissen heute, dass sich mikrobielle Unterschiede bereits vor der Geburt entwickeln können. Die Zusammensetzung der Bakteriengemeinschaft, die in oder auf unserem Körper wachsen, hängt auch davon ab, ob ein Kind auf natürlichem Weg geboren und so

von der Mutter mikrobiell »geimpft« wurde oder ob es per Kaiserschnitt zur Welt kam und es dann nicht dem gesamten Mikrobiom, der Gesamtheit aller Mikroorganismen des Geburtstraktes der Mutter, ausgesetzt war. Die Mutter hat es auch in der Hand, ein Baby mehr zu umsorgen als ein anderes, sowohl vor als auch nach der Geburt. Diese Gesichtspunkte kann man unter der Rubrik »maternale (mütterliche) Faktoren« zusammenfassen.

All dies hat zur Folge, dass Erblichkeitsschätzungen immer nur mehr oder weniger genau sein können. Unterschiedliche Umweltbedingungen erschweren ebenfalls die Erblichkeitsberechnung. Das zeigt sich zum Beispiel bei der Erblichkeit von Intelligenz. Intelligenz, wenn sie vor der Pubertät gemessen wird, scheint weniger erblich zu sein, als wenn sie nach der Pubertät gemessen wird. Es klingt zunächst paradox, dass Erblichkeit der Intelligenz mit dem Alter zunehmen sollte. Das hat verschiedene Gründe, etwa dass das Gehirn in der Pubertät hormonell bedingt stark modifiziert wird oder dass bei kleinen Kindern Intelligenz weniger genau gemessen werden kann. Wenn schon die Messung des Phänotyps mit Fehlern behaftet ist, wird dies in einer geringeren Erblichkeitsschätzung resultieren. Dass Erblichkeitsschätzungen von Intelligenz bei alten Menschen genauer sind als bei Kindern, zeigt eben auch, dass man sich eher auf die gemessenen Daten von älteren Probanden verlassen kann als auf die von präpubertären Kindern.

Ferner hat eine Reihe von Umweltfaktoren, wie etwa der Ernährungszustand, Einfluss auf viele Merkmale, inklusive Intelligenz. Allein Jodmangel in vielen Gegenden der Welt wirkt sich sehr negativ auf die Intelligenz von Kindern aus, er kann den gemessenen Intelligenzquotienten um 10 oder sogar 15 Punkte senken. Man darf sich aber nicht-genetische Faktoren nicht nur als ungefilterten Einfluss der Umwelt vorstellen, sondern auch als Interaktion von Umwelt mit Genen. Generell erwartet man unter schlechten Umweltbedingungen eine geringere Berechnung der Erblichkeit als unter besseren, weil das gesamte genetische Potenzial unter Letzteren umfassender abgerufen wird als unter Ersteren.

Selbst die Annahme, dass zweieiige Zwillinge zu 50 Prozent genetisch identisch sind, ist lediglich eine statistische Aussage. Das bedeutet, dass es um diesen erwarteten Wert von 50 Prozent herum auch Schwankungen gibt. Die Standardabweichung ist in diesem Fall etwa 4 Prozent, aber es gibt auch Fälle, in denen zweieiige Zwillinge nur zu 40 Prozent identisch sind oder auf der anderen Seite des Spektrums zu mehr als 50 Prozent. Mit genetischen »Tricks« können Mütter und Väter sich ihre Kinder ähnlicher machen. Die Gene der Eltern ziehen dabei nur bedingt an einem Strang und versuchen die Gene des Fortpflanzungspartners zu unterdrücken. Man nennt diesen Mechanismus *genomic imprinting* – dabei stellt sich heraus, dass die Genkopie der Mutter und die des Vaters nicht immer gleichberechtigt sind. Und bei einigen genetischen Krankheiten spielt es eine Rolle, ob eine genetische Variante von der Mutter oder vom Vater kommt. Das sind aber Spezialfälle, auf die ich später noch genauer eingehen werde.

Normalverteilung, Mittelwert und Varianz

Kommen wir zu Statistischem: Nehmen wir an, dass die durchschnittliche Körpergröße aller Männer in Polen 1,75 Meter beträgt, diejenige aller Frauen 1,65 Meter. Der Mittelwert $\bar{x}$ (Abb. 3.1) wird errechnet, indem alle Körpergrößen summiert werden und die Summe durch die Anzahl der gemessenen Teilnehmer geteilt wird.

Die gemessenen Körpergrößen verteilen sich dann so, dass die meisten Männer und Frauen in etwa die durchschnittliche Körpergröße haben und immer weniger Individuen sehr viel größer oder kleiner sind als der Durchschnitt. Man kann diese Verteilung der Körpergrößen von Männern und Frauen als Variation um den geschlechtsspezifischen Mittelwert einer bestimmten Population darstellen (Abb. 3.1). Die entsprechende symmetrische glockenförmige Kurve nennt man Gauß'sche Normalverteilung, die Streuung um den Mittelwert wird in der Form der Varianz beschrieben. *Eine* Standardabweichung (abgekürzt σ oder empirische SD, *standard deviation*) ist die Quadratwurzel aus der Varianz. Der auf das Universalgenie Francis Galton zurückgehende Begriff »Standardabweichung« beschreibt so die Streuung der gemessenen Werte, in diesem Fall der Körpergrößen, um den Mittelwert. In unserem Beispiel fallen etwa 68,2 Prozent der gemessenen Körpergrößen in diesen Bereich (+/− 1 SD um den Mittelwert, Abb. 3.1). Wenn ein Mensch zwei Standardabweichungen vom Mittelwert nach oben oder unten größer oder kleiner ist, dann gehört er zu den je etwa 2,1 Prozent größten oder kleinsten Individuen in dieser Population. Ein bestimmter Mittelwert reicht also aus, dass man unter der Annahme einer Normalverteilung vorhersagen kann, wie viele Individuen nach rechts oder links vom Mittelwert abweichen und wie viele Menschen in diesem Fall eine bestimmte Körpergröße haben.

Hinsichtlich vieler biologischer Phänomene ist die Gauß'sche Normalverteilung eine zu erwartende Verteilung der Merkmale um einen Mittelwert herum. Aber nicht immer entspricht die Verteilung der Variationen genau dieser Kurve. Manchmal gibt es mehr »Außenseiter«, die ganz links oder ganz rechts des Mittelwerts liegen, manchmal weniger. Beim Intelligenzquotienten beispielsweise ist bei Männern die Variationsbreite um den Mittelwert herum größer als bei Frauen. Salopp gesprochen – nach dem Kognitionswissenschaftler Steven Pinker – heißt das: Es gibt unter Männern ein paar Genies mehr als unter Frauen, aber am anderen Ende des Spektrums eben auch mehr männliche Idioten als weibliche.

Warum Rennpferde nicht schneller werden

Es ist ein fundamentales Prinzip der Evolution, dass nur selektiert werden kann, was auch eine erbliche Komponente hat – denken Sie zurück an die Zuchtexperimente mit den Bohnen. Nur dann kann sich der Mittelwert über Generationen hinweg verändern. Je höher die erbliche Komponente ist, desto schneller kann sich eine Population ändern. Also ist Variation, die zumindest zum Teil erblich sein muss, eine Voraussetzung für Selektion und Evolution, und ohne sie könnte auch keine Erblichkeit berechnet werden. Wenn etwa alle Individuen einer Population im Hinblick auf ein bestimmtes Merkmal identisch und diesbezüglich keine genetischen Variationen vorhanden wären, dann wäre auch die Erblichkeit null, und dies, obwohl alle Menschen diese Eigenschaft hätten. Dies trifft beispielsweise auf die Anzahl der Finger zu. Dieses Merkmal ist genetisch vorgegeben. Weil keine Variation vorhanden ist, würde durch die übliche Berechnungsart keinerlei Erblichkeit festgestellt werden können. Alle Inuit haben die gleiche schwarze Haarfarbe, es scheinen überhaupt keine Genvarianten mehr für andere Haarfarben in dieser Population vorhanden zu sein. So ergibt dann paradoxerweise die Kalkulation der Erblichkeit den Wert 0, obwohl die Haarfarbe selbstverständlich stark genetisch bedingt ist.

Die Berechnung von Erblichkeit ist also auch abhängig von der Population und deren genetischen Variationen. Daher kann die Erblichkeit eines Merkmals von Population zu Population theoretisch unterschiedlich sein, obwohl die praktisch gemessene Erblichkeit oft sehr ähnlich oder sogar gleich ist. Erblichkeit wird daher immer nur innerhalb einer Population berechnet, und zwar unter möglichst genau festgelegten und gleichen Umweltbedingungen. Lassen Sie mich das anhand eines Beispiels aus dem Pferdesport erläutern, das ich von meinem Kollegen Steve Jones geborgt habe. Im Pferderennsport sind die Champions unter den Pferden, insbesondere auch ihr Samen, sehr viel Geld wert. Man sollte erwarten, dass schnelle Pferde auch schnelle Abkömmlinge haben, die ihren Besitzern viel Geld in Form von Rennsiegen und verkäuflichem Samen einbringen. Nun sollte man ferner annehmen, dass, wenn es um so viel Geld geht, die Pferde immer schneller werden, denn es werden ja die schnellsten gezüchtet. Kurioserweise sind Pferde jedoch nicht schneller geworden. So wurden etwa die 1973 in New York (Belmont Stakes) und im Kentucky Derby aufgestellten Rekorde des sagenumwobenen Pferdes »Secretariat« nach über vierzig Jahren immer noch nicht übertroffen. Was ist die Ursache hierfür?

Man könnte im Prinzip die Erblichkeit bei Rennpferden berechnen, indem man die Schnelligkeit der Eltern unter bestimmten, möglichst kontrollierten und konstanten Laufbedingungen misst und sie dann mit derjenigen der Nachkommen korreliert. Dabei stellt sich heraus, dass die geschätzte Erblichkeit bestimmter Laufeigenschaften auf trockenen Böden höher ist (etwa 35 bis 40 Prozent) als diejenige unter anderen, etwa nassen Bedingungen, wo die Erblichkeit nur bei etwa 10 Prozent zu liegen scheint. Merkwürdig – Erblichkeit ist doch immer Erblichkeit, oder? Das Rätsel löst sich auf, wenn man sich vergegenwärtigt, dass bei solchen Messungen die Umweltkomponente – verschiedene Jockeys, konkurrierende Pferde, Wetter etc. – möglichst konstant gehalten werden sollten, was aber unter echten Rennbedingungen und unvorhersehbaren Laufbedingungen, etwa auf nassem Boden, kaum möglich ist.

Außerdem machen es sich die Pferdezüchter absichtlich (aber unbewusst) durch Handicapping schwerer, schnellere Pferde zu züchten. Sie ziehen für ihre Zuchtentscheidungen Parameter wie Rennerfolge und Preisgelder heran, anstatt dass sie sich auf besser messbare physische Merkmale wie Höchstgeschwindigkeit etc. verließen. Diese Selektionskriterien sind fragwürdig, weil im Pferdesport besonders schnelle Pferde ein besonders hohes Handicap zugewiesen bekommen. Sie müssen zusätzlich zum Jockey Gewichte tragen, die je nach Konkurrenzlage unterschiedlich schwer sind, und werden auf diese Weise absichtlich langsamer gemacht. Der Grund dafür ist, dass die Wettmacher bei Pferderennen mehr Geld verdienen, wenn die Fähigkeiten und Chancen der Pferde ausgeglichener sind und es daher schwerer vorherzusagen ist, welches Pferd ein Rennen gewinnen wird. Dies bedeutet, dass der Zufall eine größere Rolle spielt hinsichtlich Sieg und Niederlage und damit auch Zuchterfolg. Die verwendeten Zuchtkriterien sind also im Hinblick auf die Herauszüchtung von Schnelligkeit wenig sinnvoll. Das ist auch zum Teil die Erklärung dafür, dass Rennpferde in den letzten vier Jahrzehnten nicht schneller geworden sind.

Erblichkeit von Körpergröße

Zurück zum Menschen und der Berechnung der Erblichkeit. Im Hinblick auf die Körpergröße ist es offensichtlich sinnvoll, sie nur zu messen, wenn die Menschen erwachsen sind und nicht mehr weiterwachsen werden. Das Wachstum hört im Alter von etwa 18 bis 20 Jahren auf. Jungen und Mädchen wachsen jedoch nicht in allen Phasen ihrer Jugend gleich schnell. Mädchen fangen früher an, vor der Pubertät, und machen anschließend nochmals einen Wachstumsschub durch, wogegen Jungen nach der Pubertät noch länger weiterwachsen. Dies ist auch ein Grund dafür, dass Jungen größer sind als Mädchen, denn sie wachsen später noch nach.

Interessanterweise steigt daher hinsichtlich der Körpergröße die Erblichkeit mit dem Alter, ähnlich wie bei der Intelligenz und bei vielen anderen Merkmalen. Es ist was dran an der Volksweisheit, sich die künftige Schwiegermutter vor der Hochzeit genau anzusehen, denn so wird die Braut im Alter möglicherweise auch sein und aussehen – Gleiches gilt wohl auch für den Bräutigam und den Schwiegervater.

Im 20. Jahrhundert hat die Körpergröße der Menschheit stark zugenommen. In Europa sind die Menschen im Durchschnitt etwa 1 Zentimeter pro Jahrzehnt größer geworden – mit Unterbrechungen des Trends während der beiden Weltkriege. Das heißt jedoch nicht, dass sich die Erblichkeit von Körpergröße in diesem Zeitraum verändert hat (was theoretisch durchaus möglich wäre), vielmehr ist sie seit den ersten Messungen vor rund hundert Jahren mit etwa 80 Prozent gleich geblieben.[6] Die gewachsene Körpergröße zeigt eher an, dass Umwelteinflüsse mit dazu beigetragen haben, dass sich das genetische Potenzial stärker »auswuchs«. Es wäre auch denkbar – allerdings gibt es nur widersprüchliche oder sehr wenig Evidenz[7] dafür –, dass größere Männer mehr Nachfahren zeugten als kleinere und aus diesem Grund in den vier, fünf Generationen des 20. Jahrhunderts mehr große Kinder geboren wurden. Jedoch hat eine Reihe anderer Faktoren diesen Trend begünstigt: steigende Einkommen, bessere Ernährung, weniger Umweltstressoren (was zum Teil auch für eine frühere Pubertät bei Mädchen verantwortlich gemacht wird).

Die Erblichkeit von Körpergröße liegt in den meisten menschlichen Populationen zwischen 60 und 80 Prozent, demzufolge können also 20 bis 40 Prozent der Variation auf Umwelteinflüsse, in diesem Fall hauptsächlich auf bessere Ernährung, zurückgeführt werden. Dabei gilt es zu berücksichtigen, dass die Umwelt bei ärmeren menschlichen Populationen eine größere Rolle spielt als bei reicheren, weil deren genetisches Wachstumspotenzial nicht durch schlechte Ernährung vermindert wird. Schlechtere Umweltbedingungen haben dann auch weniger exakte Erblichkeitsschätzungen zur Folge.

Dass die Umwelt, vor allem die Ernährung, eine wichtige Rolle beim Auswachsen des genetischen Potenzials spielt, zeigt sich bei Kriegsgenerationen, aber auch wenn arme, schlecht ernährte Menschen in eine reichere Umgebung kommen. Es gibt drei besonders wichtige Wachstumsphasen: im Babyalter, zwischen sechs und acht Jahren und in der Pubertät. Wenn in diesen Wachstumsphasen essenzielle Nährstoffe nicht ausreichend oder gar nicht zur Verfügung stehen, wächst der Körper nicht so, wie er es genetisch könnte. Solche Menschen sind dann einige Zentimeter kleiner.

Ferner gibt es bei Erblichkeit ethnische Variablen: So wurden etwa für Chinesen und Afrikaner geringere Erblichkeiten von Körpergröße ermittelt (65 Prozent). Interessanterweise ist auch bei Frauen die Erblichkeit von Körpergröße generell kleiner als bei Männern. Laut einer Vergleichsstudie in acht reichen westlichen Ländern, die auf Daten von Zwillingen beruht, beträgt der Wert für die genetische Komponente von Körpergröße – je nach Modell zur Berechnung der Erblichkeit – 0,68 bis 0,84 bei Frauen, jedoch 0,87 bis 0,92 bei Männern.[8] Bisher lassen sich die geringere Erblichkeit von Körpergröße bei Frauen wie auch deren geringere Größe – Frauen sind im Durchschnitt in allen menschlichen Populationen mindestens 6 bis 7 Zentimeter kleiner als die durchschnittlichen Männer ihrer Population, obwohl sie auch eine Reihe von Genvarianten haben, die sie größer machen sollten – nicht eindeutig erklären. Denn warum sollte die Umwelt bei Frauen diesbezüglich eine größere Rolle spielen als bei Männern?

Bei einem 185 Zentimeter großen australischen Mann, der 7 Zentimeter größer ist als im Landesdurchschnitt, würde das beispielsweise bedeuten, dass 80 Prozent dieser zusätzlichen 7 Zentimeter – also 5,6 Zentimeter – genetisch bedingt, die restlichen 20 Prozent – also 1,4 Zentimeter – auf Umwelteinflüsse wie Lebensstil und Nahrung zurückzuführen sind. Diese Zahlen erlauben auch eine relativ genaue Vorhersage der Körpergröße von Kindern. Nehmen wir als Beispiel ein finnisches Paar. In dessen Land beträgt die Erblichkeit der Körpergröße 78 Prozent bei Männern und 75 Prozent bei Frauen, die durchschnittliche Größe von Männern 176 Zentimeter, von Frauen 172 Zentimeter. Bei den Kindern eines 185 Zentimeter großen Finnen und einer 175 Zentimeter großen Finnin wäre nun zu erwarten, dass die Söhne durchschnittlich $0,78 \times [(185 - 176) + (176 - 172)] / 2 = 5,1$ Zentimeter und die Töchter $0,75 \times [(185 - 176) + (176 - 172)] / 2 = 4,8$ Zentimeter größer sind als die durchschnittlichen Landsleute. Die Söhne sollten dann im Durchschnitt 176 + 5,1 = 181,1 Zentimeter, die Töchter 172 + 4,8 = 176,8 Zentimeter groß sein.

Aber dies sind nur die statistisch zu erwartenden Körpergrößen, die tatsächlichen können, innerhalb der zu erwartenden statistischen Werte, auch davon abweichen. Ebenso ist es denkbar, dass die Kinder noch größer werden, denn die oben genannten Zahlen haben zur Voraussetzung, dass die Umweltbedingungen in der Elterngeneration die gleichen sind wie in der Generation der Kinder. Wenn Kinder durch bessere Ernährung in bestimmten Wachstumsphasen, insbesondere vor der Pubertät, mehr Protein, Kalzium und auch Vitamin A und D bekommen, als es die Elterngeneration zur Verfügung hatte, darf man erwarten, dass die Kinder noch größer werden.

Regression zur Mitte, Selektion und Messfehler

Aus dem oben angeführten Beispiel ergibt sich, dass Kinder von überdurchschnittlich großen Eltern voraussichtlich kleiner sein werden als diese selbst, aber größer als der Durchschnitt. Haben Sie da gestutzt? Schon Francis Galton sprach von der »Tendenz (oder Regression) zum Mittelwert oder zur Mittelmäßigkeit«. Denn es gibt den nicht intuitiven Trend, dass die Nachfahren immer wieder zum Durchschnittswert der Population tendieren. Dies bedeutet, dass Kinder überdurchschnittlich großer Eltern eher kleiner als diese »ausfallen«, während die Kinder kleinerer Eltern durchaus größer als diese werden können und sich ebenfalls dem Durchschnitt annähern. Warum können Kinder kleiner sein, selbst wenn sie überdurchschnittlich große Eltern haben? Dies hat wieder mit der Durchmischung der verschiedenen Varianten eines Gens bei der Fortpflanzung durch Rekombination zu tun. Von den vielleicht 180 verschiedenen genomischen Regionen, die zur Körpergröße beitragen, werden einige Varianten der beteiligten Gene das Individuum größer, andere es wiederum kleiner werden lassen. Die Karten (Allele) werden neu gemischt – ein Sohn kann also kleiner werden als seine Eltern, wenn er in der Ei- oder der Samenzelle, aus denen er entstanden ist, zufälligerweise die für die kleinere Körpergröße zuständigen Genvarianten in Überzahl zugeteilt bekommen hat.

Diese Durchmischung in jeder Generation bedeutet jedoch nicht, dass man nicht nach Körpergröße selektieren könnte. Will man besonders große Fische für ein Aquakulturprojekt züchten, misst man zuerst die Größe einer Ausgangspopulation. Die würde eine bestimmte Durchschnittsgröße haben und typischerweise eine Normalverteilung um einen Mittelwert herum. Wenn man nun nur die Fische zur weiteren Zucht verwendet, die überdurchschnittlich groß sind, dann haben diese Zuchtfische natürlich auch einen höheren Mittelwert hinsichtlich ihrer Körpergröße. Innerhalb der nächsten Generation von Fischen, bezogen auf die gesamte Population, wird der durchschnittliche F1-Fisch kleiner sein als die Nachkommen der zur Zucht verwendeten P-Fische – immer vorausgesetzt, dass sie unter gleichen Bedingungen gezüchtet wurden. Dies wurde schon beim Zuchtexperiment mit den Bohnen erklärt. Dabei kann erwartet werden, dass der Mittelwert der F1-Generation etwas über dem Mittelwert der ursprünglichen gesamten Elterngeneration liegt.

Züchter setzen dieses Prinzip der künstlichen Selektion ein, um Kühe oder Hühner zu züchten, die mehr Milch geben oder mehr Brustfleisch haben. Je selektiver der Züchter vorgeht, also je weiter die Zuchttiere vom Mittelwert des Durchschnittstiers entfernt sind und je größer die Erblichkeit eines Merkmals ist, desto schneller (das heißt in desto weniger Generationen) und desto stärker verändert sich der Mittelwert von einer Generation zur nächsten.

Allerdings wird dieser Effekt immer wieder von zufälligen Ereignissen beeinflusst, wie etwa der Verteilung (und zusätzlichen Effekten) der Genvarianten, die beispielsweise für viel

Brustfleisch verantwortlich sind, bei der nächsten Generation. Außerdem muss Erblichkeit nicht unbedingt von Generation zu Generation konstant bleiben. So zeigte sich, dass die Erblichkeit von Milchproduktion bei Kühen von etwa 25 Prozent vor einigen Jahrzehnten auf etwa 40 Prozent heute angewachsen ist. Dies kann damit zu tun haben, dass sich die Varianzen aller drei Komponenten der Erblichkeit (Gene, Umwelt, Gen-Umwelt-Interaktionen) ändern können, etwa durch Inzucht, Selektion oder neue genetische Varianten (Einsatz anderer Kuhrassen) in der Milchkuhpopulation, die nicht in der Ausgangspopulation vorhanden waren.

Nun ist Körpergröße leicht und relativ fehlerfrei zu messen. Vielleicht sind Sie am Morgen ein klein wenig größer als am Abend, weil Ihre Bandscheiben noch ausgeruhter sind, aber diesen Effekt kann man vernachlässigen oder ausschalten, indem man alle Teilnehmer einer entsprechenden Studie zur gleichen Tageszeit misst. Andere Daten sind hingegen nicht so eindeutig und fehlerfrei zu erfassen – siehe das Beispiel mit den Rennpferden! Messfehler führen dazu, dass die Erblichkeit typischerweise unterschätzt wird, denn sie bringen zusätzliche Variationen in das Datenmaterial. Man denke nur an psychologische Fragebögen: Da hängt sehr viel davon ab, wie verständlich die Fragen gestellt sind, wie ehrlich die Probanden sind oder wie gut deren Selbsteinschätzung ist. Deshalb bekommt man in der Psychologie selten so hohe Korrelationen wie bei messbaren Merkmalen, etwa Körpergröße. Aus diesem Grund werden gerade in Studien, in denen es um die Berechnung von Erblichkeit von psychischen Dispositionen geht, statistische Modelle angewendet, die möglichst gut zu Zwillingsstudien passen. Gelegentlich diagnostiziert man in solchen Studien ziemlich hohe Erblichkeiten – beispielsweise beträgt sie bei Extrovertiertheit etwa 35 Prozent. Vielleicht sind da die Studienteilnehmer deshalb besonders ehrlich, weil extrovertiert oder eher scheu zu sein kein besonderes gesellschaftliches Manko ist?

Warum einige von uns größer sind als andere

Größere Männer haben in unserer Gesellschaft Vorteile. Sie heiraten früher und verdienen mehr Geld (ungefähr 1000 US-Dollar pro Jahr mehr pro 2,5 Zentimeter über der Durchschnittsgröße, die astronomischen Gehälter der Basketballstars wurden dabei noch nicht einmal berücksichtigt). Wähler präferieren ganz offensichtlich große gegenüber kleinen Politikern. Von allen 43 Präsidenten der USA waren bisher nur fünf kleiner als die Durchschnittgröße.

Die Menschheitsgeschichte ist dennoch keineswegs ein geradliniger Trend zu immer größeren Menschen. Schon lange gab es merkliche Unterschiede hinsichtlich der Körpergröße zwischen Land- und Stadtbevölkerung, die am besten mit der jeweiligen Ernährungssituation zu erklären sind. Historisch hatte die Landbevölkerung meist eine sicherere Lebens- und Ernährungsgrundlage. Deshalb waren sowohl in Europa als auch in Nordamerika die Einwohner der wachsenden Städte oft kleiner als die Landbevölkerung. Am kleinsten waren europäische Städter in der »Kleinen Eiszeit« im 17. Jahrhundert. Damals schrumpften sie sogar im Vergleich zu vorherigen Jahrhunderten, wie die Analysen des ungarischen Wirtschaftshistorikers John Komlos zeigen, der Daten zur Körpergröße in verschiedenen Ländern über sehr lange Zeiträume analysiert hat.

Den großen Einfluss von Reichtum und Ernährung auf die Körpergröße belegt auch der Vergleich der Körpergrößen von Ost- und Westdeutschen vor und nach der Wiedervereinigung, den Komlos in Zusammenarbeit mit dem Soziologen Peter Kriwy anstellte. Ihre Analyse zeigt, dass Wessis durchschnittlich größer sind als Ossis und dass es sehr wohl große soziale Unterschiede in der DDR gab, die mit entsprechend großen Differenzen in der Körpergröße einhergingen. Diese »Klassenunterschiede« in puncto Körpergröße waren im Übrigen in der realsozialistischen Diktatur der DDR von 1961 bis 1990 größer als in der kapitalistischeren alten Bundesrepublik. Nach der Wiedervereinigung sind ostdeutsche Männer ihren westdeutschen Geschlechtsgenossen relativ schnell »nachgewachsen«, ostdeutsche Frauen taten dies jedoch weniger.[9, 10, 11, 12]

Es gibt auch Überraschungen bei Langzeittrends zur Körpergröße. So fand Richard Steckel von der Ohio State University heraus, dass afroamerikanische Sklaven in den USA fast genauso groß waren wie freie Weiße und 8 bis 12 Zentimeter größer als Afrikaner, die zur Zeit der Sklaverei Mitte des 19. Jahrhunderts noch in Afrika lebten. Noch größer als die Afroamerikaner waren die Cheyenne-Indianer, mit durchschnittlich 177 Zentimeter Körpergröße Ende des 19. Jahrhunderts die ethnische Gruppe mit den größten Menschen. Im 18. Jahrhundert waren Amerikaner im Durchschnitt fast 7 Zentimeter größer als Europäer. Dieser Größenunterschied verringerte sich aber zusehends während der letzten 100 Jahre. Während US-Soldaten im Ersten Weltkrieg noch durchschnittlich 4 bis 5 Zentimeter größer waren als die Deutschen, wurden die Europäer ab Mitte des 20. Jahrhunderts größer als die US-Amerikaner – und dies, obwohl die US-amerikanischen Daten für diese Studien bereinigt sind vom Einfluss der eingewanderten Chinesen und Lateinamerikaner, beides Gruppen, die physisch eher kleiner sind. Lateinamerikaner übrigens werden, sobald sie in den USA leben, oft bis zu 10 Zentimeter größer als ihre Verwandten, die zum Beispiel in Guatemala bleiben. Mit jedem Jahrzehnt nahm der Unterschied zwischen Europäern und Amerikanern etwa um 1 Zentimeter zu. Mittlerweile ist auch die Körpergröße von US-Amerikanerinnen um mehr als 1 Zentimeter geringer als die von Europäerinnen. Die Asiaten holen noch schneller auf. Dies trifft übrigens auch auf die Lebenserwartung zu, die in Japan die höchste der Welt ist; auch in den meisten europäischen Ländern ist sie inzwischen beträchtlich höher als in den USA. Vielleicht ist die sehr ungleiche Einkommensverteilung in den USA einer der Hauptgründe dafür, dass die Menschen dort durchschnittlich kleiner sind und die Lebenserwartung geringer ist.

Innerhalb von nur etwa einem Jahrhundert sind die Holländer von der Größe eines Vincent van Gogh (etwa 170 Zentimeter) zu einer Durchschnittsgröße von 185 Zentimetern bei Männern und 172 Zentimetern bei Frauen herangewachsen. Die historischen Daten belegen klar, dass die Körpergröße in Holland seit Mitte des 19. Jahrhunderts im Durchschnitt um fast 20 Zentimeter zugenommen hat. Das machte es notwendig, Deckenhöhen zu verändern, Betten zu verlängern, Sitzbänke an Universitäten weiter auseinanderzustellen und die Schreibtische höher zu konstruieren.

Warum sind Holländer in den letzten Jahrzehnten so viel größer geworden als Nordamerikaner? Sie haben, insbesondere im Vergleich zu den USA, ein exzellentes Gesundheitssystem, das Schwangere begleitet und Babys auch nach der Geburt betreut. Darüber hinaus existiert eine ganze Reihe von mehr oder weniger glaubwürdigen Thesen, anhand derer versucht wird, die überdurchschnittliche Größe der Holländer zu erklären. So gibt es etwa die Idee, dass Menschen in flachen Regionen größer sind als solche aus Bergregionen. Laut einer anderen Hypothese sollen Calvinisten und Protestanten durchschnittlich größer sein als Katholiken, die mehr Kinder zu ernähren haben und sich daher, zumindest in der Vergangenheit, nicht so gut selbst ernähren konnten. Offensichtlich trinken Holländer auch sehr viel Milch. Hinzu kam in den letzten Jahrzehnten eine breit gestreute Einkommenssteigerung.

All diese Faktoren – höheres Einkommen, hochwertigere Ernährung, bessere Gesundheitsfürsorge – scheinen laut der Forschungen des Wirtschafts- und Sozialhistorikers J. W. Drukker eine plausible Erklärung für die größere Körpergröße der Holländer zu sein. Allerdings – aber dies ist noch nicht abschließend geklärt – dürfte einer der Gründe für das ausgeprägte Wachstum der Holländer auch in genetischen Unterschieden zu anderen Europäern zu suchen sein – und in deren Interaktion mit Umweltfaktoren. Denn ähnliche Entwicklungen wie in den Niederlanden im 20. Jahrhundert hinsichtlich Wohlstandssteigerung und Verteilungsgerechtigkeit gab es auch in anderen Ländern Europas. Dennoch werden die Angehörigen dieser anderen Nationen nicht so groß wie die Holländer. Eine Studie von 2015[13] zeigte, dass größere holländische Männer mehr Kinder haben als kleinere (bei Frauen sind es interessanterweise die durchschnittlich großen, die mehr Kinder haben). Mit anderen Worten: Körpergröße bringt einen evolutionären Vorteil, nämlich mehr Nachkommen, also eine höhere Fitness. Das ist die bisher beste Erklärung dafür, warum Holländer so groß sind – Evolution durch natürliche Selektion bei Körpergröße.

4

Sex, Fitness und der Sinn des Lebens

In der Biologie steht das Wort »Sex« für das Geschlecht, also »weiblich« und »männlich«, aber es wird natürlich auch in seiner zweiten Bedeutung für den Akt der sexuellen Fortpflanzung gebraucht. Durch Sex im landläufigen Sinn werden unsere Genvarianten an die nächste Generation übergeben, zwar durchmischt mit den Genvarianten unserer Partner, aber es stammen jeweils 50 Prozent aller Genvarianten unserer Kinder von einem der Elternteile. Die Durchmischung von genetischem Material und die Erzeugung neuer Kombinationen von Genen in einem Individuum – das ist die ultimative Aufgabe von und *der* Grund für Sex schlechthin. Sex und neue Mutationen generieren auf diese Weise neue Lose für die Lotterie des Lebens, sie vermischen Evas und Adams Erbe. Banal und biologisch ausgedrückt ist dies der Sinn des Lebens, die Logik der Evolution. Eine Lotterie impliziert Glück und damit auch Ungerechtigkeit, denn einige Glückliche ziehen das große Los und andere Nieten. Es können nicht alle gleich (glücklich) sein. Die Glücklichen können sich nicht auf eigene Leistung berufen, sie hatten lediglich einen glücklicheren genetischen Start ins Leben. Und das sollten diese Glücklichen nie vergessen.

Männchen oder Weibchen?

Was exakt ist ein Weibchen und was ein Männchen? Das ist nicht bei allen Lebewesen eindeutig zu bestimmen. Generell basiert die Definition des biologischen Geschlechts auf der Größe der Gameten, der Geschlechtszellen. Eizellen sind immer größer als Samen. Nach diesem Kriterium werden die Individuen mit den größeren Geschlechtszellen Weibchen und die mit den kleineren Männchen genannt. Beim Menschen sind die Eizellen etwa 85 000-mal größer als die Samenzellen. Dieser Größenunterschied der Geschlechtszellen ist fundamental und zieht einen ganzen Rattenschwanz an Konsequenzen und Unterschieden in Verhalten, Aussehen und evolutionären Strategien der beiden Geschlechter nach sich.

Ein bedeutsamer Unterschied zwischen den Geschlechtern ist zum Beispiel, dass sich fast alle Weibchen einer Art fortpflanzen, aber die meisten Männchen vieler Arten bei diesem Spiel leer ausgehen, während einige wenige Männchen einen ganzen Harem haben und sehr viele Nachfahren zeugen. Man nennt das auch die Varianz des Reproduktionserfolgs. Der Mensch bildet auch da keine Ausnahme. Vor etwa 4000 bis 8000 Jahren, als sich unsere Vorfahren im Neolithikum von einer nomadischen auf eine sesshafte Lebensweise umgestellt hatten, soll es zu einem »genetischen Flaschenhals« gekommen sein. Zu dieser Zeit, so zeigen Berechnungen der genetischen Variation des Y-Chromosoms, hat sich wahrscheinlich nur einer von 17 Männern fortpflanzen können! Ein dominanter Mann hatte damit wohl Zugang zu durchschnittlich 17 Frauen, dafür gingen 16 andere Männer leer aus.[1] Die Gründe für diese ungleiche Verteilung haben eventuell weniger mit physischer Stärke als mit ungleichem Zugang zu Ressourcen oder mit Reichtum zu tun. Vielleicht gab es auch kriegerische Auseinandersetzungen, bei denen die Mehrzahl der Männer starb. Was auch immer die genauen Gründe für diese Ungleichheit bei den Männern im Fortpflanzungserfolg gewesen sein mögen, fest steht: Erheblich mehr Frauen als Männer hatten die Möglichkeit, sich fortzupflanzen. Dies ist bei fast allen Arten und heute auch noch bei vielen menschlichen Populationen der Fall.

Größere Eizellen bedeuten, dass Weibchen von Anfang an

mehr in den Nachwuchs investieren als Männchen. Größere Geschlechtszellen zu produzieren kostet Nahrung und Zeit, die der weibliche Organismus für andere Dinge hätte aufwenden können. Beim Kiwi-Vogel in Neuseeland kann das einzige Ei, das ein Weibchen legt, etwa 20 bis 25 Prozent des Körpergewichts des Weibchens ausmachen. Die Eizelle des Menschen ist vergleichsweise klein, aber die erhebliche Investition in Zeit und Fürsorge in Form von neun Monaten Schwangerschaft bis zur Geburt bedeutet, dass ein menschliches Kind mit einem typischen Geburtsgewicht von etwa 2,7 bis 4,6 Kilogramm durchschnittlich 5 bis 10 Prozent des Gewichts seiner Mutter hat. Ein Vogel investiert seine Energie in ein Ei, das Brüten und das spätere Füttern. Bei Säugetieren verteilt sich der Energie- und Zeitaufwand auf die mehr oder weniger lange Schwangerschaftsphase und nach der Geburt auf die Aufzucht der Jungen, die je nach Art sehr lange dauern kann. Dies ist eine enorme Investition, aufgrund derer man allgemein auch das typische Verhalten der Geschlechter vorhersagen kann.

Fortpflanzung mit und ohne Sex

In der frühen Phase des Lebens gab es sicher noch keine sexuelle, also mit zwei getrennten Geschlechtern vollzogene Fortpflanzung, sondern die meisten einfachen Organismen vermehrten sich asexuell, indem sie sich einfach teilten oder Sprösslinge oder Triebe aussandten, um auf diese Weise Klone, genetisch identische Kopien, von sich herzustellen. Auch heute haben noch viele Arten nicht zwei Geschlechter, sondern nur eines oder damit gar keines. Diese Art der asexuellen Fortpflanzung hat durchaus Vorteile: Man erspart sich so den Aufwand für die Suche nach einem Paarungspartner. Dies scheint eine einleuchtende Strategie zu sein, denn die Elterngeneration hat sich ja erfolgreich behauptet und sich unter den herrschenden Umweltbedingungen fortgepflanzt. Daher sollten die Klone, sofern Umwelt und Selektionsdruck gleich bleiben, ebenfalls biologisch erfolgreich sein und überleben. Allerdings müssen die Umweltbedingungen in der nächsten Generation nicht notwendigerweise gleich bleiben. Die Umwelt kann sich in verschiedenster Form ändern, mal schneller, mal langsamer, und das Leben muss darauf erfolgreich reagieren.

Wenn sich in der Evolution Organismen ursprünglich nur asexuell fortgepflanzt haben und dies auch heute noch viele Lebewesen tun, stellt sich die Frage, warum überhaupt Geschlechter entstanden sind und evolutionär beibehalten wurden. Dass sexuelle Fortpflanzung Vorteile hat, wird schon daraus ersichtlich, dass sie selten aufgegeben wurde, nachdem sie einmal in einer evolutionären Linie etabliert worden war. Eine Ausnahme bildet eine Ordnung von Rädertierchen, die *Bdelloidea*, die sich seit vielleicht 80 Millionen Jahren nur ungeschlechtlich fortpflanzen. Sexuelle Fortpflanzung findet sich allerdings in 26 der 31 Tierstämme, und die fünf Tierstämme, die dies nicht tun, sind auch nicht besonders artenreich; sie machen nur etwa 0,16 Prozent aller lebenden Tierarten aus.[2] Der evolutionäre Erfolg der sexuellen Fortpflanzung lässt sich am besten damit erklären, dass sie genetische Variation erzeugt. Die Lotterie des Lebens ist Konsequenz von Sex und gleichzeitig Voraussetzung für die Beibehaltung von Geschlechtern und Sex.

Sex fördert auch das Entstehen von Heterosis. Darunter versteht man in diesem Fall, dass der Nachwuchs zweier genetisch nicht gleicher Organismen fitter ist als die Mutter oder der Vater. Technisch nennt man dies auch Komplementation. Sind sich die Eltern genetisch zu ähnlich, können genetisch rezessive Erbkrankheiten manifest werden. Bei rezessiven Erbkrankheiten (autosomal-rezessiver Erbgang) muss die Mutation auf beiden homologen Chromosomen vorliegen, damit die Krankheit zum Ausbruch kommt. Deshalb sollte man sich auch nicht mit zu nahen Verwandten fortpflanzen – denn damit erhöht sich die Wahrscheinlichkeit, dass zwei Träger einer rezessiven Erbkrankheit gemeinsam Nachfahren zeugen, in denen das Erbgut bezogen auf dieses Merkmal homozygot wird und sich diese Krankheit manifestiert. Ferner summieren sich durch sexuelle Fortpflanzung die genetischen Vorteile, die zwei Sexualpartner jeweils unabhängig voneinander haben, in ihren Nachkommen. Durch sexuelle Fortpflanzung erzeugte genetische Variation hilft Organismen auch, unsichere Umweltbedingungen zu überstehen.

Als Beispiel dafür kann der Wasserfloh dienen. Über den größten Teil des Sommers hinweg sind alle Wasserflöhe Weibchen. Sie produzieren parthenogenetisch, das heißt durch Jungfernzeugung, in ihrem Körper neue Wasserflöhe, die in Form kleiner fertiger Klone ihrer Mütter als zukünftiges Fischfutter ins Wasser entlassen werden. Das ist sinnvoll, denn im Sommer kommt es nur darauf an, möglichst schnell zu sein – die Lebensbedingungen sind vorhersehbar gut. Im Herbst jedoch, wenn der Winter naht, der See bald zufrieren wird und die Aussichten für den Winter und das Frühjahr ungewiss sind, zahlt es sich aus, genetische Variation zu erzeugen, mit der der Wasserfloh gegen die Unsicherheiten des Winters und die Umweltbedingungen des kommenden Jahres »wetten« kann. Er spielt jetzt sozusagen Lotto, indem er sich in der letzten Generation des Jahres, vor Beginn des Winters, sexuell fortpflanzt. Dies geschieht, indem die Weibchen nicht mehr nur weibliche Klone produzieren, die wiederum weibliche Klone herstellen, sondern auch Männchen, die sich mit Weibchen aus der Generation der Sommerklone paaren, also Gene austauschen und neue Genkombinationen ausprobieren. Diese Generation von Wasserflöhen produziert dann auch Dauereier, feste Eier, die in den Schlamm sinken und dort einen oder auch mehrere Dutzend Winter überstehen können, bis die Umweltbedingungen so sind, dass sie ihr genetisches Los »einlösen« können. Sex und die damit verbundene Entstehung genetischer Variation in Form neuer Kombinationen von Genen sind eine Vorbeugestrategie in unsicheren Zeiten, die sich auszahlt. Diese Vorgehensweise findet sich auch bei vielen Parasiten, die sich in verschiedenen Stadien ihres Lebens manchmal asexuell, manchmal geschlechtlich fortpflanzen, wie auch beim *Plasmodium falciparum*, dem Erreger der Malaria, der uns schon bei der Diskussion um Heterosis und Sichelzellenanämie begegnet war. Ähnlich sieht es auch bei der Bäckerhefe aus. Wenn die Bedingungen gut sind, teilen sich Hefezellen, etwa im Kuchenteig, asexuell. In härteren Zeiten jedoch werden vier genetisch unterschiedliche Sporen produziert, um so die Überlebenschance in einer unsicheren Umgebung zu erhöhen.

Kosten von Sex

Eigentlich gibt es gute Argumente, die gegen die Etablierung sexueller Fortpflanzung sprechen. Denn in einer Population von Organismen, die sich sexuell fortpflanzt, ist es nur eine Hälfte – warum es (fast) immer die Hälfte ist, darauf kommen wir noch später zu sprechen –, die Nachkommen gebiert oder Eier legt. Die andere Hälfte liefert »nur« den Samen und damit genetische Variation. In einer sich asexuell fortpflanzenden Population oder in einer Population von Hermaphroditen hingegen, die männliche und weibliche Fortpflanzungsstrategien gleichzeitig beherrschen, können alle Individuen Eier legen. Sexuelle und asexuelle Fortpflanzung unterscheiden sich theoretisch auch durch die Zahl der Nachkommen: Wenn alle anderen Bedingungen gleich bleiben und jedes Individuum jeweils zu zwei Individuen pro Generation beitragen kann, bleibt in einer Population mit sexueller Fortpflanzung die Anzahl der Individuen pro Generation gleich. In einer Population mit asexueller Fortpflanzung hingegen würde sich die Anzahl der Individuen in jeder Generation verdoppeln. Denn es sind ja alles Weibchen, die jeweils zwei neue Weibchen pro Generation produzieren können. So gerechnet ist Sex doppelt so teuer wie asexuelle Fortpflanzung.[3]

Sexuelle Fortpflanzung hat weitere Kosten zu verzeichnen, denn die Partner müssen sich ja, wie bereits angemerkt, erst einmal finden. Dabei fördert die sexuelle Selektion Charakteristiken, die für einen potenziellen Paarungspartner attraktiv sind, aber in puncto Überlebenschancen offensichtliche Nachteile bringen – man denke etwa an bunte, auffällige Gefieder oder lange Schwänze bestimmter Vögel oder sperrige Geweihe von Hirschen.

Während die natürliche Selektion Merkmale wie die Fähigkeit zum Futterfinden oder Resistenz gegen Parasiten und Krankheiten fördert, stärkt die sexuelle Selektion die Charakteristiken, die der Fortpflanzung förderlich sind. Nicht selten ergibt sich daraus ein Konflikt, denn diese beiden Typen der Selektion, die schon von Charles Darwin beschrieben wurden, ziehen nicht immer am selben Strang. Die Kosten hinsichtlich Zeit und Energie dafür, einen Paarungspartner des richtigen Geschlechts zu finden, sind auch ein Grund, warum es fast immer nur zwei Geschlechter gibt. Bei mehr als zwei Geschlechtern ist es komplizierter, den passenden »Mating-Typ« oder das passende Geschlecht zu finden. In der ewigen Kälte und Dunkelheit der Tiefsee etwa sind einige männliche Fische dazu übergegangen, mit Weibchen zu verwachsen, sobald sie dort endlich eines gefunden haben. An den großen weiblichen Anglerfischen haben sich manchmal gleich mehrere winzige Männchen »anverleibt«; das geht sogar so weit, dass die angewachsenen Männchen schließlich alle Organe reduziert haben und Teil des Körpers des Weibchens geworden sind. Nur die Hoden bleiben noch intakt. Denn darauf kommt es an, die Männchen leben als eine Form von Parasit an den Weibchen, denen sie allein als Samenspender dienen. Andere speziell evolvierte Formen der Kommunikation zwischen Weibchen und Männchen bei Arten, die in nur geringer Dichte vorkommen, sind Pheromone (Botenstoffe) und Biolumineszenz (Lichterzeugung). Sie sollen helfen, dass die potenziellen Partner sich gegenseitig finden – im Dienste der sexuellen Fortpflanzung.[4]

Die dritte Art von Kosten der sexuellen Fortpflanzung – neben der Beschränkung auf die Weibchen sowie der sexuellen Selektion – besteht darin, dass nur 50 Prozent der eigenen Gene pro Kind weitergegeben werden (weil die Eizellen und die Samenzellen nur haploid sind). Das Genom wird sozusagen »verdünnt«, weil in Summe je nur einer der beiden Chromosomensätze beider Elternteile weitergegeben wird. Bei der asexuellen Fortpflanzung hingegen sind die Nachkommen komplett identische Klone, die zu 100 Prozent jeweils die beiden Genvarianten des homologen Chromosoms der Mutter in sich tragen.

Genau genommen kommen die Kosten von Sex deshalb zustande, weil die Fortpflanzung beim Menschen, aber auch bei den meisten anderen Organismen über den Umweg von ungleichen Gameten, also großen Ei- und kleinen Samenzellen, abläuft. Es existiert aber auch eine Form der sexuellen Fortpflanzung, bei der die Gameten gleich groß sind. Bei den wenigen Arten, die sich so fortpflanzen, gibt es nicht wirklich Weibchen oder Männchen nach der Definition der unterschiedlich großen Gameten (Eizellen oder Samenzellen), wie wir sie vorher benutzt haben.

Vorteile von Sex

Sex muss aber auch Vorteile haben – schließlich sind die meisten evolutionären Linien, die nachträglich (sekundär) die sexuelle Reproduktion aufgegeben haben, ausgestorben. So ist bei dieser Art der Fortpflanzung DNA-Reparatur während der Meiose möglich, worauf hier nicht näher eingegangen sei. Der Hauptgrund für geschlechtliche Fortpflanzung ist jedoch die Produktion neuer genetischer Varianten in Form von neuen Kombinationen von Genen und Chromosomen, die in der Elterngeneration nicht vorkommen. So schützen sich sexuell fortpflanzende Lebewesen aus evolutionärer Sicht vor Parasiten und Krankheiten, deren Verursacher, meist Bakterien oder Viren, sich selber zwar nicht sexuell fortpflanzen, jedoch aufgrund ihrer raschen Generationenabfolge und ihrer meist riesigen Populationsgrößen ihren Wirten gegenüber einen beträchtlichen Vorteil in puncto neue Mutationen haben. Dieses genetische »Wettrüsten«, mit dem er sich vor neuen Tricks und Angriffen der Krankheitserreger schützt, ist der Hauptgrund, warum der Mensch einen im Vergleich zur parthenogenetischen, also ungeschlechtlichen Fortpflanzung aufwendigeren Weg einschlägt und nur die Hälfte unserer Spezies Nachfahren produzieren kann, während der Beitrag der anderen Hälfte sich (zunächst einmal) auf die Produktion genetischer Varianten in Form von genetisch variablen Spermien beschränken muss.

Allerdings scheint diese evolutionäre Strategie nicht sehr viel erfolgreicher zu sein als diejenige unserer Parasiten und Krankheitserreger. Denn die gibt es ja immer noch. Wir haben nicht gesiegt – sie aber auch nicht, denn auch uns gibt es immer noch. Der Evolutionsbiologe und Paläontologe Leigh Van Valen hat dieses evolutionäre Wettrennen zwischen Krankheitserregern und uns Wirten mit einem Bild aus dem Kinderbuch *Alice hinter den Spiegeln* von Lewis Carroll, der Fortsetzung von *Alice im Wunderland*, prägnant illustriert: Die Rote Königin erklärt dort Alice, dass man immer schneller laufen muss und doch auf der Stelle tritt. Keiner gewinnt. Es bleibt ein evolutionäres Patt.

Das Beispiel der Wasserflöhe, die sich früh im Jahr asexuell fortpflanzen und vor dem Winter dann sexuell, zeigt, dass Sex in kritischen Zeiten des Lebenszyklus Vorteile haben muss. Das Lotterieprinzip würde solche Eltern bevorzugen, die verschiedene Lose (genetische Varianten) produzieren, und nicht diejenigen, die alles auf eine Karte setzen. Die Zukunft lässt sich nicht vorhersagen, und sollten die Bedingungen dann schlecht sein, könnte eine ganze genetisch gleiche Brut verloren gehen. Eine genetisch variable Brut streut Chancen und Risiken und setzt auf verschiedene Pferde gleichzeitig.

Jungfräuliche Geburt

Kurz vor Weihnachten 2006 wurde von zwei zoologischen Gärten in England berichtet, dass dort zwei Weibchen des Komodowarans befruchtete Eier gelegt haben, obwohl sie nie mit einem Männchen ihrer Art zusammengekommen sind. Die jungfräuliche Geburt ist eine extrem seltene Form der sexuellen Fortpflanzung, sie ist bisher bei nur weniger als 0,1 Prozent aller Wirbeltierarten festgestellt worden. Bei Wasserflöhen und Blattläusen ist dies eine bewährte Fortpflanzungsstrategie, um im Sommer möglichst schnell möglichst viele klonare Nachkommen zu erzeugen. Die Eier werden in diesem Fall produziert, ohne dass die Reduktionsteilung der Meiose stattfindet (Abb. 4.1), bei der die Chromosomenzahl von 2n auf 1n halbiert wird. Im Fall der Komodowarane ist nicht bekannt, ob diese in Zoos stattgefundenen jungfräulichen Fortpflanzungsereignisse auch in der freien Natur vorkommen. Falls dem so wäre, könnte eine Erklärung dafür sein, dass einzelne Weibchen auf diese Art und Weise neue Inseln im Indonesischen Archipel besiedeln und somit neue Populationen gründen könnten. Soweit bekannt, schlüpfen nur Männchen aus unbefruchteten Eiern, und das jungfräulich reproduzierende Weibchen könnte sich so mit seinen Söhnen wieder ganz normal sexuell fortpflanzen.

Mitose, Meiose, Nicht-Sex und Sex

Bei einer normalen Zellteilung durch einen Prozess, der Mitose genannt wird, verdoppeln sich die Chromosomen zunächst von 2n (n ist die Anzahl der Chromosomen eines haploiden Chromosomensatzes, beim Menschen sind das 23) auf 4n und werden dann wieder gleichmäßig (2n) auf die beiden diploiden Tochterzellen verteilt – die mit der Mutterzelle identisch sind (Abb. 4.1). Dies passiert, während Sie diese Zeilen lesen, gerade millionenfach in Ihrem Körper. Keine unserer Zellen lebt ewig, sie müssen ständig durch Zellteilung erneuert und ausgetauscht werden. Dabei sollten sie möglichst gleich und frei von Mutationen bleiben, sonst kann Krebs entstehen, oder die Zellen funktionieren nicht mehr so, wie sie sollten.

Der besondere Zellteilungsmechanismus der Meiose hingegen dient der geschlechtlichen Fortpflanzung, wobei aufgrund der Neukombination des elterlichen Erbguts vier genetisch unterschiedliche Keimzellen (Gameten, also Ei- und Samenzellen) produziert werden (Abb. 4.1). Dabei wird die Chromosomenzahl der Geschlechtszellen vom diploiden, zweifachen Chromosomensatz (2n) auf den haploiden, einfachen (1n) Chromosomensatz reduziert. Durch die Verschmelzung von Eizelle und Spermium vereinigen sich der jeweils haploide weibliche und männliche Chromosomensatz. Damit ist auch die Zygote, die befruchtete Eizelle, wieder diploid. Allerdings ist es dem Zufall überlassen, welches der ursprünglich zwei Chromosomen sich in der Ei- oder der Samenzelle wiederfindet. Sowohl die von der Mutter als auch die vom Vater des Erzeugers ursprünglich geerbte Kopie eines bestimmten Chromosoms haben die gleiche 50:50-Chance, sich in der Ei- oder der Samenzelle wiederzufinden.

George Bernard Shaw hat diese Art Chancenverteilung auf folgende Weise karikiert: Eine attraktive Frau – einige sagen, es sei die schöne Isadora Duncan gewesen – machte Shaw eines Tages das Angebot, der Vater ihres Kindes zu werden, denn das würde doch ein wunderbares Kind werden mit seinem Verstand und ihrer Schönheit. »Möchten Sie der Vater meines Kindes sein? Eine Kombination meiner Schönheit und Ihres Verstands würde die Welt verzücken.« Shaw antwortete: »Ich muss Ihr Angebot leider ablehnen, danke, aber das Kind könnte auch meine Schönheit und Ihren Verstand haben.«

Durch den Austausch von Genen entstehen Neukombinationen und unterschiedliche Samen- und Eizellen. Bei der Meiose entstehen also durch Rekombination neue Kombinationen von Chromosomen und damit Genvarianten.

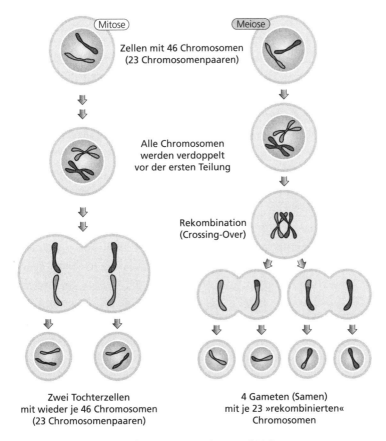

Abb. 4.1: Zellteilungsmechanismen von Mitose und Meiose.

Bei der Produktion der Gameten (Keimzellen) treten geschlechtsspezifische Unterschiede zutage. Bei Männern entstehen im Zuge der Meiose je vier Samenzellen, bei Frauen jedoch nur eine Eizelle und drei unfruchtbare, degenerierte Zellen, die Polkörperchen. Auch hinsichtlich des Zeitpunkts der Meiose im Lebenszyklus unterscheiden sich Männer und Frauen erheblich. Die Geschlechtszellen teilen und vermehren sich, wie auch alle anderen Zellen im Körper, zunächst durch Mitose. Wenn sie um die Pubertät herum das richtige Signal empfangen, beginnen sie sich durch Meiose zu teilen. Im männlichen

Körper findet die erste meiotische Teilung der Spermatogonia (Ursamenzellen im Hoden) erst nach der Pubertät statt, sie betrifft auch immer nur einige Geschlechtszellen. Bis ins hohe Alter behalten Männer eine Stammzellenpopulation in den Hoden, die sich weiterhin nur mitotisch teilt, und bleiben deshalb zeugungsfähig.

In den Körpern der weiblichen Individuen unserer Art hingegen hören die Oogoniazellen (Urkeimzellen im Eierstock) schon früh im Embryo auf, sich mitotisch zu teilen. Die Zellen, die sich dann meiotisch teilen, werden zu Oozyten, primären Eizellen, aus denen die künftigen Eizellen entstehen. So werden weibliche Babys mit nur einer relativ kleinen Anzahl von Oozyten geboren, die allerdings in der ersten Phase der meiotischen Teilung verharren. In den Eierstöcken warten dann die Oozyten auf ein Hormonsignal nach der Pubertät, woraufhin eine Eizelle pro Monatszyklus reif wird und die Meiose zu Ende gebracht wird. Dabei schwillt je ein Follikel pro Menstruationszyklus an, produziert Hormone – Östrogen und später Progesteron – und gibt sie ab. Allerdings verlieren die Oozyten mit zunehmendem Alter mehr und mehr an Qualität und werden resorbiert in einem Vorgang, der Follikelatresie genannt wird. Damit geht die Anzahl der Follikel im Eierstock und der Eizellen zurück, von mehreren hunderttausend auf 300 bis 450. So dachte man bisher. Allerdings zeigte der Biologe Jonathan Tilly zunächst 2004 für Mäuse[5] und dann 2012 für Menschen[6], dass sich auch bei menschlichen Frauen in den Eierstöcken Stammzellen (des Typs DDX4) identifizieren lassen, die noch nach der Geburt Eizellen produzieren können. So scheint auch bei den weiblichen Mitgliedern unserer Gattung die Anzahl der Eizellen nicht auf lediglich 300 bis 450 limitiert zu sein. Noch ist die Medizin allerdings nicht so weit, diese Stammzellen außerhalb des menschlichen Körpers aktivieren zu können, um mehr Eizellen zu produzieren, als schon bei der Geburt eines Mädchens in dessen Eierstöcken vorhanden waren. Ein Grund für die abnehmende »Qualität« der Eizellen älterer

Frauen ist, dass derjenige Schritt in der Meiose, der Anaphase I genannt wird und bei dem die Tochterchromosomen auf die beiden Tochterzellen verteilt werden sollen, bei schätzungsweise 10 bis 30 Prozent der Eizellen fehlschlägt (wegen eines Mechanismus, der Nondisjunktion genannt wird). Dies führt zu Aneuploidie, einer meist tödlichen Fehlzahl bei den Chromosomen.

Soma- und Keimzellen

In »höheren« Organismen können nur die (in den Eierstöcken oder Hoden) vorkommenden Geschlechtszellen Meiose initiieren. Allen anderen Zellen im Körper steht diese Option nicht offen. Geschlechtszellen sind etwas Besonderes, sie wurden schon in einem frühen Stadium der Embryonalentwicklung als Keimzellen beiseitegestellt, sie sind dazu auserkoren, die Geninformationen an die nächsten Generationen weiterzugeben. Alle anderen Zellen sind lediglich »Soma« (griechisch für Körper), Zellen, die den vergänglichen Körper des Organismus aufbauen. Daher unterscheidet man auch »somatische« Mutationen, die zu Krebs und oft zum Absterben des Soma, also zum Tod, führen. Aber diese Art von Mutation wird nicht in der Keimbahn auf die nächste Generation übertragen. Nur neue Mutationen – wir wissen seit Kurzem, dass jede neue Generation sich um etwa 70 bis 100 Mutationen von ihren Eltern unterscheidet –, aufgrund derer sich in der Keimbahn veränderte Ei- und Samenzellen herausbilden, sind für die Vererbung relevant. Selbstverständlich resultiert jede Krankheit, auch Krebs, potenziell in einer Reduktion der Fitness, denn diese kranken Individuen werden weniger Paarungspartner finden und weniger Nachfahren zeugen als nicht kranke. Allerdings tritt Krebs meistens erst im postreproduktiven Lebensalter auf, sollte sich also auch weniger auf die Fitness auswirken. Er bleibt somit der Evolution »verborgen« – was die Evolution nicht »sieht«, wird auch nicht wegselektiert. Würde Krebs häufiger in einem frühen Lebensstadium auftreten und alle befallenen Individuen vor der Fortpflanzung töten, würde er sich selbst aus dem Rennen nehmen. Das wäre – aus Sicht des Krebses oder einer Infektionskrankheit – keine gute evolutionäre Strategie. Die meisten von Bakterien und Viren hervorgerufenen Krankheiten und Parasiten sollen ja bewirken, dass der Mensch die Erreger verbreitet und weitere Opfer infiziert und daher möglichst viele Kopien der krankmachenden Bakterien oder Viren produziert.

Der Evolutionsbiologe George Williams, einer der Begründer der »Evolutionären Medizin«, schlug daher vor, dass Krebs deshalb noch vorhanden ist und sich nicht selber ausgerottet hat, weil er möglicherweise durch Genkombinationen hervorgerufen wird (oder leichter durch Umwelteinflüsse ausgelöst werden kann), die in früheren Lebensphasen von Vorteil sind und erst später zum Ausbruch einer Krankheit, in diesem Fall von Krebs, führen. Man nennt dies das Prinzip der antagonistischen Pleiotropie, was bedeutet, dass Gene je nach Lebensalter unterschiedliche Wirkungen haben können, die mal von Vorteil (fitnessfördernd in der Jugend), mal von Nachteil (Krebs im Alter) sein können. Ein etwas hinkendes Beispiel dafür, dass Gene mehrere Aufgaben erfüllen und auch in verschiedenen Lebensphasen und Körperteilen angeschaltet und relevant sind, ist das bereits erwähnte, durch Angelina Jolie bekannt gewordene »Brustkrebs-Gen« BRCA1, das in seiner normalen Form früh im Gehirn das Entstehen von Strukturen dort mitgestaltet und später dasjenige von Tumoren verhindert, in bestimmten mutierten Varianten jedoch bei Erwachsenen Brust- und auch Eierstockkrebs hervorrufen kann.

Fitness und der Sinn des Lebens

Wie definiert man Leben? Dies ist schwieriger, als es auf den ersten Blick erscheint. Der Evolutionsbiologe Richard Dawkins meinte dazu: »Life is the non-random survival of random replicators« – Leben ist das nicht-zufällige Überleben zufälliger Vehikel (= Körper). Als Vehikel bezeichnet Dawkins Gene, als deren nicht besonders romantische Aufgabe er es ansieht, möglichst viele Kopien ihrer selbst in der nächsten Generation zu hinterlassen. Deren Überleben ist nicht zufällig, sondern vom jeweiligen Selektionsdruck der Umwelt abhängig, an die sie mehr oder weniger gut angepasst sind.

Es geht hier nicht darum, eine philosophische Diskussion über den Sinn des Lebens zu beginnen. Aus biologischer Sicht ist er klar und lapidar: essen, überleben, sich fortpflanzen und evolutionär möglichst fit zu sein – will heißen: möglichst viele Kinder in die Welt zu setzen. Da unterscheidet sich der Mensch prinzipiell nicht von allen anderen Lebensformen, sondern da sind wir ganz Tier. An diesem evolutionsbiologischen Grundprinzip haben auch Jahrtausende menschlicher Kultur nichts geändert (Abb. 4.2).

Abb. 4.2: Der Sinn des Lebens ist simpel, zumindest aus der Perspektive der Evolution.

Wenn Sie mir als Evolutionsbiologen noch eine Nebenbemerkung erlauben: Indem es die Evolution besser versteht, erschließt sich jedem Mitglied der Art *Homo sapiens* auch eine Perspektive auf unseren Planeten, seine Biodiversität und unseren Platz als Individuum und Spezies in Relation zu Raum und Zeit. Die Erkenntnis der nur vorübergehenden Existenz unseres Körpers als Vehikel unserer Gene und als provisorische und flüchtige Ansammlung von Sternenstaub sollte uns mit Achtung und Respekt für die Kontinuität des Lebens auf diesem Planeten erfüllen. Deshalb sollte jedes Mitglied der Art *Homo sapiens* sich dazu angehalten sehen, mit unserem Planeten sorgsam umzugehen. In Afrika und Mittelamerika zum Beispiel, wo ich seit 30 Jahren forsche, habe ich erlebt, wie *Homo sapiens* mit seinem Geschenk umgeht und wie wir Wälder abholzen und Arten ausrotten. Es ist empörend, wie wir diesen Planeten zerstören. Wir sind hier nur auf Zeit, und es ist unsere verdammte Pflicht und Schuldigkeit, dafür zu sorgen, dass keine Spezies ausgerottet wird und wir diesen Planeten mit all seinen Arten und Lebensräumen so hinterlassen, dass auch künftige Generationen auf ihm leben können. Dies würde ich als meinen ganz persönlichen Sinn des Lebens formulieren.

Zurück zur Evolution: Der Sinn des Lebens besteht biologisch also darin, dafür zu sorgen, dass sich möglichst viele seiner Genvarianten (Allele) in der nächsten Generation wiederfinden. »Fitness« bezeichnet daher den relativen Reproduktionserfolg eines Individuums mit einem bestimmten Genotyp, also den Kombinationen seiner Genvarianten (und hat deshalb auch nichts mit der landläufigen Bedeutung von »Fitness« im Sinne von Stärke und Ausdauer zu tun). »Reproduktive Fitness« ist ein relativer und auf die gesamte Population bezogener statistischer Begriff, der lediglich besagt, wie evolutionär erfolgreich ein Lebewesen im Vergleich zu seinen Konkurrenten ist. Deshalb wird Fitness gemessen im Vergleich zum durchschnittlichen Individuum einer Population. 2,3 Kinder pro Frau eines bestimmten (Geno-)Typs wären zum Beispiel dann eine passable Fitness, wenn Frauen im Durchschnitt, wie in Deutschland, nur 1,4 Kinder bekommen (die sogenannte zusammengefasste Geburtenziffer, wie der Fachterminus lautet, betrug hierzulande für das Jahr 2012 sogar nur 1,38). Dieselbe

2,3-Kinder-Frau jedoch wäre in den meisten Ländern Afrikas nicht besonders fit, da dort die durchschnittliche Anzahl der Kinder pro Frau bei fünf oder sechs liegt. Weil Fitness also relativ ist, wird sie auch nicht in absoluten Zahlen ausgedrückt, sondern als relativer Wert (zwischen 0 und 1) im Vergleich zur durchschnittlichen Fitness einer Population.

Die geringe Fortpflanzungsrate etwa mitteleuropäischer Akademiker ist im rein evolutionären Sinne kontraproduktiv, auch wenn soziale und kulturelle Gründe eine Erklärung dafür liefern. Selbst in Afrika, wo Kinder oft als Arbeitskräfte dienen und für die Altersversorgung einer Familie wichtig sind, geht die Geburtenrate mit zunehmendem sozioökonomischen Wachstum zurück. Etwas für die Erziehung von Mädchen und deren berufliche Ausbildung zu tun ist also die beste Methode, um der Bevölkerungsexplosion in Afrika entgegenzuwirken – aber dies nur nebenbei.

»Survival of the fittest« – Darwin und der Sozialdarwinismus

Das Image der Evolutionsbiologie in der Öffentlichkeit ist geprägt von Missverständnissen. Viele Menschen verbinden mit Evolution und Darwins bahnbrechendem Werk *Die Entstehung der Arten* die Phrase des »survival of the fittest«. Dabei verwendete Darwin dieses Schlagwort in den ersten Auflagen seines Buches gar nicht. Es war der Philosoph Herbert Spencer, ein Zeitgenosse Darwins, der es als Kurzformel für die Beschreibung des evolutionären Prozesses der natürlichen Auslese formulierte. So griffig der Ausdruck auch war, so missverständlich ist er bis heute. Innerhalb einer Gruppe von Lebewesen, einer Population, gibt es mehr und weniger gut an ihre Umwelt angepasste Individuen. Die Folge: Einige überleben besser als ihre Artgenossen und haben mehr Nachfahren als diese, sofern sie auch mehr Paarungspartner finden und mehr für das Überleben ihrer Brut tun. Und damit hinterlassen sie auch mehr der eigenen Gene im Genpool der nächsten Generation. Proportional, also relativ, werden diese Genvarianten häufiger sein als diejenigen der Eltern, die weniger Kinder haben. Wer im Vergleich mit anderen Mitgliedern der Population mehr Kopien seiner Gene der nächsten Generation hinterlässt, ist evolutionär betrachtet erfolgreicher – fitter. Dazu muss man nicht einmal länger leben, was der Begriff »survival« ja zu suggerieren scheint. Man kann auch früher sterben und trotzdem evolutionär erfolgreicher sein, wenn man nur relativ mehr Nachkommen hinterlässt als die anderen Mitglieder der eigenen Generation. Es zählt nur dieser Fortpflanzungserfolg im Vergleich zum Rest der Population.

Herbert Spencer benutzte den so missverständlichen Ausdruck »survival of the fittest« auch in seinen sozialtheoretischen Schriften im metaphorischen Sinn und ebnete damit der ideologisch umkämpften Theorie des »Sozialdarwinismus« den Weg. Er wandte ihn auf den Vergleich verschiedener Sozial- und Wirtschaftsstrukturen und den Wettbewerb zwischen Unternehmen an. Darwin selbst sprach in den ersten vier Auflagen seines Werkes nur von »natural selection« (natürlicher Auslese). Erst in der fünften Auflage, 1869, elf Jahre nach der Erstveröffentlichung, bediente er sich der Formulierung »survival of the fittest« und berief sich dabei auf Spencer. Darwin war zunehmend davon überzeugt, dass »natürliche Auslese« zu sehr auf die menschliche Tätigkeit gemünzt klang. Dieser Begriff ähnelte zu stark der zielgerichteten künstlichen Auslese, die menschliche Züchter etwa im Hinblick auf Nutzpflanzen oder -tiere bewirken. Aber – und dies war schon Charles Darwin klar – die Natur verfolgt kein Ziel, sie ist blind, und der Selektionsdruck variiert in jeder Generation. In der modernen evolutionsbiologischen Literatur verwendet niemand mehr das vermeintliche Bonmot »survival of the fittest«, das tun nur die Medien. Je mehr man die populations- und molekulargenetischen Prozesse der natürlichen Auslese verstehen lernte, desto klarer wurde, wie wenig eigentlich Spencers Begriff die wirklichen Mechanismen der Evolution widerspiegelt. Denn Evolution ist nicht »trial and Error«, also Versuch und Irrtum, sondern umgekehrt: Zuerst kommt der »Fehler«, also Mutation und Sex, und dann werden diese Varianten von der Evolution ausprobiert – also »Error and Trial«.

Aufgrund der relativen Fitness kann vorhergesagt werden, wie sich die Häufigkeit von Genvarianten in Populationen über Generationen hinweg verändern wird. Denken Sie an das in Kapitel 2 erwähnte Beispiel der Sichelzellenanämie: Ein in gewisser Weise »krankes«, mutiertes Gen für Hämoglobin, das dessen Sauerstoffaffinität negativ verändert, rote Blutkörperchen verformt und damit Blutgefäße verstopft, kann eigentlich nicht als besonders fitnessfördernd angesehen werden. Man sollte erwarten, dass diese kranken Genvarianten rasch wieder wegselektiert werden und sich nicht noch vermehren. Trotzdem hat diese Genvariante in evolutionärer Hinsicht unter den speziellen Bedingungen der Tropen bei Malariabefall potenziell positive Effekte als Selektionsagent. Denn in solchen Gebieten überleben heterozygote Individuen Malaria besser, und deshalb kommt dieses Allel des Hämoglobingens auch vermehrt vor. Dies zeigt, dass Genvarianten auch dann häufiger auftreten können, wenn sie nur bei heterozygoten Individuen von Vorteil sind – allen naiven Vorstellungen über Eugenik zum Trotz.

5

Alle unsere Gene und was man in ihnen lesen kann

Unser Genom: Geschichtsbuch der Menschheit

Jedes Genom ist eine einzigartige, in nur einem Lebewesen existierende Sammlung von Genen und Genvarianten. Kein anderer Mensch dieser Welt – außer Sie haben einen eineiigen Zwilling – ist genetisch mit Ihnen identisch. Ihr persönliches Genom wurde Ihnen zu je etwa 50 Prozent von Ihrer Mutter und von Ihrem Vater mitgegeben. Trotzdem sind Sie nicht wirklich genau zu 50 Prozent wie Ihr Vater oder wie Ihre Mutter – manche werden da froh sein. Wenn Sie eine Frau sind, stammt eines Ihrer beiden Geschlechtschromosomen direkt von Ihrer Mutter, das andere, das X-Chromosom jedoch merkwürdigerweise genetisch unverändert von Ihrer Großmutter väterlicherseits.

Abgesehen von unserem jeweiligen ganz persönlichen genetischen Erbe – das trifft auf Evas wie Adams zu –, das Ihnen das Leben zugeteilt hat, zeichnet das menschliche Genom auch die gesamte Vorgeschichte unserer evolutionären Lebenslinie auf diesem Planeten nach. Wir haben immer noch eine ganze Reihe von Genen gemeinsam mit sehr entfernt verwandten Organismen, etwa mit Kohlrabi oder anderen Pflanzen. Die DNA in den Mitochondrien – das sind semiautonome Zellorganellen außerhalb des Zellkerns, deren DNA von der chromosomalen DNA in den Zellkernen unterschieden wird und die als die Kraftwerke unserer Zellen gelten – haben wir von Cyanobakterien (Blaualgen) vor etwa 2,5 Milliarden Jahren mit auf den Weg bekommen. Beim Menschen wie auch bei den meisten anderen Tieren wird die mitochondriale DNA allein durch die maternale Linie weitergegeben, sie stammt also immer von der Mutter, bei Töchtern wie bei Söhnen. Mitochondriale DNA aus dem Samen wird daher nicht vererbt. Damit lässt sich also die weibliche Geschichte besonders gut nachvollziehen, während das Y-Chromosom nur von Vätern auf Söhne vererbt wird, somit eine Sicht auf Aspekte der männlichen Vorgeschichte erlaubt.

Der Mensch und jeder andere eukaryotische Organismus – das sind alle Lebewesen, deren Zellen über einen Zellkern verfügen – können gar nicht mehr anders, als mit Mitochondrien und deren ganz eigener DNA zu existieren. *Homo sapiens* hat also nicht nur vertikal von Generation zu Generation Gene weitergegeben, anhand derer wir Familien- und Artgeschichte zurückverfolgen können, sondern auch, allerdings nur selten, horizontal, sozusagen durch Hybridisierung mit einer ganz anderen evolutionären Linie (in diesem Fall den Cyanobakterien), Gene in sein Genom aufgenommen. Seit Mitochondrien sich mit unseren Bakterienvorfahren vermischten, sind auch sie von Generation zu Generation Träger von Erbinformationen. Dieser Mechanismus des sogenannten »horizontalen Gentransfers« findet auch heute noch statt und lässt sich bis in relativ jüngere evolutionäre Zeit nachweisen. Ungefähr 150 Gene unseres Genoms sind während der letzten Millionen Jahre von Bakterien und Viren in unser Genom gelangt – das legt zumindest eine vor Kurzem veröffentlichte Studie nahe.[1]

Neben uralter DNA zeigen viele unserer Gene auch Spuren der jüngeren und jüngsten evolutionären Geschichte. So lässt sich bei etwa 8 Prozent unserer Gene nachweisen, dass sie durch die natürliche Selektion allein in den letzten 5000 Jahren seit der Entstehung der ersten Hochkulturen in Mesopotamien beeinflusst wurden. Bis heute sind wir also Kinder und Spielball der Evolution und werden es auch künftig bleiben.

Dazu gehören etwa Gene, die für Laktosetoleranz zuständig sind, also die bei Mitteleuropäern und afrikanischen Hirtenvölkern ausgeprägte Fähigkeit, auch noch im Erwachsenenalter Milch trinken zu können.

Man kann sich das Genom als ein sehr, sehr altes Geschichtsbuch vorstellen, das es uns erlaubt, weit in die Vergangenheit zurückzublicken. Gleichzeitig ist es auch so etwas wie ein Handbuch für einen Ingenieur, mit dessen Hilfe wir einen kompletten neuen Menschen bauen könnten. Man müsste es nur richtig lesen und verstehen können. Dazu ist man heute trotz aller Erfolgsmeldungen, ein bestimmtes Genom sei »entschlüsselt«, noch nicht in der Lage, aber die Wissenschaft macht auf diesem Gebiet große Fortschritte. Als ich in den 1980er-Jahren Doktorand war, wurde es gerade erst technisch möglich, kleine DNA-Abschnitte gezielt und millionenfach zu kopieren und dann die DNA-Sequenz zu bestimmen. Für diese Entwicklung der sogenannten Polymerase-Kettenreaktion (PCR) erhielt der Biochemiker Kary Mullis 1993 noch den Nobelpreis für Chemie.

Heute, nur rund 25 Jahre später, kann das gesamte Genom eines Menschen für einen vergleichsweise geringen Betrag von nur 1500 US-Dollar innerhalb weniger Tagen bestimmt werden. Es bedarf keiner besonderen prophetischen Fähigkeiten, vorherzusagen, dass innerhalb der nächsten zehn bis fünfzehn Jahre jeder, der so will, sein komplettes Genom kennen und die entsprechenden Informationen auf einem Chip zum Arzt mitbringen wird. Eine solchermaßen personalisierte Medizin wird es bald jedem Patienten ermöglichen, Kombinationen, Dosis und Nebenwirkungen von Medikamenten ganz persönlich, aufgrund der Kenntnis der eigenen genetischen Aufmachung, zu bestimmen.

Aber das Genom, das wir in jedem Zellkern in jeder unserer Zellen haben, ist noch nicht alles. Wir haben auch noch ein Metagenom von Milliarden und Milliarden von Bakterien, die wir in uns und auf uns tragen. Die Anzahl der Bakterien in unserem Darm allein ist etwa zehnmal höher als die Anzahl unserer eigenen Zellen! Also könnte man fast sagen, dass wir nur zu 10 Prozent wir selbst sind. Merkwürdig! Wir sind also eigentlich Mischwesen, denn unsere Bakterien sind ein integraler Teil von uns, den wir teilweise schon während der Geburt im Geburtskanal unserer Mutter aufnehmen. Daher ist übrigens auch der Trend zu immer mehr Kaiserschnittgeburten genauso bedenklich wie der inflationäre Gebrauch von Antibiotika, die unsere Darmbakterien abtöten, die Darmflora verändern und Resistenzen von Bakterien gegen Antibiotika bewirken. Dabei zeigen viele neuere Studien, wie wichtig unsere Bakterienflora für unser Immunsystem und unsere Gesundheit ist. Dies ist ein spannendes Forschungsfeld, in dem dank modernster DNA-Sequenzierungsmethoden völlig neue und unerwartete Erkenntnisse zutage gefördert werden.

Chromosomen und Abweichungen

Die Chromosomen des Menschen unterscheiden sich hinsichtlich Form und Größe voneinander. Wenn man nach einer bestimmten Einfärbung (Chromosomen heißen so, »Farbkörper«, weil man sie einfärben kann) ein Foto von einer Zelle macht, kann ein erfahrener Biologe anhand dieser Aufnahme die einzelnen Chromosomen zu 23 Chromosomenpaaren ordnen (Abb. 5.1). Bei den männlichen Vertretern unserer Spezies findet sich statt des zweiten X-Chromosoms (das nur Frauen haben) ein Y-Chromosom. Erstaunlicherweise weiß man erst seit dem Jahr 1956 sicher, dass es 46 Chromosomen sind, die das menschliche Genom ausmachen. Unsere nächsten Verwandten, die Schimpansen und die Bonobos, haben hingegen 48 Chromosomen. Unser Chromosom 2 ist aus der Verschmelzung von zwei separaten Menschenaffenchromosomen (2a, 2b genannt) entstanden.

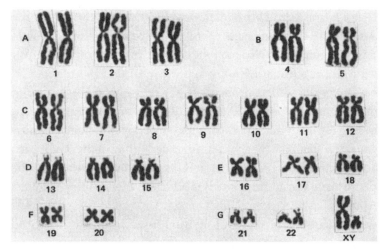

Abb. 5.1: Fotografie des Chromosomensatzes eines Mannes. Auf 22 gleichen Paaren von Chromosomen und dem ungleichen 23. Paar von einem X- und einem Y-Chromosom liegen unsere etwa 20 000 Gene, kodiert von rund 6 Milliarden Nukleinbasen (Guanin, Adenin, Thymin und Cytosin).

Die bandartigen Musterungen auf Chromosomen werden erst durch Einfärbung sichtbar. Man kann dadurch größere Veränderungen feststellen und diese Erkenntnisse in der medizinischen Diagnostik und Forschung nutzen. Sogenannte C-Bänder auf Chromosomen bestehen aus Heterochromatin, der Rest ist Chromatin, auch Euchromatin (echtes Chromatin) genannt. Chromosomenregionen lassen sich durch das unterschiedliche Färbungsverhalten identifizieren: Euchromatin färbt sich weniger stark ein als Heterochromatin.

Aufgrund dieses Färbungsverhaltens lassen sich unter dem Mikroskop Erbkrankheiten identifizieren, etwa Trisomien, bei denen ein Chromosomenpaar durch drei Chromosomen ersetzt wird. Die häufigste Trisomie, das nach seinem Entdecker John Langdon-Down benannte, jedoch erst 1959 durch Jérôme Lejeune erforschte Down-Syndrom, wird durch eine zusätzliche Kopie des 21. Chromosoms hervorgerufen (Trisomie 21). Wie bei vielen anderen genetischen Defekten auch steigt die Häufigkeit von Trisomie 21 mit dem Alter der Mutter. In

Deutschland ist die Trisomie-21-Quote auch wegen des relativ hohen Alters der Mütter bei der Geburt mit etwa 0,2 Prozent relativ hoch. Trisomie 21 kommt bei Jungen öfter vor als bei Mädchen (Relation 54:46), die Ursachen hierfür sind bisher nicht bekannt. Nur etwa 85 Prozent aller Föten, die diesen Chromosomendefekt haben, werden überhaupt geboren. Menschen mit Down-Syndrom können trotz mehr oder weniger schwerer körperlicher und geistiger Behinderungen ein glückliches Leben führen und rund 40 Jahre alt werden. Sie sind aber nicht fertil. Übrigens kann seit 2014 mithilfe eines einfachen, für Mutter und Kind völlig ungefährlichen blutbasierten PCR-Tests festgestellt werden, ob der Fötus Down-Syndrom hat. Die werdende Mutter muss sich für diese Diagnose nicht mehr einer Amniozentese (Fruchtwasseruntersuchung) unterziehen und kann damit etwaige Risiken dieses Verfahrens vermeiden.

Es ist nicht immer einfach zu bestimmen, welche genetische Krankheit bereits vor der Geburt zum Abort oder Tod eines Fötus geführt hat. In den industrialisierten Ländern Europas wie Großbritannien war die Kindersterblichkeit (bis zum Alter von fünf Jahren) einst sehr hoch. So wird geschätzt, dass zwischen 1730 und 1749 fast drei Viertel und zwischen 1810 und 1829 immerhin noch fast ein Drittel aller Kinder nicht älter als fünf Jahre alt wurden. In vielen dieser Fälle dürfte der frühe Kindstod während des ersten Lebensjahres sowie vor der Geburt auf genetische Ursachen zurückzuführen gewesen sein – dies ist wohl auch heute so, denn immer noch werden wohl weniger als 75 Prozent der befruchteten Eizellen als Fötus heranwachsen und geboren. Dies ist auf Probleme mit Chromosomenzahlen zurückzuführen.[2]

Auch können in einem Karyotypfoto (Abb. 5.1) unseres Chromosomensatzes durch die Bänderung Verluste von Chromosomenteilen (Deletionen) und Vermischungen (Translokationen) entdeckt werden, sofern sie genügend groß sind. Auch diese Art von genetischen Veränderungen können typische Krankheitssymptome hervorrufen. Die etwa 3,3 Milliarden genetischen Bausteine (G, A, T, C) unserer mehr als 20 000 verschiedenen Gene sind nicht gleichmäßig auf die Chromosomen verteilt. So ist Chromosom 21 mit weniger als 50 Millionen DNA-Bausteinen und nur 225 Genen das kleinste, Chromosom 1 mit fast 250 Millionen Basenpaaren und 2012 Genen das größte Chromosom. Chromosomen sind übrigens nach ihrer Größe nummeriert, wobei die größten Chromosomen die kleinste Nummer haben. Noch viel weniger Gene als Chromosom 21 hat das Y-Chromosom. Trotzdem ist es eminent wichtig, wie wir in den nächsten Kapiteln sehen werden.

Gene, Genschalter und die »Dunkle Materie« des Genoms

Die rund 3,3 Milliarden – der letzte Stand ist exakt 3 320 602 130 – Nukleotide, die Grundbausteine der DNA, verteilen sich auf 23, im Falle von Männern auf 24 verschiedene Chromosomen. Diese Zahl bezieht sich immer auf das haploide Genom, auf einen Chromosomensatz, genau genommen haben wir jedoch doppelt so viele Nukleotide. Die 22 paarweise vorhandenen Autosomen sowie die zwei Geschlechtschromosomen enthalten also mehr als 6 Milliarden Nukleotide. Das ergibt zusammengenommen DNA-Stränge von einer Länge von etwa zwei Metern in jeder unserer Milliarden von Zellen. Aber der Einfachheit halber und weil die Gene in (zwar nicht immer identischen) Kopien in den Schwesterchromosomen vorhanden sind, beziehen sich die Genomforscher meist nur auf den haploiden Chromosomensatz.

Nicht alle 3,3 Milliarden Nukleotide sind gleich wichtig, vielmehr scheinen die meisten von ihnen von untergeordneter Bedeutung zu sein oder überhaupt keine Funktion zu haben. So befremdlich es klingen mag, aber der weitaus größte Teil der 3,3 Milliarden Bausteine unseres Genoms ist wohl verzichtbar, ist eher »Müll«. Gene, die für Proteine kodieren, also die Abfolge von G, A, T und C in Aminosäuren übersetzen – das tun nicht alle Gene –, sind in unserem Genom in sogenannte Exons und Introns aufgeteilt. Exons sind die Teile eines Gens, die in Codons (das sind die Basentripletts), aufgeteilt in Aminosäuren, übersetzt werden, Introns hingegen die nichtkodierenden Abschnitte der DNA in einem Gen. Unser gesamtes Genom besteht zu nicht einmal 2 Prozent aus Exons, 26 Prozent hingegen machen die Introns aus. Der überwiegende Teil unseres Genoms macht wohl nicht viel, zumindest ist ihm bisher keine klare Funktion zuzuschreiben. Kleinere Gene haben nur ein Exon, andere über mehrere hundert (das Titin-Gen etwa weist 364 Exone auf).

Typischerweise hat ein Gen etwa sieben Exons. Die Introns werden zwar nicht in Aminosäuren übersetzt, was aber nicht notwendigerweise heißt, dass diese Genabschnitte keinerlei Funktion haben. Sie enthalten Signale aus Abfolgen von G, T, A und C, eine Art Grammatik, deren Funktion bisher noch nicht vollständig identifiziert werden konnte.

Gene bestehen nicht nur aus Exons und nichtkodierenden Introns, sondern es gibt auch »Genschalter«, die in verschiedenster Form Genen zugeordnet sind und für deren An- und Abschalten sorgen. Mehr als vier Millionen solcher Schalter wurden bisher in unserem Genom identifiziert. Dutzende von ihnen können beispielsweise ein einziges Gen beeinflussen, das manchmal sehr weit entfernt liegt. Es ist schwierig, diese Teile des Genoms funktionell zu charakterisieren und den Anteil des Genoms zu bestimmen, der für diese Funktionen verantwortlich ist. Die Schätzungen schwanken hier zwischen konservativen 8 Prozent und 40 Prozent.

Festzuhalten bleibt also, dass nur ein kleiner Bruchteil, etwas weniger als 2 Prozent unseres Genoms, für Proteine kodiert. Was machen denn dann die anderen 98 Prozent? Sie werden als ncDNA (non-coding DNA) bezeichnet und sind so etwas wie die »Dunkle Materie« des Genoms. Unser Genom ist also beileibe noch nicht verstanden, auch wenn seine Sequenz entschlüsselt wurde. Es fehlt immer noch die Gebrauchsanweisung dafür, wie aus einem Genom ein funktionierendes Lebewesen wird. Diese Rätsel zu lösen war eines der Hauptmotive für das gigantische und extrem teure Humangenom-Projekt. Es ging und geht dabei vornehmlich darum, genetische und sonstige Krankheiten besser diagnostizieren, verstehen und gegebenenfalls kurieren zu können. Außerdem lassen sich mit entschlüsseltem Erbmaterial Familien- und Menschheitsgeschichte besser erforschen und zum Beispiel Antworten auf die Frage finden, wie viel Neandertaler noch in uns steckt.

Unser Genom wirkt auf den ersten Blick sehr unorganisiert und schlampig – ein wirkliches Patchwork unserer langen evolutionären Geschichte, in der durchaus auch Un- und Zufälle eine Rolle gespielt haben. Ein Ingenieur würde es anders bauen. Trotzdem funktioniert es erstaunlich gut, denn in den meisten Fällen entstehen ja aus einer einzigen befruchteten Eizelle symmetrisch gebaute und gut funktionierende Individuen. Und führt man sich die Komplexität und den Umfang unserer gesamten Erbinformationen vor Augen, so ist es erstaunlich, wie selten genetische Krankheiten auftreten.

Nonsense im Genom?

Das menschliche Genom ist, obwohl es so wirkt, als ob es unorganisiert wäre, ein fein austariertes System, das es wie durch ein Wunder schafft, aus einem kleinen Knäuel DNA einen kompletten Organismus zu bauen. Es ist immer noch das Rätsel der Rätsel in der Biologie, wie das alles funktioniert. So gibt es beispielsweise über eine Million (1,1 Millionen, um genau zu sein) sogenannte Alu-Elemente in unserem Genom. Diese kurzen DNA-Stücke tun nichts Nützliches, richten aber offensichtlich auch keinen Schaden an. Immerhin etwa 8 Prozent unseres Genoms bestehen aus dieser Art von »repetitiver«

DNA. In dieser »Nonsense-DNA« häufen sich am schnellsten Mutationen an, sie ist daher auch am variabelsten – und am besten dafür geeignet, genetische Unterschiede zwischen Individuen aufzuspüren. In diesen Regionen unseres Genoms unterscheiden wir uns am auffälligsten voneinander. Daher wird auch hier nachgeschaut, wenn es darum geht, Vaterschaftstests durchzuführen oder anderweitige DNA-Fingerabdrücke zu nehmen. Diese DNA-Stücke mit sich wiederholenden Motiven, die aus lediglich zwei Basenpaaren (etwa GA-GA-GA-GA-GA…) oder auch aus komplexeren Abfolgen bestehen können, mutieren schnell und können gelegentlich auch Schaden verursachen, wenn bestimmte Motive, meistens Trinukleotide (etwa ATG-ATG-ATG-ATG…), in den Exons von Proteinen vorkommen. So kann etwa die Huntington-Krankheit durch eine Veränderung eines CAG-Motivs im HTT-Gen verursacht werden.

In diesem Zusammenhang seien auch die Pseudogene erwähnt. Das sind Gene, die einst eine Funktion hatten, aber durch Mutationen inaktiv geworden sind. Die Existenz dieser Pseudogene – bisher sind insgesamt ungefähr 13 000 bekannt – ist ebenfalls ein Beleg dafür, dass unser Genom nicht statisch ist, sondern sich ständig verändert. Ende 2012 entbrannte unter Genomikern eine hitzige Debatte darüber, wie hoch der Prozentsatz unseres Genoms ist, der für irgendeine Funktion kodiert. Bislang ging man von lediglich 8 bis 40 Prozent aus, der Rest unseres Genoms wurde abfällig als »Junk«, also Müll-DNA, bezeichnet. Das ENCODE-Konsortium (das Nachfolgeprojekt des Humangenom-Projkts, an dem mehr als 400 Wissenschaftler beteiligt waren und noch sind) jedoch postulierte nach der Analyse von 147 menschlichen Zelltypen, dass es 20 687 proteinkodierende Gene gebe sowie 18 400 Gene, die für RNA-Typ-Gene verantwortlich seien. Insgesamt hätten nicht 8, sondern 80 Prozent des Genoms in irgendeiner Form eine Funktion. Allerdings ist diese Zahl umstritten.

Gene und Zahlen

Naturwissenschaftler sind nicht alle so humorlos, wie sie in Literatur und Hollywood-Filmen gerne dargestellt werden. So wetteten zu Beginn des Humangenom-Projekts Forscher am Cold Spring Harbor Laboratory in New York (einer der renommiertesten Forschungsinstitutionen der USA, die 35 Jahre lang vom DNA-Struktur-Entdecker James Watson geleitet wurde) darum, wer die Zahl der proteinkodierenden Gene im menschlichen Genom am besten errät. Von einer Wurm- und einer Fliegenart mit ihren viel kleineren Genomen wusste man, dass sie über etwa 15 000 proteinkodierende Gene verfügen (Tabelle 5.1). Da sollte der Mensch schon mehr haben, schließlich musste man doch annehmen, dass wir ein komplexeres Wesen sind als ein Wurm oder eine Fliege und uns, zumindest an den meisten Tagen, auch so fühlen. Dementsprechend schwankten die Schätzungen denn auch zwischen 25 947 und 212 278. Im Jahr 2000 war es dann auch Konsens unter den meisten Genomforschern, dass im menschlichen Genom etwa 80 000 Gene zu erwarten seien. Diese Schätzung war jedoch schon im Jahr darauf auf lediglich 30 000 Gene reduziert worden. Trotzdem galt immer noch: mehr Gene, komplexerer Organismus. Nun ist es aber selbst heute überraschend schwierig, die Zahl der Gene in einem Genom exakt zu bestimmen. Das hat mit diversen Komplikationen zu tun, zu definieren, was genau ein Gen überhaupt ist, auf die ich hier nicht näher eingehen kann. Selbst innerhalb der Gattung Mensch gibt es zwischen Individuen zum Teil beträchtliche Unterschiede hinsichtlich der Anzahl bestimmter Gene. Eine Faustregel ist, dass jede zusätzliche Kopie eines Gens auch die Menge (Dosis) eines Genprodukts (also beispielsweise eines Proteins) verändert (möglicherweise verdoppelt). Die Dosis macht oft einen großen Unterschied – wie man am Beispiel Trisomie 21, dem Down-Syndrom, sehen kann, wo eben drei Dosen da sind und nicht nur zwei wie bei einem gesunden Menschen, denn das

Chromosom 21 ist ja dreifach und nicht nur wie üblich doppelt in jeder Zelle vorhanden.

Drosophila melanogaster (Fruchtfliege)	13 917
Pan troglodytes (Schimpanse) – unser Vetter	18 759
Canis familiaris (Hund)	19 856
Bos taurus (Kuh)	19 994
Homo sapiens	20 364
Caenorhabditis elegans (Fadenwurm)	20 447
Arabidopsis thaliana (Ackerrauke)	27 416
Physcomitrella patens (Moos)	32 273
Oryza sativa (Reis)	35 679
Populus trichocarpa (Pappel)	41 377
Malus domestica (Apfel)	57 386
Triticum aestivum (Weizen)	99 504

Tabelle 5.1: Anzahl der Gene im Genom verschiedener Organismen (Dank an Dan Graur, University of Houston, für diese Zusammenstellung).

Wie man an Tabelle 5.1 ablesen kann, sagt die Anzahl der Gene nichts darüber aus, wie komplex ein Organismus ist. Albert Einstein hatte also etwa genauso viele Gene wie ein Wurm, aber weitaus weniger als der Apfel, der Newton angeblich auf den Kopf fiel, und noch viel weniger als die Weizenpflanze, die wir als Baguette oder Müsli zum Frühstuck verspeisen.

Ebenso ist die Anzahl der Chromosomen – als eine Form der Organisation der genetischen Information unseres Genoms – nicht besonders aussagekräftig, denn auch hier gibt es eine große Spannweite. Bestimmte Schmetterlinge haben im Vergleich zum Menschen die mehr als fünffache Anzahl von Chromosomen (250), einige Pflanzen wie die Natterzunge (*Ophioglossum reticulatum*) verfügen sogar über 1200 davon.

Auch andere Zahlen verdeutlichen, wie »leer« unser Genom ist, zumindest in Bezug auf seine Informationsdichte. Vergleicht man bei verschiedenen Organismen, wie viele Gene pro Million Basenpaare im Durchschnitt enthalten sind, sieht unser Genom nicht besonders effizient aus (Tabelle 5.2).

Escherichia coli (Darmbakterium)	911
Saccaromyces cerevisae (Bäckerhefe)	483
Arabidopsis thaliana (Ackerrauke)	221
Drosophila melanogaster (Fruchtfliege)	197
Homo sapiens	12

Tabelle 5.2: Anzahl der Gene pro Million Basenpaare (Dank an Dan Graur, University of Houston, für diese Zusammenstellung).

Man kann die Zahlen unseres Genoms so zusammenfassen: 3,3 bis 3,5 Milliarden Basenpaare unseres Genoms entsprechen etwa einem Informationsgehalt von etwa 7 Milliarden Bits, was etwa 0,85 Giga-Bytes entspricht. Die können Sie leicht auf einem kleinen USB-Stick speichern, oder anders ausgedrückt: Die gesamte genetische Information zehn genialer Wissenschaftler (oder wahlweise Komponisten oder Literaten) plus eines Wurms Ihrer Wahl können Sie auf eine einzige DVD brennen, von der Sie auch das *Dschungelbuch* von Walt Disney abspielen könnten. Das klingt doch irgendwie ernüchternd, oder?

Gemach! Die bloße Zahl der Gene ist nur die halbe Wahrheit. Vielmehr muss auch die Komplexität der Interaktionen der Gene berücksichtigt werden. Hier kommt vermutlich das sogenannte Splicing ins Spiel, bei dem aus der Exon-Intron-Struktur der Prä-mRNA (Transkript der DNA) die Introns herausgelöst und verschieden kombiniert werden, indem einzelne Exons weggelassen werden. Dadurch kann eine hohe Anzahl von Splice-Varianten von Proteinen produziert werden. Möglicherweise ist dies der Hauptgrund für die Komplexitätsunterschiede zwischen anscheinend einfacheren Organismen und dem Menschen und der *Homo sapiens* einfach ein Meister im Gen-Splicing und sonstiger Tricks der Genregulation. Aber ehrlicher wäre es wohl zu sagen, dass man noch nicht versteht, ob und wie Komplexität – übrigens ein schwer zu definierendes und messbares Konzept – mit Genomgrößen oder der Anzahl von proteinkodierenden Genen zusammenhängt. Oder um es wie der damalige US-Verteidigungsminister Donald Rumsfeld im Vorfeld des Irakkriegs am 12. Februar 2002 auszudrücken: »There are known knowns; there are things we know we know. We also know there are known unknowns; that is to say we know there are some things we do not know. But there are also unknown unknowns – there are things we do not know we don't know.« – »Es gibt bekannte Bekannte, es gibt Dinge, von denen wir wissen, dass wir sie wissen. Wir wissen auch, dass es bekannte Unbekannte gibt, das heißt, wir wissen, es gibt einige Dinge, die wir nicht wissen. Aber es gibt auch unbekannte Unbekannte – es gibt Dinge, von denen wir nicht wissen, dass wir sie nicht wissen.«

Mensch und Mutation

Das Referenzgenom des Menschen dient lediglich als Matrix, gegen die die Genomsequenz eines Individuums abgeglichen wird. Die meisten der durchschnittlich rund drei Millionen Unterschiede von Mensch zu Mensch in jedem menschlichen Genom sind vom Typ einer Punktmutation. Das bedeutet, dass nur ein einziges Nukleotid ausgetauscht wurde, beispielsweise ein T gegen ein A. Die meisten dieser Mutationen haben keine Wirkung, sie sind biologisch neutral. Im Jargon der Genomiker werden diese Punktmutationen auch *Single Nucleotide Polymorphism* oder SNP genannt. Wenn ich von bekannten Varianten spreche, also beispielsweise von 2 644 706 Varianten des X-Chromosoms, dann ist damit gemeint, dass man bisher

2 644 706 Kombinationen von SNPs entdeckt hat. Diese Zahl wird sicherlich noch steigen, sobald mehr Genome sequenziert und mehr Genvarianten entdeckt sein werden. Daher hat diese Zahl auch nur dann Aussagekraft, wenn wir sie in Relation zur Größe des Genomabschnitts, etwa des Chromosoms, betrachten. Denn hier zeigt sich, wie variabel ein Chromosom sein darf, ohne dass dessen Funktionen beeinträchtigt sind. Auch wenn man heute noch nicht die Konsequenz jedes SNPs kennt, lassen sich daraus trotzdem schon viele Informationen über einen Menschen herauslesen.

Mit bestimmten Genchip-Methoden können bei einem Menschen mittlerweile bis zu einer Million SNPs schnell und preiswert bestimmt werden. Anhand dieser Methode hat 23andMe auch mein Genom untersucht. Damit lassen sich nicht nur Anfälligkeiten gegen Krankheiten analysieren oder der Neandertaleranteil in meinem Genom, sondern es kann auch bestätigt werden, welche Augenfarbe ich habe und ob meine Haare eher lockig sind. Ja, sie sind es.

Kein Mensch gleicht genetisch einem anderen (sieht man einmal von eineiigen Zwillingen ab). Kennt man die Mutationsrate, so lässt sich berechnen, wie oft pro Generation an einer bestimmten Stelle im Genom eine Mutation stattfindet. Unter den heute sieben Milliarden lebenden Menschen wären an jeder Stelle des Genoms etwas weniger als 100 Mutationen zu erwarten, das heißt, an jeder Stelle des Genoms würden sich etwas weniger als 100 Menschen durch ein bestimmtes Nukleotid vom Rest der Menschheit unterscheiden. Da sich diese Zahl typischerweise auf ein haploides Genom bezieht (also auf drei anstatt auf sechs Milliarden Nukleotide), würde sie sich verdoppeln auf etwa 160 bis 200 Mutationen pro Nukleotid im Genom. Diese Berechnung ist allerdings sehr ungenau, denn nicht alle Stellen im Genom erlauben Mutationen; die Zahl der »erlaubten« Mutationen variiert stark, je nachdem, wo man im Genom nachschaut. Es gibt Bestandteile im Genom – wenn auch wahrscheinlich nicht sehr viele –, bei denen jede Mutation tödlich wäre.

Aufgrund vergleichender Genomstudien wissen wir seit Kurzem, dass sich jedes Kind durch ungefähr 70 bis 100 neue Mutationen von seinen Eltern unterscheidet. Das bedeutet, dass in jeder Generation nur etwa alle 100 000 000 Basenpaare eine Mutation auftritt. Die letzte empirische Berechnung dazu basiert auf 78 Eltern-Kind-Genomsequenzierungen. Wahrscheinlich stammen etwas mehr Mutationen vom Vater als von der Mutter.[3]

Die Ursache dafür dürfte sein, dass sich die Proto-Samenzellen des Vaters häufiger verdoppeln als die Eizellen der Mutter (die diese ja bereits während ihrer eigenen Embryonalentwicklung erhalten hat), was jedes Mal mit der Gefahr eines Fehlers bei der Zellteilung und der vorherigen Verdopplung des Genoms einhergeht. Das erklärt auch, dass Samen mehr Mutationen aufweisen als Eizellen – man rechnet bei Männern mit etwa zwei Mutationen mehr pro Lebensjahr[4], also 100 mehr bei einem 70-Jährigen als bei einem 20-jährigen Vater eines Kindes.

Was unser Genom über unsere Abstammung verrät

Man kann auch geografische Verteilungsmuster genetischer Variationen ermitteln. Dabei zeigt sich, dass die meisten Menschen erstaunlich heimattreu sind. Aus Studien in Japan, Italien und anderen Ländern weiß man, dass die meisten Hochzeiten zwischen Menschen geschlossen werden, deren Geburtsorte innerhalb eines Radius von nur 20 Kilometern liegen. Der Genfluss ist zumindest historisch langsam und lokal begrenzt, denn Genvarianten können ja nur wandern, indem durch Sex in der nächsten Generation Vermischung bewirkt wird. Das wird sich mit »Katalogbräuten«, Sexurlauben und viel Migration über Ländergrenzen hinweg ändern. Der Genpool von Individuen, die innerhalb weniger Generationen Genvarianten austauschten – indem sie sich miteinander fortpflanzten –, erwies sich in der Vergangenheit jedoch als überraschend klein. Wenn sich beispielsweise Schweizer über Generationen hinweg immer nur innerhalb ihres Heimattals oder Kantons fortpflanzen, wandern die Genvarianten nicht weit. So ergeben sich lokale Muster unterschiedlicher Häufigkeiten und Kombinationen von Genvarianten, die es erlauben, eine Art genetisches Profil einer geografisch lokalisierbaren Gruppe von Menschen, etwa in einem Schweizer Kanton, zu erstellen und es von anderen Mustern zu unterscheiden (Abb. 5.2).

Erstaunlicherweise gibt es genügend Unterschiede hinsichtlich der relativen Häufigkeit von Genvarianten zwischen genetisch ansonsten sehr ähnlichen Europäern. Man kann inzwischen anhand einer solchen Genvariantenanalyse relativ genau eine demografische Karte Europas rekonstruieren. Dabei zeigt sich ein generelles Muster: Je größer die geografische Entfernung zwischen den Probanden ist, desto größer sind auch die genetischen Unterschiede. Bei einer 2008 durchgeführten Genvariantenanalyse[5] konnte für 50 Prozent der Studienteilnehmer der Geburtsort auf einen Kreis mit einem Radius von 310 Kilometern eingegrenzt werden, für 90 Prozent aller Europäer auf einen Kreis mit einem Radius von 700 Kilometern und auf einer Insel wie Sardinien sogar auf einen Kreis mit einem Radius von nur 50 Kilometern.[6] 25 Prozent der Studienteilnehmer konnten sogar ihrem Geburtsort zugewiesen werden. Mit diesem Ansatz[7] wird inzwischen die geografische Verteilung genetischer Variation auf der ganzen Welt ermittelt, wobei man aus einer Kombination von 40 000 bis 130 000 SNPs die GPS-Koordinaten des Geburtsortes eines Individuums errechnet. Weltweit lässt sich auf diese Weise in 83 Prozent der Fälle das Geburtsland vorhersagen.[8] Besonders auffällig ist die Ortstreue der Schweizer (Abb. 5.2). Allein aufgrund der Genvariantenanalyse konnte recht gut zwischen französisch-, deutsch- und italienischsprachigen Schweizern differenziert werden.[9, 10] Bald wird man wohl mit einer nur geringen Fehlerquote den Kanton genetisch identifizieren können, aus dem ein Schweizer stammt.

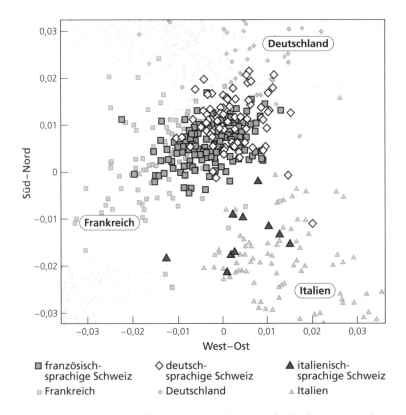

Abb. 5.2: »Genetische Landkarte« (nachgezeichnet aus der Studie von Novembre et al. 2008), auf der sich Schweizer mit unterschiedlicher Landessprache genetisch relativ genau voneinander unterscheiden lassen.

Genetische und geografische Distanz korrelieren miteinander. So kann man etwa innerhalb des Vereinigten Königreichs genetisch eindeutig die Abstammung von Normannen, Wikingern oder Angelsachsen (Abb. 5.3.) oder Besiedlung, Kriege und andere wichtige Ereignisse der Landesgeschichte aus den zurückliegenden Jahrhunderten und sogar Jahrtausenden, wie der Abzug der Römer von der Insel im Jahr 410, nachvollziehen.[11] In einer Studie wurden über 2000 Probanden aus ländlichen Gebieten des Landes, die wussten, dass ihre vier Großeltern innerhalb einer Distanz von 80 Kilometern geboren wurden, genetisch untersucht, dazu im Vergleich mehr als 6000 Europäer außerhalb Großbritanniens. Dabei zeigte sich, dass etwa 35 Prozent aller Briten in Zentralengland noch heute nachweislich deutsche Wurzeln haben, die dänischen Wikinger jedoch, die die Insel für 400 Jahre beherrschten (700–1100) nur überraschend wenige genetische Spuren hinterließen.

Man kann also relativ genau aus dem Profil der Genvarianten die geografische Herkunft eines Menschen ermitteln. Für richtige Schweizer mag das nicht so wichtig sein, denn die hören ja sowieso schon aus den Nuancen ihres Dialekts heraus, aus welchem Kanton jemand stammt. Je mehr genetische Varianten, vor allem seltenere, nur lokal begrenzte Mutationen sowie Individuen genetisch charakterisiert werden, desto genauer wird diese Art von geografischen Vorhersagen künftig ausfallen. Als ich meine DNA analysieren ließ, fragte 23andMe selbstverständlich nach meinem Geburtsort und dem meiner Eltern und Großeltern. So werden Kunde für Kunde riesige Datenbanken mit Informationen gefüttert, die für verschiedenste Analysen, die nicht nur auf Geografie und Genealogie beschränkt sind, nützlich sein werden. Dies dürfte mittlerweile auch FBI, CIA & Co. interessieren.

Forensische Genetik

Genetische Variation, durch die sich Individuen voneinander unterscheiden, ist bereits seit Jahrzehnten die Grundlage für forensische und kriminalistische Untersuchungen (meist in Form von Speichel, Blut oder Samen), etwa bei Vaterschaftsanalysen und bei der Identifizierung von Verdächtigen oder Opfern. Bei Vaterschaftstests stellte sich übrigens heraus, dass je nach menschlicher Population bis zu 10 Prozent (oder sogar noch mehr) Kinder nicht vom angeblichen biologischen Vater stammten. Die Möglichkeiten der forensischen Genetik illustrierten in einem prominenten Fall die US-Geheimdienste: Sie

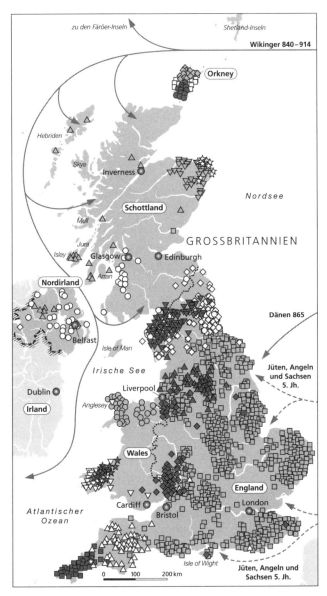

Abb. 5.3: Genetische Landkarte von Großbritannien. Durch die Analyse genetischer Daten lässt sich die Landes- und Besiedlungsgeschichte relativ genau nachvollziehen. Die Symbole zeigen die unterschiedlichen genetischen Ursprünge der Briten. Deutlich erkennbar sind im südlichen Teil die genetischen Spuren der ab dem 5. Jahrhundert eingewanderten Angeln und Sachsen (helle Quadrate).[12]

suchten wohl mit einer fingierten Impfaktion in Pakistan nach genetischen Spuren von Osama bin Laden, indem Kinder vor Ort geimpft wurden. Anschließend wurde deren DNA-Profil (anhand des Blutes, das in den Impfnadeln gesammelt wurde) mit demjenigen bin Ladens (das den US-Behörden über dessen Verwandte vorlag) abgeglichen, um auf diese Weise auf seinen Aufenthaltsort schließen zu können.

Allein aus Variationen der genetischen Aufmachung eines Haares, eines Blutstropfens oder von Speichel oder Samen eines Täters (oder Opfers) können heute schon wesentliche Aussagen über äußerliche Merkmale und die Herkunft eines Menschen getroffen werden. Haut- und Haarfarbe sind dabei relativ einfach aus der DNA-Sequenz abzulesen, und auch die geografische und damit zum Teil auch die ethnische Herkunft können relativ leicht ermittelt werden. Manchmal ist die Genauigkeit dieser Vorhersagen frappierend. Denn offensichtlich bestimmt die DNA auch die Form von Nase und Kopf, von Lippen und Jochbein. Andernfalls würden wir ja nicht unseren Geschwistern, Eltern und Großeltern so ähnlich sehen. Das Team des Genetikers Manfred Kayser von der Erasmus-Universität in Rotterdam zum Beispiel[13] vermisst seit einigen Jahren neun »Landmarken« im Gesicht – wie Augenabstand und Länge der Nase – und kann mittlerweile allein anhand von etwa 180-SNP-Markern bereits die Körpergröße relativ genau vorhersagen.

Bei dieser Art von Forschung – man nennt diese Disziplin Morphometrie – wird die Gesichtsform möglichst vieler Menschen genau analysiert, um anschließend die morphologischen Merkmale zu möglichst vielen Genvarianten im gesamten Genom in eine statistische Beziehung zu setzen, zu korrelieren. Noch hat diese Methode der Korrelierung von Gesichts- und Genvarianten ihre Grenzen, und man kann bisher aus diesen Daten noch nicht sehr genau vorhersagen, welche Kopf-, Nasen- und Gesichtsform ein Mensch hat.[14]

Mehrere Forscherteams arbeiten zurzeit daran, aufgrund von DNA-Evidenz das Aussehen eines Menschen rekonstruieren und ein genbasiertes »Fahndungsfoto« erstellen zu können. Zwei Unternehmen in den USA bieten diesen Service bereits an, und Parabon NanoLabs erstellte 2015 erstmals ein DNA-Fahndungsfoto für eine Polizeistation in South Carolina (Abb. 5.4). Es zeigt einen noch recht unspezifisch aussehenden männlichen Afroamerikaner, dessen genetische Wurzeln in Westafrika liegen. Auch wurde die Haar-, Augen- und Hautfarbe genetisch ermittelt. Sicherlich wird dieses Fahndungsfoto nicht sehr viel dabei helfen, den Täter zu identifizieren, aber die Forschung in diesem Bereich wird rasch Fortschritte machen, nicht zuletzt, weil US-Sicherheits- und -Justizbehörden sie finanziell fördern.

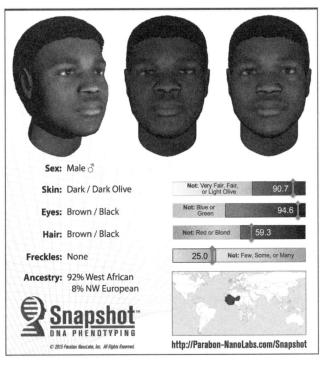

Abb. 5.4: DNA-Steckbrief: Im Januar 2015 veröffentlichte die Polizei von Columbia in South Carolina dieses Phantombild von einem Tatverdächtigen, das aufgrund von DNA-Spuren am Tatort angefertigt wurde – das erste publizierte Bild in der Forensik, das allein auf DNA-Spuren beruht. Parabon NanoLabs, Entwickler dieses *DNA Phenotyping System*, bietet seine Dienste Vollzugsbehörden an.

Auch Forscher wie Mark D. Shriver von der Pennsylvania State University arbeiten an diesem Thema.[15] Mithilfe von 3D-Scans Hunderter von Gesichtern werden zunächst die exakten Koordinaten von 7000 Punkten im Gesicht bestimmt. Dann versucht man statistisch zu berechnen, wie etwa Geschlecht oder ethnische Herkunft diese Koordinaten typischerweise beeinflussen, um anschließend Genvarianten, von denen bekannt ist, dass sie für die Herausbildung bestimmter Gesichtszüge oder pathologischer Erscheinungen (Lippen-Kiefer-Gaumenspalte) verantwortlich sind, dazu in Bezug zu setzen. Dabei wiesen bisher nur 24 Varianten von 20 Genen eine relativ genaue Korrelation zu physischen Merkmalen auf, etwa zur Gesichtsform, zur »Plattheit« einer Nase oder der Art des Hervorstehens eines Jochbeins.

So kann also nicht nur die Korrelation von Genvarianten zu Gesichtsmerkmalen errechnet werden, sondern es lässt sich auch zumindest ansatzweise vorhersagen, welche Gesichtsform eine bisher unbekannte Kombination dieser Varianten hervorbringen würde.[16] Ein anderes Forscherteam um Kun Tang am Shanghai Institute for Biological Sciences in China hat mit ähnlichen Methoden fünf weitere Gene entdeckt, die eine Rolle für die Form der Lippen (bei Han-chinesischen Frauen) zu spielen scheinen.[17]

Allerdings sind die ersten Ergebnisse dieser Art von forensischer Genetik noch relativ ungenau. Zu bedenken ist auch, dass Umweltfaktoren wie etwa Ernährung eine wichtige Rolle dabei spielen, wie sich Gesichtsformen im Detail herausbilden. Auch sind die bisher identifizierten 20 Gene nur ein Anfang. Spinnt man die Idee dieser Art von »Gesichtserkennung« weiter, so ließe sich damit die Suche nach einem Täter, etwa einem Vergewaltiger, durch sehr präzise Fahndungsfotos effektiv eingrenzen (Abb. 5.4).

Selbstverständlich muss dabei sichergestellt werden, dass ein Verdächtiger juristisch nicht ausschließlich nach dem rekonstruierten Gesicht belangt werden darf. Einer mutmaßlichen

Identifizierung durch einen DNA-Steckbrief muss ein Vergleich mit dem DNA-Fingerabdruck folgen. Eine weitere, ethisch eher unbedenklichere und positivere Anwendungsmöglichkeit dieser Methode könnte die Gesichtsrekonstruktion bei Skelettfunden sein.

Die durchaus vielfältigen ethischen Implikationen dieser Art von genetischen Projekten und Megaanalysen müssen sorgfältig erwogen und diskutiert werden (man darf jedoch nicht erwarten, dass dies zuerst in China passieren wird), denn neben den eindeutig positiven Effekten der Rekonstruktion des Aussehens von Menschen gilt es auch die negativen gesellschaftspolitischen Folgen dieser Art von Spurenauswertung und Genomforschung zu bedenken. Es mag einen regelrecht gruseln, wenn man sich nur vorstellt, wie etwa Geheimdienste diese Methoden zu Überwachungszwecken missbrauchen könnten. Nicht umsonst wird diese Art von Forschung in den USA schon jetzt durch das Justizministerium gefördert. Es soll am Ende dieses Kapitels aber auch noch gesagt sein, dass die methodischen Ansätze, ein Gesicht allein anhand von DNA-Variationen einer Handvoll von Genen zu rekonstruieren, bisher noch sehr in den Kinderschuhen stecken und es nicht einfach sein wird, sie entscheidend zu verbessern.

Es ist offensichtlich, wie hoch die Erblichkeit gerade von Gesichtszügen ist. Oft sehen sich Geschwister beziehungsweise Eltern und Kinder, selbst wenn sie unterschiedlichen Geschlechts sind, frappierend ähnlich (Abb. 5.5). Die Teile eines Gesichts, in denen sich Familienmitglieder so ähneln, sind jeweils von einer wahrscheinlich sehr hohen Anzahl von Genen beeinflusst, die ihren jeweiligen kleinen Anteil zum Erscheinungsbild, beispielsweise der Nasen- oder Lippenform, beitragen. Diese kleinen Beiträge und Interaktionen der Gene sind mit Punktmutationen und SNPs nicht so ohne Weiteres zu messen und statistisch auseinanderzudividieren. Im Unterschied zu eher additiven Effekten einer Anzahl von Genen, wie es beispielsweise hinsichtlich der Körpergröße der Fall ist,

Abb. 5.5: Die »genetischen Porträts« des kanadischen Fotografen Ulric Collette verdeutlichen, wie groß die Ähnlichkeit und damit die Erblichkeit gerade von Gesichtszügen sind. Hier ist die rechte Gesichtshälfte des Vaters mit der linken Gesichtshälfte seines Sohnes kombiniert.

wird die Art und Weise des Zusammenwirkens von Genen bei der Ausprägung etwa der Nasenform eher als »modular« (und nicht-additiv) verstanden. Hierbei sind die Einzeleffekte und Mutationen von Genen sehr schwer zu erkennen und die Resultate von Interaktionen zwischen Genen kaum vorherzusagen.

Wie schwer das ist, zeigen Selbstversuche, die zwei Journalisten der *New York Times* im Februar 2015 gemacht haben. Sie schickten ihre DNA-Daten – die gleiche Art von Daten, wie meine Frau und ich sie an 23andMe gesandt hatten – anonym an Mark D. Shriver von der Pennsylvania State University. Aus lediglich Tausenden von SNP-Varianten – Shriver wusste nichts bezüglich Geschlecht, Körpergröße oder Alter – konnte sein Algorithmus rasch ein DNA-Phantombild generieren.[18] Danach verschickten die Journalisten »ihr« DNA-Bild per E-Mail an ihre Kollegen in der Redaktion. Die Ergebnisse waren eher ernüchternd: Den männlichen Kollegen konnte niemand richtig identifizieren, und nur etwa 10 Prozent tippten richtig bei der weiblichen Kollegin (Abb. 5.6).

Obwohl die Methoden der forensischen DNA-Gesichtsvorhersage noch sehr krude sind, werden sich die Ergebnisse in Zukunft sicher verbessern. Führende Firmen der Genomforschung wie Illumina steigen in das Geschäft mit der Kriminalistik und der Identifizierung von vermissten Personen und Katastrophenopfern (beispielsweise nach Flugzeugabstürzen)

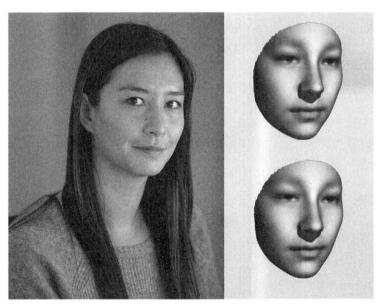

Abb. 5.6: Das große Bild zeigt, wie die Journalistin der *New York Times*, die einen koreanischen und einen nordeuropäischen Elternteil hat, in Wirklichkeit aussieht. Die Gesichter rechts sind die DNA-Phantombilder (rechts unten zusätzlich für Alter, Gewicht und Körpergröße angepasst), wie sie von Mark D. Shriver aus Tausenden von SNP-Varianten generiert wurden.[19]

ein und werden die Forschung vorantreiben. Den Phänotyp aus dem Genotyp vorherzusagen bleibt nach wie vor eine der größten Aufgaben der Genetik und ist so etwas wie der »heilige Gral«, nach dem viele Genetiker weiterhin suchen.

6

Ein X macht noch keine Frau: das X-Chromosom

Aktenzeichen XY

Lange war es Konsens, dass ausschließlich das chromosomale Profil – XX oder XY – darüber entscheidet, wer Mann ist und wer Frau.[1] Inzwischen weiß man, dass das nicht ganz stimmt – es ist nicht allein dieser genetische Faktor, der einen Menschen zu einem biologischen Mann oder zu einer biologischen Frau macht. Sicher, die allermeisten Menschen sind entweder mit zwei X- oder einem X- und einem Y-Chromosom ausgestattet und sind deshalb eindeutig Frauen oder Männer und fühlen sich auch so. Aber diese Dichotomie trifft nicht auf alle Menschen zu. Ein sehr kleiner Promilleanteil der Menschheit ist geschlechtlich nicht eindeutig bestimmt oder sieht sich psychisch irgendwo dazwischen. Bei etwa einem von 4500 Neugeborenen wird eine genitale Dysmorphie diagnostiziert, das heißt, die Geschlechtsmerkmale sind verkümmert, oder es sind weibliche und männliche Geschlechtsmerkmale gleichzeitig vorhanden.[2] Dabei gibt es erstaunlich viele Schattierungen zwischen Rosa und Hellblau. Darunter sind manchmal Fälle, bei denen selbst Hebammen und Ärzte nicht sagen können, ob das Neugeborene ein Junge oder ein Mädchen ist. Früher wurden solche Neugeborene fast immer zu Mädchen umoperiert, weil das einfacher ist, und man half auch mit Hormonen nach. Heute wartet man oft, bis das Kind selber sagen kann, welchem Geschlecht es sich zugehörig fühlt. In vielen Fällen entscheiden jedoch die Eltern gleich nach der Geburt, wie operiert und hormonbehandelt werden soll.

Das X-Chromosom sieht wie die meisten anderen Chromosomen in einem bestimmten Stadium der Zellteilung aus wie der Buchstabe X. Aber das ist nicht der Grund, warum es so genannt wird. Vielmehr geht diese Bezeichnung darauf zurück, dass nicht bekannt war, wer oder wo der Partner des X-Chromosoms war. Bei der einen Hälfte der Menschheit fanden sich zwei Kopien des X-Chromosoms, bei der anderen schien das Partnerchromosom zu fehlen. Das Y-Chromosom ist so viel kleiner und unscheinbarer als das X-Chromosom, dass es lange übersehen wurde. Die Wissenschaftler konnten sich zunächst keinen Reim darauf machen. Daher nannte der Entdecker des X-Chromosoms, der deutsche Zellbiologe Hermann Henking, es 1891 dann auch »X-Faktor«.

Bezeichnenderweise wurde das Y-Chromosom von einer Frau, Nettie Stevens, entdeckt, jedoch erst 1905.[3] »Aktenzeichen XY« würde sich als Titel anbieten für diese Geschichte um die »odd« oder »accessory chromosomes« (seltsame oder nebensächliche Chromosomen), die man zunächst nicht verstanden hatte. Es sollte noch einige Jahrzehnte dauern, bis diese zuerst bei Insekten gemachten Entdeckungen dann auch für Säugetiere und schließlich auch den Menschen bestätigt werden konnten.

Die genomische oder chromosomale Geschlechtsbestimmung wird heute nicht mehr als eine direkte hierarchische Befehlskette gesehen, sondern eher als Art komplexe Choreografie, bei der mehrere Gene auf Chromosomen wie auch Hormonsignale und andere Phänomene eine Rolle spielen. So wird heute nach immer mehr Kriterien differenziert, die vom chromosomalen, Gonaden-, hormonellen und genitalen Geschlecht bis zur sexuellen Identität reichen. Zunehmend unterscheiden Genderforscher auch nach sexueller Präferenz, Genderidentität, morphologischem Geschlecht, Fruchtbarkeit und sogar Gehirngeschlecht.[4] Die Welt um uns lässt sich nicht schwarz-weiß in Frauen und Männer unterteilen, und das ist gut so. Allgemein ausgedrückt jedoch sind die Dinge auf der genetischen Ebene klarer als auf der Ebene des Gefühls. Beginnen wir daher auch mit den Chromosomen und den Genen.

Junge oder Mädchen?

Oft wünschen sich Eltern ein Kind eines bestimmten Geschlechts. Das kann im Extremfall dazu führen, dass zumeist Mädchen nach der Geburt zur Adoption freigegeben, ausgesetzt oder gar getötet werden, wie es oft in Indien oder China immer noch der Fall ist. Das ist nicht nur auf individueller Ebene eine Tragödie, sondern hat auch negative Auswirkungen auf die Gesellschaft. Denn damit kippt landesweit das weitgehend ausgeglichene 50:50-Geschlechterverhältnis zu stark in Richtung Jungen – mit ernsthaften sozialen Folgen etwa in den beiden genannten Ländern. Aber auch in der westlichen Welt versuchen Eltern mit manchmal abstrusen Methoden, das Geschlecht des Kindes zu beeinflussen. Bereits Aristoteles riet, die Außentemperatur während des Zeugungsaktes zu beachten: Bei kühlem Wetter seien Jungen häufiger, während Mädchen in warmen und feuchten Nächten gezeugt würden. Und auch heute glauben noch manche, dass bestimmte Kopulationsstellungen die Zeugung von Jungen oder Mädchen begünstigen. Na ja.

Heute kann man aber auch Spermien für Forschungszwecke oder vor einer künstlichen Befruchtung – in einigen Ländern wird dies legal oder halblegal auf Elternwunsch so gemacht – danach sortieren, ob sie ein X- oder ein Y-Chromosom enthalten. Da das X-Chromosom so viel größer und schwerer als das Y-Chromosom ist, schwimmen die leichteren männlichen Spermien ein klein wenig schneller als diejenigen, die ein X-Chromosom zu schleppen haben. Oder man lässt die befruchteten Eizellen nach Geschlecht sortieren. So können sich Eltern künstlich ein Mädchen oder einen Jungen zeugen lassen.

Jede weibliche Zelle hat zwei X-Chromosomen: eines vom Spermium des Vaters, das andere von der Eizelle der Mutter. Die Eizelle hat bei der Meiose eines der beiden X-Chromosomen der Mutter bekommen (mit je einer 50:50-Chance), die Samenzelle trägt entweder ein X- oder ein Y-Chromosom bei. Allein die Geschlechtszellen des Vaters entscheiden also, ob das Kind ein Junge oder ein Mädchen wird. Das bedeutet: Ein Mann hat sein X-Chromosom immer von seiner Mutter geerbt, seine Tochter wird dann eines ihrer X-Chromosomen von ihrer Großmutter väterlicherseits bekommen, das andere X-Chromosom von ihrer Mutter. Das X-Chromosom eines Mannes, der eine Tochter zeugt, hat also eine Generation in einem männlichen Körper verbracht, bevor es sich in einem weiblichen Körper wiederfindet. Der englische König Heinrich VIII. (1491–1547) wusste noch nicht, dass allein *seine* Spermien über das Geschlecht seiner Kinder entschieden. So aber trennte er sich von seinen sechs Ehefrauen und ließ zwei von ihnen sogar köpfen, weil keine ihm den ersehnten männlichen Thronfolger gebar. Wie ungerecht!

Wie der Mensch haben auch die übrigen Säugetiere zwei spezielle Geschlechtschromosomen. (Was auch wieder nicht ganz stimmt, denn das Schnabeltier weist, obwohl es doch zu den Säugetieren zählt, nicht weniger als zehn Geschlechtschromosomen auf.) Weibliche Individuen sind immer XX, haben also zwei gleiche Geschlechtschromosomen, Männer sind das sogenannte heterogametische Geschlecht mit einem X- und einem Y-Chromosom. Es geht aber auch anders herum: Bei Vögeln zum Beispiel – dort werden die Geschlechtschromosomen aus historischen Gründen mit W und Z benannt – sind die Weibchen mit je einem W- und einem Z-Chromosom das heterogametische Geschlecht, während die homogametischen Männchen zwei gleiche W-Chromosomen haben.

Geschlechtschromosomen wie unsere X- und Y-Chromosomen sind in evolutionärer Hinsicht etwas Besonderes, denn zweigeschlechtliche Lebewesen haben nicht notwendigerweise auch Geschlechtschromosomen.[5] Bei vielen Organismen erfolgt die genetische Geschlechtsbestimmung auch ohne spezialisierte Geschlechtschromosomen lediglich durch einzelne Gene auf normalen Chromosomen (Autosom). Wozu also überhaupt Geschlechtschromosomen? Das ist in evolutionärer Perspektive eine bisher ungelöste Frage. Auch unsere Geschlechtschromosomen sind evolutionär aus einem »normalen« Chromosom entstanden. Obwohl es bei fast allen Tierarten zwei Geschlechter gibt, sind die genetischen Mechanismen, durch die das Geschlecht bestimmt wird, erstaunlicherweise sehr unterschiedlich.[6]

Temperaturabhängige Geschlechtsbestimmung

Bei manchen Tieren, insbesondere Krokodilen und Schildkröten, ist das Geschlecht sogar von Umwelteinflüssen wie der Temperatur abhängig, wird also nicht direkt genetisch bestimmt. So haben Krokodile und Schildkröten auch keine Geschlechtschromosomen wie Säugetiere oder Vögel. Je nach Art kann sich aus einem wärmer ausgebrüteten Ei ein männliches oder auch ein weibliches Tier entwickeln. Bei den meisten Schildkröten wird das Geschlecht erst nach der Hälfte der gesamten Entwicklungszeit bestimmt. Wenn dann die Temperatur besonders hoch ist, gehen aus den Eiern weibliche Schildkröten hervor (*hot chicks*), bei niedrigen Temperaturen männliche (*cool dudes*). Auch bei Fischen ist die genetische Geschlechtsbestimmung komplex und labil und funktioniert meist auch ohne spezielle Geschlechtschromosomen. Es bleibt eine der größten ungelösten Fragen der Biologie, warum Geschlechtschromosomen bei nur eher wenigen Tiergruppen vorkommen. Einen merkwürdigen Fall stellt die australische Eidechsenart *Central Bearded Dragon Lizard* dar. Bei ihr haben die Männchen typischerweise zwei gleiche Geschlechtschromosomen, die – wie auch bei den Vögeln – Z-Chromosomen heißen. Männchen haben hier also einen ZZ-Karyotyp, Weibchen ein Z- und ein W-Chromosom. Es kommen aber auch Fälle vor, in denen nicht nur Geschlechtschromosomen, sondern auch die Umwelt, hier die Bruttemperatur der Eier, einen großen Einfluss auf die Bestimmung des Geschlechts haben. So werden genetische ZZ-Männchen des *Central Bearded Dragon Lizard* zu Weibchen, wenn die Eier bei einer höheren Temperatur (34–37 °C) ausgebrütet werden. Dann schlüpfen 16-mal mehr Weibchen als Männchen aus den Eiern. Möglicherweise wurde ein geschlechtsbestimmendes Gen durch die Hitze ausgeschaltet.

Der Mythos vom X-Chromosom als weiblichem Chromosom

Mit etwa 155 Millionen Basenpaaren ist das X-Chromosom das achtgrößte Chromosom in unserem Genom. Mehr als ein Drittel von ihm besteht aus repetitiven DNA-Motiven – das sind kurze DNA-Stücke, in denen sich bestimmte Abfolgen von G, A, T und C stur wiederholen (in diesem Fall sogenannte LINE-1-Elemente). Diese repetitiven DNA-Motive machen das X-Chromosom größer, enthalten aber keine nützliche Information. Das X-Chromosom tritt in zahlreichen Varianten auf – bisher konnten allein bei unserer Spezies 2 644 706 identifiziert werden. Und mit etwa 1700 Genen, von denen 816 (+/– 9 Genkandidaten) proteinkodierende Gene und 871 sogenannte (nicht-funktionierende) Pseudogene sind, liegt das X-Chromosom in puncto Genzahl im chromosomalen Mittelfeld. Eigenartigerweise sind auch in den Hoden etwa 10 Prozent dieser Gene (insgesamt 99) des X-Chromosoms angeschaltet. Da ferner auch jeder Mann ein X-Chromosom hat, kann es nicht – wie es so oft geschieht – als »weibliches Chromosom« bezeichnet werden. In Stammzellen von männlichen Mäusen, deren Aufgabe es ist, Spermienzellen herzustellen, wurden etwa zwei Dutzend aktive Gene gefunden, von denen lediglich drei auf dem Y-Chromosom lagen, zehn hingegen auf dem X-Chromosom. Der Nachweis, dass es viele Gene auf dem X-Chromosom gibt, die für die Produktion von Spermien zuständig sind[7], ist also ein weiterer Beleg, dass das X-Chromosom nichts per se mit »weiblich« zu tun hat. Dagegen wäre es korrekter, beim Y-Chromosom von einem männlichen Chromosom zu sprechen. Oder anders ausgedrückt: Nicht das angeblich »weibliche« X-Chromosom bestimmt, wer Frau wird. Vielmehr ist es richtiger (wenn auch nicht zu 100 Prozent präzise) zu sagen, dass das Fehlen eines Y-Chromosoms einen Menschen (zumindest chromosomal) zu einer Frau werden lässt.

Die beiden Geschlechtschromosomen des Menschen haben jeweils sogenannte »pseudoautosomale Regionen« (PAR) an ihren Enden. Diese Endstücke des X- wie des Y-Chromosoms, die sich in ihrer DNA-Sequenz ähneln, sind ein Überbleibsel ihrer gemeinsamen evolutionären Geschichte und ein Beweis dafür, dass beide Geschlechtschromosomen trotz ihrer heutigen Verschiedenheit einmal aus dem gleichen normalen (autosomalen) Chromosom entstanden sind.[8] Diese PAR-Regionen, die keine geschlechtsspezifischen Sequenzen enthalten, ermöglichen es im Alltag von Fortpflanzung und Geschlechtsbestimmung, dass gelegentlich Gene zwischen den beiden ansonsten so unterschiedlichen Geschlechtschromosomen ausgetauscht werden können, und zwar während der Meiose (Abb. 4.1), bei der die Samen- und Eizellen entstehen. Und weil die Enden des X- wie des Y-Chromosoms ähnliche DNA-Sequenzen haben, ist hier während der Meiose (etwa 5 Prozent des Y-Chromosoms sind davon betroffen) Rekombination (im Sinne von Crossing-Over) zwischen den beiden Geschlechtschromosomen möglich. Dass dabei Gene zwischen dem X- und dem Y-Chromosom ausgetauscht werden, ist allerdings nur sehr selten der Fall. Wenn er jedoch eintritt, ist es manchmal kompliziert zu entscheiden, wer chromosomal Mann und wer Frau ist. Dieser gelegentliche Genaustausch ist einer der Gründe dafür, warum chromosomale XX-Individuen nicht immer weiblich und XY-Menschen nicht immer männlich sind. Geschlechtschromosomen verhalten sich also nicht immer wie solche, sondern manchmal wie normale Autosomen (wie die Chromosomen 1 bis 22 es sind) und tauschen Gene aus. So kann es dazu kommen, dass das »Macho-Gen« per definitionem, das SRY-Gen[9], sich plötzlich nicht mehr auf dem männlichen Y-Chromosom, sondern auf dem X-Chromosom wiederfindet. Und dies ist einer der genetischen Gründe dafür, warum auch eine chromosomale XX-Frau männlich aussehen kann.

Inaktivierung und genetische Mosaike

In der frühen Embyronalentwicklung eines Mädchens, wenn der Embryo noch aus nur wenigen Zellen besteht, wird eines der beiden X-Chromosomen in diesen Zellen inaktiviert und danach für den Rest des Lebens in allen Tochterzellen, die von diesen ursprünglichen Zellen abstammen, stillgelegt bleiben. Welches der beiden X-Chromosomen in diesem frühen Entwicklungsstadium abgeschaltet wird, ist durch Zufall bedingt. Davon sind alle Zellen des Körpers betroffen, mit Ausnahme derjenigen, die bereits im Embryo »beiseitegelegt« wurden, um später zu Eizellen zu werden. Das ist ein dramatischer Schritt, denn indem eines der beiden X-Chromosomen seine fast 1000 funktionierenden Gene abschaltet, werden immerhin etwa 2,5 Prozent aller Gene im weiblichen Körper inaktiviert, und dies setzt sich in allen weiteren Tochterzellen für den Rest des Lebens so fort. Dazu wird das X-Chromosom in einer kompakten Form so eingepackt, dass seine genetische Information nicht abgelesen werden kann. Warum tut der weibliche Körper dies? Er verzichtet damit ja auf eine Quelle genetischer Diversität, die dem männlichen Körper mit seinem einzigen X-Chromosom nicht zur Verfügung steht. Zwei Kopien von jedem Gen, die nicht immer identisch sein müssen (denken Sie an die heterozygoten Individuen) bringen dem Körper genetische Variation und schützen vor rezessiven genetischen Krankheiten. Diese X-Chromosom-Inaktivierung (kurz auch X-Inaktivierung genannt, das abgeschaltete X-Chromosom heißt Xi-Chromosom) ist wohl ein notwendiger Prozess, um den Körper vor einer doppelten Dosis der Genprodukte (Proteine) des X-Chromosoms zu schützen – das Genprodukt von mehr als einem X-Chromosom scheint wohl schädlich zu sein, wogegen die doppelte Dosis der Genprodukte bei den Autosomen der Normalfall ist. Technisch wird das Dosiskompensation genannt. Diese Erklärung erscheint plausibel, denn auch die Zellen eines männlichen Körpers haben ja nur je ein X-Chromosom und funktionieren trotzdem. Im männlichen Körper wird das einzige X-Chromosom folglich auch nicht abgeschaltet.

Zumindest Katzenliebhabern sollte dieses Phänomen der X-Chromosom-Inaktivierung als Phänotyp bekannt sein – in Form der Schildpattmuster bei weiblichen Katzen. Diese unterschiedlichen Fellfarben der Schildpattkatzen, die nach dem Muster von Schildkrötenpanzern benannt sind, werden durch das Ausschalten eines X-Chromosoms verursacht. Anhand der Maserung der Farben lässt sich nachvollziehen, was auf der Ebene der Chromosomen geschehen ist. Die Gene (Allele) für die rote wie die schwarze Fellfarbe liegen auf je einem der beiden X-Chromosomen der Katze. Bei der Embryonalentwicklung wird in einigen Zellen das eine X-Chromosom und in anderen Zellen das andere X-Chromosom samt der darauf befindlichen roten oder schwarzen Farbgene inaktiviert. Bei den von der einen Zelllinie abstammenden Zellen der Katze ist dann das Allel für die rote Fellfarbe ausgeschaltet, bei den Tochterzellen der anderen Zelllinie das Allel für die schwarze Farbe. Auf diese Weise entsteht im Fell der Katze die charakteristische Farbmusterung von Schwarz und Rot. Kater haben diese Fellfärbung fast nie (nur etwa jeder 3000. Kater) – und Sie sollten jetzt wissen, warum: Kater haben ja nur ein X-Chromosom, auf dem daher alle Farbgene in allen Zellen gleichermaßen angeschaltet sind. Weist ein Kater dann doch einmal diese Schildpattfärbung auf, so ist er meistens nicht fertil und hat einen ungewöhnlichen Chromosomensatz wie beispielsweise XXY. Das würde beim Menschen dem Klinefelter-Syndrom entsprechen. Einer meiner akademischen Helden, Susumo Ohno, deckte diesen Prozess vor über 50 Jahren auf, und die englische Genetikerin Mary Lyon, nach der dieser Prozess der X-Chromosom-Inaktivierung auch Lyonisation (oder Lyon-Gesetz) genannt wird, lieferte als Erste die Erklärung für die Schildpattfärbung von Katzen.

Aus diesem Grund sind die Körper von Frauen ein Mosaik von Zellen (Abb. 6.1.), in denen entweder das eine mütterlich vererbte oder das andere väterlich vererbte X-Chromosom an- oder abgeschaltet ist. Der weibliche Körper verzichtet damit nicht wirklich auf die Information eines X-Chromosoms – es wird halt nur eines der beiden X-Chromosomen benutzt. Bei diesem Prozess entsteht aus dem inaktivierten X-Chromosom (Xi-Chromosom) ein runzeliges kleines Barr-Körperchen (benannt nach dem kanadischen Arzt Murray Barr, der Ende der 1940er-Jahre diese stark angefärbten Chromosomen zusammen mit seinem Doktorvater Edward Bertram entdeckte). Die gleiche Menge DNA ist dort lediglich dichter gepackt. Es wirkt kompakter und kleiner und ist bei der typischen Einfärbung der Chromosomen daher im Karyotyp besser zu sehen (in Abb. 5.1 allerdings nicht sichtbar, weil der abgebildete Karyotyp von einem Mann stammt). Aufgrund der X-Chromosom-Inaktivierung sind chromosomale Aberrationen wie etwa zusätzliche X-Chromosomen, die gelegentlich beim Menschen auftreten, meist nicht so schädlich. Der Barr-Test, bei dem geprüft wird, ob ein Barr-Körperchen vorhanden ist und die Testperson bei positivem Ergebnis chromosomal weiblich ist, wurde schon früh zur objektiveren Geschlechtsbestimmung bei internationalen Sportveranstaltungen wie den Olympischen Spielen eingesetzt.

Der Mosaizismus des weiblichen Körpers, also das Vorhandensein genetisch unterschiedlicher Zellpopulationen, schützt diesen gegen genetische Krankheiten, die durch mutierte Gene auf dem X-Chromosom hervorgerufen werden. Frauen sind daher viel weniger von genetischen Krankheiten, die mit Genen auf dem X-Chromosom zusammenhängen, betroffen als Männer. Andererseits sind Autoimmunkrankheiten wie multiple Sklerose, Rheuma oder auch bestimmte Formen der Diabetes bei Frauen häufiger als bei Männern anzutreffen. Dabei reagiert das Immunsystem des menschlichen Körpers auf genetisch fremde Zellen, die es nicht als seine eigenen erkennt. Möglicherweise kooperieren zwei genetisch unterschiedliche Immunsysteme im weiblichen Körper dann nicht mehr, sondern bekämpfen sich. Diese Autoimmunkrankheiten treten in Organen wie dem Thymus vor allem dann auf, wenn die »Durchmischung« der beiden X-chromosomalen Typen gering ausgeprägt ist.

Der Molekularbiologe Jeremy Nathans manipulierte Mäuse so, dass Zellen je nachdem, welches X-Chromosom angeschaltet war, grün-fluoreszierend oder rot-fluoreszierend aufleuchteten, und konnte so den Grad der Durchmischung messen. So zeigte sich etwa, dass bei manchen Tieren im linken Auge vorwiegend das X-Chromosom des Vaters (genauer: das von dessen Mutter) und im anderen Auge das der Mutter inaktiviert war. Bei anderen Mäusen waren die X-Chromosomen der Gehirnhälften nicht gleichmäßig durchmischt, hier dominierte einmal das X-Chromosom der väterlichen Seite, ein andermal das der Mutter.[10] Was das bedeutet, ist noch vollkommen unklar. Vielleicht wäre es gerade im Gehirn von Vorteil, die genetische Diversität beider X-Chromosomen auszunutzen. Gelegentlich betraf diese ungleiche Verteilung sogar den ganzen Körper einer Maus. In Bezug auf das X-Chromosom schienen einige Mäuse ganz die Mutter oder ganz der Vater zu sein. Wenn Mäusen mit genetischen Tricks (Abschaltung des XIST-Gens) die Möglichkeit genommen wurde, die X-Chromosomen zu inaktivieren, bekamen sie sehr viel häufiger Krebs. Es hat den Anschein, dass eines der X-Chromosomen abgeschaltet werden muss, damit Gene auf dem zweiten X-Chromosom Zellen nicht außer Balance bringen und sie zu einer unkontrollierten Zellteilung anregen – eine Krankheit, die man Krebs nennt.

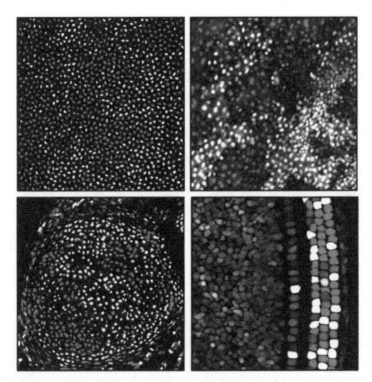

Abb. 6.1: Genetischer Mosaizismus (XCI-Mosaizismus) in verschiedenen genetisch manipulierten Geweben weiblicher Mäuse. Beispielsweise kann man in der Netzhaut des linken und des rechten Auges genetische Unterschiede hinsichtlich der Inaktivierung des einen oder des anderen X-Chromosoms kenntlich machen. Die helleren bzw. die dunkleren Zellen haben jeweils das mütterliche bzw. das väterliche X-Chromosom ausgeschaltet. Das väterliche X-Chromosom ist in diesem Experiment anders »eingefärbt« (genetisch manipuliert) als das von der Mutter geerbte X-Chromosom, um die unterschiedliche zufällige X-Inaktivierung zu visualisieren. Manchmal (unten rechts) haben selbst direkt benachbarte Zellen unterschiedliche X-Chromosomen inaktiviert, manchmal (oben rechts) sind ganze Regionen eher von dem einen oder dem anderen Typ. Oben links: Corneales Endothelium (Augengewebe), oben rechts: Epidermis (Haut), unten links: Knorpel., unten rechts: Cochlea (Innenohr).

Abschaltung des väterlichen X-Chromosoms durch Imprinting

Wie bereits erwähnt, beginnt die X-Chromosom-Inaktivierung beim weiblichen Embryo bereits früh, bleibt aber für den Rest des Lebens bei jeder weiteren Zellteilung erhalten. Aber sie betrifft eben nur eines der beiden X-Chromosomen und dessen Gene. Das ist merkwürdig. Warum wird nur eines der beiden X-Chromosomen abgeschaltet, und warum passiert dies nicht in den Autosomen, den anderen 22 Chromosomen? Die liegen ja schließlich auch im Doppelpack vor. Aber gemach. Gehen wir zurück zum Anfang. Das ist bekanntermaßen der Zeitpunkt, zu dem Eizelle und Spermienzelle zusammenkommen und beide haploiden, also einfachen Chromosomensätze gemeinsam den neu zusammengewürfelten diploiden, doppelten Chromosomensatz des neuen Erdlings bilden. Im vorhin erwähnten Fall, bei dem der Vater eine Tochter zeugt, hat er sein X-Chromosom – oder vielmehr das seiner Mutter – beigesteuert, damit zusammen mit dem X-Chromosom seiner Partnerin in der Eizelle ein weiblicher Embryo entsteht.

Zumindest im Embryo der Maus, wo dies aus offensichtlichen Gründen viel einfacher zu erforschen ist als beim Menschen, wird gleich nach der Befruchtung, also noch im 2- oder 4-Zellen-Stadium des Embryos, das väterliche X-Chromosom ausgeschaltet. Dies erfolgt durch einen Prozess, den man (genomisches) Imprinting nennt. Darunter versteht man vereinfacht ausgedrückt das bevorzugte Anschalten (technisch: Expression) der entweder nur von der Mutter oder nur vom Vater stammenden Gene, ein Prozess, der im Widerspruch zur klassischen Mendel'schen Genetik steht.[11] Die Zellen der Plazenta enthalten also je ein ausgeschaltetes väterliches X-Chromosom. Allerdings werden die zunächst durch Imprinting stumm gemachten X-Chromosomen des Vaters auf Zufallsbasis in einigen, aber nicht allen Zellen des frühen Embryos später wieder »erweckt«, sodass der Mosaizismus der Zellen des weiblichen Körpers erreicht wird. Auch in denjenigen Zellen des weiblichen Embryos, die die Keimbahn bilden, aus denen also die Eizellen für die nächste Generation hervorgehen, wird die X-Chromosom-Inaktivierung wieder aufgehoben, sodass beide X-Chromosomen des weiblichen Embryos mit je gleichen Chancen an die nächste Generation weitergegeben werden können.

X-Chromosomen können also zufällig inaktiviert werden, wie in den Zellen des weiblichen Körpers, oder aber gezielt durch Imprinting, wie beim X-Chromosom des Vaters in der Plazenta. Diese Abschaltung des X-Chromosoms des Vaters während der gesamten Schwangerschaft in der Plazenta, deren Zellen ja teilweise von der Mutter und teilweise vom Embryo stammen, hat möglicherweise ihre Ursache darin, dass das Immunsystem der Mutter während der Schwangerschaft nicht zu sehr gereizt werden soll.[12] Schließlich ist der Embryo ja genetisch gesehen ein Fremdkörper in der Mutter.

Es ist nicht ganz richtig, dass alle Gene auf dem Xi-Chromosom abgeschaltet sind. Je nach Zelltyp können 3 bis 15 Prozent aller Gene auf dem Xi-Chromosom der Inaktivierung entgehen. Die Mehrzahl dieser Gene ähnelt anderen Genen, die auch auf dem Y-Chromosom in den pseudoautosomalen Regionen zu finden sind. Eine potenzielle Erklärung für diese Inaktivierungsvermeidung könnte sein, dass keine Dosiskompensation notwendig ist, denn jedes Individuum, egal ob männlich oder weiblich, würde ja sowieso zwei Kopien dieser Gene bekommen. Deshalb haben sowohl Frauen als auch Männer üblicherweise zwei Dosen dieser Gene – Frauen auf ihren beiden X-Chromosomen, Männer auf dem X- und dem Y-Chromosom. Wahrscheinlich werden die Symptome von Klinefelter-Patienten (XXY) durch diese nicht inaktivierten Gene, die dann in drei Kopien vorliegen, auf dem Xi-Chromosom hervorgerufen.

Down-Syndrom

Apropos Dosis und Anzahl von Chromosomen: Unlängst wurde herausgefunden, dass auch die dreifache Dosis des Chromosoms 21 nicht allein die Symptome des Down-Syndroms erklärt, sondern dass dabei auch Gene im gesamten Genom eine Rolle spielen.[13] Das hängt damit zusammen, dass Schaltergene auf dem Chromosom 21 während der Embryonalentwicklung Gene auf anderen Chromosomen an- oder ausschalten und zu häufig aktiv sind, denn auf dem 21. Chromosom von Menschen mit Down-Syndrom sind ja drei anstatt zwei Kopien von jedem Gen vorhanden. Die sensible Orchestrierung der Interaktionen von Genen im gesamten Genom wird dadurch anscheinend gestört. In einem eleganten Experiment[14] wurde das XIST-Gen in das Chromosom 21 von Stammzellen hineinkopiert, um anschließend mithilfe von gentechnischen Tricks in einer Zellkultur eines Trisomie-21-Patienten eines der drei Chromosomen 21 künstlich zu inaktivieren. Eventuell liegt hierin der Schlüssel für eine künftige Behandlung von Trisomie 21.

Schwangerschaft und genetische Vermischung bei Müttern

Chimären sind Mischwesen aus der griechischen Mythologie – das berühmteste ist wohl Minotauros, der mit Stierkopf und menschlichem Körper das Labyrinth auf Kreta verteidigte. Danach benannt ist der Mikrochimärismus, worunter man das Vorhandensein und Überleben fremder Zellen im eigenen Körper versteht. In unserem Fall bedeutet das: Es gibt Zellen verschiedener genetischer Aufmachung im selben Körper. Allerdings überwiegt bei Mikrochimärismus die Zahl der eigenen Zellen stark gegenüber derjenigen der fremden Zellen.
Neueste Studien zeigen, dass der weibliche Körper wäh-

rend der Schwangerschaft weniger ausgeprägte Symptome von Autoimmunkrankheiten, insbesondere Rheuma, zeigt. Dies ist bei bis zu 50 Prozent der Schwangeren der Fall und könnte mit speziellen Veränderungen des Immunsystems zu tun haben, die auf Mikrochimärismus zurückzuführen sind.

Während der Schwangerschaft werden nicht nur Nährstoffe und Sauerstoff durch Nabelschnur und Plazenta zum Baby gebracht, sondern auch Zellen des Immunsystems gegenseitig ausgetauscht. So gelangen einige Zellen des Immunsystems der Mutter in den Fötus und umgekehrt. Die Fremdzellen im weiblichen Körper sind also die des eigenen Kindes und verbleiben auch nach der Schwangerschaft im Körper der Mutter, und zwar nicht nur in deren Blut, sondern auch im Herz und sogar im Gehirn. Dies ist bei Föten beider Geschlechter der Fall, sodass sich im Körper einiger Mütter sogar männliche Zellen ihrer Söhne aus früheren Schwangerschaften wiederfinden![15] Bei einer Untersuchung der Gehirnzellen von 59 Frauen fanden sich bei 63 Prozent der Probandinnen Zellen, die ein Y-Chromosom enthielten. Und, was noch überraschender war, diese von männlichen Föten stammenden männlichen Zellen waren pluripotente Stammzellen. Dies sind besondere, undifferenzierte Zellen, aus denen sich auch Herz-, Gehirn- oder sonstige Zellen entwickeln können. Es scheint so zu sein, dass Söhne früherer Schwangerschaften genetische Spuren im Körper der Mutter hinterlassen.[16] In Studien an Ratten war schon vorher gezeigt worden, dass diese Stammzellen zu verletztem Herzgewebe der Mutter wandern konnten, um es zu reparieren.[17] Die mikrochimärischen Zellen der Kinder im Körper der Mutter bei einer späteren Schwangerschaft könnten möglicherweise auch einer der Auslöser für rheumatische Probleme und andere Autoimmunkrankheiten sein.[18] So wurden etwa bei einer Patientin mit multipler Sklerose mehr mikrochimärische Zellen gefunden als im Körper ihrer Schwester. Aber dies ist ein sehr junges Forschungsfeld, wo noch vieles nicht verstanden ist und der Erforschung harrt.[19]

Genetisches Mosaik im Gehirn

Neueste Methoden der Genomik erlauben es mittlerweile, das gesamte Genom einer einzigen Zelle unseres Körpers zu charakterisieren. Daraus ergeben sich auch in Bezug auf die genetische Heterogenität unsers Gehirns völlig neue Einsichten. So hat der Neurobiologe Fred Gage 2013[20] herausgefunden, dass unsere Gehirne aus einem Mosaik von genetisch unterschiedlichen Zelllinien bestehen. Je nachdem, in welch frühem Stadium unserer Embryonalentwicklung Kopierfehler auftreten, entwickelt sich in mehr oder weniger großen Arealen unseres Gehirns dann auch diese oder jene Mutation, wobei Teile dupliziert werden oder verloren gehen. Aus Gehirnen dreier gesunder Menschen, die durch Unfälle in ihren 20er-Jahren gestorben waren, wurden die Genomsequenzen von 110 Neuronen, also Nervenzellen, bestimmt. In 45 von ihnen, also fast der Hälfte, fanden sich verschiedene Mutationen, die offensichtlich unabhängig voneinander entstanden sein müssen. Anscheinend können in unserem Gehirn genetisch unterschiedliche Populationen von Zellen zusammenarbeiten, und trotzdem funktioniert dieses hochkomplexe Organ gut.

X-chromosomale Krankheiten

Bei normalen Chromosomen, den Autosomen, ist es sinnvoll, von »rezessiv« und »dominant« zu sprechen. Bei den Geschlechtschromosomen allerdings ist diese Differenzierung wegen der Unterschiede in der Zygotie bei den Geschlechtern – Frauen sind homozygot für das X-Chromosom, Männer hemizygot X0 (man sagt »halb«-zygot, weil nur ein X-Chromosom vorhanden ist) – weniger leicht nachzuvollziehen. Wegen der typischen X-Chromosom-Inaktivierung und anderer Phänomene ist die Umsetzung von genetischen Instruktionen auf den Geschlechtschromosomen komplizierter und weniger vorhersagbar als bei Genen auf Autosomen. Dennoch lässt sich verallgemeinernd sagen, dass dominante, aber auch rezessive »X-linked«, also durch Mutationen von Genen auf dem X-Chromosom verursachte Krankheiten stärker bei Männern als bei Frauen verbreitet sind, denn Männer haben ja nur ein X-Chromosom und kein zweites, welches das mutierte X-Chromosom kompensieren könnte, wie das bei Frauen der Fall ist. Es ist daher eine Ironie des Schicksals, dass Männer viel mehr von Krankheiten, die von einem mutierten X-Chromosom, dem vermeintlich »weiblichen Chromosom«, herrühren, betroffen sind als Frauen. Frauen sind durch den X-Chromosom-Mosaizismus, ihr genetisches Mosaik, vor den negativen Folgen von rezessiv genetischen Krankheiten wie Duchenne-Muskeldystrophie oder Hämophilie geschützt (es sei denn, es tritt der sehr seltene Fall auf, dass sie homozygot sind, also mutierte Kopien der involvierten Gene auf beiden ihrer X-Chromosomen haben).

Beispiele für X-linked dominante Vererbungsmuster sind selten. Sie sind leicht daran zu erkennen, dass Kinder verschiedenen Geschlechts betroffen sind und dass lediglich ein Allel auf dem X-Chromosom ausreicht, um den Phänotyp, die Krankheit, hervorzurufen. Kennzeichnend für diesen Erbgang ist, dass alle Töchter eines Vaters, aber keiner seiner Söhne die Krankheit haben. Außer die Mutter hatte bereits die Krankheit. Der Erbgang verliefe also folgendermaßen: Wenn die Mutter allein die heterozygote Trägerin des defekten Gens wäre, so wäre sie krank und sowohl ihre Söhne und als auch ihre Töchter hätten je eine 50-Prozent-Chance, das defekte X-Chromosom zu erben. Im Falle eines kranken Vaters mit defektem X-Chromosom würden alle seine Töchter krank sein, aber keiner seiner Söhne, denn Söhne bekommen ja nur das Y-Chromosom vom Vater und eines der beiden X-Chromosomen von der Mutter.

Weitaus häufiger als X-linked dominante Krankheiten sind X-linked rezessive Krankheiten. Bisher konnten 168 genetische Syndrome 103 verschiedenen Genen auf dem X-Chromosom zugeordnet werden. Dies ist eine besonders hohe Zahl von genetischen Krankheiten, die mit einem einzigen Chromosom assoziiert sind.

»Krankheit der Könige« und andere Erbkrankheiten

Das vielleicht wichtigste Gen auf dem X-Chromosom im Hinblick auf Geschlechtsunterschiede ist das AR-Gen (AR = *Androgen Receptor*). Es befindet sich auf dem X-Chromosom und ist dafür zuständig, den Rezeptor (also die Andockstation) für androgene Hormone wie Testosteron zu produzieren. Wenn dieses wichtige Gen mutiert ist und seine Funktion nur unvollständig oder gar nicht erfüllen kann, kann auch das Testosteron während der Entwicklung oder der Pubertät des Individuums nicht seine maskulinisierende Funktion erfüllen. Diese genetische Krankheit kann sehr unterschiedlich ausgeprägt sein, alle ihre Symptome werden unter den Bezeichnungen AIS – *Androgen Insensitivity Syndrome* – oder auch testikuläre Feminisierung zusammengefasst. AIS bedeutet nun, dass Menschen, die chromosomal männlich sind (46, XY) und auch ein funktionierendes SRY-Gen (siehe Kapitel 7) haben, sich physisch oder psychisch nicht immer als Männer entwickeln müssen, sondern oft wie gesunde Frauen aussehen. Die Symptome können relativ mild sein, die externen Genitalien wie bei einem normalen Mann aussehen. In dieser nur schwach ausgeprägten Form haben betroffene Männer vielleicht nur Probleme mit der Fruchtbarkeit der Spermien, oder es fehlt lediglich die Geschlechtsbehaarung. Am anderen Ende der Skala steht ein komplett weibliches Aussehen der externen Genitalien, CAIS (*Complete Androgen Insensitivity Syndrome*) genannt. Aber auch bei völlig weiblichen externen Genitalien sind die Gonaden immer noch Hoden, und es sind aufgrund des Wirkens des SRY-Gens auf dem Y-Chromosom weder Eierstöcke noch Gebärmutter vorhanden.

Mutationen im AR-Gen sind relativ häufig, denn die Gensequenz beinhaltet zwei Stellen, an denen ein DNA-Motiv (C-A-G) mehrfach hintereinander vorkommt, was das Entstehen von Mutationen begünstigt. Daher sind auch etwa 30 Prozent aller Mutationen im AR-Gen neu entstanden und nicht auf den Erbgang zurückzuführen. Übrigens kommt dieses DNA-Motiv je nach ethnischer Gruppe unterschiedlich oft vor. Mutationen in diesem Teil des Gens können nicht nur Unterschiede in der Geschlechtsentwicklung, sondern auch eine Reihe von genetischen Krankheiten, etwa verschiedene Krebsarten, zur Folge haben. Bei Frauen (XX) ist diese Insensitivität für Testosteron durch Mutationen in einem der beiden AR-Gene (sie haben ja zwei X-Chromosomen) nicht ganz so gravierend, deshalb wird diese Mutation des X-Chromosoms auch rezessiv maternal vererbt.

Auch für die Rot-Grün-Farbenblindheit (Deuteroanomalie) sind Gene des X-Chromosoms verantwortlich.[21] Diese Form der Farbenblindheit ist daher bei Männern sehr weit verbreitet – etwa 7 bis 10 Prozent aller europäischen Männer, aber weniger als 0,4 Prozent aller Frauen sind davon betroffen. Es gibt drei Sorten von fotosensorischen Zapfenzellen in unserer Netzhaut, die unterschiedliche Empfindlichkeiten für Licht verschiedener Wellenlängen haben. Die Kombination aller drei Sensoren ergibt dann normales Farbensehen. Ein Defekt im Gen für die rote und die grüne Wellenlänge führt in diesem Fall zu verminderter Sensibilität für die Farben Rot und Grün. Deshalb empfiehlt es sich übrigens, bei Vorträgen diese Farben auf Powerpoint-Folien zu vermeiden, denn Frauen können diese Farben fast immer unterscheiden, aber relativ viele Männer nicht.

Ein weiteres bekanntes Beispiel für einen rezessiven X-linked genetischen Defekt ist die Bluterkrankheit, die Hämophilie (Typ A oder seltener Typ B), das Ausbleiben der Blutgerinnung. Normalerweise wird das Blut, wenn es aus einer Wunde austritt, verdickt, um diese zu schließen. Bleibt das aus – in gewisser Weise das Gegenteil zur Thrombose –, so können Betroffene verbluten. Das Gen für das Protein »Gerinnungsfaktor VIII«, das für diesen Gerinnungsprozess verantwortlich ist, wurde 1984 entdeckt, seit 2003 gibt es ein gentechnisch hergestelltes lebensrettendes, intravenös verabreichtes Präparat, das die Rolle des defekten Proteins in den betroffenen Menschen übernimmt. Auch diese Krankheit ist rezessiv, wie die überwiegende Mehrzahl der auf dem X-Chromosom vererbten Krankheiten. Sie kommt häufiger bei Männern als bei Frauen vor – da Männer nur ein X-Chromosom haben, reicht bei ihnen eine rezessive Kopie aus, damit sich die Krankheit bei ihnen manifestieren kann. Um als Frau hämophil (das Gleiche gilt auch für Farbenblindheit) zu sein, müsste sie ja homozygot sein, also auf ihren beiden X-Chromosomen die mutierten Formen der Gene haben, und dies ist extrem selten der Fall.

Töchter von Trägerinnen des Hämophiliedefekts sind heterozygot (die gesunde Kopie ist dominant), also ohne Symptome, hämophile Väter können es nur auf ihrem X-Chromosom, also an ihre Töchter, weitergeben. Dass es weltweit nur sehr wenige Frauen mit dieser Erbkrankheit gibt, hat auch damit zu tun, dass die Väter nicht nur (rezessive) Träger sind, sondern die Krankheit auch haben und deshalb meist das Reproduktionsalter nicht erreichen, da sie vorher verblutet sind und seltener Väter werden. Bei Blutern lag die Lebenserwartung vor 100 Jahren noch bei 16 Jahren. Wenn dann noch regelmäßig Inzucht und Vetternheirat hinzukommen wie etwa im britischen Königshaus oder bei den russischen Zaren, tritt das Symptom häufiger auf. Und so war es auch – Hämophilie wurde deshalb »Krankheit der Könige« genannt.

7

Madam, I'm Adam: das Y-Chromosom

Nachdem vor über 100 Jahren das X-Chromosom und dann 1959 auch das Y-Chromosom des Menschen entdeckt und als Geschlechtschromosom diagnostiziert worden waren, standen zwei Optionen zur Debatte, auf welche Weise diese Chromosomen das Geschlecht bestimmen könnten: Entweder ist es die Anzahl der X-Chromosomen, die das Geschlecht bestimmt (1X = männlich, 2X = weiblich), was heißen würde, dass die Menge, sozusagen die Dosis des Chromosoms und seiner darauf enthaltenen Gene, den Ausschlag gibt. Oder aber das Vorhandensein des anderen, des Y-Chromosoms ist entscheidend (Y = männlich, kein Y = weiblich). Letztlich wird bei uns Menschen wie auch bei allen anderen Säugetieren das zweite System verwendet. Bei einer Reihe von Tieren, beispielsweise den Vögeln, hat sich auch erstere Option als richtig erwiesen (WZ = weiblich, ZZ = männlich). Der Samen des Vogelmännchens enthält immer ein Z-Chromosom. Das bedeutet, dass bei Vögeln das Geschlecht der Küken von der Mutter bestimmt wird, indem sie entweder ein W- oder ein Z-Chromosom an die Eizelle abgibt. Also genau andersherum als bei den Säugetieren, wo der Samen des Männchens das Geschlecht bestimmt.

Das Y-Chromosom hat seinen Namen nicht deshalb, weil es etwa wie ein Y aussieht, sondern schlicht darum, weil der Buchstabe im Alphabet nach dem X folgt. 1959 wurde neben dem Y-Chromosom des Menschen auch die chromosomale Basis sowohl für das Turner-Syndrom (XO) bei Frauen als auch für das Klinefelter-Syndrom (XXY) bei Männern entdeckt.

Daher wusste man nun, dass das Vorhandensein des Y-Chromosoms entscheidend ist für die normale Entwicklung zu einem Mann, und nicht die Anzahl der X-Chromosomen. Da wie schon gesagt nur Männer ein Y-Chromosom haben, wäre es gerechtfertigt, es als das »männliche« Chromosom zu bezeichnen. Zumindest angebrachter, als das X-Chromosom das »weibliche« zu nennen.

Manche Männer sind ausgesprochene Muttersöhnchen. Das würde in gewisser Weise den genetischen Tatsachen entsprechen, denn Männer haben ihr X-Chromosom immer von ihrer Mutter. Und das X-Chromosom hat immerhin 50-mal mehr Gene als das winzige Y-Chromosom. Mit weniger als 60 Millionen Basenpaaren gehört das Y-Chromosom zusammen mit den Chromosomen 19, 20, 21 und 22 zu den kleinsten Chromosomen. Chromosom 1 hingegen, das größte, hat etwa 220 Millionen Basenpaare. Auch enthält das Y-Chromosom nur 72 proteinkodierende Gene. (Nach anderen Angaben sollen es 78 sein[1], und nach der letzten Zählung[2] enthält es sogar nur 27 einmalige proteinkodierende Gene, also solche Gene, von denen es keine verwandten Gene auf anderen Chromosomen gibt.) Sollen diese wenigen Gene auf einem 2 Zentimeter langen Stückchen DNA tatsächlich den kleinen oder nicht so kleinen Unterschied zwischen den Geschlechtern erklären können? Ja und nein, wie wir sehen werden.

Zusätzlich enthält das Y-Chromosom noch etwa 70 weitere besondere Gene, davon etwa 20 vom Typ *long non-coding* und 50 vom Typ *short non-coding*. Das sind Gene, die wie »normale« Gene zu RNA transkribiert werden und auch als Gen funktionieren, aber nicht in Proteine übersetzt werden. Ferner lassen sich noch 346 Pseudogene auf dem Y-Chromosom ausmachen. Das sind »Ruinen« ehemals funktionierender Gene, die noch als Gene erkennbar sind, aber von Mutationen »zerschossen« wurden. Übrigens schwanken diese Zahlen etwas je nach Studie, weil sich die komplette DNA-Sequenz dieses Chromosoms nur schwer ermitteln lässt. Auch bereitet es

Schwierigkeiten zu bestimmen, was überhaupt ein Gen ist. Das ist bei proteinkodierenden Genen noch relativ eindeutig und nachvollziehbar, bei anderen Typen von Genen jedoch schon weitaus komplizierter. Bisher sind etwa 378 550 Variationen (SNPs) des Y-Chromosoms bekannt. Mit einigen dieser 72 proteinkodierenden Gene auf dem Y-Chromosom werden wir uns ausführlicher beschäftigen, denn sie spielen offensichtlich eine besonders wichtige Rolle im Hinblick auf Geschlechtsunterschiede.

Einerseits, meine Herren (und es gibt sicherlich einige Damen, die darüber erfreut sein werden, dies zu hören), müssen Sie sich über Folgendes im Klaren sein: Es gibt kein einziges Gen auf dem Y-Chromosom, das lebensnotwendig ist, denn knapp mehr als 50 Prozent der Spezies *Homo sapiens* besitzt kein Y-Chromosom und erfreut sich trotzdem bester Gesundheit. Man nennt diese Lebewesen Frauen. Andererseits sind diese wenigen Gene auf dem Y-Chromosom entscheidend, um die Welle von Genaktivitäten und späteren hormonellen Interaktionen loszutreten, die notwendig sind, um einen männlichen Fötus entstehen zu lassen.

Gene auf dem Y-Chromosom

Das bei Weitem wichtigste Gen auf dem Y-Chromosom, das SRY-Gen (die Abkürzung bedeutet *sex determining region of Y*), ist entscheidend für die Entwicklung der Hoden während der Embryonalentwicklung.[3] Es kodiert für das Protein TDF (*Testis Determining Factor*, deutsche Bezeichnung: »hodenterminierender Faktor«) und initiiert im Menschen das erste Signal für eine ganze Kaskade von Interaktionen zwischen Genen sowie von anderen Abläufen zur Entwicklung in Richtung Mann. Wie man erwarten sollte, dient eine ganze Reihe weiterer Gene auf dem Y-Chromosom der Produktion von Spermien. Bei etwa einem von 200 bis 300 Männern sind Samenzellen unfruchtbar, was mit bestimmten Genen auf dem Y-Chromosom in Verbindung gebracht wird.

Das Y-Chromosom weist weitere Besonderheiten auf: So gibt es hier Regionen, wo sich Nukleotide als palindromische DNA-Sequenzmuster gegenläufig wiederholen. Palindrome nennt man in der Sprachwissenschaft Sätze, die sich von vorne und von hinten jeweils gleich lesen – etwa »Reit nie ein Tier« oder »Madam I'm Adam«. In der Genetik versteht man darunter einen Abschnitt der DNA, dessen Basenabfolge auf einem Strang spiegelverkehrt zu derjenigen auf dem Komplementärstrang ist. Diese Palindrom-Regionen auf dem Y-Chromosom sind sehr ausgedehnt und enthalten etwa 1,5 Millionen Nukleotide pro Strang.

Diese ungewöhnlichen Merkmale des Y-Chromosoms haben es technisch auch so schwierig gemacht, seine DNA-Sequenz komplett zu bestimmen. Es wurde deshalb nicht in das Humangenom-Projekt aufgenommen, und erst 2003 wurde eine erste provisorische Chromosomensequenz des Y-Chromosoms veröffentlicht. Die endgültige Version folgte 2013, fünf Jahre nach der Sequenzierung des Y-Chromosoms unseres Vetters, des Schimpansen. Bis heute konnte lediglich von einer knappen Handvoll von Organismen die komplette DNA-Sequenz des Y-Chromosoms bestimmt werden: darunter vom Menschen, vom Schimpansen, vom Rhesusaffen und von einer Fischart. Das ist erstaunlich, denn lässt man das Y-Chromosom beiseite, wurden bisher schon Tausende Genome von Tier- und Pflanzenarten »komplett« entschlüsselt.

Die Existenz des Y-Chromosoms trägt zur genetischen Differenz zwischen Männern und Frauen bei. Menschen sind ohne Y-Chromosom zu 99,9 Prozent genetisch gleich, aber seinetwegen sind die genetischen Unterschiede zwischen Männern und Frauen größer als die zwischen Männern oder die zwischen Frauen. Wegen des Y-Chromosoms sind Männer und Frauen daher nur zu 98,9 Prozent identisch. Allerdings stimmen Männer unserer Art genetisch auch zu etwa 98,5 Prozent mit männlichen Schimpansen überein. Dies bedeutet, dass *Homosapiens*-Männer männlichen Schimpansen genetisch in etwa gleich ähnlich sind wie ihren Frauen (jedenfalls quantitativ). Aber Spaß beiseite.

Die Evolution des Y-Chromosoms

Wie das X-Chromosom war auch das Y-Chromosom in grauer evolutionärer Vorzeit ein normales Autosom. Es wird vermutet, dass das Y-Chromosom vor etwa 180 bis 200 Millionen Jahren aus dem X-Chromosom entstanden ist. Dies legen die im letzten Kapitel schon erwähnten pseudoautosomalen Regionen (PAR) auf dem Y-Chromosom nahe, die denjenigen des X-Chromosoms sehr ähnlich sind. Die Enden von Y- und X-Chromosom ähneln sich noch heute so sehr, dass es bei der Meiose, wenn sich die beiden Geschlechtschromosomen aneinanderlegen, zu Crossing-Over-Ereignissen kommt. Es gibt also gelegentlich genetischen Austausch zwischen diesen beiden Geschlechtschromosomen. So ein Genaustausch kann zu jener weiter oben erwähnten genetischen Aberration (Abweichung) führen, bei der das entscheidende SRY-Gen vom Y- auf das X-Chromosom wandert, was eine »Vermännlichung« – XX-Männer – der Trägerinnen dieses mutierten X-Chromosoms zur Folge haben kann. Denn das SRY-Gen liegt an der Spitze des Y-Chromosoms, was auch durch die Nähe zur PAR die Wahrscheinlichkeit eines Crossing-Over-Ereignisses zwischen dem X- und dem Y-Chromosom erhöht.

Als sich die Säugetiere herauszubilden begannen, waren X- und Y-Chromosomen in dieser Form noch nicht vorhanden. Ein Beleg dafür ist, dass das Schnabeltier, das zum ursprünglichsten noch lebenden Ast der Säugetiere gehört, diese Art der Geschlechtschromosomen noch nicht hat. Die australische Forscherin Jenny Graves fand mit ihrem Team 2008 heraus, dass Gene, die bei moderneren Säugetieren nur auf dem X-Chromosom zu finden sind, beim Schnabeltier noch auf verschiedenen Autosomen seines Genoms verteilt sind. Das Schnabeltier hat, wie bereits weiter oben erwähnt, mit seinen fünf X- und fünf Y-Chromosomen einen sehr ungewöhnlichen Geschlechtsbestimmungsmechanismus. Sobald jedoch das typische Geschlechtsbestimmungssystem (Y = männlich, nicht Y = weiblich) zu Beginn der Entwicklung der plazentalen Säugetiere – Schnabeltiere sind zwar Säugetiere, weil sie Milch produzieren und ihre Jungen damit füttern, aber sie legen noch Eier und haben daher auch keine Plazenta – etabliert war, wäre es schädlich gewesen, wenn es weiterhin zu Rekombinationen von Chromosomenteilen bei der Meiose gekommen wäre. Daher wurden die beiden Geschlechtschromosomen in den letzten 150 Millionen Jahren (seit der Evolution moderner Säugetiere) immer unterschiedlicher. Heute stimmen sie nur noch zu etwa 5 Prozent überein, lediglich an den PAR ist ein Genaustausch zwischen ihnen noch möglich.

Die genetische Variation auf dem Y-Chromosom ist merklich geringer als die auf den anderen Chromosomen.[4] Das bedeutet, dass zwischen zwei beliebigen Männern die Regionen des Y-Chromosoms im Durchschnitt genetisch ähnlicher sind als andere genetische Regionen auf normalen Autosomen. Die Ursachen dafür sind kompliziert.[5]

Das Y-Chromosom enthält vier- bis fünfmal mehr »ehemalige«, also nicht mehr funktionierende Gene, die Pseudogene genannt werden. Es verfügte also in seiner evolutionären Vergangenheit über sehr viel mehr Gene[6] als heute. Man schätzt, dass das Y-Chromosom etwa 97 Prozent seiner ursprünglich vorhandenen Gene verloren hat. Durch seine zahlreichen Genverluste ist das Y-Chromosom zu einer regelrechten »Genwüste« geworden. Das X-Chromosom hingegen ist noch weitgehend identisch (98 Prozent) mit seinem evolutionären Vorläufer.

Y = kriminell?

Männer sind gewalttätiger als Frauen. Laut der deutschen Kriminalstatistik 2006 waren hierzulande in diesem Jahr fast 85 Prozent der Tatverdächtigen bei Mord Männer, bei Totschlag sogar fast 88 Prozent. Männer sind aber auch öfter Opfer als Frauen. Woran liegt das? Kann dies genetische Ursachen haben? Eine Zeit lang galt das Y-Chromosom selbst als der vermeintliche Hort von Anlagen für Kriminalität und Gewalt. Das lag an Männern vom Karyotyp 47-XYY, der durch ein Y-Chromosom zu viel gekennzeichnet ist, eine Mutation, die sich bei etwa einem von 1000 Männern wiederfindet. Diese Männer sind oft besonders »maskulin« und groß – richtige »Supermänner«. Lange wurde angenommen, dass diese Männer besonders kriminell und aggressiv seien, denn sie schienen in Gefängnissen und geschlossenen psychiatrischen Anstalten überrepräsentiert zu sein. Diese Vorstellung geisterte seit Mitte der 1960er-Jahre durch die Literatur, nachdem die Forscherin Patricia Jacobs berichtet hatte, in geschlossenen britischen Kinderheimen einen überraschend hohen Prozentsatz von diesen XYY-Jungen vorgefunden zu haben. Das führte zu dem Vorurteil eines »kriminellen« Karyotyps und der Vorstellung, dass zu viele Y-Chromosomen in antisoziales Verhalten mündeten.

In einer weiteren Studie zum Thema wurden ab Mitte der 1970er-Jahre an der Harvard University XYY-Jungen von ihrer Geburt an über mehrere Jahre hinweg verhaltensbiologisch beobachtet. Dies war eine der ersten Untersuchungen, bei der es um die Verbindung von Genetik, Verhalten und Geschlechtsunterschieden ging. Die Harvard-Studie wurde jedoch auf Druck der Studentenbewegung, die die gerade neu etablierte Disziplin der Soziobiologie bekämpfte (wobei sich damals übrigens aufseiten der Kritiker der Populationsgenetiker Richard Lewontin und der Paläontologe Stephen Jay Gould hervortaten), eingestellt. Weitere Studien zeigten dann, dass nicht eindeutig geklärt war, ob Gefängnisse tatsächlich überproportional von XYY-Individuen bevölkert waren. Dazu wurde den älteren Studien eine Reihe methodischer und statistischer Verfahren nachgewiesen, die als problematisch gelten.[7] So wurde übersehen, dass auch XXY-Individuen in psychiatrischen Anstalten und Gefängnissen überrepräsentiert sind. Das könnte jedoch in Bezug auf beide Gruppen eher mit geringerer Intelligenz zu tun haben als mit einer Neigung zu Aggressivität und Kriminalität. Kurz und gut: Dass XYY mit einer höheren Neigung zu Aggression und Kriminalität einhergeht, lässt sich nicht nachweisen, aber auch nicht völlig widerlegen.

Das Ende des Y-Chromosoms?

Seit 2010 die komplette Sequenz des Y-Chromosoms des Schimpansen veröffentlicht wurde, wissen wir, wie groß die Differenz zwischen dem Y-Chromosom des Schimpansen und dem des Menschen ist. Während wir uns im Rest des Genoms vom Schimpansen um nur etwa 1 Prozent unterscheiden, sind es hinsichtlich des Y-Chromosoms stattliche 30 Prozent – die schnellste Evolutionsrate im ganzen Genom. Diese Diskrepanz ist aber weniger auf die Unterschiedlichkeit der noch vorhandenen Gene auf dem menschlichen Y-Chromosom und auf demjenigen des Schimpansen zurückzuführen als vielmehr darauf, dass vom Y-Chromosom des Schimpansen einfach mehr Gene verschwunden sind als vom menschlichen.

Eine mögliche Erklärung für die großen Unterschiede zwischen Schimpanse und Mensch hinsichtlich des Y-Chromosoms ist das Paarungssystem der Schimpansen. Wenn ein Schimpansenweibchen in die Brunst (*Östrus*) kommt, paart es sich mit allen Männchen der Gruppe, und das bedeutet Wettkampf. Die Männchen versuchen ihre Chancen, Nachkommen zu zeugen, zu erhöhen, indem sie mehr Samenzellen produzieren. Die Hoden von Schimpansen sind daher auch dreimal so groß wie die von Menschen und produzieren viel mehr Spermien. Manchmal ist die Anzahl der Samenzellen entscheidend, quasi ein Lotterieeffekt, manchmal aber auch, wie langlebig oder wie schnell die Samenzellen sind. Viele der für den Aufbau der Samenzellen verantwortlichen Gene sind, wie zu erwarten, auf dem Y-Chromosom angesiedelt. Aber es gibt auch welche auf dem X-Chromosom, und in diesen Genen findet dann eine Art evolutionäres Wettrennen für bessere, schnellere, langlebigere Samenzellen statt. Die Effekte eines besseren Samens, der es schafft, öfter und schneller Eizellen zu befruchten, wirken sich vorteilhaft auf die Fitness des Samenproduzenten aus.

Vermutlich ähnelt das Paarungssystem auf der evolutionären Linie, die seit der Trennung vom Entwicklungsweg des Schimpansen zum *Homo sapiens* geführt hat, noch in einigem dem des Schimpansen. Das heißt, man darf erwarten, dass auch die Eigenschaften unserer Spermien auf maximalen Wettbewerb ausgelegt sind. Gelegentlich kommt es auch beim Menschen zu Heterovaterschaften – Geburten von zweieiigen Zwillingen, die von zwei verschiedenen Vätern stammen. Dies geht auf den seltenen Vorgang der Superfekundation oder Überschwängerung zurück, bei dem mehr als eine Eizelle im Zyklus reif wurde, aber eben auch Samenzellen von zwei verschiedenen Männern im Spiel waren. Hier geht es also um einen Wettbewerb der Samen mehrerer Männer.

Der oben erwähnte Genschwund auf dem Y-Chromosom (übrigens gab es auch von den rund 1000 proteinkodierenden Genen, die heute noch auf dem X-Chromosom anzutreffen sind, ursprünglich wahrscheinlich fast doppelt so viele) hat die Spekulation befeuert, ob das Y-Chromosom nicht vielleicht in 5 bis 10 Millionen Jahren ganz verschwunden sein könnte. Ist das Ende des Mannes also nah? Doch keine Bange: Auch wenn die genetische Variation des Y-Chromosoms und die Zahl seiner Gene gering sind, spricht dies nicht dafür, dass es überflüssig zu werden droht. Inzwischen wurde herausgefunden, dass der anfänglich schnelle Schwund der Gene vom Y-Chromosom sich vor rund 25 Millionen Jahren verlangsamt hat.

Selbst wenn das Y-Chromosom in den letzten Millionen von Jahren viele seiner ursprünglich vorhandenen Gene verloren hat, ist seine Evolution nicht zu Ende. Zu dieser Schlussfolgerung kam der Biologe David Page durch den Vergleich der DNA-Sequenz des Y-Chromosoms des Schimpansen mit der des Menschen. Demnach scheint sich die Evolutionsrate des Y-Chromosoms in den fünf bis sechs Millionen Jahren, seitdem Schimpanse und Mensch letztmals einen gemeinsamen Vorfahren hatten, in außergewöhnlichem Maße beschleunigt zu haben, zumindest in puncto Genverlust, der beim Schimpansen viel größer war als beim Menschen. Demgegenüber unterscheidet sich unser Y-Chromosom von dem des Rhesusaffen, mit dem wir letztmals vor 25 Millionen Jahren einen gemeinsamen Vorfahren hatten, lediglich um ein Gen, das auf der Entwicklungslinie zum *Homo sapiens* hin verloren gegangen ist. Auch dies ist ein Hinweis darauf, dass das Y-Chromosom des *Homo sapiens* nicht ganz so schnell verschwinden wird.

Es gibt heute noch 36 Gene, die in je einer Kopie auf dem X-Chromosom und dem Y-Chromosom vorhanden sind. Diese Gene sind wohl wegen des Dosierungsdrucks beibehalten worden – also wegen der Notwendigkeit, dass es zwei Kopien in jeder Zelle geben muss, sowohl beim Mann als auch bei der Frau. Dies wird auch als ein Hinweis darauf gewertet, dass diese wenigen Gene auf dem Y-Chromosom mit zahlreichen Genen auf anderen Chromosomen interagieren. Wahrscheinlich hat sich deshalb die Funktion dieser ultrakonservierten Gene auf dem Y-Chromosom hinsichtlich der Hoden- und Spermienproduktion seit etwa 200 Millionen Jahren nicht verändert. Sie sind vermutlich auch für andere Funktionen lebensnotwendig, die mit Geschlechtsunterschieden und Gesundheitsaspekten bei Mann und Frau zu tun haben.

Der Traum einiger radikaler Feministinnen scheint es zu sein, das »Übel Männer« loszuwerden. Ist das realistisch angesichts des soeben geschilderten Genschwunds auf dem Y-Chromosom? Nun, selbst wenn sich dieses Szenario des degenerierenden Y-Chromosoms fortsetzen würde, bis es ganz verloren gegangen wäre, ist das eher unwahrscheinlich (abgesehen davon, dass es ein extrem langwieriger Prozess wäre). Denn der Verlust des Y-Chromosoms bedeutet nicht automatisch das Aussterben der Männer. Das SRY-Gen und einige andere »männliche« Gene wären bis dahin schon längst auf andere Chromosomen gewandert. Es gibt ja genügend Arten, die zwei Geschlechter haben, ohne dass diese notwendigerweise Geschlechtschromosomen aufweisen.

Es gibt eine Reihe von Nagetierarten, die sekundär das XY-Geschlechtsbestimmungssystem wieder eingebüßt haben, bei denen sich gleichwohl Männchen und Weibchen unterscheiden lassen. Einige Arten haben nicht nur das Y-Chromosom, sondern auch das SRY-Gen verloren. Bei anderen Arten wiederum sind einige Gene vom Y- auf das X-Chromosom gewandert. So gibt es bei einigen Arten X0-Karyotypen, bei anderen auch XX, bei anderen sogar zwei Formen von Weibchen (XX und XY). Hierbei sind die Details der genetischen Geschlechtsbestimmung noch nicht erforscht. Ein besonders bizarrer Fall findet sich beim Indischen Muntjak (*Muntiacus muntjak*). Diese asiatische Hirschart hat nur noch drei (!) verschiedene Chromosomen, ein Minimalrekord, der nur möglich wurde, weil viele der einstigen zahlreichen Chromosomen miteinander verschmolzen sind. Die Anzahl der Chromosomen beim Weibchen beträgt $2N = 6$, beim Männchen $2N = 7$. Andere Muntjakarten (*Muntiacus reevesi*) haben noch die ursprüngliche, für Säugetiere typische Anzahl von $2N = 46$ Chromosomen beibehalten. Offensichtlich ist das SRY-Gen nicht die einzige mögliche Antwort der Evolution auf das Problem Kreierung von Männchen. Allein innerhalb der Fischfamilie *Poeciliidae*, zu denen auch die Guppys gehören, gibt es die unterschiedlichsten Methoden, Weibchen und Männchen zu machen. Bei verschiedenen Arten dieser Fischfamilie gibt es das XX-XY-, das ZZ-ZW-System wie auch Geschlechtsbestimmung ohne Sexchromosomen oder mit ähnlich vielen Geschlechtschromosomen wie beim Schnabeltier.

Was ist dran an Dschingis Khan?

Die Vererbung des Y-Chromosoms erfolgt bekanntlich nur von Vätern auf Söhne, während die Mutter immer eines ihrer beiden X-Chromosomen an die nächste Generation weitergibt. Diese ungebrochene maskuline Vererbungslinie erlaubt es, evolutionäre Beziehungen zwischen Männern anhand des Y-Chromosoms nachzuweisen. So lässt sich nachvollziehen, wie sich Gene geografisch verbreiten und wie weit sie in die Vergangenheit zurückreichen. Solche Studien wurden beispielsweise in Zentralasien gemacht.[8]

Dabei wurde Erstaunliches zutage gefördert: Dschingis Khan, der Herrscher der Mongolen im 12. und 13. Jahrhundert, hat demzufolge bis heute nicht weniger als rund 16 Millionen Nachfahren! So besagt es zumindest eine Analyse der Variation der Y-Chromosomen von über 2000 asiatischen Männern. Etwa 8 Prozent aller Männer auf dem Territorium des einstigen Reiches von Dschingis Khan, das vom Pazifik im Osten bis zum Kaspischen Meer im Westen reichte, haben heute noch die gleiche und bei Weitem häufigste Variante des Y-Chromosoms. Weil keine Rekombination die Gene des Y-Chromosoms verstreut, kann die Geschichte einer einzigen Variante des Y-Chromosoms über 30 Generationen bis zum Tod Dschingis Khans zurückverfolgt werden. Außerhalb dieser geografischen Region beträgt die Häufigkeit dieser speziellen Variante des Y-Chromosoms nur 0,5 Prozent. Ihr Alter wird auf etwa 1000 Jahre berechnet, was gut zu den Lebzeiten (um 1162–1227) Dschingis Khans passt.

Ermöglicht wurde ein solcher enorm evolutionärer Erfolg dadurch, dass die männlichen Mitglieder der Familie Dschingis Khans kraft ihrer Herrschaftspositionen Zugang zu vielen Frauen und Mätressen hatten. Dschingis Khan ist jedoch nicht der einzige evolutionär fitte Despot. König Sobhuza II. aus Swasiland (1899–1982) soll mit seinen 70 Frauen 210 Kinder gezeugt haben. Auch in unserem Kulturkreis gibt es gelegentlich Väter von sehr vielen Kindern. Berthold Wiesner, ein österreichischer Gynäkologe und Pionier der künstlichen Befruchtung, benutzte illegal seinen eigenen Samen, um schätzungsweise 600 bis 1000 Kinder zu zeugen. Die Beispiele Dschingis Khan und Wiesner sind jedoch nicht als Beleg für besonders gute Gene auf dem Y-Chromosom zu sehen, eher könnte man sagen, dass sie lediglich zur richtigen Zeit am richtigen Ort waren.

Ein ähnlicher Ansatz, nämlich Wanderungsbewegungen von menschlichen Populationen und deren demografische Geschichte anhand des Y-Chromosoms zu rekonstruieren, wird bei der Erforschung der geografischen Verteilung von Nachnamen verfolgt. Mit der Etablierung von Doppelnamen wird das in Zukunft allerdings schwieriger werden.

Adam und Eva lebten am selben Ort

Unsere Art, *Homo sapiens*, hat ihren Ursprung in Afrika. Eine Teilgruppe von *Homo sapiens*, von der alle anderen Menschen außer den Afrikanern selbst abstammen, verließ den Kontinent vor etwa 100 000 bis 60 000 Jahren und breitete sich bald über die ganze Welt aus.[9] In Afrika befindet sich jedoch nicht nur die Wiege der Menschheit, sondern dort leben auch heute noch die Nachfahren der ältesten und damit genetisch variabelsten Linien unserer Art, etwa die San (früher Buschmänner genannt) in Namibia und kleinwüchsige Jäger- und Sammlergruppen im Kongo (ethnologisch ungenau als Pygmäen bezeichnet).[10]

Nun könnte man fragen, ob die mitochondriale Eva und der Adam des Y-Chromosoms (Y-MRCA, *Y-chromosomal most recent common ancestor*) zur gleichen Zeit und am selben Ort lebten. Als Y-Chromosom-Adam wird der rekonstruierte älteste gemeinsame Urahn aller noch heute lebenden Männer bezeichnet, in denen noch Varianten seines Y-Chromosoms nachzuweisen sind. Das weibliche Gegenstück ist die mitochondriale Eva. Ganz sicher hat es noch ältere Adams und Evas gegeben, aber sie haben eben keine genetischen Spuren in den heute lebenden Menschen hinterlassen. Neueste genetische Analysen von Y-Chromosomen[11] zeigen, dass der letzte gemeinsame Vorfahre aller heute noch existierenden Y-Chromosomen vor 120 000 bis 200 000 Jahren gelebt hat. Diese Ergebnisse stimmen in etwa mit einer früheren Berechnung des Alters (150 000 bis 200 000 Jahre) der letzten gemeinsamen Vorfahrin aller mitochondrialen DNA überein. Die genetischen Daten legen es also nahe, dass der Y-chromosomale Adam (vor 120 000 bis 156 000 Jahren) und die mitochondriale Eva (vor 99 000 bis 148 000 Jahren) gemeinsam in Afrika gelebt haben.[12] Gott sei Dank! Nein, Evolution sei Dank!

8

LGBTQIA und Genderchaos: die genetischen Grundlagen des »kleinen Unterschieds«

In diesem Kapitel soll es um chromosomales, genetisches und soziales Geschlecht gehen. Lassen Sie mich aber zunächst von unseren »genetischen Adams und Evas« vor vielleicht 100 000 Jahren in Afrika noch sehr viel weiter in die evolutionäre Geschichte zurückgehen.

Nur zwei Geschlechter?

Obwohl die meisten Arten auch zwei biologische Geschlechter haben, gibt es – wenn auch nur sehr wenige – Ausnahmen. Protisten etwa sind faszinierende Organismen, die aus nur einer Zelle bestehen und sich gelegentlich nicht an die Regeln der Evolution zu halten scheinen. Die Gattung *Tetrahymena* umfasst nicht weniger als sieben Geschlechtertypen. Jeder von ihnen kann sich mit jedem der anderen Typen fortpflanzen, außer mit – tja, wie sollte man das hier nun nennen – seinem oder ihrem eigenen Typ. Meistens teilen sich Tetrahymena, egal welchen Typs, asexuell, aber wenn sich die Bedingungen verschlechtern – erinnern wir uns an die Wasserflöhe! –, können sie sich auch geschlechtlich fortpflanzen. Weil die sieben Geschlechtertypen alle miteinander kompatibel sind, stehen die Chancen dafür, einen Fortpflanzungspartner zu finden, nicht bei 50 Prozent (wie bei Vorhandensein von nur zwei Geschlechtern), sondern bei 85 Prozent. Die genetische Situation bei den Tetrahymena ist also sehr kompliziert und unübersichtlich.

Auch beim *Homo sapiens* gibt es Ausnahmefälle – ich benutze dieses Wort, weil nur ein sehr geringer Anteil der Menschheit, weitaus weniger als 1 Prozent, davon betroffen ist –, die unter eine Form von Intersexualität fallen, also Menschen mit intermediären und gemischtgeschlechtlichen primären oder sekundären körperlichen Merkmalen. Dies ist nicht abwertend gemeint – selbstverständlich sind diese Menschen gleichwertig und dürfen in keinster Form diskriminiert werden. Für die Gender- und Queerforschung wie auch für Biologen und Psychologen sind sie besonders beliebte Studienobjekte. Rein wissenschaftlich sind sie jedoch, gerade weil sie äußerlich und psychisch den Regeln nicht entsprechen, eher interessant im Hinblick darauf, diese Regeln zu verstehen. Doch bevor ich näher auf uns Menschen eingehe, noch ein kurzer Exkurs zu Organismen, die sowohl weiblich als auch männlich sind und sowohl Ei- als auch Samenzellen produzieren können.

Hermaphroditen – anything goes

Hermaphroditismus gibt es überall, viele Pflanzen sind sowohl männlich als auch weiblich. Der Pollen (Samen) der Pflanzen wird vom Wind oder von Insekten auf andere Pflanzen derselben Art übertragen und befruchtet dort im Stempel der Blüten Eizellen. Carl von Linné (1707–1778), der schwedische Begründer der Taxonomie und biologischen Systematik, gründete seine Einteilung der Pflanzen übrigens darauf, wie deren weibliche und männliche Sexualorgane angeordnet sind, und zog amüsante Parallelen zur sexuellen Ausstattung des Menschen. Prinzipiell unterscheidet man den simultanen, wie er bei den Blütenpflanzen vorkommt, vom sequenziellen Hermaphroditismus, wobei ein Individuum zuerst ein Weibchen und dann ein Männchen ist oder umgekehrt. Oft wird der Wechsel von einem Geschlecht zum anderen durch Umwelteinflüsse hervorgerufen.

Nehmen wir einmal den männlichen Anemonenfisch Marlin, bekannt aus dem Film *Findet Nemo*. Diese Fische sind in vielerlei Hinsicht bemerkenswert, besonders weil sie ihr Geschlecht ändern können – sie sind sequenzielle Hermaphroditen. Die großen, dominanten Fische, die auch eine Seeanemone verteidigen und auf ihr leben, sind Weibchen. Alle kleinen »Nemos« sind Männchen oder noch nicht geschlechtsreif. Wenn ein Weibchen stirbt (wie im erwähnten Film) oder experimentell entfernt wird, verwandelt sich das größte der kleineren Männchen aus der Nachbarschaft innerhalb weniger Tage in ein Weibchen. Es baut sein Hodengewebe ab und wandelt es in Eierstöcke um. Dies ist aber eine Einbahnstraße – einmal Weibchen, kann der Fisch nicht zurückkehren zum vorherigen männlichen Status. Vater Marlin würde also in Wirklichkeit nicht nach seinem verlorenen Sohn Nemo suchen, sondern sich in ein Weibchen verwandeln und sich so in Nemos Stiefmutter verwandeln. Marlin war also zuerst Nemos Vater und nach dem Tod von Nemos erster Mutter seine neue Mutter. Wenn Nemo tatsächlich zur Seeanemone, in der er geboren wurde, zurückkäme, würde er als zweitgrößter Fisch ein geschlechtsreifes Männchen werden, also sein eigener Stiefvater, denn sein Vater wurde ja in der Zwischenzeit zu seiner Stiefmutter. Das Herz eines jeden Genderforschers sollte bei so einer Patchwork-Konstellation höher schlagen – auch wenn jedem Kind, dem man dies zu erklären versuchte, der Kopf rauchte. Bei Anemonenfischen gibt es also eine Art soziale Kontrolle, ausgeübt durch das dominante Weibchen, das die kleineren Männchen daran hindert, ebenfalls zu einem Weibchen zu werden. Leider ist hier nicht der Platz, das Thema Diversität der Sexualität im Tierreich weiter auszuführen. Wer näher daran interessiert ist, dem seien die höchst spannenden und unterhaltsamen Bücher zum Thema von Olivia Judson[1] und Daphne Fairbairn[2] zur weiteren Lektüre empfohlen.

Wir haben festgestellt, dass Individuen, die nicht der binären Regel »XX = Frau, XY = Mann« entsprechen, seltene Ausnahmen sind, die die biologischen Regeln bestätigen. Die genomischen oder genetischen Veränderungen, die diese Ausnahmen von der Regel bedingen, erlauben es uns jedoch, die biologischen Details dieses Prozesses der Geschlechtsbestimmung und die darüberliegenden und vielleicht in gewisser Weise von der Form des Körpers unabhängigen Ebenen wie das psychologische Geschlecht besser zu verstehen.

Atypische Erscheinungsformen der Geschlechtsdifferenzierung (DSD genannt nach dem englischen *Disorders of Sex Development*) können sich auf verschiedenen biologischen Ebenen manifestieren. Es kann sich um chromosomale Abweichungen der Geschlechtschromosomen handeln, auf die wir uns hier hauptsächlich beschränken werden, aber auch um untypische primäre (beispielsweise Eierstöcke oder Hoden) oder sekundäre Geschlechtsmerkmale. Ebenso können andere Chromosomen oder einzelne Gene einen Effekt haben, wie auch äußere Einflüsse die Entwicklung des Embryos, Fötus oder Kindes beeinträchtigen können. Die Phänotypen schließen ambiguöse Geschlechtsteile, Androgenresistenz, Gonaden (Eierstöcke und Hoden) oder die äußere Morphologie betreffende Inkongruenz zwischen dem genetischen und dem phänotypischen Geschlecht ein. Sie werden entweder durch Mutationen der für bestimmte entwicklungsbiologische Schritte wichtigen Gene oder durch Probleme hervorgerufen, die passenden Hormone zu produzieren oder Hormonsignale zu empfangen.

Davon betroffene Menschen sehen sich als Bestandteil der LGBT- (*Lesbian, Gay, Bisexual, Transsexual/Transgender*) beziehungsweise LGBTQIA-Community. Die letzten drei Buchstaben sind mehrdeutig und können stehen für *Queer* (Szenejargon für »abweichend«) oder *Questioning* (»infrage stellend«), *Intersex* und *Ally* (Verbündete/r) oder *Asexual*. Das zunehmend auch im deutschen Sprachraum verbreitete Akronym soll alle Menschen bezeichnen, deren Geschlechtsidentität von der Heteronormativität (die den Gegensatz männlich/weiblich und Heterosexualität als Norm setzt) abweicht. Und es soll sogar noch mehr als diese sieben Kategorien außerhalb der heterosexuellen Mann-Frau-Dichotomie geben. LGBTQIA-Menschen bilden eine Minderheit von weit weniger als 5 Prozent (laut einer Gallup-Umfrage bezeichnen sich in den USA 3,6 Prozent der Bevölkerung als zur LGBTQIA-Community gehörig), die allermeisten gehören der ersten Untergruppe (LG) der Lesben und Schwulen an, auf die ich im Kapitel zur Homosexualität noch näher eingehen werde.

Caster Semenya und die gelegentlich fließenden Grenzen der Geschlechter

Bei der Leichtathletik-Weltmeisterschaft in Berlin 2009 kam es im 800-Meter-Lauf der Frauen zu einer Sensation. Weltmeisterin wurde nicht eine der gesetzten Favoritinnen, sondern Caster Semenya, eine südafrikanische Läuferin, die erst drei Wochen vor ihrem Triumph wie Phoenix aus der Asche im Kreis der Weltbesten aufgetaucht war und eine Jahresweltbestleistung aufgestellt hatte. Sie hatte sich in ihrer Disziplin innerhalb nur eines Jahres um unglaubliche 15 Sekunden verbessert. Diese sehr ungewöhnliche Leistungssteigerung, ihre tiefe Stimme und ihr maskuliner Auftritt sorgten für Unwillen unter den anderen Athletinnen und führten schließlich dazu, dass ihr Geschlecht genauer überprüft wurde. Was eigentlich relativ schnell, leicht und eindeutig zu bestimmen sein sollte, ist am Ende dann doch nicht immer leicht in Schwarz und Weiß zu unterteilen. Denn verschiedenste genetische Besonderheiten haben zur Folge, dass es diesbezüglich eine überraschend große körperliche und psychologische Grauzone gibt. Offensichtlich lassen sich die Geschlechter doch nicht immer so einfach binär in XX = Frau und XY = Mann unterteilen.

Angeblich wurde noch bis zur Mitte der 1960er-Jahre eine ganze Reihe von Weltrekorden in der Frauen-Leichtathletik von intersexuellen Menschen aufgestellt. Ewa Klobukowska,

Abb. 8.1: Dora Ratjen trat 1936 als Hochspringerin an und nannte sich später Heinz (oder Heinrich) Ratjen.

eine polnische 100- und 200-Meter-Läuferin, die bei den Olympischen Spielen in Tokio 1964 eine Bronze- und eine Goldmedaille gewann, wurde 1967 als erste Athletin nach einem chromosomalen Test disqualifiziert. Einige weitere »Athletinnen« haben später zugegeben, dass sie Männer waren. Der berühmteste Fall ist wohl der von Dora (später Heinrich oder Heinz) Ratjen, der bei den Olympischen Spielen in Berlin 1936 als Frau gegen andere Hochspringerinnen antrat (Abb. 8.1).

Wie wird nun bei Olympischen Spielen oder anderen internationalen athletischen Wettbewerben das Geschlecht bestimmt? Das Internationale Olympische Komitee (IOC) hat dazu erstmals 1966 einfache körperliche Untersuchungen angeordnet. Dabei mussten sich die Athletinnen nackt einer Gruppe von Gynäkologen präsentieren und ihre Genitalien daraufhin inspizieren lassen, ob eine Vagina und nicht ein Penis vorhanden ist.

Diese herabwürdigende Prozedur wurde bald nach Protesten der Athletinnen wieder eingestellt und von einem Karyotyptest abgelöst. Dazu wurden mit einem Wattestäbchen Zellen aus der Wange genommen, mit einem Farbstoff angefärbt und unter dem Mikroskop untersucht. Das zu erwartende Ergebnis war, wie wir schon wissen, dass entweder zwei X-Chromosomen oder ein inaktives X-Chromosom als dunkles Barr-Körperchen vorzufinden sein sollten. Allerdings ist der Barr-Test problematisch. So haben Männer mit geschlechtschromosomalen Aberrationen wie beispielsweise dem Klinefelter-Syndrom (XXY) ebenfalls Barr-Körperchen, sind aber ansonsten männlich, denn sie besitzen ein Y-Chromosom. Daher können diese Tests nicht immer eindeutig das chromosomale Geschlecht klären.

XY-Frauen und AIS-Individuen

Andererseits können intersexuelle Menschen, die auf der chromosomalen Ebene einen normalen XY-Karyotyp haben, aus mehreren Gründen einen feminisierten Körper haben. Chromosomalen XY-Menschen fehlt ja der Barr-Körper – sie würden nach diesem Kriterium daher als Männer zählen oder bei athletischen Wettbewerben zumindest nicht als Frau. Sie können aber trotzdem wie Frauen aussehen, wenn bei ihnen das SRY-Gen auf dem Y-Chromosom oder das Gen für den Rezeptor für androgene Hormone, das AR-Gen auf dem X-Chromosom, defekt ist. Dies bewirkt, dass entweder nie Hoden gebildet werden oder diese (meist noch im Körper und nicht im Skrotum) zwar vorhanden sind, aber Testosteron von den Rezeptoren nicht erkannt wird. Im letzteren Fall spricht man von Androgenresistenz (englisch *Androgen Insensitivity Syndrome*, AIS). AIS-Individuen sind chromosomal XY und haben auch ein funktionierendes SRY-Gen, können aber nicht auf das Vorhandensein von maskulinisierendem Testosteron reagieren. Ihre Körperzellen haben mehr oder weniger defekte Rezeptoren an der Zellwand; deshalb entwickeln sie sich schon während ihrer Embryonalphase in Richtung Frau. Dies geschieht, obwohl sie typischerweise zwei funktionierende Hoden besitzen, die auch männliche Hormone produzieren. Dies geht oft sogar so weit, dass AIS-Individuen keinen Penis, dafür aber eine normale Vagina haben und entsprechend unauffällig weiblich bei ihrer Geburt aussehen. AIS-Menschen sind auch nicht fertil und haben keine Menstruation.

Die anabole, vermännlichende Wirkung von androgenen Hormonen kann sich in AIS-Individuen also nicht (zumindest nicht vollständig) entfalten. Trotz ihres feminisierten Körpers würden sie aufgrund des Barr-Tests aber von Sportwettbewerben mit anderen Frauen ausgeschlossen werden. Man würde erwarten, dass diese Menschen, je nach Grad von AIS, körperliche Vorteile gegenüber XX-Frauen haben – weil sie immer noch mehr Testosteron haben als normale XX-Frauen. Dies scheint auch so zuzutreffen, denn gerade AIS-Menschen kommen unter »weiblichen« Spitzenathletinnen mit einer relativ hohen Häufigkeit von etwa 1 : 500–600 vor – obwohl in der Gesamtbevölkerung nur etwa einer von 20 000 Menschen (also nur 0,005 Prozent) betroffen ist. Bei Olympischen Spielen sind Intersex-Menschen generell sehr viel häufiger als im Rest der Bevölkerung, was bei Sportwettbewerben einen unfairen Vorteil gegenüber XX-Frauen bedeutet.

Weil die chromosomalen Tests gelegentlich nicht weiterhelfen bei der Entscheidung, ob jemand als Frau bei einem athletischen Wettbewerb teilnehmen durfte, begann man vor fast 25 Jahren mithilfe molekulargenetischer Tests nach dem Vorhandensein von bestimmten Genen bei Athletinnen zu suchen, um auf dieser Basis eine präzisere und fairere Einteilung in weibliche und männliche Athleten vornehmen zu können. Genauer gesagt ging es darum, genetisch männlichen Athleten die Teilnahme an Frauenwettbewerben zu untersagen. Schon sehr bald nach der Entdeckung des SRY-Gens wurde daher seit 1992 bei Olympischen Spielen die Geschlechtsbestimmung auf der Grundlage eines molekularbiologischen Tests durchgeführt, bei dem geprüft wurde, ob das SRY-Gen vorhanden ist. Aber auch dies ist gelegentlich schwierig beziehungsweise nicht immer ein eindeutiges Indiz dafür, dass jemand ein Mann ist. Diese Menschen könnten chromosomal XY sein, aber weiblich erscheinen, sofern das SRY-Gen defekt ist oder ganz fehlt. Oder aber das SRY-Gen ist auf das X-Chromosom gewandert. Dann würden solche Individuen zwar einen XX-Karyotyp haben, aber möglicherweise den SRY-basierten Test nicht bestehen. Das Fehlen des Y-Chromosoms würde dann darauf hindeuten, dass ein solcher Mensch chromosomal gesehen weiblich ist, das Vorhandensein des SRY-Gens auf dem X-Chromosom jedoch würde ihm einen hormonellen Vorteil gegenüber normalen Frauen verschaffen. So können solche speziellen chromosomalen XX-Menschen äußerlich wie Männer mit Hoden und einem Penis aussehen. Umgekehrt können unter bestimmten genetischen Umständen auch XY-Individuen Eierstöcke haben.

Fazit: Die rein chromosomale Definition der beiden Geschlechter entspricht offensichtlich nicht immer und nicht nach allen äußerlichen anatomischen Kriterien der primären Geschlechtsorgandichotomie Penis = Mann, Vagina = Frau. Bald musste man konstatieren, dass die genetische Untersuchungsmethode nach dem Schema »SRY-Gen vorhanden = Mann, SRY-Gen nicht vorhanden = Frau« auch nicht zu 100 Prozent zuverlässig ist. So wurde dieses Entscheidungskriterium schon bei den Olympischen Spielen 1996 wieder aufgegeben. Was also tun? Es gibt hier keine hundertprozentige Gerechtigkeit.

Testosteron zur Geschlechtsbestimmung?

Aufgrund der unsicheren Diagnostik der SRY-Gen-Methode wird heute mittels der Testosteronkonzentration entschieden, wer im Sport in Frauenwettbewerben antreten darf und wer nicht (Abb. 8.2). Dazu wird die Testosteronkonzentration von Athletinnen gemessen. Gewöhnlich sind diese bei Männern 10- oder sogar 20-mal höher als bei Frauen. Dennoch gibt es Frauen oder Intersex-Menschen, die eindeutig außerhalb der typischen Spanne von Frauen liegende Testosteronkonzentrationen aufweisen – Frauen haben natürlicherweise Testosteron in ihren Körpern, nur eben in geringer Dosierung. So hohe Konzentrationen des fälschlicherweise »männlich« genannten Hormons Testosteron verleihen diesen Frauen einen unfairen Vorteil gegenüber den biologisch typischeren Frauen.

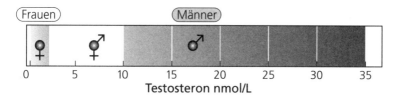

Abb. 8.2: Grafische Darstellung typisch »weiblicher« und typisch »männlicher« Konzentrationen (nmol/L) von Testosteron (Dank an Eric Vilain, University of California, Los Angeles). 10 nmol/L wird vom IOC (Internationales Olympisches Komitee) als unterster männlicher Wert festgelegt. Das *eine* Prozent Frauen mit den höchsten Testosteronkonzentrationen hat Werte von etwa 3 nmol/L.

Wird das Geschlecht nach der Testosteronkonzentration bestimmt, gelten diese Individuen nicht als weiblich. Dabei ist allerdings zu beachten, dass AIS-Individuen je nach Ausprägung keinen oder nur einen geringen Testosteronüberschuss haben. Nach den älteren Kriterien des Vorhandenseins des Barr-Körpers oder des SRY-Gens wären diese Menschen vielleicht als Männer oder in diesem Zusammenhang als »Nicht-Frauen« klassifiziert worden. Bei solchen Sportereignissen geht es ja lediglich darum, »Nicht-Frauen« zu identifizieren, damit Fairness im Wettbewerb gewahrt bleibt.

Heute wird bei internationalen Leichtathletikwettbewerben nicht mehr routinemäßig flächendeckend das Geschlecht überprüft, sondern nur noch unter besonderen Umständen, wie dies etwa bei der indischen Sprinterin Dutee Chand oder bei Caster Semenya der Fall war. Dabei bleiben für die betroffene Person unter Umständen psychologisch sehr belastende Ergebnisse nicht aus. Bei Semenya wurden weder Angaben zur Art des Testverfahrens noch dessen genaue Ergebnisse veröffentlicht, es wurde lediglich bekannt, dass Semenya ein intersexueller Mensch ist. Semenya wurde als Mädchen erzogen und fühlt sich auch weiblich. Seit 2012 wurde ihr wieder erlaubt, an Wettbewerben mit weiblichen Athletinnen teilzunehmen. Die aktuellen Regeln des IOC sehen testosteronsenkende Hormontherapien und/oder korrigierende geschlechtsangleichende Chirurgie vor. Damit sollen Intersexuelle einen typischen weiblichen Hormonspiegel erreichen, um dann in fairem Rahmen gegen genetisch eindeutig weibliche Athletinnen antreten zu können. Dutee Chands Testosteronwerte liegen bei über 10 nmol/L und damit weit außerhalb der typischen weiblichen Konzentrationen (Abb. 8.2). Sie weigert sich, sich einer Operation zu unterziehen oder Medikamente einzunehmen. Daher hat das IOC ihr auch die Teilnahme an weiteren internationalen Wettbewerben untersagt. Alle Beteiligten sind sich bewusst, dass auch der Testosterontest nicht perfekt und dass es unmöglich ist, für jedes betroffene Individuum fair zu entscheiden, ob es eine Frau ist. Fair wäre es aber auch nicht den »typischen« Frauen gegenüber, wenn sich jemand mit nicht eindeutig definierbarem Geschlecht einfach ohne Weiteres entscheiden könnte: »Ich bin eine Frau, lasst mich gegen andere Frauen laufen, springen oder werfen.«

Die Tests, die jetzt verwendet werden, messen den Testosterongehalt in frisch gebundenem Blutplasma. Die Vermännlichung des Körpers während der Embyronalentwicklung und der Pubertät wird ganz maßgeblich durch den Testosterongehalt bestimmt, dieser bleibt auch für den Rest des Lebens bei Männern höher als bei Frauen (Abb. 8.2). Daher scheint dieses Kriterium das bisher fairste und objektivste zu sein. Aber auch diese Vorgehensweise ist sicherlich nicht perfekt und nicht wirklich eindeutig, sondern basiert auf Erfahrungen mit Grenzwerten des Testosterongehalts bei einer typischen Frau und bei einem typischen Mann. Es bleibt eine unbefriedigende Grauzone zwischen den Geschlechtern, die jedoch nur einen ganz kleinen Prozentsatz von Individuen betrifft.[3] So würde dieser Test chromosomale XX-Frauen diskriminieren, die beispielsweise durch eine *Congenital Adrenal Hyperplasia* (CAH) oder durch androgenausschüttende Tumore einen Vorteil gegenüber »normalen« Frauen hätten. Die zusätzlichen Androgene würden die Herausbildung von zusätzlicher Muskelmasse fördern. Durch diese Art von Tests wird also lediglich eine Form von Objektivität suggeriert. CAH ist die vielleicht häufigste Form körperlicher Intersexualität bei chromosomalen XX-Frauen – betrifft aber nur einen von 20 000 bis 36 000 Menschen.

Was also tun? Was wäre gerecht? Es wird richtig kompliziert und vielleicht auch schwammig – und in puncto Sport ungerecht und willkürlich –, wenn es um »gender identity«, also darum geht, welchem Geschlecht man sich zugehörig fühlt. Dann könnte sich jeder Mann als Frau ausgeben und hätte dann in allen Sportarten einen unfairen Vorteil gegenüber biologisch eindeutigen weiblichen Athletinnen. Denn Männer sind in den meisten Disziplinen um rund 10 Prozent schneller als Frauen und können weiter werfen und höher springen als diese.

Der Humangenetiker Eric Vilain, Mitglied der relevanten Kommission des IOC in Genf, meint lapidar, dass das Leben nie zu 100 Prozent gerecht sein kann. Die meisten Spitzenathleten sind genetische Ausnahmen. Über zwei Meter große Basketballspieler übertreffen die Durchschnittsgröße um mehr als zwei Standardabweichungen. Das Gleiche gilt für die schnellsten Läufer, die genetische »Freaks« sind. Wenn sich intersexuelle Menschen bei Olympischen Spielen diskriminiert fühlen, weil sie wegen ihres hohen Testosteronspiegels nicht mit Frauen konkurrieren dürfen, sollten sie, analog zu den Paralympischen Spielen, einen eigenen Wettbewerb organisieren.

Genetik der Athletik

Aber nicht nur das Geschlecht spielt eine Rolle beim Leistungssport. So fällt auf, dass die weltbesten Sprinter und Langstreckenläufer seit vielen Jahren fast ausnahmslos Afrikaner oder Nachfahren afrikanischer Sklaven aus der Neuen Welt (insbesondere aus Nordamerika und der Karibik) sind. Dieser Trend ist seit Jahrzehnten offensichtlich – bei den letzten sieben Olympiaden waren im 100-Meter-Sprint alle 56 Finalteilnehmer ausnahmslos westafrikanischer Abstammung. Die meisten Marathonläufer hingegen stammen aus Ostafrika, insbesondere aus Kenia und Äthiopien.

Was ist der Grund hierfür? Nun, Laufen und Athletik generell haben sehr viel mit Genen zu tun. Eines der wichtigsten davon ist ACTN3.[4, 5, 6, 7] Es gibt zwei Varianten, R und X genannt, des α-Actinin-3-Gens in der menschlichen Population. Dieses ACTN3-Gen kodiert für ein Protein, das für bestimmte, schnell kontraktierende Muskelfasern unseres Körpers wichtig ist, wie sie beim schnellen Sprinten zum Einsatz kommen. Die X-Variante des ACTN3-Gens hat eine Stoppmutation, sodass das Protein nicht komplett produziert wird. Insbesondere Sprinter (übrigens weibliche vielleicht noch häufiger als männliche) haben viel öfter den Genotyp RR (und nie XX) als Nicht-Sprinter, während bei Athleten in Ausdauersportarten, etwa bei Radrennfahrern und Langläufern, überproportional häufig die X-Variante vorkommt.[8] Allerdings konnte dies nicht in allen Studien bestätigt werden. So unterscheiden sich etwa äthiopische Marathonläufer hinsichtlich der Häufigkeit der X-Allele statistisch nicht vom Rest der Bevölkerung dieser Region Ostafrikas. Ein Gen allein kann diese athletischen Unterschiede jedoch nicht erklären – ACTN3 ist also nur eines einer ganzen Reihe (mehr als 73 sind bekannt) von Genen, die Einfluss darauf haben, ob jemand sportlich talentiert ist.[9]

Nach diesem kurzen Ausflug in die Genetik der Athletik kehren wir zurück zu den chromosomalen und genetischen Problemen der Geschlechtsbestimmung. Etwa jeder 500. bis 1000. Mensch lässt sich nach dem binären chromosomalen XX- beziehungsweise XY-Schema nicht eindeutig als Mann oder als Frau charakterisieren. Nehmen wir nun die häufigsten chromosomalen und genetischen Komplikationen in den Blick.

X0-Frauen (Turner-Syndrom)

Der Karyotyp von Frauen mit dem sogenannten Turner-Syndrom (auch Ullrich-Turner-Syndrom genannt) lautet bei der Hälfte der davon betroffenen Fälle 45,X0. Ihnen fehlt also das zweite X-Chromosom gänzlich. Bei den verbleibenden Turner-Patientinnen ist das zweite X-Chromosom fehlerhaft, oder sie verfügen über ein regelrechtes genetisches Mosaik – einige Zellen haben Teile oder ein ganzes eines zweiten (X-)Geschlechtschromosoms. Die Häufigkeit dieser Aberration, eine der häufigsten Geschlechtschromosomenanomalien bei Frauen, beträgt etwa 0,05 Prozent, das heißt, etwa eines von 2000 Kindern ist davon betroffen. Allerdings sterben fast alle Embryonen (99 Prozent) bereits während der ersten drei Monate der Schwangerschaft. Das Turner-Syndrom ist jedoch die einzige genetische (chromosomale) Anomalie, die, unter Einschluss einer Hormonbehandlung, eine relativ normale Entwicklung zulässt.

Da bei normalen XX-Frauen ein X-Chromosom inaktiviert ist, lässt sich nicht ganz einfach erklären, warum dann ein fehlendes X-Chromosom solch gravierende Auswirkungen haben sollte. Das hat anscheinend damit zu tun, dass bei gesunden Frauen die beiden X-Chromosomen nicht identisch sind und in unterschiedlichen Zellen einmal das eine, einmal das andere X-Chromosom inaktiviert und die Inaktivierung zudem auch nicht immer vollständig erfolgt ist.

Vermutlich spielt die Dosis eines Gens, ob es also nur in einer oder aber in zwei Kopien vorhanden ist, eine entscheidende Rolle, wie schon in Kapitel 6 besprochen wurde. Dies gilt etwa für solche Gene, die andere Gene auf anderen Chromosomen kontrollieren, oder für Transkriptionsfaktoren. Ein Hinweis darauf, wie wichtig diese Dosiskompensation ist – wie das in der Fachsprache genannt wird –, kommt von jüngsten Studien[10], in denen Funktion und Evolution von Genen auf beiden Geschlechtschromosomen miteinander verglichen wurden. Dabei wurden die Gene untersucht, von denen sowohl eine Kopie auf dem X- als auch eine auf dem Y-Chromosom vorhanden ist.

Vom Turner-Syndrom betroffene Frauen sind nicht fertil und haben oft eine reduzierte Lebenserwartung, denn meist ist damit eine Reihe von Krankheiten und Gebrechen verbunden – etwa Herzprobleme, Hörprobleme, Autoimmunkrankheiten. Weitere Symptome sind Kleinwüchsigkeit (durch Verabreichung von Wachstumshormonen behandelbar), fehlende Pubertät, kognitive Einschränkungen und Lernprobleme. Überlebenschancen und die Ausprägung des Turner-Phänotyps sind mit der unterschiedlichen Dosis der vorhandenen XY-Genpaare (es gibt 17 Gene, die sowohl auf dem X- als auch auf dem Y-Chromosom liegen, nach einem speziellen Kriterium klassifiziert) in unterschiedlichen Geweben der Patienten korreliert. Dieser Dosismechanismus erklärt auch bestimmte Formen von geistigen Behinderungen (zum Beispiel Kabuki-Syndrom), die mit Genen auf dem X-Chromosom in Zusammenhang gebracht werden.

XXY-Männer (Klinefelter-Syndrom)

Der Karyotyp eines Mannes mit diesem Syndrom, auch Klinefelter-Syndrom genannt, ist 47,XXY. Im Zuge der Entdeckung dieses Syndroms 1959 wurde klar, dass nicht die Anzahl der X-Chromosomen jemanden zum Mann macht (die Erwartung wäre gewesen: XX = Frau, X = Mann), sondern dass das Y-

Chromosom, oder zumindest ein Gen auf dem Y-Chromosom, entscheidend dafür ist. Genauer gesagt kommt hier der auf dem Y-Chromosom liegende TDF (*Testis Determining Factor*, hodenterminierender Faktor), der sich später als das SRY-Gen entpuppte, ins Spiel.

Klinefelter-Individuen haben also wenigstens ein X-Chromosom zu viel.[11] Diese Konstellation tritt etwa bei jedem 500. bis 1000.[12] Jungen auf, sie ist damit die häufigste numerische Chromosomenaberration (Aneuploidie) bei Männern. Die zusätzliche Kopie des X-Chromosoms behindert die normale Entwicklung der männlichen Sexualorgane, die Hoden bleiben oft klein und funktionieren nicht normal, was Testosteronausschüttungen in nur geringen Mengen zur Folge hat. In sehr seltenen Fällen können drei oder sogar vier X-Chromosomen pro Zelle vorhanden sein. Diese zusätzlichen Kopien des X-Chromosoms bewirken zahlreiche Veränderungen kognitiver Art und haben eine ganze Reihe gesundheitlicher Probleme zur Folge.

Klinefelter-Menschen sind steril und zeichnen sich durch geringe Libido, generelle Antriebsarmut und gelegentlich eunuchenhaftes Aussehen aus. Eine Reihe von Studien legt es nahe, dass jede zusätzliche Kopie des X-Chromosoms den IQ um 15 bis 16 Punkte senkt. Sprach- und Sprechkompetenz sind beeinträchtigt, es treten Sprachentwicklungsverzögerungen und Lernstörungen auf. Je nach Stärke der Symptome tritt die Pubertät verspätet ein. Eine Androgentherapie sollte bereits mit der Pubertät beginnen, um die richtige Konzentration von Testosteron, Estradiol, FSH (Follikelstimulierende Hormone) und LH (Luteinisierende Hormone) zu gewährleisten. Allerdings sind die Symptome variabel und manchmal so milde, dass von den schätzungsweise 80 000 Fällen von Klinefelter-Syndrom in Deutschland nur 10 bis 15 Prozent bekannt und behandelt werden. Gelegentlich wird es erst dann entdeckt, wenn ein Kinderwunsch nicht in Erfüllung geht und das Paar sich untersuchen lässt.

Triple-X-Syndrom

47,XXX ist der Karyotyp eines Mädchens mit dem Triple-X-Syndrom (XXX). Das zusätzliche X-Chromosom verringert den IQ um etwa 10 Punkte und kann auch Lernschwierigkeiten zur Folge haben. Das Symptom tritt bei etwa einer von 1000 Frauen auf. Da die Symptomatik relativ unauffällig ist, werden viele Fälle gar nicht diagnostiziert, und es ist mit einer hohen Dunkelziffer zu rechnen. Dies ist ein generelles Problem bei der Ermittlung genauerer Zahlen von DSD-Individuen. Davon betroffene Frauen sind oft relativ groß, ihre Söhne haben häufig das Klinefelter-Syndrom.

XY-»Frauen«

Wir haben bereits gesehen, dass selbst bei Vorhandensein des männlichen Karyotyps 46,XY der Phänotyp nicht zwingend männlich sein muss. Wenn eine Testosteronblockade, beispielsweise durch AIS, vorliegt, das Testosteron also nicht seine übliche Wirkung entfaltet, kann sich selbst bei einem intakten Y-Chromosom ein weiblicher Phänotyp mit einer allerdings meist verkürzten Vagina herausbilden.

Ferner können, wie schon besprochen, auch Mutationen auf dem Y-Chromosom, die die SRY-Region betreffen, zu einem weiblichen Phänotyp bei einem XY-Karyotyp führen. Man spricht dann vom Swyer-Syndrom. Hier fehlt das SRY-Gen komplett oder ist so stark mutiert, dass es nicht mehr funktioniert. Meist ist der p-Arm des Y-Chromosoms, auf dem sich das SRY-Gen befand, verloren gegangen. Davon betroffene Menschen haben während ihrer Embryonalentwicklung nur die typisch weiblichen Androgenkonzentrationen erhalten, daher keine männlichen Gonaden (Hoden), aber auch keine vollständigen weiblichen Eierstöcke ausgebildet. Ohne Hoden wird auch kein Anti-Müller-Hormon (AMH) produziert, ebenso fehlen die anderen internen männlichen Geschlechtsorgane. Die ursprünglichen Gonaden sind daher »verweiblicht«, und die Pubertät fällt aus, weil keine weiblichen Hormone produziert werden können.

Es gibt aber auch XY-Frauen, bei denen das SRY-Gen nicht die Erklärung sein kann – denn es ist anscheinend normal und am richtigen Platz auf dem Y-Chromosom. Diese Beobachtung führte zur Entdeckung des DAX1-Gens[13], das je nach Zahl der Kopien auf dem X-Chromosom als Antagonist des SRY-Gens fungiert. Das DAX1-Gen wird auch *orphan nuclear hormone receptor* (»Waisen-Kernhormonrezeptor«) genannt, weil es Ähnlichkeit mit einem Rezeptor-Gen (wie dem schon erwähnten Androgenrezeptor) hat und es kein bekanntes Hormon (Liganden) gibt, für das dieses Gen als Rezeptor fungieren könnte (deshalb *orphan*, »Waise«). Dieses Gen wirkt als »antimännliches« Gen und hat zur Folge, dass aus einem XY-Mann mit einem normalen Y-Chromosom eine XY-Frau wird.

XX-»Männer«

Sehr selten, in weniger als einem von 20 000 Fällen, gibt es Menschen mit einem männlichen Erscheinungsbild, die kein Y-Chromosom haben, sondern zwei X-Chromosomen, also den weiblichen Karyotyp. Man spricht hier vom De-la-Chapelle-Syndrom. Bei diesen Individuen ist das wichtige SRY-Gen, wie dessen Entdecker Peter Goodfellow nachweisen konnte, durch eine Translokation, also eine Mutation, durch die ein Gen von einem Chromosom zu einem anderen gelangt, vom Y- auf das X-Chromosom »umplatziert« worden. Diese Translokation muss während der Meiose beim Vater erfolgt sein, nach der eine der resultierenden Spermienzellen ein mutiertes X-Chromosom enthält. Das SRY-Gen ist der schon vorher postulierte hodendeterminierende Faktor (TDF), es kommt deshalb zu einer Ausbildung des Hodens und anderer männlicher Charakteristiken.

Insgesamt werden nur weit weniger als 1 Prozent aller Menschen mit einer der vielen Formen von Intersexualität geboren beziehungsweise in der Pubertät als intersexuelles Individuum identifiziert. Und nur bei weniger als einer von 1000 Geburten ist der intersexuelle Status von Anfang an so offensichtlich, dass ein chirurgischer Eingriff notwendig erscheint. Allerdings gibt es, je nach genetischer Ursache, auch eine Dunkelziffer von Menschen, die nicht typische XX-Frauen oder XY-Männer sind, deren geschlechtlicher Zwischenstatus aber nicht erkannt wird, weil die Symptome so mild sind.[14]

Wir haben also gesehen, dass das Geschlecht nicht so einfach auf der Basis der Geschlechtschromosomen bestimmt werden kann nach der Formel »mit Y = Mann, ohne Y = Frau«. Ferner sind nicht alle für das »Mann-Sein« verantwortlichen Gene immer auf dem Y-Chromosom angesiedelt. Nur deshalb kann es sowohl XX-Männer als auch XY-Frauen geben. Die Erforschung von Intersexualität war somit wissenschaftshistorisch entscheidend für ein besseres Verständnis der »normalen« Geschlechtsbestimmung beim Menschen. Denn die Funktion eines Gens lässt sich in der Wissenschaft meist »ex negativo« ermitteln – wenn also eine erkennbare Missbildung oder Krankheit einem defekten Gen zugeordnet werden kann. Daraus folgert man dann im Umkehrschluss, was die normale, positive Funktion und Aufgabe des betreffenden Gens ist.[15, 16]

Das SRY-Gen

Lange Zeit dachte man, dass die befruchtete Eizelle im menschlichen Körper routinemäßig, anscheinend passiv, die Entwicklung zum Mädchen hin nehmen würde. Ein Junge wäre nach dieser Vorstellung nur dann entstanden, wenn diese »normale« Entwicklung nach sechs oder sieben Wochen durch Aktivitäten hauptsächlich des SRY-Gens auf dem Y-Chromosom »gestört« worden wäre. Das ist übrigens auch der Grund dafür, dass Männer Brustwarzen haben, obwohl sie nutzlos sind. Die Anlagen dafür sind schon in der frühen Embryonalentwicklung vorhanden, bevor die endgültige Gabelung in die männliche oder weibliche Entwicklungsrichtung erfolgt ist. Vom SRY-Gen, dem *testis determining factor*, wurde ursprünglich angenommen, dass es direkt für die Produktion von Testosteron, dem ausschlaggebenden Hormon in der Entwicklungskette zum Mann, verantwortlich sei. Die Sache ist aber komplizierter.[17]

Nach der Entdeckung des SRY-Gens 1990 wurde dessen Funktion immer besser erforscht. Man ging davon aus, dass das Y-Chromosom und insbesondere das SRY-Gen darauf eine Art Schalter sind für Entwicklungskaskaden in Richtung Mann. Jüngere Forschungsergebnisse etwa des Humangenetikers Eric Vilain von der University of California in Los Angeles zeigen jedoch, dass die Entwicklung in Richtung Mann oder Richtung Frau nicht geradlinig wie eine Befehlskette beim Militär verläuft, sondern vielmehr eine Kombination verschiedener Interaktionen ist, an denen mehrere Gene beteiligt sind. Das Y-Chromosom ist Träger ungewöhnlich vieler Gene von der Sorte, die andere Gene an- oder ausschalten, auch solche, die auf anderen Chromosomen liegen. Eine Reihe von »promännlichen« und »antimännlichen« Genen sowie deren Interaktionen und relative Konzentrationen entscheiden darüber, welchen Entwicklungsweg ein Embryo im Mutterleib nimmt. Dabei ist das SRY-Gen weniger als »General« an der Spitze einer linearen hierarchischen Befehlskette von Genen, wie ursprünglich gedacht, zu verstehen, sondern vielmehr als das entscheidende Gen, das ein Netzwerk von Interaktionen und Feedbackschleifen mit diversen Genen wie NT4, SOX9, DMRT1 und DAX1 initiiert.[18, 19, 20]

Nach dem heutigen Verständnis ist es wohl richtiger zu sagen, dass das SRY-Gen nicht etwas aktiviert, sondern vielmehr einen »antimännlichen« Entwicklungsweg deaktiviert, indem es »antimännliche« Gene inhibiert, also hemmt. Man sollte sich trotzdem von der Vorstellung verabschieden, dass die Entwicklung zur Frau der Hauptweg ist, und auch das Bild vom SRY-Gen als einem Ein-Aus-Schalter – »ein = Mann«, »aus = Frau« – trifft die Sache nicht ganz. Vielmehr ist es adäquater, sich das SRY-Gen als eine Art Dimmer vorzustellen, bei dem es zwischen Ein- und Ausschalten noch viele Zwischenstufen gibt, oder als eine Waage, deren Hebel sich bei der frühen Entwicklung mal in Richtung Junge, mal in Richtung Mädchen senken.

Man kann die Funktionsweise von Genen auch nicht so einfach mit derjenigen eines elektronischen Schaltkreises vergleichen, denn auch »hartgeschaltete« (»ein« oder »aus«) genetische Interaktionen werden oft durch vorgeburtliche Umweltfaktoren beeinflusst, etwa durch die Umgebung, in der der Embryo aufwächst, oder durch die Vorgeschichte, die er im Uterus hat. Weil eine Schwangerschaft auch den Körper der Mutter zu verändern scheint – erinnern Sie sich an die Gene von Söhnen, die nach der Schwangerschaft noch im mütterlichen Körper nachzuweisen sind –, ist ihr Verlauf auch abhängig davon, wie viele Jungen die Mutter bisher geboren hat. Das scheint sich zum Beispiel auf die Ausbildung von Homosexualität auszuwirken: Die Wahrscheinlichkeit, sich als Homosexueller zu identifizieren, ist umso größer, je mehr ältere Brüder man hat. Möglicherweise hat sich hormonell oder epigenetisch etwas im Körper der Mutter geändert, was die Wahrscheinlichkeit, dass ein jüngerer Bruder homosexuell wird, erhöht. Als epigenetisch (griech. »epi« = über) werden solche Veränderungen von Genen bezeichnet, die nicht die eigentliche genetische Basis, also die Abfolge von G, A, T und C, betreffen, sondern ihr An- und Abschalten beeinflussen. Letztendlich gesicherte Kenntnisse gibt es über diese Mechanismen allerdings noch nicht, erste Hinweise aber schon.

Das Bild einer linearen Befehlskette oder einer Kaskade von Interaktionen zwischen Genen wurde verdrängt vom Modell eines komplexen Netzwerks, bei dem es auch auf die Dosis ankommt (deshalb ist der Vergleich mit einem Dimmer wohl auch passender als der mit einem Schalter). So ist das Endprodukt bestimmt durch eine subtile Balance zwischen der Anzahl der Gene, deren Interaktionen, deren jeweiliger Dosis und Umwelteinflüssen selbst im Uterus.

Das SRY-Gen gehört zu einer bestimmten Sorte von Kontrollgenen – Transkriptionsfaktoren genannt –, die dafür sorgen, dass andere Gene angeschaltet werden. Im Falle des SRY-Gens ist dies das auf Chromosom 17 angesiedelte SOX9-Gen. Dieses ist selbst ein Transkriptionsfaktor, dessen Anschalten über einige Vorstadien zum Entstehen des Hodengewebes führt. Es hat den Anschein, dass sowohl das SRY-Gen als auch das SOX9-Gen eine Voraussetzung dafür sind, dass Hoden entwickelt werden können.

Was passiert nun genau während der Embryonalentwicklung, damit aus dem Embryo mit SRY-Gen ein Junge statt eines Mädchens entsteht? Vereinfacht lässt sich sagen, dass aus den noch undifferenzierten Geschlechtszellen Hoden werden (und nicht Eierstöcke), wenn das SRY-Gen diese Zellen in testosteronproduzierende Hodenzellen umzuwandeln beginnt. Auch das SOX9-Gen spielt bei diesem Prozess eine Rolle. Wenn es fehlt oder defekt ist, können keine Hoden entstehen. Allerdings würde seine Abwesenheit nicht automatisch zu einem weiblichen Embryo führen, denn dafür ist ein »proweibliches« Gen, FOXL2 genannt, nötig. Außerdem kommt eine Reihe von anderen Genen ins Spiel, worauf hier nicht detaillierter eingegangen sei.[21] All dies passiert hauptsächlich in den ersten acht Wochen der Schwangerschaft. Ab dann haben männliche Embryos schon mehr androgene Hormone in ihrem Blut als weibliche. Um die zehnte Schwangerschaftswoche herum beginnt dann bereits die Maskulinisierung des Embryos, externe Genitalien werden sichtbar. Zwischen der 14. und 16. Schwangerschaftswoche – der Embryo ist dann erst 7 bis 8 Zentimeter groß – werden die ersten eizellen- und spermienproduzierenden Zellen angelegt. In der 17. Schwangerschaftswoche ist dann der *High Noon* der Testosteronkonzentration im männlichen Embryo erreicht, die bis zur 20. Woche bereits wieder abklingt. In der 24. Woche wird die Vagina »kanalisiert«, in der 28. Woche beginnen die Hoden in das Skrotum »abzusteigen«, und die Produktion von Eizellen im weiblichen Embryo wird sogar eingestellt.

Es ist ein Wunder der Natur, wie dies alles orchestriert und choreografiert wird, damit innerhalb von neun Monaten aus einer einzigen befruchteten Eizelle ein so komplexes Lebewesen mit Milliarden von Zellen und mehr als 200 verschiedenen Zelltypen entsteht. Wenn ich hier »Wunder« sage, dann meine ich damit natürlich nicht, dass dieser Prozess unerklärlich ist, sondern lediglich, dass er extrem kompliziert und bisher zum großen Teil biologisch noch unerforscht ist. Die Forscher können nicht einmal richtig erklären, warum im Embryo beide Arme gleich lang sind.

Aber zurück zu den Genen und zur embryonalen Entwicklung zum Mann oder zur Frau. Die ersten Ausdifferenzierungen in dem sich entwickelnden Embryo sind abhängig von dem Protein, das durch das SRY-Gen kodiert wird. Im Laufe der Entwicklung übernehmen sogenannte Leydig-Zellen in den Hoden die Produktion von Testosteron, dem insbesondere für die männliche Entwicklung so wichtigen Hormon. Hormone sind Botenstoffe, die durch das Blut im Körper verteilt werden und von Zellen, die dafür besonders sensitiv sind, aufgenommen werden, wodurch diese in ihrer Funktion beeinflusst werden. Oft sind hormonproduzierende Zellen von anderen Hormonen vorher dazu instruiert worden, es entsteht dadurch eine Art Befehlskette. Diese Zellen geben auch ein anderes Hormon ab, das zu diesem Zeitpunkt nicht promännlich, sondern gegen die Entwicklung einer Gebärmutter wirkt, Anti-Müller-Hormon (AMH) genannt. Es sind also bei der Entwicklung eines männlichen Embryos sowohl maskulinisierende als auch defeminisierende Prozesse am Werk.

Vieles an diesen Prozessen ist – noch – nur unvollständig verstanden. Das betrifft die Entwicklung der undifferenzierten

Gonaden in Richtung Hoden oder Eierstöcke, aber noch viel mehr die Entwicklung eines maskulinen oder femininen Gehirns. Damit sind eher stereotype Verhaltensweisen gemeint – »Geschlechterrollen« sagt man auch dazu. In den letzten Jahren verdichten sich experimentelle Hinweise darauf, dass epigenetische Modifikationen eine Rolle für die sexuelle Orientierung spielen – mehr dazu aber im Kapitel 13.

Genetische Konflikte zwischen Männern und Frauen

Aus der Art und Weise, wie Gene im Embryo und in der Mutter interagieren, wird ersichtlich, dass Gene keineswegs immer am selben Ende des Stranges ziehen. Sie haben nicht immer die gleichen »Interessen« und befinden sich durchaus auch in Konkurrenz, ja im Konflikt miteinander.[22] So gibt es einige sehr wenige Menschen, die zwar chromosomal XY-Männer sind, aber auf ihrem X-Chromosom nicht eine Kopie des DAX-Gens haben, sondern zwei. Sie entwickeln sich dann trotz funktionierenden SRY-Gens so, als ob sie normale Frauen wären. Der Grund dafür ist, dass das SRY-Gen und das DAX-Gen antagonistisch sind, sozusagen gegeneinander arbeiten. Die Dosis eines SRY-Gens neutralisiert gewöhnlich den feminisierenden Effekt des DAX-Gens auf einen Embryo, aber zwei Kopien des DAX-Gens heben mit ihrer stärkeren Dosis den maskulinisierenden Effekt des SRY-Gens auf und bewirken eine feminine Entwicklung des Embryos.

Die theoretische Perspektive eines sexuellen Antagonismus zwischen den Geschlechtern hilft die beobachteten genetischen Daten aus evolutionärer Sicht sinnvoll zu erklären. Denn in der Evolutionstheorie wird davon ausgegangen, dass die Prinzipien der Evolution nicht nur auf Individuen zutreffen, sondern auch auf einzelne Genvarianten, die in möglichst hoher Kopienzahl in der nächsten Generation vertreten sein möchten. Daher versuchen sich Gene gegeneinander auszutricksen. Austin Burt und Robert Trivers fassten diesen theoretischen Ansatz in ihrem Buch *Genes in Conflict* (2006) zusammen.[23] Sobald unterschiedliche Geschlechtschromosomen entstanden sind, sollte man daher auch theoretisch erwarten, dass sich dort jeweils die Gene konzentrieren, die die männlichen (auf dem Y-Chromosom) beziehungsweise die weiblichen (auf dem X-Chromosom) Interessen vertreten. Wir werden später noch darauf zurückkommen, wie im Embryo die Gene der Mutter und die des Vaters miteinander konkurrieren und welche Tricks beide einsetzen, um ihre jeweiligen Interessen durchzusetzen. Einer davon ist das schon erwähnte *genomic imprinting*.

Bei diesem evolutionären Konflikt sollte man die besonderen numerischen Umstände des XX-XY-Geschlechtsbestimmungsmechanismus im Hinterkopf behalten. Weil die Weibchen unserer Art zwei X-Chromosomen haben, die Männchen aber nur eines, sind drei Viertel aller Geschlechtschromosomen unseres Genpools X-Chromosomen, aber nur ein Viertel Y-Chromosomen. Dies hat zur Folge, dass sich ein typisches X-Chromosom während seiner Reise durch die Generationen unserer Spezies zu zwei Dritteln in weiblichen Individuen wiederfindet, aber nur zu einem Drittel in männlichen. Das X-Chromosom hat also im Falle eines Konflikts zwischen den Geschlechtschromosomen rein zahlenmäßig einen Vorteil gegenüber dem unterrepräsentierten Y-Chromosom. Theoretisch sollten sich auf dem Y-Chromosom sexuell-antagonistische Gene ansammeln, also solche Gene, die für den Mann nützlich und besonders gut sind, auch auf Kosten der Frau, da sich solche Gene nicht im Körper einer Frau finden. Genen solchen Typs würde es dadurch schwerfallen, vom Y- beispielsweise auf das X-Chromosom abzuwandern. Die Gene des Y-Chromosoms, die noch übrig geblieben sind, schützen sich dadurch, dass sie unerlässlich geworden sind, denn auch die X-Chromosomen benötigen sie. So konnte inzwischen gezeigt werden, dass die Gene des Y-Chromosoms in überdurchschnittlich vielen Geweben angeschaltet sind.²⁴ Einige von ihnen können auch deshalb nicht verloren gehen, weil es ähnliche (homologe) Gene auf dem X-Chromosom gibt. Anscheinend sind beide Kopien notwendig.

Mit der Geburt ist die Geschlechtsbestimmung übrigens nicht abgeschlossen. Früher dachte man, dass das Geschlecht nur während der Embryonalentwicklung festgelegt wird und dann lebenslang besteht. Inzwischen weiß man (aus Experimenten bei Mäusen und Fischen), dass es lebenslang aufrechterhalten werden muss, und zwar durch das Zusammenspiel von DMRT1- und FOXL2-Genen. Schaltet man etwa in den adulten Gonaden das DMRT1-Gen ab, findet eine Transdifferenzierung vom Hoden zum Eierstock statt; umgekehrt wird ein Eierstock bei der Abschaltung des FOXL2-Gens zum Hoden.²⁵

In der Pubertät beginnt der nächste Schub der körperlichen Differenzierung zwischen Jungen und Mädchen, in deren Verlauf eine weitere Maskulinisierung oder Feminisierung stattfindet. Bei Jungen verändern sich – als direkte Folge der Testosteronproduktion – Knochen, Muskeln sowie Stimmbänder und assoziierte Strukturen wie der Adamsapfel, was in einer tieferen Stimme resultiert. Die Körperbehaarung nimmt zu, insbesondere im Gesicht und auf der Brust, teils auch auf dem Rücken. Unterkiefer, Kinn und Augenbrauenwulst prägen sich markanter aus.

Um es nochmals zu betonen: Man muss sich darüber im Klaren sein, dass man sich beim Thema Geschlecht und Geschlechtsbestimmung auf verschiedenen Ebenen der biologischen Komplexität bewegt. Es fängt an mit Sex, wie man im Englischen sagen würde, also Geschlecht (und primären Geschlechtsmerkmalen wie Hoden, Penis, Vagina etc.). Wie zu erwarten, lassen sich die Geschlechtsunterschiede auf dieser Ebene relativ eindeutig allein anhand von Genen und chromosomalen Unterschieden erklären – unabhängig von all den schon erwähnten Komplikationen und Ausnahmen, die aber nur einen ganz geringen Anteil der Menschheit betrifft. Auf den höheren Ebenen biologischer Komplexität, die über Gene, Hormone und Epigenetik hinausgehen, kommen dann neurologische und psychologische Aspekte hinzu, wie Genderidentität, sexuelle Orientierung – das eigentliche Sexualverhalten – sowie die wohl kulturell am stärksten beeinflusste Ebene, die Geschlechterrollen. Dabei ist es offensichtlich, dass von Ebene zu Ebene immer mehr Spielraum für Umwelt- und kulturelle Einflüsse besteht. Bemerkenswert ist dennoch, dass bei dieser Thematik bis hin zu den Geschlechterrollen gewisse grundsätzliche Prinzipien bei allen menschlichen Gesellschaften und Kulturen, selbst in den abgelegensten Gegenden unseres Planeten, anzutreffen sind – was für die Macht der Gene in unserer langen gemeinsamen evolutionären Geschichte spricht.

M, F oder dann doch X?

Zurück zu den genetischen Unterschieden zwischen den Geschlechtern. Juristisch ist es seit November 2013 in Deutschland – als erstem Land der EU – möglich, in der Geburtsurkunde die Angabe des Geschlechts weg- und das entsprechende Feld leer zu lassen. Der Grund dafür ist, dass es den Kindern später selbst überlassen sein soll, was sie aus diesem Schicksal machen wollen. Diese Option soll auf gesellschaftlicher Ebene einen »antidiskriminierenden« Effekt haben. Oft wurden bisher – man muss wohl sagen: leider – Babys, die mit unklaren Genitalien geboren wurden, schnell umoperiert. Meist geschah dies in Richtung weibliche Genitalien, weil dies schlicht handwerklich einfacher ist. Anschließend wurden diese Kinder mit Hormonen behandelt. Sicher ist dies unbefriedigend, was in einigen Fällen die psychologische oder physische Situation für die Betroffenen noch schwieriger gemacht hat. Zurzeit wird gerichtlich geklärt, ob in der Geburtsurkunde auch die Angabe »inter/divers« zulässig ist, ähnlich wie beim Reisepass, wo seit 2013 statt eines M (männlich) oder F (weiblich) ein X (für

Menschen, die sich den beiden Geschlechtern nicht zugehörig fühlen, nicht zu verwechseln mit dem X-Chromosom!) eingetragen werden kann. Es ist meines Erachtens zu bezweifeln, ob diesen Kindern mit einem geschlechtlich-juristischen X wirklich geholfen ist. Denn dieses X wird es dem Kind wohl nicht leichter machen, seine Geschlechtsidentität zu finden. Wird es wirklich glücklicher sein, wenn es bei einer Passkontrolle ein X vorzeigen kann statt eines M oder F? Es fällt mir schwer zu glauben, dass ein X im Pass wirklich Probleme löst und zu einer größeren gesellschaftlichen Akzeptanz von intersexuellen Individuen führt.

Man kann die Idee der Gleichberechtigung nicht nachdrücklich genug unterstützen. Selbstverständlich sollen alle Menschen, egal welcher Herkunft und völlig unabhängig davon, mit welcher genetischen Aufmachung in Bezug auf Geschlecht oder Talente sie geboren wurden, die gleichen Rechte und zumindest die gleichen Chancen haben. Allerdings darf man Chancengleichheit nicht mit Gleichmacherei verwechseln. Wir sind nicht alle gleich, im Gegenteil: Keiner ist so wie der andere. Dennoch, wie in Kapitel 14 ausführlicher dargestellt wird, gibt es bestimmte Eigenschaften die »typisch Mann« oder »typisch Frau« sind.

Die Wiedergeburt des Gender

Das Wort »gender« wurde im Englischen schon seit etwa dem 14. Jahrhundert synonym verwendet mit dem Wort »sex«. Seit den 1960er-Jahren, wahrscheinlich durch den Einfluss von Publikationen des Sexforschers John Money, der 1955 zum ersten Mal von »gender roles«, also Geschlechterrollen, sprach, wichen feministische Kulturwissenschaftler von diesem synonymen Gebrauch der beiden Wörter ab und unterschieden zwischen dem biologisch determinierten Geschlecht – »sex«, wie es in der naturwissenschaftlichen Literatur immer noch vorwiegend heißt – und dem sozial konstruierten Geschlecht, »gender«.[26] Money erklärte später, wie er den Begriff »gender roles« gemeint hat:

> »... to make it possible to write about people who came into one's office as either male or female, but of whom it could not be said that their role in the specific genital sense was either male or female insofar as they had a history of birth defect of the sex organs. [...] The majority of people who contributed to this new meaning of gender were hermaphrodites or intersexes. To them social science and social history overall owe a debt of gratitude. It is impossible to write about the political history of the second half of the twentieth century without reference to the concept of gender. This is particularly true with respect to the women's movement in politics.«[27] (»... es zu ermöglichen, über Menschen zu schreiben, die den Raum entweder als Mann oder als Frau betreten haben, aber über die man nicht sagen kann, ob ihre Rolle im spezifisch genitalen Sinn eine männliche oder eine weibliche ist insofern, als sie eine Geschichte von geburtlichen Defekten ihrer Geschlechtsorgane haben. [...] Die Menschen, die zu dieser neuen Bedeutung von ›Gender‹ beigetragen haben, waren mehrheitlich Hermaphroditen oder Intersexuelle. Ihnen gegenüber stehen die Sozialwissenschaften und die Sozialgeschichte in tiefer Schuld. Man kann unmöglich über die politische Geschichte der zweiten Hälfte des 20. Jahrhunderts schreiben, ohne sich auf das Genderkonzept zu beziehen. Das trifft in besonderer Weise im Hinblick auf die Rolle der Frauenbewegung in der Politik zu.«)

David Haig, ein renommierter Evolutionsbiologe an der Harvard University, analysierte 2004, wie Moneys frühe Veröffentlichungen später von Genderforscherinnen uminterpretiert wurden, um Kultur als eine stärkere Kraft als die Natur darzustellen.

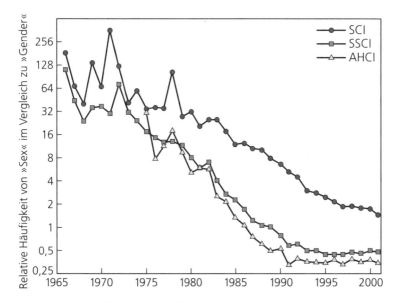

Abb. 8.3: Relative Häufigkeit der Nutzung der Wörter »Gender« und »Sex« in den letzten 50 Jahren in Veröffentlichungen der Natur- (Science Citation Index, SCI), Sozial- (Social Sciences Citation Index, SSCI) und Kunst- und Geisteswissenschaften (Arts and Humanities Citation Index, AHCI). Wurde das Wort »Sex« zur Bezeichnung des Geschlechts im Englischen zunächst noch 30- bis 200-mal häufiger verwendet als das Wort »Gender«, so hat sich dieses Verhältnis in der wissenschaftlichen Literatur in den letzten 25 Jahren fast umgekehrt. »Gender« wird seitdem zwei- bis viermal so häufig wie »Sex« benutzt. Nur in den Naturwissenschaften wird »Sex« weiterhin etwa doppelt so oft verwendet wie »Gender« (nach Haig 2004).

So wurde das englische Wort »Gender« als Anglizismus ins Deutsche übernommen. Auch in der englischsprachigen naturwissenschaftlichen Literatur wurde der Begriff »Gender« in den letzten Jahren immer häufiger verwendet, allerdings nicht in einem Kontext wie »sex chromosome« (was im Deutschen immer schon »Geschlechtschromosom« genannt wurde) oder im Sinne von »Sex«, der Rekombination genetischer Information durch geschlechtliche Fortpflanzung. Eine Analyse (Abb. 8.3) der wissenschaftlichen Literatur[28] zeigt, dass der zunehmende Trend, auch in den Naturwissenschaften den Begriff

»Gender« zu benutzen – ursprünglich wohl als Sympathiebekundung für feministische Ziele –, eher dazu führte, dass zulasten von Eindeutigkeit ungenauer formuliert wurde. Damit wurde also genau das Gegenteil des Ziels der Gendercommunity erreicht, die auf eine klarere Unterscheidung zwischen biologischem Sex (sowohl im Sinne von Rekombination durch sexuelle Fortpflanzung als auch in der Bedeutung von Sex als Geschlechtsakt, der zu Rekombination beiträgt) und dem biologischen Geschlecht (also dem Unterschied zwischen den männlichen und weiblichen Mitgliedern einer Art) abzielte.

Ein weiteres Problem mit den Begriffen »Sex« und »Geschlecht« (in der Bedeutung von »sein Geschlecht«, »ihr Geschlecht« als Geschlechtsorgane) besteht darin, dass »Sex« im landläufigen Sinne auch den Geschlechtsakt bezeichnet, auch wenn er nicht zur Befruchtung führt und damit nicht zu »Sex« im biologischen Sinne von Rekombination und Durchmischung der genetischen Informationen der Eltern. Der Alltagsgebrauch von »Sex« trägt zur Verwirrung bei, wenn in diesem Buch von Sex im biologischen Sinne von Rekombination, Geschlechtsbestimmung, Reproduktion oder auch von Geschlecht oder Gender die Rede ist. Dieser bedauerliche Trend in den Naturwissenschaften, das klarer definierte »Sex« gegen »Gender« auszutauschen, hat zur Folge, dass das Wort »Gender«, das bis 1965 kaum noch in Gebrauch war, nun auch in den Naturwissenschaften fast so häufig wie das Wort »Sex« benutzt wird (Abb. 8.3). Es ist schlicht falsch, bei einem Fisch beispielsweise von »Gender« zu sprechen, kommt aber leider immer häufiger vor. Das geht sogar so weit, dass in einem besonders haarsträubenden Beispiel in der paläontologischen Literatur von »Genderunterschieden« zwischen männlichen und weiblichen Dinosauriern gesprochen wird.

9
Fortpflanzung: Kampf ums Geschlecht

Jungen leben gefährlich

Mehr Jungen als Mädchen sterben in den ersten Jahren nach der Geburt, ebenso in der Pubertät, weil sie riskantere Spiele spielen als Mädchen. Bei vierjährigen Jungen ist die Wahrscheinlichkeit, durch Unfälle zu sterben, doppelt so hoch wie bei Mädchen – ein Trend, der auch für den Rest des Lebens anhält. Männer werden sogar etwa dreimal so oft vom Blitz getroffen wie Frauen. Männer sterben auch weitaus öfter durch Mord und Totschlag als Frauen. Männer töten etwa zehnmal häufiger beziehungsweise werden getötet, insbesondere im Alter um 20, wenn sie sich beweisen müssen oder wollen. Ja, sie sind sogar anfälliger für Parasiten, weil Testosteron das Immunsystem herunterreguliert.

Aber schon vor und bei der Geburt haben es Jungs schwerer. In industrialisierten Ländern kommt es nur noch in etwa fünf von 1000 Fällen zu Fehlgeburten. Anders sieht es in ärmeren Ländern aus, dort ist die Rate aufgrund mangelnder Gesundheitsfürsorge erheblich höher – den traurigen Rekord hält Afghanistan mit 188 Fehlgeburten pro 1000 Geburten. Dank des medizinischen Fortschritts beträgt die Überlebensquote von Frühchen in Industrienationen 80 Prozent. Kinder, die nach der 28. Schwangerschaftswoche geboren werden, haben heutzutage gute Chancen auf eine weitgehend normale Entwicklung ohne gravierende Folgeschäden. Aus den weltweit gesammelten Daten der Frühgeburten von 15 Millionen Babys[1] ergaben sich noch weitere aufschlussreiche Resultate.

So ist bei Jungen die Wahrscheinlichkeit, zu früh geboren zu werden, um 14 Prozent höher als bei Mädchen. Unter den ganz frühen Abgängen (der ersten zehn Wochen der Schwangerschaft) sind Jungen überrepräsentiert, wohl auch weil sie häufiger als weibliche Föten genetische Auffälligkeiten zeigen. Zusätzlich sind Jungen anfälliger für verschiedene Krankheiten, die in Zusammenhang mit der Frühgeburt stehen, und sterben daran häufiger als Mädchen. Dazu gehören Lernprobleme, aber auch Blindheit, Taubheit, infantile Zerebralparese (Hirnschädigungen verschiedener Art), Infektionen, Gelbsucht, Enzephalopathie und andere Folgen von Geburtskomplikationen. Jungen scheinen also im Vergleich zu Mädchen im Falle einer Frühgeburt ein höheres Risiko zu haben, zu sterben oder Behinderungen davonzutragen. Weibliche Embryos reifen schneller vor der Geburt, sodass deren Lungen und andere Organe oft weiter entwickelt sind als diejenigen von Jungen.

Eine Erklärung für die größere Mortalität von Jungen im Zusammenhang mit Schwangerschaft und Geburt dürfte auch darin zu suchen sein, dass es hierbei öfters zu Problemen mit der Plazenta kommt, zu einer schwerwiegenden Komplikation wie Präeklampsie oder zu hohem Blutdruck. Allerdings sterben weibliche Frühchen häufiger in den ersten Tagen nach der Geburt. Dies führen die Autoren der Studie darauf zurück, dass in vielen traditionellen Kulturen, wie etwa in Indien, China oder in einigen Ländern Afrikas, Mädchen weniger erwünscht sind als Jungen und deshalb auch weniger Nahrung und medizinische Aufmerksamkeit bekommen. Dies wäre also ein kultureller und kein biologischer Grund für eine höhere Sterblichkeit weiblicher Babys. Warum es in dieser Hinsicht Unterschiede zwischen Jungen und Mädchen gibt, die schon vor der Geburt ihren Anfang nehmen, ist ein komplexes Thema.[2] Dabei kann eine evolutionäre Sichtweise erhellend sein.[3]

Warum mehr Jungen als Mädchen geboren werden

Ungefähr 51,3 Prozent aller Geburten sind Jungen und nur etwa 48,7 Prozent Mädchen. Und dabei sterben ja sogar mehr Jungen vor der Geburt als Mädchen, was zeigt, dass noch mehr »männliche« Y-Chromosom- als »weibliche« X-Chromosom-Samenzellen es schaffen, Eizellen zu befruchten. Allerdings wurde dies unlängst erstmals infrage gestellt und ein 50:50-Geschlechterverhältnis zum Zeitpunkt der Empfängnis konstatiert.[4]

Während der Schwangerschaft investieren Menschenmütter – dies ist auch von vielen anderen Säugetieren bekannt – mehr in Söhne als in Töchter. So wiegen Jungen im Durchschnitt bei der Geburt etwa 3 bis 5 Prozent (+/– 130 Gramm) mehr als Mädchen. Sie haben also mehr Nahrung von den Müttern erhalten oder gefordert. Mütter stillen Jungen auch ausgiebiger und länger nach der Geburt als Mädchen. Aber warum sollten Mütter Söhnen mehr Nahrung geben als Töchtern? Trivers und Willard[5] haben dies aus evolutionsbiologischer Sicht so erklärt: Jungen haben, zumindest theoretisch, die Möglichkeit, mehr Nachfahren zu zeugen als Mädchen. Denken Sie an Dschingis Khan. Sie müssen sich dafür jedoch gegen die anderen Männchen durchsetzen können. Daher ist es für die Mutter eine gute Investition, einen besonders kräftigen und damit im Kampf um Zugang zu Weibchen potenziell erfolgreichen Sohn zu gebären, der möglicherweise sehr viele Enkel zeugen wird, die jeweils 25 Prozent ihrer Gene haben werden.

Eine Tochter aber wird nicht viel mehr Kinder produzieren als die Töchter anderer Mütter ihrer Generation. Weibchen sind, weil sie mehr in den Nachwuchs investieren, die limitierende Ressource, um die gebuhlt und gekämpft wird. Auch daher – zumindest ist das bei den meisten Arten so – können Weibchen sich ziemlich sicher sein, dass sie einen Fortpflanzungspartner finden werden. Beim Männchen ist das weitaus unsicherer. Die Variation im Fortpflanzungserfolg ist bei Weibchen also sehr viel kleiner als bei Männchen, das heißt, die meisten Weibchen haben in etwa gleich viele Kinder in überschaubarer Zahl, während ein Männchen gar keine Nachkommen oder gleich mehrere Dutzend zeugen kann (Abb. 9.1). Daher sind Töchter aus Sicht der Mutter eine sicherere Investition als Söhne. Es ist so, als ob man auf Rot oder Schwarz beim Roulette setzt – kein großes Risiko, aber auch kein großer Gewinn. Aber mit einem Sohn wie Dschingis Khan hätte eine Mutter das große Los ge- beziehungsweise erzogen. Sie hätte dann, um die Roulettemetapher weiterzuspinnen, auf eine der 36 Zahlen beim Roulette gesetzt und, wenn sie richtig getippt hätte, den großen evolutionären Gewinn gemacht. Ihre Gene würden in viel mehr Kopien in der übernächsten Generation wiederzufinden sein, als dies je mit einer Tochter möglich wäre. Aber weil der Konkurrenzkampf um Fortpflanzungspartner unter männlichen Mitgliedern einer Art härter ist als bei weiblichen, gehen daher auch viele Männchen leer aus. Dies ist aus evolutionsbiologischer Sicht die Erklärung dafür, warum Jungen eine gute Investition sein können, aber auch eine riskantere sind.

Warum in und nach Kriegen mehr Jungen geboren werden

In den Jahren nach den beiden Weltkriegen, in denen viel mehr Männer als Frauen starben, war – wie es übrigens von Trivers und Willard auch vorhergesagt worden war – die Geburtenrate von Jungen höher als die von Mädchen.[6] In Deutschland wurden nach dem Ersten Weltkrieg 108,5 Jungen pro 100 Mädchen geboren. Wenn Jungen rar sind – wie nach einem Krieg –, haben Männer danach bessere Fortpflanzungschancen, und es ist eine gute Strategie, Söhne zu gebären. Das Gleiche würde umgekehrt gelten, wenn Frauenmangel herrschte. Hierfür gibt es mehrere potenzielle Erklärungen.

Eine wäre die höhere Koitusrate, die bei Heimatbesuchen von Soldaten zu erwarten ist.[7] Soldaten auf Heimaturlaub haben lediglich für einen Menstruationszyklus der Frauen Gelegenheit, Kinder zu zeugen, von daher sind eine höhere Koitusrate und damit einhergehende hormonelle Veränderungen wahrscheinlich. Auch könnte unter solchen Bedingungen der Wettbewerb unter den Samenzellen intensiver sein, was möglicherweise die leichteren Y-Spermien (das Y-Chromosom ist viel kleiner und leichter als das X-Chromosom) bevorzugt und dazu beiträgt, dass mehr Söhne als Töchter gezeugt und geboren werden. In England wurden mit zunehmendem zeitlichen Abstand zum Krieg weniger Jungen geboren. Waren es 1947 noch 52,9 Prozent, so sank dieser Wert bis zum Jahr 1953 aus nicht bekannten Gründen sogar auf 47,5 Prozent ab. Auch heirateten Frauen und Männer im Krieg oft früher, was einen »Pro-Jungen«-Effekt hat. Denn junge Väter und tendenziell auch junge Mütter haben eher Söhne als Töchter.[8]

Eine andere, genauso plausible und auch unbewiesene Erklärung ist die »Kanasawa-Hypothese«[9], auch *Cartwright Returning Soldier Effect* genannt. Sie geht davon aus, dass Männer, die den Krieg überlebten, im Durchschnitt größer waren als diejenigen, die im Krieg gefallen waren. Kanasawas Analyse britischer Daten aus dem Ersten Weltkrieg ergab einen Unterschied von 3,33 Zentimetern. Warum große Männer größere Chancen hatten, den Krieg zu überleben, ist nicht geklärt. Vielleicht waren sie ranghöher und daher weniger häufig in Kämpfe verwickelt. Und größere Männer sollen angeblich mehr Söhne zeugen als kleinere, wie schon in Kapitel 3 im Zusammenhang mit den großen Holländern angesprochen. Unabhängig davon, was die genauen Ursachen hierfür sind – die Zahlen sind dennoch überzeugend. Ferner gibt es Studien, die nachweisen, dass es in Familien eine Tendenz entweder für Jungen oder für Mädchen gibt. Was darauf hindeuten könnte, dass bestimmte biologische Charakteristiken, etwa bevorzugt einen Sohn (oder eine Tochter, je nach Familie) zu zeugen oder zu gebären, vererbt werden.

»Beachmaster« und das Bateman-Prinzip

Den universellen Unterschied in der Varianz beim Fortpflanzungserfolg zwischen den Geschlechtern einer Art nennt man in der Evolutionsbiologie das Bateman-Prinzip, nach dem Genetiker Angus J. Bateman, der dies vor über 70 Jahren zum ersten Mal experimentell an Fruchtfliegen gezeigt hatte (Abb. 9.1). Frauen können in ihrem Leben lediglich eine durch ihre eigene Reproduktionsbiologie begrenzte Anzahl von Kindern zur Welt bringen, denn Eizellen sind erheblich größer als Samenzellen, und Weibchen, insbesondere bei Säugetieren, investieren typischerweise sehr viel mehr in den Nachwuchs als Männchen durch Ernähren des Nachwuchses vor (Plazenta) und nach der Geburt (Stillen). Dieser fundamentale Unterschied zwischen den Geschlechtern aller Arten – letztlich die Basis dessen, was als weiblich und was als männlich definiert wird – zieht, was die Biologie und Psychologie der Geschlechter betrifft, einen ganzen Rattenschwanz an Konsequenzen nach sich. Schon Charles Darwin hatte dies bemerkt und zum Thema seines zweiten großen Buches, *The Descent of Man* (1871), gemacht.

Bei See-Elefanten ist der Unterschied im Fortpflanzungserfolg zwischen Männchen und Weibchen besonders stark ausgeprägt und auch besonders gut untersucht. Die wenigen sehr starken Bullen, die »Beachmaster« (Strandmeister), schaffen es im Frühjahr, ein paar hundert Quadratmeter Strand zu besetzen und sie gegen andere Bullen zu verteidigen. Sie liefern sich blutige Kämpfe, denn es geht um Kopulationen und Gene in der nächsten Generation – den Sinn des Lebens zumindest für einen See-Elefanten. Die meisten der jüngeren und schwächeren Männchen sind nicht stark genug, um ein Stück Strand zu behaupten. Fortpflanzungswillige Weibchen kommen zuhauf an den Strand eines solch dominanten Strandmeisters und paaren sich dort mit ihm. Auf diese Weise können – frei nach dem Motto »The winner takes them all« – nur sehr wenige Männ-

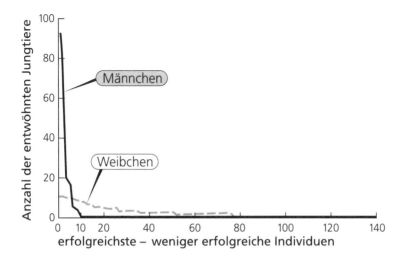

Abb. 9.1: Geschlechtsspezifisch unterschiedlicher Reproduktionserfolg in einer Kolonie von See-Elefanten (jeweils 140 männliche und weibliche Tiere). Bei den Männchen konnten sich nur zehn Tiere überhaupt fortpflanzen, einige wenige hatten bis zu 90 Junge gezeugt, der große Rest ging genetisch leer aus. Die Variabilität im Fortpflanzungserfolg ist bei den Männchen weitaus größer als bei den Weibchen, von denen etwa die Hälfte wenigstens ein bis zwei Nachfahren hervorgebracht hatten (nach B.H. Le Boeuf, University of California, Santa Cruz).

chen Dutzende Weibchen begatten, während die große Mehrheit der See-Elefanten leer ausgeht: Sie schaffen es nicht, den dominanten Bullen zu vertreiben und selber Beachmaster zu werden, und lungern brünftig und frustriert vor dem Strand im Wasser herum. Sie werden sich ein Leben lang nie fortpflanzen. Abbildung 9.1. zeigt nach Fortpflanzungserfolg sortiert die besten Bullen und Kühe von je 140 Männchen und Weibchen einer See-Elefantenkolonie. Unter den See-Elefantenbullen schaffen es nur zehn von 140, überhaupt Nachkommen zu zeugen. Die stärksten fünf Bullen zeugten jeweils zwischen 20 und 90 See-Elefantenbabys. Sie schafften dies in nur einer oder zwei Saisonen, solange sie stark genug waren, ihren Harem zu verteidigen. Um das achte Lebensjahr herum haben sie bis zu 3,5 Tonnen Gewicht erreicht und können sich dann in den

Kämpfen am besten durchsetzen. Danach sind sie zu schwach und werden vom nächsten, meist jüngeren Beachmaster verdrängt.

Bei den Weibchen der See-Elefanten werden selbst die erfolgreichsten Kühe in ihrem Leben »nur« bis zu zehn Junge zur Welt bringen, also weitaus weniger, als die erfolgreichsten Bullen zeugen. Weibchen wiegen auch höchstens ein Drittel so viel wie die mächtigen Männchen, denn diese Art des Fortpflanzungssystems (Harem) selektiert einen großen Geschlechtsdimorphismus heraus. Immerhin die Hälfte, etwa 70 von 140 Weibchen in dieser Studie, konnten sich fortpflanzen und wenigstens ein oder zwei Jungen gebären.

Bei zahlreichen Tierarten sterben viele Männchen, ohne Nachkommen gezeugt zu haben. Nicht jeder kann ein Pascha sein und ein ganzes Löwinnenrudel für sich beanspruchen. Andere Löwen wollen das auch und werden bis zum Tod um Zugang zu den Weibchen kämpfen.

Das Bateman-Prinzip trifft prinzipiell zwar auch auf unsere Art zu, es gibt aber von Kultur zu Kultur große Unterschiede.[10] Polygynie (Vielweiberei) wurde zumindest bis vor 50 Jahren noch in 708 von 849 untersuchten Kulturen praktiziert; sie ist damit weitaus häufiger als Monogamie, die in 137 Kulturen (also etwa 17 Prozent), oder Polyandrie (Vielmännerei), die nur bei weniger als 1 Prozent aller menschlichen Gesellschaften (4) vorkommt.[11] Dabei ist allerdings zu berücksichtigen, dass einige Kulturen als polygam klassifiziert wurden, auch wenn sie eher seriell monogam sind und oft nur 5 Prozent aller Männer in polygamen Gesellschaften mehr als eine Frau gleichzeitig haben. Aber das würde ja dafür sprechen, dass die Bateman-Hypothese auch auf viele menschliche Populationen zutrifft.

Obwohl es immer wieder Ausreißer nach oben gibt, haben die meisten Frauen weniger als fünf Kinder. Osama bin Laden soll mit seinen fünf Frauen 24 Kinder gezeugt haben, sein Vater Mohamed bin Awad bin Laden mehr als 54 Kinder mit 22 Frauen. In gewissen Gesellschaften haben reiche und mächtige Männer auch heute noch die Möglichkeit, sehr viel mehr Nachfahren zu haben als Frauen. Dies sollte für Frauen Grund genug sein, bei der Partnerwahl wählerischer zu sein als Männer.

Kuckuckskinder und Schwiegermütter

In den USA gibt es die Redensart »mother's baby, father's maybe«, die ironisch die Unsicherheit im Hinblick auf Vaterschaft beschreibt. Interessanter-, aber vielleicht nicht überraschenderweise ist die Häufigkeit von Kuckuckskindern vor und während eines Krieges unterschiedlich hoch. Während in den 1930er-Jahren in England und Wales etwa 4,1 Prozent aller Kinder nicht vom Ehemann stammten, war dieser Wert bis zum Ende des Zweiten Weltkriegs auf 9,3 Prozent gestiegen. Klar, die Ehemänner waren ja im Krieg. Die »Illegitimität« der Kinder ging vielleicht einher mit einer höheren Koitusrate. Jedenfalls befanden sich darunter besonders viele Jungen.

Die Häufigkeit von Kuckuckskindern variiert je nach Kultur und Land zwischen 1,9 und 30 Prozent.[12] Warum aber sollte es im Interesse einer Mutter liegen, heimlich mehrere Väter für ihre Kinder auszuwählen? Bei den meisten Singvögeln, die gemeinsam brüten und Nester bauen, selbst bei Schwänen oder Gänsen, die traditionell als Verkörperung der Monogamie schlechthin galten, haben DNA-basierende Vaterschaftsanalysen in den letzten zwei Jahrzehnten zur großen Überraschung gezeigt, dass fast immer ein Viertel – teilweise sogar mehr – der Vogeljungen in einem Nest nicht vom singenden, brütenden und behütenden vermeintlichen Vogelvater stammten, sondern vom Herrn Vogelnachbar. Dies wird vornehmlich damit erklärt, dass die Weibchen die genetische Variation ihrer Kinder zu maximieren versuchen. Denn wer weiß, was die Zukunft bringt, und genetische Variation, in diesem Fall bedingt durch unterschiedliche Väter, bietet Sicherheit gegen veränderte

Umweltbedingungen, unter denen möglicherweise eines der »illegitimen« Vogelkinder besser überlebt als ein »legitimes«.

Auch im sozialen Miteinander von Menschen hat die potenzielle Existenz von Kuckuckskindern möglicherweise Konsequenzen. Die Vaterschaftsunsicherheit lässt nämlich erwarten, dass die Großmutter väterlicherseits den Enkeln kleinere Geschenke machen sollte als die Großmutter mütterlicherseits. Denn die kann sich ja sicher sein, dass die Kinder ihrer Tochter auch 25 Prozent ihrer Gene in sich tragen, während die Mutter väterlicherseits nur darauf hoffen kann, dass die Kinder ihres Sohnes auch wirklich dessen Kinder sind. Das ist möglicherweise eine Erklärung dafür, dass Schwiegermütter auch außerhalb der Weihnachtszeit so eine Schreckgestalt für Mütter sind. Denn die Schwiegermütter sollen – evolutionsbiologisch gedacht – dafür sorgen, dass die Schwiegertochter treu ist und sie die Kinder, die ja 25 Prozent der Gene der Schwiegermutter in sich tragen, gut behandelt.

Wie Weibchen das Geschlecht ihres Nachwuchses beeinflussen

Wenn ein Weibchen die Möglichkeit hätte, das Geschlecht seines Nachwuchses zu beeinflussen, dann wäre es sinnvoll, dass es davon Gebrauch machte. In Zeiten, in denen es gesund und stark ist und viel Nahrung finden kann, würde es potenziell etwas mehr für seine evolutionäre Fitness tun, wenn es während Schwangerschaft und Stillphase einen anspruchsvollen männlichen Fötus fütterte, statt eine etwas kleinere, vielleicht weniger anspruchsvolle Tochter zu gebären. In unsicheren und schlechten Zeiten hingegen wäre es eine sicherere Strategie, eine Tochter aufzuziehen. Denn diese wird sich mit größerer Wahrscheinlichkeit fortpflanzen als der Sohn, wenn auch potenziell nicht so viele Enkel produzieren, wie es ein Sohn könnte.

Das Trivers-Willard-Prinzip trifft oft auf Arten zu, die in Dominanzhierarchien leben, denn dort haben die ranghohen Weibchen öfter Söhne. Dass diese theoretischen Überlegungen bei Tieren und Menschen gleichermaßen zutreffen, wurde in Langzeitstudien nachgewiesen, die bei mehreren Arten, insbesondere bei Rothirschen, durchgeführt wurden. In einer Studie mit 740 britischen Frauen, die zur Zeit der Empfängnis besonders gut ernährt waren, hatten diese eine statistisch höhere Chance, einen Sohn zu gebären. 56 Prozent der Mütter, die viel (mehr als 2200 Kilokalorien) aßen – interessanterweise besonders zum Frühstück –, aber nur 45 Prozent der Mütter, die wenig (weniger als 1850 Kilokalorien) verzehrten, gebaren Söhne.[13] Zumindest diese Ergebnisse stimmen also mit den evolutionstheoretischen Vorhersagen überein.

Weibchen zumindest einiger Arten können also anscheinend das Geschlecht des Nachwuchses beeinflussen.[14] Bereits im weiblichen Fortpflanzungstrakt findet eine Selektion des Geschlechts statt. Bei einigen Arten, inklusive des Menschen, scheinen die Samenzellen unterschiedlich große Chancen zu haben, zur Befruchtung zu gelangen. Oder aber es werden unter bestimmten Bedingungen Föten des einen Geschlechts häufiger produziert oder abortiert als diejenigen des anderen.

Allerdings ist ungeklärt, aufgrund welches Mechanismus Mütter das Geschlecht ihrer Kinder vor der Geburt beeinflussen können. Eine Ursache hierfür könnten unterschiedliche Hormondosen oder Glykosekonzentrationen sein. Hohe Testosteron- beziehungsweise Östrogenkonzentrationen zum Zeitpunkt der Befruchtung scheinen die Wahrscheinlichkeit, später einen Jungen zu gebären, zu erhöhen. Konzentrationen von Gonadotrophin und Progesteron könnten die Wahrscheinlichkeit für die Herausbildung und Geburt eines Mädchens erhöhen. Vielleicht hat das Ergebnis der oben erwähnten britischen Studie aber auch etwas mit Glukose (Zucker) zu tun, denn höhere Werte im Blutzucker scheinen die Produktion von Söhnen zu fördern.[15]

Der Wettstreit von väterlichen und mütterlichen Genen

Die Mendel'schen Vererbungsgesetze sagen voraus, dass es völlig egal ist, ob ein Gen von der Mutter oder vom Vater vererbt ist. Die Erbse wird glatt sein, sobald die Anlagen dafür von der Mutter- oder der Vaterpflanze in ihr sind. Aber es gibt auch hier Ausnahmen. Väter und Mütter ziehen genetisch und evolutionär nicht immer zu 100 Prozent am gleichen Strang. Sie versuchen oft, sich in ihren Kindern mit einigen Tricks einen Vorteil für die eigenen Gene gegenüber denjenigen des Fortpflanzungspartners zu verschaffen.[16] Man nennt dies auch sexuellen Antagonismus. So wird beispielsweise ein ganzer Cocktail biochemischer Substanzen mit der Samenflüssigkeit in den Genitaltrakt des Weibchens eingeführt, der dem aktuellen männlichen Kopulationspartner einen Vorteil verschaffen soll – damit etwa das Weibchen bevorzugt den Samen dieses Männchens zur Befruchtung benutzt und nicht den eines anderen Männchens. Bei einigen Fliegenarten, aber auch bei unseren nächsten Verwandten, den Schimpansen, gibt es Sekrete der Männchen, die dazu dienen, den Genitaltrakt des Weibchens zu verkleben oder zu blockieren, um anderen Männchen den späteren Zugang zu verweigern. Dies ist aber vielleicht nicht im Interesse des Weibchens, das sich noch mit einem anderen Männchen fortpflanzen möchte.

Auch versuchen die Eltern, wie wir schon gesehen haben, das Geschlecht der Kinder zu manipulieren. Dies geschieht über verschiedene physiologische Mechanismen, die sich evolutionär erklären lassen. Dabei spielen oft auch genetische Komponenten eine Rolle. Beispielsweise haben Väter, die mehr Brüder als Schwestern haben, oft auch mehr Söhne als Töchter. Eine mögliche Erklärung dafür ist, dass es eine genetische Basis geben könnte für die Produktion von mehr »männlichen« als »weiblichen« Spermien. Oder auch dass der weibliche Organismus die Überlebens- oder Befruchtungschancen von Spermien oder Embryonen des einen oder anderen Geschlechts beeinflussen kann. Gene, die dies bewerkstelligen, und das Geschlecht in die eine oder andere Richtung zu manipulieren versuchen, jenseits des normalerweise zu erwartenden 50:50-Geschlechterverhältnisses, werden *sex-ratio distorter* (SRD) genannt. Obwohl man die Existenz dieser Gene theoretisch vorhersagte und man sie auch in Fruchtfliege und Maus nachwies, wurden sie beim Menschen bisher noch nicht sicher identifiziert. Aber es gibt erste Hinweise auf die Existenz von zwei mütterlichen geschlechtsbeeinflussenden Genen.[17]

Sowohl Vater als auch Mutter versuchen, den Kopien ihrer jeweils eigenen Gene im gemeinsamen Nachwuchs einen Vorteil zu verschaffen, indem sie die Gene des Partners auszuschalten trachten. Das Kind sollte dann nicht im Verhältnis 50:50 genetisch zum Vater und zur Mutter verwandt sein, sondern eben ein bisschen mehr zur Mutter (oder umgekehrt). Dies wird beispielsweise dadurch erreicht, dass nicht jede Kopie eines Gens immer gleichwertig funktioniert, sondern es darauf ankommt, ob das Gen von der Mutter oder vom Vater vererbt wurde.

Eine der ersten Erbkrankheiten, durch die dieser Mechanismus erkannt wurde, ist das Prader-Willi-Syndrom (PWS). Dessen Krankheitsbild umfasst motorische Probleme, Lernbehinderungen, oft Kleinwüchsigkeit, Übergewicht und Bewegungsunlust. Das PWS ist sehr komplex und hat eine ganze Reihe von Ursachen. Uns interessiert hier, dass es auch eine epigenetische Krankheit ist und eine Krankheit, die damit zu tun hat, ob ein Gen vom Vater oder von der Mutter kommt. Dabei handelt es sich um »Prägungsunterschiede« (englisch *imprinting*) in Genen auf dem Chromosom 15, die zu kognitiven Einschränkungen und Stoffwechselproblemen führen können.

PWS zeichnet sich dadurch aus, dass mehrere Gene durch einen bestimmten epigenetischen Mechanismus – Methylierung genannt – abgeschaltet sind. Üblicherweise sind bei gesunden Menschen diese Gene auf dem mütterlichen Chromosom 15 stillgelegt und die entsprechenden väterlichen Gene angeschaltet. Sie sind normalerweise also nur in einer Kopie aktiv, und zwar nur in dem vom Vater vererbten Chromosom 15. Geht aber diese väterliche Information durch eine Deletion (Verlustmutation) verloren, so bekommen die Kinder das PWS. Es hilft auch nicht, wenn die mütterlichen Gene nicht mutiert sind – sie können trotzdem nicht angeschaltet werden, weil sie vorher biochemisch inaktiviert wurden.

Unsere eigenen Forschungen in Zusammenarbeit mit dem Labor von Bernhard Horsthemke von der Universität Duisburg-Essen konnten zeigen, dass einige der involvierten Gene auf diesem Chromosom erst in den Primaten entstanden und auf dieses Stück von Chromosom 15 gesprungen sind.[18] Umgekehrt gibt es den Fall des Angelman-Syndroms, bei dem ein Stück auf dem mütterlichen Chromosom 15 verloren gegangen ist. Ein besonders auffälliges Merkmal dieser Kinder ist ihre Anhänglichkeit, Fröhlichkeit und Vorliebe für Wasser. Sie lachen sehr viel und scheinen oft überglücklich zu sein, ja, sie haben oft Lachkrämpfe.

Es ist also manchmal doch entscheidend, ob ein Gen oder Chromosom vom Vater oder von der Mutter stammt und was vorher angestellt wurde, um den eigenen Genen im Nachwuchs einen Vorteil zu verschaffen. Generell werden immer mehr Besonderheiten und manchmal sogar Gene entdeckt, die je nach ihrer Herkunft vom Vater oder von der Mutter unterschiedliche »Durchsetzungskraft« haben und ihre spezifische Wirkung gegenüber dem »Widerpart« vom anderen Elternteil zur Geltung zu bringen versuchen. Die beiden Erbkrankheiten zeigen, wie dieser Prozess des genomischen Imprinting, der genomischen Prägung, im Prinzip funktioniert. Der Wettbewerb um genetische Vorherrschaft findet aber nicht nur zwischen den Eltern statt, sondern auch zwischen den Eltern und den Kindern und, wie alle Eltern wissen, zwischen Geschwistern.

Konflikte zwischen Kindern und Eltern

Forscher wie David Haig von der Harvard University sehen die Plazenta als eine Art außerkörperlichen »Parasiten« des Embryos. Daher ist das Auftreten von Schwangerschaftsproblemen – etwa Schwangerschaftsübelkeit – aus evolutionärer Sicht nicht überraschend, denn der weibliche Körper beherbergt ja einen genetischen Fremdkörper in sich, der sich vom Körper der Mutter genetisch unterscheidet – bei Jungen wegen des Y-Chromosoms noch ein klein wenig mehr als bei Mädchen, denn die Mutter hat ja kein solches. Das Immunsystem der Mutter muss erst davon »überzeugt« werden, diesen »Alien« nicht anzugreifen, es findet also eine Art Wettkampf zwischen dem Embryo und der Mutter statt. Im Prinzip sollte der weibliche Körper nur das Beste für den Embryo wollen, aber dieser möchte immer noch ein wenig mehr und versucht den Körper der Mutter hormonell so zu manipulieren, dass Letzterer mehr Ressourcen zur Verfügung stellt, als er vielleicht willens oder fähig ist zu geben. Die Mutter ihrerseits muss auch an ihre Zukunft denken und kräftig genug für künftige Schwangerschaften bleiben.

Der Kampf um Ressourcen zwischen Kindern und Eltern und speziell der Mutter ist auch nach der Geburt nicht vorbei – was die Leser unter Ihnen mit Kindern nicht überraschen wird. Dieser Wettstreit kann vielfältige Formen annehmen. So lässt sich aus evolutionsbiologischer Sicht der Konkurrenzkampf unter Geschwistern genauso gut erklären wie der Konflikt zwischen Eltern und Kindern, denn zwischen Geschwistern wie auch zwischen Eltern und Kindern besteht der gleiche Verwandtschaftsgrad (Prozentsatz gleicher Gene). Die Parteien wollen aber nicht immer das Gleiche, und das prädestiniert diese Beziehungen evolutionär für Konflikte.

So versuchen Babys, möglichst oft gestillt zu werden, auch nachts. Dieses Verhalten wird auch so interpretiert, dass Babys nicht nur Hunger haben, sondern auch ihre Mütter daran hindern wollen, wieder schwanger zu werden. Stillen wirkt hormonell wie Empfängnisverhütung. Stillende Mütter können nicht wieder schwanger werden und somit auch keine Konkurrenten zu schon existierenden Geschwistern schaffen. In Studien aus Senegal zeigte sich, dass die Sterblichkeitsrate von Kleinkindern größer ist (16 Prozent), wenn ein Geschwisterkind innerhalb eines Jahres nach der Geburt zur Welt kommt. Wenn etwa durch Stillen und nächtliches Schreien die Geburt des nächsten Kinds verzögert wird, verringert sich die Sterblichkeit des zuerst geborenen Kinds erheblich – auf nur 4 Prozent. Durch sein Schreien erhöht der Säugling seine Überlebenschancen, indem er seine Mutter manipuliert, ihn länger ohne jüngere Konkurrenz aufwachsen zu lassen.[19]

Solche Kausalitäten gibt es aber nicht nur im ländlichen Afrika, wo Ressourcen knapp und Infektionskrankheiten häufig sind. Vielmehr scheint es dieses Schreiverhalten von Babys schon seit der Domestizierung von Tieren und der Erfindung der Landwirtschaft gegeben zu haben. Jedes Kind ist sich selbst der Nächste – es will zu seinem Vorteil und gegebenenfalls zum Nachteil der Mutter (mit der es ja nur 50 Prozent seiner Genvarianten teilt) und seiner vorhandenen und zukünftigen Geschwister (die ja vielleicht sogar noch einen anderen Vater und dann nur ein Viertel der Gene mit ihm gemeinsam haben) die Mutter daran hindern, rasch ein weiteres Kind zu bekommen.

Zwillingskonflikte

Sammler afrikanischer Kunst kennen die *Ibejis* genannten Zwillingsfiguren der Yoruba aus Nigeria. Dieses Volk hat – die Ursache dafür ist noch unbekannt – eine der weltweit höchsten Raten von Zwillingsgeburten (4,5 bis 5 Prozent; in den USA beträgt sie nur 3 Prozent). Die Yoruba haben sogar jeweils eine eigene Bezeichnung für den erstgeborenen (*Taiwo* oder *Taiye*) und den zweitgeborenen (*Kehinde*) Zwilling. Die Yoruba sind davon überzeugt, dass sich Zwillinge eine Seele teilen. Nach ihrem traditionellen Glauben wird der *Taiyewo* vom *Kehinde* vorgeschickt, um diesem durch die spezifische Weise seines Schreiens mitzuteilen, ob die Welt gut oder schlecht ist. Diese Botschaft, so die Überzeugung der Yoruba, gibt dann den Ausschlag dafür, ob der zweite Zwilling lebend oder tot geboren wird. Wenn Letzteres passiert, werden *Ibejis* geschnitzt, damit der verstorbene Zwilling auf diese Weise weiterlebe. Die Puppen werden wie verstorbene Kinder umsorgt, gepflegt und geehrt, vor allem seitens der Mutter. Diese Tradition der Yoruba verweist also darauf, dass der zweitgeborene Zwilling häufiger tot geboren wird als der erstgeborene. Was sind die Ursachen hierfür?

Die meisten Zwillinge sind zweieiig, nur etwa 8 Prozent eineiig. Am häufigsten ist die Kombination Junge/Mädchen, dann folgen zweieiige Mädchen und zweieiige Jungen. Am seltensten sind eineiige Jungen. Übrigens sind selbst eineiige Zwillinge, wie wir seit Neuestem wissen, nicht immer zu 100 Prozent genetisch identisch. Bei aufwendigen kompletten Genomsequenzierungen hat man herausgefunden, dass es zwischen zwei eineiigen Männern fünf Mutationen gab. Daher ist es nun im Prinzip technisch möglich, bei Vaterschaftstests oder in der Kriminalistik zwischen eineiigen Zwillingen zu unterscheiden.

Unter eineiigen Zwillingen sind die Erstgeborenen meist größer als die Zweitgeborenen. So werden Zwillinge mit zum Teil über 30 Prozent Geburtsgewichtsunterschieden geboren, was dann meist mit geringeren Überlebenschancen des kleineren Zwillings einhergeht. Auch dies kann als Konflikt zwischen Geschwistern, in diesem Falle Zwillingen, interpretiert werden – der Stärkere entzieht der Mutter mehr Nahrung und wird als Erster geboren. Es sollte Sie nicht überraschen, dass auch dies mit einem Konflikt unter Geschwistern erklärt wird und evolutionstheoretisch vorhergesagt wurde.[20] Kinder konkurrieren untereinander um Ressourcen wie Milch und versuchen deshalb, künftigen Nachwuchs und damit Konkurrenz zu verhindern. Handelt es sich um Zwillinge, wetteifern sie schon vor der Geburt miteinander, was sich eben auch durch einen erheblichen Unterschied im Geburtsgewicht manifestiert.

10
Monogamie versus Polygamie
oder warum strikte Treue nicht unser Ding ist

Nicht auf den Längsten kommt es an

Man kann sehr viel über jemanden aussagen, wenn man weiß, wie groß seine Hoden sind.[1] Mehr, als wenn nur die Größe des Penis bekannt ist. Wenn Männchen oft kopulieren müssen, weil sie Nachkommen zeugen wollen und im Wettbewerb stehen mit anderen Männchen, müssen sie viele Samenzellen produzieren. Und dazu benötigen sie, relativ zur Körpergröße, große Hoden. Sind Männchen aber in der Lage, ein Weibchen oder sogar mehrere gegen andere Männchen zu verteidigen, brauchen sie nicht so viele Samenzellen zu produzieren und müssen sich keine großen Hoden »leisten«. Hoden sind energetisch überraschend teuer, denn sie benötigen pro Gramm Gewicht etwa so viel Energie wie unser Gehirn.[2] Bei einem so hohen Energieverbrauch sollte man erwarten, dass die natürliche Selektion dafür sorgen wird, die Hoden nur so groß werden zu lassen wie unbedingt nötig. Aus der relativen Größe der Hoden zur Körpergröße lässt sich durch vergleichende Studien mit anderen Primaten das Paarungssystem einer Art einigermaßen genau prognostizieren.[3] Auch die Unterschiede zwischen Männchen und Weibchen hinsichtlich Größe und Gestalt, der Sexualdimorphismus, geben uns ziemlich zuverlässig Auskunft darüber, ob eine Art monogam oder eher polygam ist, ob sich also ein Männchen nur mit einem oder eher mit mehreren Weibchen paart.

Wenn ein Männchen ein Weibchen oder sogar mehrere monopolisieren kann, etwa aufgrund seiner physischen Größe und Stärke, dann kann es sich es erlauben, dass Hoden und Penis relativ klein sind. Ein Beispiel dafür sind Gorillas. Die beeindruckend muskulösen Silberrücken, die einen ganzen Harem gegen andere Männchen verteidigen können, sind wenigstens doppelt so groß wie die Weibchen ihrer Art. Aber sie haben nur einen kleinen Penis und winzige Hoden. Mehr brauchen sie nicht, denn die Weibchen sind meist (gezwungenermaßen) monogam, und sie selbst paaren sich mit nur einer kleinen Anzahl von Weibchen. Ähnlich ist es bei den schon erwähnten See-Elefanten, bei denen die Beachmaster gleich vier- bis fünfmal so groß sind wie ihre Weibchen. Auch bei dieser Art kann ein Männchen Dutzende Weibchen monopolisieren, und die Weibchen sind (vielleicht unfreiwillig) monogam. Wenn also bei einer Art die Männchen im Vergleich zu den Weibchen überproportional groß sind, herrschen die Männchen oft über eine ganze Gruppe von Weibchen und sind polygam. Entsprechen sich Männchen und Weibchen hingegen in ihrer Größe, sind also sexuell nicht dimorph – wie etwa bei einigen Robben –, sind die Männchen in der Regel monogam.

Schimpansen und ihre nahen Verwandten, die Bonobos, leben in großen Gruppen zusammen, die auch mehrere Männchen mit sehr großen Hoden umfassen. Weder die Weibchen noch die Männchen sind hier treu und monogam, vielmehr sind beide Geschlechter promiskuitiv. Wenn ein Schimpansenweibchen fruchtbar ist, paart es sich mit vier bis fünf Männchen. Der Geschlechtstrakt des Weibchens ist auffallend lang, er fungiert damit wohl als eine besonders lange »Rennbahn« für die Spermien. Diese anatomische Konstruktion des Genitaltrakts der Schimpansenweibchen verschafft besonders ausdauernden oder vielleicht auch schnell schwimmenden Spermien einen Wettbewerbsvorteil. Bei menschlichen Frauen ist dieser Trakt sehr viel kürzer als bei Schimpansenweibchen.

Die etwa hasel- bis walnussgroßen Hoden des Menschen sind zwar 1,5-mal größer als die des Gorillas, können es aber nicht mit den hühnereigroßen Hoden des Schimpansen aufnehmen. Allerdings vermag die relative Hodengröße nicht bei allen Säugetieren zuverlässig vorauszusagen, ob eine Art paarweise monogam ist, ob sie einen Gorilla-Harem-Lebensstil pflegt oder ob ein Orang-Utan-Einzelgängerdasein bevorzugt wird. Beim Löwen etwa, der ein Haremsmodell ähnlich dem des Gorillas praktiziert, werden anders als bei diesem sehr große Hoden gemessen. Wenn die 10 bis 15 Weibchen seines Harems gleichzeitig paarungsbereit werden, kopuliert der Pascha dieses Rudels drei Tage lang jede halbe Stunde mit einem anderen Weibchen. Vielleicht sind die Hoden der Löwen auch so groß, weil oft zwei Brüder zusammen einen Harem kontrollieren, sie aber trotzdem um Vaterschaft konkurrieren.

Das Paarungssystem einer Art spiegelt sich also in Verhalten, Physiologie und Körpern beider Geschlechter wider. Mit anderen Worten: Man kann selbst die Treue der Weibchen einer Art anhand der Länge ihres Genitaltrakts und der Größe der Hoden der Männchen vorhersagen. »It takes two to tango«, sagt man in den USA dazu.

Spermienwettbewerb und vaginale Pfropfen

Und wie steht es evolutionsbiologisch um die Monogamie? Wir haben bereits gesehen, dass bei einem hohen Prozentsatz der vermeintlich so monogamen Singvogelarten Kuckuckskinder identifiziert wurden. Bei einigen Arten stammte sogar die Hälfte der Jungvögel nicht vom vermeintlichen Vater im Nest. Dagegen scheint die sexuelle Treue der meisten menschlichen Populationen, bei denen es nur einen kleinen Prozentsatz an Kuckuckskindern geben soll, ja fast vorbildhaft zu sein. Das heißt, dass auch die weiblichen Vertreterinnen des *Homo sapiens* nur bedingt treu sind. Verschiedene Studien zur sexuellen Treue beim Menschen berichten von 25 bis 40 Prozent Seitensprüngen beider Geschlechter in Ehen.[4, 5]

Da sich Schimpansenweibchen regelmäßig mit mehreren Männchen paaren, findet ein Wettbewerb von Spermien verschiedener Männchen – auch Spermienkonkurrenz genannt – um die wenigen Eizellen im Körper des Weibchens statt. Ein Ejakulat eines Bonobos enthält nicht weniger als eine Milliarde Samenzellen. Und dies alles, um nur eine einzige Eizelle zu befruchten! Aber der Kampf um befruchtete Eizellen endet nicht mit diesem Spermienwettbewerb. So produzieren die männlichen Schimpansen auch eine Art von vaginalem Pfropfen, der sich aus verhärtenden Eiweißen in ihrer Samenflüssigkeit bildet. Auf diese Weise versuchen Schimpansenmännchen ihre Konkurrenten, aber auch ihre Partnerin daran zu hindern, sich nochmals zu paaren und somit – in Konkurrenz zum eigenen Samen – weitere Samen eindringen zu lassen.[6]

Das Prinzip des »Genitalpfropfens« ist in der Natur in vielen Formen und Ausführungen anzutreffen. Bei verschiedenen Insektengruppen wie beispielsweise Libellen dienen die Genitalien der Männchen nicht nur dazu, Samen in den Körper des Weibchens zu transferieren, sondern sie sollen auch als eine Art Bürste, die mit Haaren und Haken bewehrt ist, den Samen möglicher schnellerer Konkurrenten, die schon vor ihnen »dran waren«, aus dem Genitaltrakt des Weibchens entfernen. Bei einigen Fliegenarten brechen sogar deren Kopulationsorgane nach vollzogenem Akt ab, damit diese die weibliche Genitalöffnung verschließen. Über dieses pikante Thema und die zahlreichen Variationen dazu im Tierreich wurden schon viele unterhaltsame Bücher geschrieben.[4] In vielen menschlichen Kulturen wurden bereits diverse Lösungen zu diesem Problem von Monogamie und Treue ausprobiert, die den biologischen Lösungen anderer Arten manchmal sehr ähnlich sind – man denke nur an die sogenannten Keuschheitsgürtel des Mittelalters.

Es ist umstritten, ob es bei *Homo sapiens* Hinweise für die Evolution von Spermienkonkurrenz gibt. Wahrscheinlich eher nicht, lautet die kurze und zugegebenermaßen vage Antwort. Aus der relativen Größe der Hoden lässt sich schließen, dass die evolutionäre Vergangenheit den Menschen auf ein Sozialsystem mit meist nur einem Männchen, aber ohne Spermienkonkurrenz getrimmt hat.[7] Allerdings hat Robin Baker in seinem Buch *Sperm Wars* (deutsch: *Krieg der Spermien*, 2002)[8] argumentiert, dass der menschliche Körper, die Physiologie von Mann und Frau, sowie unser Verhalten auf Anpassungen an Spermienwettbewerb hindeuten. Aber diese Interpretation wird nicht von allen Wissenschaftlern geteilt. Denn nur weil Schimpansen und Bonobos als unsere nächsten lebenden Verwandten Spermienkonkurrenz zulassen, muss dies nicht bei unserem letzten gemeinsamen Vorfahren so gewesen sein. Einiges spricht sogar dafür, dass sich die diversen Adaptionen für Spermienwettbewerb bei Schimpansen und Bonobos im Laufe der Evolution erst später herausgebildet haben.

Monogamie, Polygamie, Promiskuität

Frank Beach, Professor für Psychologie an meiner Alma Mater, der University of California in Berkeley, dessen Spezialgebiet das Sexualverhalten bei Mensch und Tier war, hatte auch Sinn für Humor. Er prägte den Begriff »Coolidge-Effekt«. Calvin Coolidge, 1923 bis 1929 Präsident der Vereinigten Staaten, besichtigte einst mit seiner Frau als Teil einer Delegation einen Bauernhof und dessen Hühnerstallungen. Mrs. Coolidge bemerkte als Erste, dass der Hahn ununterbrochen die Hühner bestieg. Auf ihre Frage hin wurde ihr mitgeteilt, dass der Hahn dies Dutzende Male pro Tag tue. Daraufhin bat sie den Bauern, diese Information auch dem Präsidenten zukommen zu lassen, sobald seine Gruppe der Delegation an diesem Teil des Bauernhofs vorbeikomme. Nachdem der Präsident über das Kopulationsverhalten des Hahns informiert worden war, fragte er nach, ob der Hahn immer dieselbe Henne besteigen würde. »O nein, jedes Mal eine andere Henne«, wurde dem Präsidenten beschieden. Der Präsident bat daraufhin, diese Information seiner Frau nicht vorzuenthalten.

Mit Coolidge-Effekt wird das angesichts einer neuen Sexualpartnerin erwachende sexuelle Interesse eines Individuums umschrieben, bei dem sich in Bezug auf die bisherige Sexualpartnerin sexueller Überdruss eingestellt hat. Spaß beiseite: Auch wenn es in vielen traditionellen Gesellschaften noch Polygamie gibt, ist Monogamie in den westlichen arbeitsteiligen Industriegesellschaften kultureller und moralischer Standard. Das heißt nicht, dass Monogamie biologisch vorgegeben ist. *Homo sapiens* mag zwar die »kulturellste« aller Arten sein, aber Millionen von Jahren Evolution lassen sich nicht einfach und in jeder Hinsicht durch kulturelle und soziale Normen außer Kraft setzen, die erst vor einigen Dutzend Generationen etabliert wurden.

Die Konsequenzen des Ungleichgewichts bei den energetischen Kosten für Gameten (Keim- oder Geschlechtszellen) und bei der Aufzucht des Nachwuchses lassen es zunächst als wahrscheinlicher erscheinen, dass Männer promiskuitiver sind als Frauen. In modernen westlichen Gesellschaften haben Umfragen denn auch ergeben, dass Männer (so geben sie es zumindest an) mehr sexuelle Partner (etwa 13 im Durchschnitt) haben als Frauen (durchschnittlich 7). Aber diese Zahlen können eigentlich nicht stimmen. Sie sollten in etwa gleich sein (außer viele Männer hätten Sex mit wenigen sehr promiskuitiven Frauen). Da Frauen und Männer etwa zu gleichen Teilen untreu sind (laut mehrerer Studien etwa 25 Prozent aller Ehepartner), sollten beide Geschlechter auch etwa gleich promiskuitiv sein. Männer wären wohl gerne promiskuitiver, als sie es in Wirklichkeit sind. Zumindest geben sie in Umfragen an, dass sie mehr sexuelle Partner haben wollen, als Frauen dies einräumen.

Ein charakteristisches Merkmal des Menschen ist es, dass er sich, im Gegensatz zu all seinen Verwandten unter den Primaten, nicht im Beisein anderer Artgenossen paart. Auch dies kann möglicherweise als ein Hinweis auf die evolutionär vererbte Tendenz zur Untreue unserer Art gewertet werden. Eine weitere Besonderheit von *Homo sapiens* ist, wie bereits erwähnt, die verdeckte Ovulation (Eisprung). Bei den meisten Arten wird nur an zwei Tagen um den Eisprung herum reproduziert, bei nichtmenschlichen Primaten die fruchtbare Periode vom Weibchen mit auffälligen bunten Schwellungen des Genitalbereiches angezeigt, was zur Spermienkonkurrenz einlädt. Für den Menschen hingegen ist es typisch, Sex während fast des gesamten weiblichen Zyklus zu haben. Ein Mann muss also jeden Tag mit einer Frau kopulieren, um sicherzustellen, dass er die reproduktive Phase nicht verpasst. Damit bindet die Frau den Mann an sich, denn dieser weiß ja nie, in welcher Phase des Menstruationszyklus seine Partnerin sich gerade befindet. Diese Bindung erhöht auch die Chancen dafür, dass sich der Mann um den Nachwuchs kümmert, denn er wird ja aufgrund des beschriebenen Mechanismus in der Nähe sein. So werden auch die Chancen zur Untreue verringert, denn der Aufwand des Mannes für eine Fortpflanzung außerhalb dieser monogamen Beziehung wird dadurch höher und kostspieliger. Der verdeckte Eisprung bedeutet zudem auch, dass der Mann seine Partnerin nicht ständig kontrollieren und monopolisieren kann, was ihr wiederum möglicherweise »außereheliche« Beziehungen erleichtert.

Menschliches Verhalten und seine evolutionären, genetischen, kulturellen und sozialen Ursprünge und Einflüsse sind nicht nur ein faszinierendes, sondern auch ein emotionsgeladenes und kontrovers diskutiertes Thema. Dies gilt insbesondere für das Sozialverhalten, wohl auch, weil viele Menschen nicht akzeptieren wollen und können, dass es sich zu einem Gutteil durch evolutionäre Prinzipien erklären lässt und die Übergänge zwischen tierischem und menschlichem Verhalten fließend sind. Aber der Mensch ist nun mal weder die Krone der Schöpfung noch von einem Schöpfer geplant gewesen.

Die biologischen Voraussetzungen sind beim Menschen

nicht sehr viel anders als bei unseren Primatenverwandten oder generell im Tierreich. Samen ist billig, und Eizellen sind teuer. Gerade bei Säugetieren, bei denen die Weibchen mit ihren befruchteten Eizellen sitzen gelassen werden könnten, sollten diese daher die richtige Wahl treffen, damit der Vater mehr für den gemeinsamen Nachwuchs tut, als nur den Samen beizusteuern. Umgekehrt sollte auch der Mann, wenn er sich an der Kinderaufzucht beteiligt, wählerisch sein, denn er investiert ja ebenfalls sehr viel Energie und Zeit in Ernährung, Erziehung und Schutz des gemeinsamen Nachwuchses. Wenn es daher aus evolutionärer Sicht von Vorteil ist, dass beide Elternteile die Jungen – diese enthalten je 50 Prozent der Genvarianten beider Eltern – großziehen, weil dann mehr von ihnen überleben, dann sollten auch beide für sie sorgen, sie füttern und sie verteidigen. Man sollte annehmen, dass diese biologische Notwendigkeit eine Evolution des Sozialsystems in Richtung Monogamie begünstigt.

Auch beim Menschen trifft die Bateman-Hypothese zu: Die Varianz im Fortpflanzungserfolg ist bei Männern tendenziell größer als bei Frauen. Dies war sicher das ursprüngliche Muster in den Anfängen der Menschheit und trifft heute noch für unterschiedlichste Ethnien und Kulturen zu, auch wenn zahlreiche kulturelle und juristische Regeln und Gesetze die damit verbundene Polygamie einzuschränken versuchen. So haben Anthropologen bei den Xavante-Indianern in den Urwäldern des Mato Grosso in Brasilien herausgefunden, dass dort sowohl Männer als auch Frauen im Durchschnitt je 3,6 Kinder haben. Dabei betrug die Varianz in der Anzahl der Kinder bei den Xavante-Frauen nur 3,9 (0 bis 8 Kinder), war bei den Xavante-Männern hingegen mit 12,1 mehr als dreimal so groß (0 bis 23 Kinder). Daraus lässt sich die effektive Polygynie berechnen, also das Verhältnis der Varianz des männlichen zu derjenigen des weiblichen Fortpflanzungserfolgs – in diesem Fall 12,1 / 3,9 = 3,1.[9]

Bevor wir ausführlicher auf Monogamie zu sprechen kommen, werfen wir einen generellen Blick auf die möglichen Paarungssysteme. Man unterscheidet ganz allgemein die drei Hauptkategorien monogam, polygam und promiskuitiv. Bei monogamen Arten kümmern sich meist beide Eltern um Aufzucht und Überleben der Nachkommen. Männchen und Weibchen sind hier auch annähernd gleich groß. Polygamie wiederum unterteilt sich in Polygynie und Polyandrie. In polygynen Paarungssystemen zeigen die Männchen meist keine elterliche Fürsorge. Bei polyandrischen Paarungssystemen sind die Weibchen meist größer als die Männchen und legen Eier in mehrere Nester von Männchen, die dann die Brutpflege allein bewältigen. Die wenigen polyandrischen Gesellschaften unter den Menschen sind gehäuft im Himalaja-Hochland anzutreffen, wo, unter sehr harschen Umweltbedingungen, meist zwei Brüder mit einer Frau zusammenleben. Diese Form des Zusammenlebens wird vereinfacht gesagt damit erklärt, dass mehr als ein Mann notwendig sei, um in dieser rauen Umwelt eine Familie ernähren und Kinder großziehen zu können. Bei promiskuitiven Paarungssystemen hingegen ist die Spermienkonkurrenz stark ausgeprägt.[10] Hier stehen mehrere Männchen einer Gruppe im Wettbewerb um die Weibchen der Gruppe – anders als bei monogamen oder polygamen Sozialsystemen, bei denen sich in der Regel nur die dominanten Männchen der Gruppe mit Weibchen paaren.

Unter den Menschenaffen sind alle drei Paarungssysteme anzutreffen. Gibbons etwa sind monogam. Orang-Utans und Gorillas hingegen zeichnen sich dadurch aus, dass typischerweise nur ein einziges Männchen Zugang zu einem oder mehreren Weibchen hat. Mit dem Unterschied, dass Gorillas ihre Harems verteidigen und Orang-Utans allein weit verstreut im Wald leben. Unsere Vettern, die Schimpansen (und deren nahe Verwandten, die Bonobos), leben in promiskuitiven Gruppen mit mehreren Männchen und sind an ein Leben mit Spermienkonkurrenz angepasst. Es spricht einiges dafür, dass *Homo sapiens* ursprünglich zwar nicht monogam, aber auch nicht besonders promiskuitiv gewesen ist, da unsere Art keine besonders ausgeprägten Anpassungen an Spermienkonkurrenz zeigt. So sind unsere Hoden relativ klein im Vergleich zu denen von Schimpansen oder von anderen promiskuitiven Primaten wie Makaken oder Pavianen. Auch ist unser Penis nicht besonders muskulös. Er eignet sich daher nicht so gut zum Entfernen von anderem Ejakulat. Denn die Form des menschlichen Penis mit einer Glans wird auch dahingehend interpretiert, dass er als eine Art Saugpumpe funktionieren könnte, um damit den Samen des Nebenbuhlers, der vorher schon kopuliert hat, zu entfernen. Aber der Genitaltrakt der weiblichen Vertreterinnen von *Homo sapiens* ist relativ kurz – also keine gute »Rennbahn«, um Samenzellen nach Geschwindigkeit oder Ausdauer zu selektieren. Und menschlicher Samen bleibt auch flüssig und verhärtet nicht wie bei Schimpansen im Genitaltrakt der Weibchen.[11]

In fast allen traditionellen Kulturen wohnen Männer auch nach der Heirat noch am Geburtsort, Frauen hingegen heiraten meistens von ihrem Heimatort weg. Auch dies ist, wie ein Vergleich mit anderen Primatenarten zeigt, eher ein Hinweis darauf, dass der *Homo sapiens* ursprünglich nicht monogam war. Ein Aspekt davon ist, dass auf diese Art und Weise Inzucht vermieden und damit auch die Häufung von rezessiven Krankheiten verringert wird. Inzesttabus, die es in fast allen Kulturen gibt, und vielleicht auch der Kibbuzeffekt – die Tatsache, dass man Menschen, mit denen man zusammen aufwächst, als Sexualpartner nicht attraktiv findet – spiegeln somit eine Tendenz zur Inzestvermeidung wider.

Paarungssysteme wie Polygamie oder Monogamie existieren nicht immer in Reinform, sondern oft gibt es auch Mischformen. Wir haben sie bereits bei den Vögeln kennengelernt, bei denen etwa 70 Prozent aller Arten als monogam gelten, während bei rund einem Viertel festgestellt wurde, dass nicht immer der nestbauende und mit schönem Gesang das Territorium verteidigende Vater der biologische Vater ist, sondern manchmal auch der Nachbarvogel. Weibchen ziehen manchmal lieber in das Zweitnest eines besonders erfolgreichen Vogelmännchens, als in einem weniger ergiebigen Territorium das einzige Weibchen eines weniger attraktiven Männchens zu sein. Wenn Territorium oder Gene eines Männchens vielversprechender sind, wird bei ansonsten monogamen Arten schon mal die Polygamie bevorzugt.

Primatenarten, die monogam sind, zeigen in der Regel keinen ausgeprägten sexuellen Dimorphismus. Beim Menschen gibt es allerdings einen – die Unterschiede im äußeren Erscheinungsbild zwischen Mann und Frau werden auf etwa 15 bis 20 Prozent beziffert. So wiegen Männer im weltweiten Durchschnitt etwa 20 Prozent mehr als Frauen. Letztere haben einen Fettanteil von etwa 25 Prozent gegenüber 14 Prozent bei Männern – diesen Unterschied im Körperfettanteil gibt es unter den Primaten übrigens nur beim Menschen. Zudem ist das Fett je nach Geschlecht unterschiedlich über den Körper verteilt. Männer haben zudem proportional mehr Muskelmasse als Frauen.[12] All dies sind wiederum Hinweise darauf, dass wir – aus evolutionsbiologischer Sicht – in unserer evolutionären Vorgeschichte nie strikt monogam waren und es auch heute noch nicht sind.

Was ist im Samen für die Damen?

Die Samenflüssigkeit auch beim Menschen setzt sich nicht nur aus Spermien zusammen, diese bilden nur den kleineren Teil des Ejakulats. Rund 70 Prozent macht das Sekret verschiedener akzessorischer Geschlechtsdrüsen aus, insbesondere der Bläschendrüse, die beim Schimpansen viel größer ist als beim Menschen und auch viel Fruktose (Fruchtzucker, Energie für die Spermien) enthält. Bei der Spermienkonkurrenz geht es nicht nur darum, viele Spermien zu produzieren, die dann durch ihre schiere Zahl die Wahrscheinlichkeit erhöhen, dass das eine oder andere ans Ziel gelangt, sondern die Samenflüssigkeit selbst spült dann auch den Genitaltrakt aus und verringert so die Chancen vorher zum Zuge gekommener Männchen.

Ein typisches Ejakulat bei *Homo sapiens* besteht aus »nur« 250 Millionen Samenzellen, die in einer durchschnittlichen Kopulationszeit unserer Spezies von vier Minuten abgegeben werden. Das ist nur ein Viertel der Samenzahl eines Schimpansenejakulats. Wenigstens 70 Millionen Samenzellen sind nötig, um als fertil zu gelten, auch wenn nur 4 Prozent davon wirklich funktionsfähig sind. Die große Anzahl nicht funktionstüchtiger Samenzellen kann als Hinweis auf Spermienkonkurrenz gewertet werden. Allerdings ist dieser Schluss nicht zwingend, denn auch beim Gorilla sind etwa 96 Prozent der Samenzellen nicht voll funktionsfähig – und deren Sozialsystem erfordert ja keine Spermienkonkurrenz. Die kleine Penisgröße der Gorillas ist ein klarer Hinweis darauf, dass Spermienkonkurrenz in ihrem Sozialsystem kein Thema ist.

All diese evolutionären Argumente basieren auf der Annahme, dass Merkmale wie Hodengröße oder Länge des weiblichen Genitaltrakts stark genetisch bestimmt sind. Das ist wahrscheinlich auch nicht falsch, nur konnte es noch nicht bewiesen werden. Für den genetischen Faktor spricht, dass Hoden und Penis je nach Ethnie unterschiedlich groß sind. Bei Asiaten sind sie etwas kleiner als bei Europäern oder bei Afrikanern.

Ein Vergleich der Spermienformen verschiedener Arten erlaubt es, auf Spermienwettbewerb beziehungsweise Promiskuität zu schließen. Der Mittelteil der Spermien enthält die schon erwähnten Mitochondrien, die die notwendige Energie für den Schwanz des Spermiums, der es vorantreibt, produzieren. Ist dieser Mittelteil besonders groß, wie das bei Makaken, Pavianen und Schimpansen der Fall ist, so korreliert dies mit einem promiskuitiven Lebensstil.[13] Bei den monogamen Gibbons, den in Harems lebenden Gorillas, aber auch bei unserer Spezies ist dieser Abschnitt der Spermien erheblich kleiner. Auch das spricht eher dafür, dass der *Homo sapiens* im Vergleich zu einigen unserer Primatenverwandten nicht besonders promiskuitiv veranlagt oder zumindest nicht auf Spermienkonkurrenz getrimmt ist.

Das Befruchtungsspiel aus weiblicher Sicht

Selbstverständlich spielt der weibliche Körper auch eine aktive Rolle in diesem Befruchtungsspiel. So können Spermien ohne Weiteres fünf und manchmal sogar zehn bis 16 Tage im weiblichen Körper am Leben bleiben. Das bedeutet, dass Samenzellen, die am achten Tag des Zyklus in den weiblichen Körper eingebracht wurden, die größte Chance haben, eine Eizelle zu befruchten – am 15. Tag des monatlichen Zyklus findet die Ovulation, der Eisprung, statt.[14] Durch eine »unfreundlichere« Umgebung bezüglich des PH-Wertes oder des Vorhandenseins von bestimmten Enzymen könnte der weibliche Körper die Samenzellen früher abtöten.

Weitere Argumente für Spermienkonkurrenz bei Schimpansen, aber gegen eine solche bei unserer Art liefern die Proteine, die in der Samenflüssigkeit zu finden sind. Sie enthält einen veritablen Cocktail, dessen Zutaten die verschiedensten Aufgaben haben. Die beiden Hauptbestandteile sind zwei Proteine – Semenogelin 1 und 2 genannt –, die auch bei der Verdickung des Schimpansenejakulats eine Rolle spielen. Die Evolutionsgeschwindigkeit dieser beiden Gene ist beim Menschen sowie bei fast allen Menschenaffen mehr oder weniger identisch, außer bei Schimpansen, bei denen sich diese Gene doppelt so schnell verändert haben.[15] Auch dies deutet darauf hin, dass sich diese neue Funktion der Verklumpung nur auf dem evolutionären Ast der Schimpansen herausgebildet hat – neben der Spermienkonkurrenz also eine weitere Anpassung an deren ganz besonders promiskuitives Paarungsverhalten.[16]

Liebe verändert das Gehirn

Auch unter allen anderen Säugetierarten ist Monogamie nur bei etwa 3 Prozent der Arten nachzuweisen, also sehr selten. Innerhalb einer bestimmten Gattung von Präriewühlmäusen aus Nordamerika gibt es zwei nah verwandte Arten (*Microtus ochrogaster* und *Microtus montanus*), die sich in ihrem Sozialverhalten auffallend voneinander unterscheiden. Die erste Art lebt sehr sozial und ist strikt monogam, während die zweite ein Einzelgängerdasein führt und sich promiskuitiv paart. Monogamie ist sehr ungewöhnlich für Nagetiere und Säugetiere überhaupt. Bei dieser Art bleiben Paare ein Leben lang zusammen, ziehen mehrere Würfe von Jungen gemeinsam auf und verteidigen das Nest gegen Eindringlinge und Konkurrenten. Übrigens wird diese »Mäuseehe« mit einem 24-stündigen Kopulationsakt, dem längsten bekannten im Tierreich, besiegelt. Man kann in Laborversuchen die Veranlagung zu Monogamie testen, indem man einem verpaarten Männchen ein neues Weibchen anbietet und schaut, ob es treu bleibt oder zur neuen Mäusin wechselt.

Bei solchen Versuchen fand man heraus, dass zwei biochemisch sehr ähnliche Hormone die Paarungsentscheidung beeinflussen – Vasopressin und Oxytocin. Vasopressin ist mitverantwortlich für das männliche Reproduktionsverhalten, aber auch für Kommunikation und Aggression gegenüber Geschlechtsgenossen. Oxytocin spielt für Frauen beim Stillen und beim Sex eine Rolle, wird beim menschlichen Orgasmus ausgeschüttet – und ist das »Bindungshormon« der monogamen Präriewühlmäuse. Diese haben im verpaarten Zustand höhere Konzentrationen der Gehirnbotenstoffe Oxytocin und Vasopressin – was von den Rezeptoren (Signalempfängern auf der Zelloberfläche) an den Zellkern weitergegeben wird – als die unverpaarten Individuen der eigenen Art und auch als die polygame Art von Präriewühlmäusen. Wird den polygamen Präriewühlmäusen im Experiment Oxytocin und Vasopressin gespritzt, ändern diese ihr Verhalten und werden auch monogam. Die Monogamie bei Präriewühlmäusen lässt sich also auf die Konzentration der Neurotransmitter (Gehirnbotenstoffe) Vasopressin, Oxytocin und Dopamin in deren Gehirn zurückführen.

Aber auch epigenetische Faktoren spielen dabei nach neuesten Erkenntnissen eine Rolle.[17] Das bedeutet, dass das Verhalten selbst die Genfunktion modifiziert. Der Akt der Kopulation in Verbindung mit der Zeit, die das junge Mäusepaar miteinander verbringt, führt zu permanenten epigenetischen Veränderungen in Genen, die dann unterschiedlich angeschaltet wurden. Für diese Versuche wurden die Mäuse experimentell so manipuliert, dass sie entweder sechs Stunden miteinander verbringen durften, es ihnen dabei aber nicht erlaubt war, sich zu paaren. Oder aber sie waren einen ganzen Tag zusammen und durften kopulieren. In einem dritten Schritt wurde eine Chemikalie – Histon-Trichostatin A (TSA) – in eine Gehirnregion (*Nucleus accumbens*) injiziert, die mit dem Sozialverhalten in Verbindung gebracht wird. TSA blockiert die Aktivität eines Enzyms, das normalerweise dazu dient, das Anschalten von Genen zu verhindern. Dann wurde gemessen, in welchem Ausmaß die Gene für diese wichtigen Gehirnbotenstoffe beziehungsweise deren Rezeptoren angeschaltet wurden. Dabei zeigte sich, dass die gemeinsam verbrachte Zeit und insbesondere der Akt der Kopulation permanente epigenetische Veränderungen auslösen, was zu höheren Botenstoffausschüttungen führt und damit die monogame Paarbindung hervorruft.

Monogamie kann aber auch durch die Gabe von TSA erreicht werden, selbst wenn davor keine Kopulation stattfindet. Allerdings müssen die Tiere vorher wenigstens sechs Stunden miteinander verbracht haben. Im Detail hatte sich gezeigt, dass die Gene für die Rezeptoren von Oxytocin (OTR) und Vasopressin (V1aR) im *Nucleus accumbens* des Gehirns der Präriewühlmäuse stärker angeschaltet worden waren, entweder durch Kopulation oder durch Verabreichung der Chemikalie TSA. Verifiziert wurde diese Erkenntnis durch das umgekehrte

Experiment, bei dem diese beiden Gene in der entsprechenden Gehirnregion blockiert wurden. Auch bei Mäusen, die sich paaren durften, ließen sich so die korrespondierenden Veränderungen in diesen Genen der Gehirnregion nachweisen. Dies ist eine biochemische Erklärung dafür, warum und wie dieser eine Akt der Kopulation eine lebenslange Auswirkung auf das Sozialverhalten dieser Tiere hat.

Sicherlich ist dies noch nicht die endgültige Antwort der Genetik auf die Frage, was die Ursachen der Monogamie sind. Andere epigenetische Faktoren (wie Methylierung), die länger andauernde Effekte haben, spielen dabei ebenfalls eine Rolle. Aber Liebe und Epigenetik scheinen wirklich das Gehirn zu verändern.

Als Fazit lässt sich festhalten, dass uns die Tendenz zur Polygamie in einer langen evolutionären Vorgeschichte mit in die Wiege gelegt wurde. Viele unserer physiologischen und psychischen Eigentümlichkeiten deuten darauf hin. Aber was genau zieht uns nun zum anderen Geschlecht hin? Davon handelt das nächste Kapitel.

11

Gene und Schönheitsideale: Was macht uns attraktiv?

Wie wir gesehen haben, sind zumindest Präriewühlmäuse in gewisser Weise Sklaven ihrer Hormone und Gehirnbotenstoffe, die sie entweder treu oder untreu, monogam oder polygam machen. Beim Menschen ist das nicht sehr viel anders. Testosteron hat nicht nur bei Männern einen sexuell stimulierenden Effekt, auch Frauen reagieren, wenn sie erregt sind und sich verlieben, auf Testosteron und ansonsten auf Östrogen. Im Gehirn werden dann Dopamin, Norepinephrin (oder Adrenalin) und Serotonin, was uns vollkommen den Verstand verlieren lässt, freigesetzt.

Auf den folgenden Seiten soll es nun um die Frage gehen, wer sich mit wem paart und warum. Nach welchen Kriterien wählen wir unsere Partner aus? Es wird Sie nicht überraschen, wenn ich behaupte, dass es dabei auch um Gene und genetische Qualität geht. Sie werden erfahren, warum bei Vögeln die Männchen immer hübscher und bunter sind als die Weibchen und warum nur sie singen, warum bei einigen Säugetieren meist nur die Männchen die Geweihe oder Hörner tragen und warum sie oft so viel größer als die Weibchen ihrer Art sind. Aber auch was Männer und Frauen für das jeweils andere Geschlecht attraktiv macht, soll hier besprochen werden.

Sexuelle Selektion

Die natürliche Selektion umfasst mehrere Komponenten, die am Ende in unterschiedlicher Fitness, also unterschiedlichem Fortpflanzungserfolg, resultieren. Die Fähigkeit zu überleben, also etwa nicht gefressen zu werden, ausreichend Nahrung zu finden und Krankheiten und Parasiten zu trotzen, ist dabei nur eine erste Voraussetzung. Denn wer sich nicht fortpflanzt, befindet sich, evolutionär gesprochen, in einer Sackgasse. Fortpflanzungserfolg ist der entscheidende Aspekt evolutionärer Fitness. Darum und um die sexuelle Selektion[1], die schon Charles Darwin von der natürlichen Selektion unterschied, soll es im Folgenden gehen. Darwin wurde nach der Veröffentlichung seines Hauptwerks *The Origin of Species* (*Die Entstehung der Arten*) 1859 klar, dass Organismen viele Merkmale haben, die keinen Vorteil im Sinne der natürlichen Selektion zu haben scheinen. Vielmehr sind manche eher hinderlich, wenn nicht gar gefährlich. Gerade farbige und auffällige Strukturen, die eher Fressfeinde anlocken, anstatt als Tarnung zu dienen, scheinen auf den ersten Blick evolutionär keinen Sinn zu ergeben. Darwin fragte sich, welchen Zweck solche Farben und Strukturen erfüllen und weshalb sie entstehen konnten.

Wovon reden wir hier? Denken Sie zum Beispiel an einen roten Hahnenkamm oder das auffällige Rad eines männlichen Pfaus. Für Darwin musste es dafür eine andere Erklärung als die natürliche Selektion geben. Deshalb auch handelt sein 1871 veröffentlichtes zweites großes Buch, *Descent of Man, and Selection in Relation to Sex* (*Die Abstammung des Menschen und die geschlechtliche Zuchtwahl*), von sexueller Selektion und Fortpflanzung. Darwin definierte sexuelle Selektion als »Vorteil, den einige Individuen vor anderen des gleichen Geschlechts haben allein im Hinblick auf Reproduktion«. Wie wir schon am Beispiel der See-Elefanten gesehen haben, ist die Variation des Reproduktionserfolgs bei Männchen größer als bei Weibchen. Weibchen, die mehr in den Nachwuchs investieren als Männchen, sind bekanntlich die limitierende Ressource. Ein Männchen erobert Weibchen durch eine von zwei Vorgehensweisen, indem es entweder seine Nebenbuhler vertreibt oder indem die Wahl des Weibchens zu seinen Gunsten ausfällt.

Damenwahl und ehrliche Signale

Schon Darwin unterschied zwischen zwei Formen der sexuellen Selektion: der inter- und der intrasexuellen Selektion. Bei der intrasexuellen Selektion (also der Selektion innerhalb eines Geschlechts) machen die Männchen untereinander aus, wer sexuellen Zugang zum Harem hat oder – zum Beispiel im Fall der See-Elefanten – ein Stück Strand dominieren kann, auf das dann die Weibchen kommen, um ihre Jungen zu gebären und sich neu zu verpaaren. Dies ist so bei Tieren, bei denen ein Männchen ein Rudel Weibchen beherrscht und sie anderen Männchen abkämpft, wie etwa bei den Löwen. Die Weibchen sind dann quasi nur die passive Beute dieses Kampfes um ihre Eizellen und deren Befruchtung. Bei solchen Kämpfen zwischen den Männchen geht es oft um alles oder nichts, Leben oder Tod. Nichts weniger als evolutionäre Fitness versus evolutionäre Sackgasse stehen ja auf dem Spiel. Die intrasexuelle Selektion drückt sich also darin aus, dass Männchen gegeneinander kämpfen, was die evolutionäre Herausbildung von Körperkraft, »Körperwaffen« (etwa lange Eckzähne oder Geweihe) und unterschiedlichen Körpergrößen zwischen den Geschlechtern fördert. Die kämpfenden Männchen machen die zukünftigen Fortpflanzungsentscheidungen unter sich aus, was zur Folge hat, dass die Nachfahren der Weibchen, insbesondere die männlichen, die erfolgreichen Merkmale des siegreichen Vaters erben, der sich gegen seine Rivalen durchgesetzt hat. Dies ist auch im Sinne des Weibchens, denn es kann entsprechend starke Söhne und gesunde Töchter dieser »Pascha-Männchen« gebären, die sich ihrerseits wieder in den Rudelkämpfen der nächsten Generation durchsetzen können.

Damenwahl ist der andere Weg – die intersexuelle Selektion, also die Auswahl eines Angehörigen des anderen Geschlechts. Hier buhlen die Männchen um die Gunst der Weibchen und versuchen sie davon zu überzeugen, dass sie »Mr. Right« (der Richtige) sind. Die Männchen müssen sich etwa mit besonders schönem Gesang oder buntem Gefieder attraktiver machen als der konkurrierende Nachbar – und die Weibchen wählen das bunteste Männchen oder dasjenige, das am besten singen kann. Bei Singvögeln etwa fördert diese Art der sexuellen Selektion die Evolution von schönem Gefieder und Gesang. Der Dimorphismus zwischen den Geschlechtern zeigt sich hier nicht wie bei den Säugetieren in unterschiedlicher Körpergröße, sondern in der bunten Färbung der Männchen, im Gegensatz zu den Tarnfarben – mit viel Grün, Braun oder Schwarz – der Weibchen. Besonders schönes und vor allem rotes Gefieder ist bei Vögeln auch ein Indiz für ihre genetische Qualität sowie dafür, dass der Vogel keine Parasiten hat.[2] Denn Vögel können die roten Farbpigmente (Karotinoide) in ihren Federn nicht selbst herstellen, sondern müssen sie mit der Nahrung aufnehmen. Ein auffällig rotes Gefieder verrät deshalb auch, dass das Vogelmännchen in der Lage ist, besonders gutes Futter für sich zu finden und damit auch besser für den gemeinsamen Nachwuchs zu sorgen. Genetisch hochwertige Väter sollten auch genetisch hochwertige Söhne produzieren, und das kann der Mutter ja nur – im Sinne ihrer eigenen Fitness – recht sein. Rotes Gefieder wäre somit erst einmal ein Zeichen guter Gene – ein ehrliches Signal genetischer Qualität, weil das Männchen hier nicht schummeln kann. Denn wenn es schlecht wäre im Futterfinden, dann könnte es auch kein schönes Gefieder haben.

Dann gibt es noch die direkten Eigenschaften eines Männchens. Dies kann die Qualität seines Territoriums betreffen oder die seines Nestes. Auch diese Ressourcen sind gut und wichtig für die Paarungsentscheidung des Weibchens, denn sie sollten die Überlebenschancen ihrer Nachfahren positiv beeinflussen. Diese Qualitäten des Männchens sind eventuell genetisch bedingt, müssen es aber nicht sein.

Beim Menschen beispielsweise ist die Beschaffenheit der Haut – etwa aknefrei zu sein – ein Zeichen genetischer Qualität, das anzeigt, dass der potenzielle künftige Paarungspartner krankheits- und parasitenfrei ist. Für das Weibchen werden also ganz unterschiedliche äußere Anzeichen genetischer Qualität des Männchens zu Auswahlkriterien. Denn diese Qualität des Vaters wird sich auch in ihren Nachfahren widerspiegeln, was ebenso den Genen, also der Fitness, des Weibchens zugute kommt, denn sie werden sich vermehrt in der nächsten Generation wiederfinden.

Generell unterscheidet man in der Verhaltensbiologie zwischen »ehrlichen« Signalen, also solchen, die »teuer« in der Herstellung sind und daher wirkliche genetische Qualität anzeigen, und solchen, die den Empfänger manipulieren sollen, auf ein Signal hereinzufallen. In letzterem Fall versucht der Sender – oder sollte theoretisch zumindest versuchen – zu manipulieren. Der Signalempfänger sollte misstrauisch im Hinblick darauf sein, ob das Signal wirklich echt ist. Der Informationsgehalt des Signals sollte nützlich und verlässlich sein für den Empfänger – hier die Empfängerin –, die sich aufgrund des Signals entscheidet, ob sie sich mit dem Sender paart oder nicht.

Es geht dabei um einen potenziellen Interessenkonflikt. Denken Sie an ein schreiendes Baby. Es will gefüttert werden, und zwar öfter, als es der Mutter vielleicht lieb ist. Wenn die Mutter dem Impuls, das Baby bei jedem Schreien zu füttern, nachgibt, hat dieses gewonnen. Die Mutter gibt ihm alle (Milch-)Ressourcen und spart keine für das nächste Kind auf. Aber ist das Kind wirklich hungrig? Braucht es wirklich etwas zu essen? Wenn die Mutter wartet und das Weinen des Kindes ignoriert, testet sie so die Ernsthaftigkeit der Situation, und das

Baby muss sich mit Nachdruck wirklich anstrengen – sich »die Lunge aus dem Hals schreien« –, um die Wahrhaftigkeit seines Bedürfnisses zu signalisieren. Die Mutter muss vielleicht auch einkalkulieren, dass ein schreiendes Kind einen Höhlenbären oder Säbelzahntiger anlockt – Sie verstehen schon.

Der Mensch hat nun einmal eine evolutionäre Vorgeschichte, und die scheint immer noch in einigen Verhaltensweisen durch. Gleichwohl sei eingeräumt, dass trotz der Plausibilität vieler evolutionärer Szenarien und entsprechender theoretischer Vorhersagen diese sich nicht immer wissenschaftlich beweisen lassen. Eine gesunde Prise Skepsis ist bei den zahlreichen anthropologischen Geschichten, die gegen die angeblichen Anpassungen unserer Verhaltensweisen im Pleistozän vorgebracht werden, durchaus angebracht. Viele sind plausibel, viele sicherlich auch richtig, aber dies ist alles schwer zu beweisen. Aber auch wenn diese Geschichten wie in Rudyard Kiplings Buch nur *Just So Stories* sind und deren wissenschaftliche Richtigkeit nicht immer beweisbar ist, müssen sie nicht immer falsch sein.

Die Mühen der Partnersuche

Was genau wählen Weibchen und Männchen bei der Partnerwahl? Weibchen suchen nach Qualitäten im Männchen, die ihnen direkte oder indirekte (das heißt genetische) Vorteile bringen. Direkte Vorteile sind Quantität und Qualität von Nest und Territorium oder die Fähigkeit des Männchens, mehr Futter zum Nest zu bringen als die Artgenossen. Es geht bei der Wahl der Weibchen daher nicht so sehr um die Schönheit der Männchen, sondern eher um deren Fähigkeit, Ressourcen für den gemeinsamen Nachwuchs zur Verfügung zu stellen. Bei manchen Arten von Heuschrecken bringt das Männchen dem Weibchen eine Art »Hochzeitsgeschenk« mit, welches Letzteres während der Kopulation frisst. Somit verschafft das Männchen nicht nur dem Weibchen durch dessen Fütterung einen direkten Vorteil, sondern vielleicht auch indirekt dem gemeinsamen Nachwuchs, indem das Weibchen mehr oder größere Eier produziert, die dann vom Samen dieses Männchens befruchtet werden. Je größer übrigens das »Hochzeitsgeschenk« ausfällt, desto mehr Eier darf das Männchen oft befruchten – zumindest darf die Kopulation dann auch länger dauern. Bei vielen Spinnenarten »opfert« sich das Männchen sogar und wird vom Weibchen nach oder sogar schon während der Kopulation gefressen. Durch diesen scheinbar selbstlosen Selbsttod leistet das Männchen immerhin einen kalorienreichen Beitrag zur gemeinsam mit seiner Mörderin gezeugten nächsten Generation und verschafft dem Weibchen auch einen direkten Vorteil.

Außer in diesen direkten Vorteilen unterscheiden sich Männchen ja durchaus auch in ihren »inneren« Werten voneinander, nämlich in der Qualität ihrer Gene. Ein Weibchen, das ein bestimmtes Männchen als Kopulationspartner erwählt, entscheidet sich damit selbstverständlich auch für dessen Gene und trifft damit eine Vorentscheidung über die Gene ihrer gemeinsamen Nachfahren. Es ist die wichtigste Entscheidung des Lebens, und sie und er – insbesondere sie – sollten die besten Gene auswählen, die sie vorfinden können. Denn auch ihre Kinder und Kindeskinder werden Träger dieser Genvarianten sein. Davon hängen dann auch zum Teil deren Überlebenschancen und zukünftiger Fortpflanzungserfolg ab. Aber wie kann ein Weibchen oder ein Männchen (obwohl dieses weitaus weniger selektiv sein muss, denn der Fehler einer »falschen« Kopulation wird bei den meisten Arten das Männchen weniger kosten als das Weibchen) gute Gene erkennen? Nun, oft sind die direkten Vorzüge eines Männchens, zum Beispiel die Qualität seines Territoriums und seines Nestes, auch Zeichen für seine genetische Qualität. Es musste sich ja durchsetzen, um überhaupt über ein Territorium zu verfügen. Oder es war im intrasexuellen Kampf gegen andere Wettbewerber um eine Gruppe Weibchen der Stärkste. Somit sollten dann auch von ihm gezeugte Söhne stärker oder »sexyer« sein. Denn ein Vater, der beliebt bei den Damen ist, sollte einige seiner für das andere Geschlecht attraktiven Eigenschaften auch auf seine Söhne vererben. Männchen sollten daher versucht sein, Signale, auf welche Weibchen ansprechen, zu manipulieren, um sich stärker oder attraktiver erscheinen zu lassen. Das sagt zumindest die Theorie voraus. Für Weibchen hingegen wäre es besser, dass sie nur auf »ehrliche« Signale reagieren, auf solche also, die nicht vom Männchen manipuliert werden können. Natürlich kennen weder Männchen noch Weibchen die Theorie, sie reagieren einfach auf die Signale. Die natürliche Selektion sorgt schon dafür, dass die richtige Auswahl getroffen wird, denn wenn sie die falsche Wahl getroffen haben, sollten sie weniger oder weniger fitte Nachfahren haben als die Weibchen, die die richtige Wahl getroffen haben. Das passiert natürlich alles unbewusst, und dies ist ja auch bei unserer Spezies zum großen Teil noch der Fall.

Dieser Kreislauf von Sender – Signal – Empfänger sollte dazu führen, dass von den Weibchen immer genauer auf die Signale geschaut wird und die Männchen wiederum immer auffälligere Signale aussenden. Die soeben beschriebenen Hypothesen der »guten Gene« und der »sexy Söhne« gehören zu einer Reihe von Theorien, anhand derer in der Evolutionsbiologie der Zyklus der sexuellen Selektion erklärt werden soll. Das »Handicap-Prinzip«, das in den 1970er-Jahren von dem bezeichnenderweise hinkenden Biologen Amotz Zahavi postuliert wurde, versucht die Evolution ehrlicher Signale zu erklären. Zahavi argumentierte, dass viele Merkmale des Männchens, aufgrund derer die Weibchen es erwählen, so kostenintensiv und hinderlich sind, dass nur die genetisch besten und stärksten Männchen die extreme Ausbildung dieser Merkmale überleben. Ein Beispiel hierfür sind die riesige Räder schlagenden Pfaue. Deshalb zeige dieses offensichtliche Handicap die genetische Qualität des Männchens an. Diese Theorie ist nicht unumstritten, denn obwohl sie manche Verhaltensweisen und Merkmale plausibel erklärt, bleibt das Problem, dass die Söhne nicht nur die guten Gene bekommen, sondern auch das Handicap miterben.

Partnerwahl und universelle Schönheitsideale

Ein ausgeprägtes Taille-Hüfte-Verhältnis ist bei Frauen ein Zeichen von Fertilität. Liegt der Quotient bei etwa 0,7 (Sanduhrenfigur, Abb. 11.1), wird dies in den meisten Kulturen als besonders attraktiv empfunden. (Bei Männern reicht hierfür übrigens der Quotient 0,9.) Warum ist das so? Nun, beim Menschen erfolgt ein weit überdurchschnittlicher Teil der Gehirnentwicklung bereits vor der Geburt, deshalb sind die Köpfe menschlicher Neugeborener im Vergleich zu denen anderer Primaten ungewöhnlich groß. Dies kompliziert den Geburtsverlauf für Mutter und Kind – manchmal mit tödlichem Ausgang. Große Babyköpfe erfordern deshalb für Schwangerschaft und Geburt breitere Hüften.

Dazu passt auch, dass der Taille-Hüfte-Quotient in der Pubertät sinkt, wenn die Hüften breiter werden, und sich dieses Verhältnis in den Wechseljahren wieder umkehrt. Breite Hüften können mehr Energie in Form von Fett speichern, während die Taille den Reproduktions- und Gesundheitsstatus anzeigt. Ein Auswuchs dieser Fixierung auf ein möglichst kleines Taille-Hüfte-Verhältnis war die temporäre Modeerscheinung des Korsetts (Abb. 11.1), das die Taille zusammenschnüren und die Hüfte betonen sollte.

Auch andere Attribute des weiblichen Körpers (wie glatte Haut, große Augen, volle Lippen, hohes Jochbein oder Brüste) und des männlichen Körpers (wie Körpergröße und Brustbehaarung) spielen über unterschiedliche Kulturen hinweg eine Rolle bei der Partnerwahl, wie mehrere Studien zeigten.[3] Eine glatte, schöne Haut zum Beispiel wird in allen Kulturen als ein Zeichen guter genetischer Qualität gesehen, auch weil da-

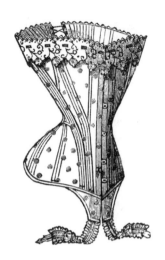

Abb. 11.1: Korsette dienten einst dazu, die Taille zusammenzuschnüren und damit die Hüfte zu betonen. Durch das Korsett verändert sich das Verhältnis des Umfangs der Taille zu dem der Hüfte. Die »Sanduhrenfigur« (weniger als 0,7 ist besonders »sexy«) signalisiert Gesundheit und Fertilität (Östrogenspiegel) und lässt die Frau sexuell attraktiver erscheinen.

mit Resistenz gegen Krankheiten und Ektoparasiten (Parasiten, die sich auf der Haut ansiedeln) angezeigt wird. Alle diese Merkmale deuten auf eine – im Vergleich zum auch wichtigen kulturellen Anteil – starke biologische Komponente von universellen Schönheitsidealen und Merkmalen sexueller Attraktivität hin.

Was macht den Menschen aus?

Das ist eine schwierige Frage, Bücher darüber füllen ganze Bibliotheken. Eine meiner Empfehlungen dazu ist *Hoffnung Mensch* von Michael Schmidt-Salomon.[4] Empathie, Lernen, Werkzeugherstellung und -gebrauch, die Fähigkeit, sich als Individuum im Spiegel selbst zu erkennen – all das sind Eigenschaften, die nicht nur auf *Homo sapiens* beschränkt sind. Auch diverse Säugetierarten – beileibe nicht nur Primaten – und sogar einige besonders clevere Vögel, wie etwa die Raben, beherrschen einiges davon. Schimpansen und andere Menschenaffen können die Bedeutung von Wörtern lernen, sogar neue erfinden, können spielen und auch eine Art von Trauer zeigen, wenn ein Individuum aus dem Trupp gestorben ist. Tiere, darunter viele Vögel, Säugetiere und insbesondere Primaten, sind keine Maschinen, sondern aktive Denker. Es gibt bemerkenswert große Verhaltensunterschiede zwischen einzelnen Schimpansen und Gruppen von Schimpansen. Sie benutzen unterschiedliche Werkzeuge oder Stöcke, um harte Nüsse zu knacken oder an Ameisen und Termiten zu gelangen. Bestimmte Prinzipien der kulturellen Überlieferung und Imitation, wie man sie vom Menschen kennt, lassen sich auch bei Schimpansen nachweisen, etwa Imitation und Weitervermittlung von Werkzeuggebrauch durch kulturelle Evolution von Generation zu Generation. Diesbezüglich, aber auch im Hinblick auf Sozialverhalten, gibt es sogar angeborene Unterschiede zwischen männlichen und weiblichen Schimpansen – ähnlich denen bei unserer Spezies.[5]

Homo sapiens ist zum Beispiel nicht die einzige Art, die einen Orgasmus hat. Auch viele andere Primatenarten – und nicht nur unsere nächsten lebenden Verwandten, die Schimpansen – scheinen einen solchen zu haben (mit Oxytocinausschüttung). Eine (spekulative) adaptive Erklärung für den weiblichen Orgasmus ist, dass damit die Befruchtungswahrscheinlichkeit erhöht wird, weil der Samen dadurch höher in den Genitaltrakt gesaugt wird. Das würde zunächst den Schluss nahelegen, dass Frauen, die leichter oder öfter einen Orgasmus haben, auch mehr Kinder bekommen. Aber es scheint keine eindeutige Evidenz dafür zu geben.[6]

Selbst Sprache ist ein fließendes Ding. Paviane – und diese Strolche gehören ganz gewiss nicht zu meinen Lieblingsprimaten – scheinen den Unterschied zwischen einem echten englischen und einem ausgedachten Wort ausmachen zu können. Dies ist ein Hinweis darauf, dass unterschiedliche Gehirnregionen dafür verantwortlich sind, zu sprechen (denn das können Paviane ja nicht) und Muster in Buchstaben zu erkennen. Gehirne suchen immer nach Mustern und versuchen, aus Gesehenem statistische Abstraktionen abzuleiten. Bei einem Experiment lernten Paviane, zwischen 81 beziehungsweise

308 Wörter von mehr als 7000 zufällig computergenerierten Wörtern zu unterscheiden.[7]

Es ist also schwierig, Fähigkeiten und Charakteristika zu identifizieren, die allein auf Menschen zutreffen; die Übergänge zum Tier sind fließend. In jeglicher Hinsicht finden wir unsere evolutionäre Geschichte in uns, in unserem Genom und auch in unserem Verhalten wieder.

Angeborene Gesten

Auch in Bezug auf die vergleichende Analyse von Verhaltensweisen legte Charles Darwin in seinem Buch *The expression of the emotions in man and animals* (1872; deutsch: *Der Ausdruck der Gemütsbewegungen bei dem Menschen und den Tieren*) einen Grundstein. Darwin verließ nach der für sein Denken und Schaffen so wichtigen Reise um die Welt – er wurde leicht seekrank – Großbritannien nie mehr. So basiert dieses Buch auf Beobachtungen im Londoner Zoo und enthält als eines der ersten Bücher überhaupt Fotografien. Schon damals zeigte Darwin, dass eine Reihe von Verhaltensweisen, die auch wir Menschen an den Tag legen – denken Sie an das Gähnen oder die Angststarre –, (fast) universell und evolutionär sehr alt sind. Man trifft sie nicht nur bei unseren nächsten Verwandten unter den Primaten an, sondern auch bei anderen Säugetieren und sogar bei Fischen.

Es gibt im menschlichen Körper eine ganze Reihe anatomischer »Antiquitäten«, die Überbleibsel unserer evolutionären Vergangenheit sind, das heißt, sie lassen sich nur dadurch erklären, dass sie in unserer langen evolutionären Vorgeschichte so festgeschrieben wurden.[8] Speziellere Verhaltensweisen und Gefühlsregungen wie Weinen, Angst, Trauer, aber auch Hass, Wut, Schuld, Stolz, Überraschung, Scham, Scheu werden von Darwin auf ähnliche Phänomene bei unseren Verwandten in der Tierwelt zurückgeführt.

Abb. 11.2: Imponiergeste eines bekannten Fußballspielers und deren Ähnlichkeit zu Drohgebärden eines anderen Primaten, hier eines Gorillas (rechts). Gestik und Mimik vieler Emotionen scheinen angeboren zu sein.

Aber wie angeboren und universell in allen menschlichen Kulturen sind denn gewisse Gesten und oder eine bestimmte Mimik? Das Hochreißen der Arme im Triumph, meist mit geballten Fäusten, vorgestrecktem Brustkorb und nach hinten geworfenem Kopf, begleitet von einem Lächeln, einer Grimasse oder einem drohenden Gesicht unmittelbar nach einem sportlichen Erfolg oder Sieg, findet sich in mehr oder weniger ähnlicher Form in allen Kulturen und Sportarten, auch wenn es kulturelle Unterschiede bei diesen Gesten zu geben scheint, die von der *Power Distance*, einer Nation oder Kultur abhängig sind.[9] (Unter *Power Distance* versteht man grob gesagt ein Maß, wie stark eine Kultur Macht und Machtgesten akzeptiert und ermutigt und wie Status und Hierarchien in Gruppen manifestiert werden.) Diese Art der Jubelgeste lässt den Körper größer erscheinen, als er ist. Es ist bezeichnend, dass Athleten die Arme nach einem Sieg nach oben reißen oder Fußballspieler sich nach einem Tor mit Hand oder Faust (wie ein Silberrücken bei den Gorillas) auf die Brust schlagen. Sie tun dies weltweit und anscheinend »instinktiv« (Abb. 11.2). Be-

Abb. 11.3: Die Arme nach einem Sieg instinktiv nach oben zu reißen ist eine weltweit verbreitete Siegerpose. Von Geburt an blinde Sportler (rechts), die diese Jubelgeste nie gesehen haben, tun dies auf gleiche Weise wie sehende Sportler (links).

zeichnenderweise machen das bei Paralympischen Spielen sogar von Geburt an blinde Athleten, die so eine Geste noch nie in ihrem Leben gesehen haben (Abb. 11.3).[10] Diese Siegerpose scheint angeboren zu sein. Das Brusttrommeln wird als dominante Drohgebärde aufgefasst. Die Drohgebärden vieler Tiere (Buckel der Katze, Hochstehenlassen der Haare bei Hunden) zielen in die gleiche Richtung – sie sollen den Körper größer erscheinen lassen und Dominanz signalisieren.

Warum man jemanden gut riechen kann

Auch Dominanz ist attraktiv für Weibchen, aber es existieren noch andere Kriterien, die einen Partner passend erscheinen lassen. Zum Beispiel genetische Kompatibilität. Es gibt beim Menschen eine große Anzahl von jeweils in verschiedenen Varianten auftretenden Genen, die für unsere Immunabwehr verantwortlich sind. Auch im Hinblick auf diese sogenannten MHC-Gene ist es daher wohl von Vorteil, genetisch variabler zu sein. Denn wer weiß schon, welche Krankheitskeime unseren Kindern in der nächsten Generation begegnen werden? Weibchen wie Männchen sollte daher daran gelegen sein, einen Partner mit neuen MHC-Varianten zu finden, die dann zusammen mit den eigenen eine bessere Immunabwehr beim Nachwuchs bewerkstelligen. So wurde in Studien zunächst bei Mäusen und dann bei Fischen herausgefunden, dass vorzugsweise Paarungspartner mit kompatiblen neuen, aber meist nicht zu unterschiedlichen MHC-Genvarianten ausgewählt werden. Aber woher soll eine Maus, ein Fisch oder gar ein Mensch wissen, welche MHC-Varianten ein potenzieller Paarungspartner hat? Des Rätsels Lösung ist: Man kann sie anscheinend riechen. Der Mechanismus, wie sich verschiedene MHC-Varianten im Geruch bemerkbar machen, ist noch nicht ganz aufgeklärt, aber unbestritten ist, dass sie es tun, etwa im Urin der Maus oder im Schweiß des Menschen. Experimente des Schweizer Biologen Claus Wedekind, bei denen männliche Studenten dasselbe T-Shirt mehrere Tage lang trugen (wobei sie weder Seife noch Deodorant benutzen durften), offenbarten, dass Studentinnen den Geruch derjenigen T-Shirts bevorzugten und sexuell anziehend fanden, deren Träger im Hinblick auf ihre MHC-Gene am meisten von den ihrigen abwichen. Die Studentinnen wussten dabei nicht, wie die Träger der T-Shirts aussahen. Ihr Kriterium war allein der Geruch, der in diesem Fall die Kompatibilität der Immungene implizierte. Es scheint etwas dran zu sein an den metaphorischen Ausdrücken »ich kann dich gut riechen« beziehungsweise »er konnte ihn nicht riechen« – es geht also darum, genetische Variation zu maximieren.

Geruch ist der evolutionär älteste Sinn. Unsere Nasen enthalten Tausende von verschiedenen Rezeptoren, um Moleküle in der Luft zu erkennen und voneinander zu unterscheiden. Es überrascht daher nicht, dass diese Sinnesmodalität auch in

Form von Pheromonen, wie sie von der Parfümindustrie eingesetzt werden, Signale mit verschiedensten Nachrichten übermittelt. Geruchssignale können in vielen sozialen Kontexten eingesetzt werden, auch um Dominanz zu signalisieren. Silberrücken können auf diese Weise mit ihren Weibchen kommunizieren, aber auch anderen Gorillas außerhalb ihrer Gruppe Signale senden, was insbesondere in den dichten Urwäldern Afrikas eine effektive Form von Kommunikation zu sein scheint.[11] Duftmarken signalisieren Besitz und Dominanz und werden von verschiedensten Tieren als »Besitzmarken« an den Rändern von Territorien hinterlassen. Hundebesitzer wissen, dass kaum etwas Hunde so interessiert wie der Urin von anderen Hunden. Es ist nicht klar, was sie alles aus den Duftmarken, die ja insbesondere männliche Hunde setzen, »herauslesen« können. Anscheinend sogar die Größe des Hundes, der die Marke hinterlassen hat, denn je höher die Marke am Baum oder Laternenpfahl ist, desto größer war der Hund. Männliche Hunde scheinen bemüht zu sein, ihr Bein möglichst hoch zu halten.

Warum wir uns küssen

In fast allen (etwa 90 Prozent, aber eben nicht allen) Kulturen der Welt wird geküsst. Warum dem so ist, scheint genauso unklar zu sein wie auch die Antwort auf die Frage, wie sich das Küssen kulturell verbreitet hat. Einige Anthropologen haben vorgeschlagen, dass Alexander der Große es von den Indern gelernt und nach Europa gebracht hat. Aber das Küssen ist sicherlich älter. Auch sind die evolutionären Ursprünge und Ursachen des Küssens unklar. Das Mund-zu-Mund-Füttern, das Mütter auch heute noch gelegentlich mit ihren Kindern machen, ist ein möglicher Hinweis. Das enzymatische Vorverdauen und Testen (auf Bitterkeit und eventuelle Gifte), das die Mütter damit für ihre Kinder praktizieren, wäre sicherlich von

Vorteil im Sinne der natürlichen Selektion. Auch wurde darauf hingewiesen, dass Babys in den ersten Lebensmonaten nur auf kurze Distanz sehen können und das Füttern per Brust oder Mund ein frühes Training sein könnte für die erstaunlich gute Gesichtserkennung, die den Menschen auszeichnet.

Erotisches Küssen dient wahrscheinlich auch als Mechanismus bei der Partnerwahl. Sowohl die Immungene (MHC) als auch die Hormone (besonders Testosteron), aber auch das Mikrobiom können so alle auf »Passgenauigkeit« hin zum Partner evaluiert werden. Denn man schmeckt den potenziellen Partner auf diese Weise nicht nur, sondern man riecht ihn auch besser, wenn man ihm so nahe ist.

Symmetrie und Supermodels

Symmetrie, also die Gleichmäßigkeit unserer Körper und insbesondere Gesichter, ist universell ein Zeichen von Schönheit – und es wird als Zeichen genetischer Qualität interpretiert.[12] Wie symmetrische Körper während der Embryonalentwicklung entstehen, ist immer noch ein ungelöstes biologisches Rätsel. Welcher Art sind genau die Signale, anhand derer innerhalb eines sich entwickelnden Körpers der linke Arm mit dem rechten kommuniziert, um Bescheid zu geben, dass sie nun lang genug sind und dass mit der Zellteilung aufgehört werden kann? Wenn unsere beiden Körperhälften in unserer Embryonalentwicklung besonders gleichmäßig sind, müssen unsere Gene besonders gut miteinander gearbeitet haben. Zwischen dem zweiten und dem dritten Schwangerschaftsmonat formieren sich unsere beiden Gesichtshälften zu einem Gesicht; das Philtrum, die Rinne zwischen der Oberlippe und der Nase, ist sozusagen die Naht, entlang derer sich die beiden Gesichtshälften miteinander verbinden. Wie überraschend ungleich übrigens unsere beiden Gesichtshälften sind, zeigen Fotomontagen, bei denen ein Gesicht aus nur einer Hälfte desselben plus Spiegelbild dieser Hälfte zusammenmontiert wurde. Bei Vergleichen der Links-Rechts-Symmetrie (*fluctuating asymmetry* genannt im Fachenglisch) von Gesichtern zeigt sich, dass Supermodels nicht nur dem gängigen (durchschnittlichen) Schönheitsideal in puncto Proportionen entsprechen, sondern dass ihre Gesichter auch symmetrischer sind als beim Durchschnitt der Menschen.

Schönheit wird oft auf Proportionen im Gesicht reduziert, etwa auf einen »goldenen Schnitt« für Schönheit. Die gängige Formel dafür lautet: Der Augenabstand (genauer: Pupillenabstand) sollte 46 Prozent der Breite des Gesichts und nicht mehr als 36 Prozent des Abstands zwischen dem Haaransatz und dem Kinn betragen. In als schön wahrgenommenen Gesichtern lässt sich eine ganze Reihe von Goldener-Schnitt-Relationen nachweisen. Je mehr davon vorhanden sind, als desto schöner wird ein Gesicht empfunden. Diese Wahrnehmung ist nicht nur auf weibliche Gesichter beschränkt, denn auch männliche Gesichter wirken attraktiver, wenn ihre Proportionen »durchschnittlicher« sind.[13] Ob die Attraktivität eines männlichen Gesichts auch mit der Qualität der Spermien korreliert, konnte in Studien nicht eindeutig bestätigt werden.[14]

Man nimmt ferner an, dass maskuline Gesichter auch bessere genetische Qualität implizieren, zum Beispiel in Form von besserer Immunqualität oder zumindest von mehr »sexy Söhnen«, die sich in der nächsten Generation erfolgreich reproduzieren. Dies bedeutet, dass maskuline Gesichtszüge vererbt werden können. In umfangreichen Zwillingsstudien wurde hierfür eine relativ hohe Erblichkeit von fast 50 Prozent gemessen.[15] Während »Maskulinität« für Söhne gut ist, gereicht sie den Töchtern zum Nachteil, denn sie erben die maskulinen Gesichtszüge genauso wie ihre Brüder, was ihrer Attraktivität abträglich ist.[16] Weiblichere Gesichter gelten als attraktiver, und damit ausgestattete Frauen haben auch mehr und bereits in jüngerem Alter sexuelle Beziehungen. Für die Erblichkeit von Attraktivität wurden in verschiedenen Studien Werte von etwa

50 bis 70 Prozent ermittelt.[17] Wahrscheinlich tragen, zumindest teilweise, die gleichen Gene bei beiden Geschlechtern dazu bei, sowohl die Männer als auch die Frauen attraktiver erscheinen zu lassen. Diese Gene haben einen positiven Effekt bei beiden Geschlechtern, sodass attraktive Väter nicht nur attraktive Söhne, sondern auch attraktive Töchter haben.[18]

Ein augen- beziehungsweise »ohrenfälliger« sexueller Dimorphismus unserer Spezies ist die Tiefe der Stimme des Mannes. In der Pubertät bewirkt Testosteron bei Jungen ein größeres Wachstum der Stimmbänder und einen größeren Kehlkopf – den Adamsapfel. Die Tiefe der Stimme des Mannes wird, so die Ergebnisse diverser Studien, entweder als Zeichen von Dominanz zwischen Männern interpretiert und/oder als Mittel sexueller Attraktivität gegenüber Frauen. Dies klingt schlüssig, denn dominante Männer senken in einer Gruppe ihre Stimme, um subdominanten Männern ihre Dominanz anzuzeigen, während diese umgekehrt ihre Stimme im Beisein von dominanten Männern erhöhen.[19] Oft ist dieser Dominanzeffekt zwischen Männern nicht leicht zu unterscheiden vom Attraktivitätseffekt in Bezug auf Frauen.[20]

Intelligenz ist sexy

Auch Intelligenz wird anscheinend universell als attraktiv gewertet. Wie lässt sich Intelligenz erkennen oder gar aus dem Gesicht ablesen? Angeblich sind sowohl die Gesichtsform als auch der Augenabstand bei Männern – aber nicht bei Frauen – ein Indiz für Intelligenz. Dabei scheinen länglichere Gesichter, ein größerer Augenabstand und ein markanteres Kinn intelligenter zu wirken als rundere Gesichtsformen und näher zusammenliegende Augen. Bei einem der zahlreichen Experimente zum Thema wurde zunächst die Intelligenz von 40 Männern und Frauen gemessen, um anschließend Testpersonen allein nach der Wahrnehmung der Gesichter die Intelligenz einschät-

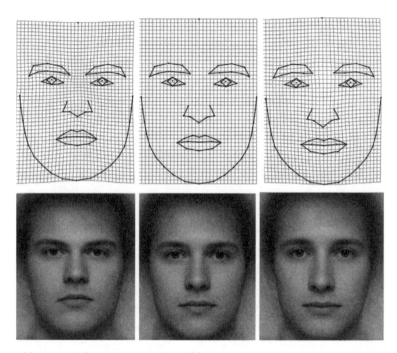

Abb. 11.4: Drei computergenerierte Bilder von Männergesichtern, die als wenig, durchschnittlich und hochintelligent wahrgenommen werden (von links nach rechts). Aus der Studie von Kleiner et al. 2014, in der bei Männern gemessene Intelligenz mit wahrgenommener Intelligenz korrelierte, nicht jedoch so bei Frauen.

zen zu lassen.[21] Dabei ließ sich keine Beziehung zwischen Intelligenz und Attraktivität der Gesichter feststellen.

Eine mögliche Erklärung dafür, dass die Intelligenz von Männergesichtern, nicht aber die von Frauengesichtern »abgelesen« werden konnte, ist vielleicht darin zu suchen, dass Frauen mehr als Männer allein nach Schönheit beurteilt werden. Man sollte dieser Studie aber wegen der recht kleinen Stichprobenzahl nicht so viel Bedeutung beimessen. Zwar betonen die Autoren, dass sie keine Korrelation zwischen Gesichtszügen und Intelligenz nachweisen konnten, räumen jedoch ein, dass zwei Aspekte der gemessenen Intelligenz (fluide und figurative Intelligenz – weitere Details in Kapitel 12) mit der wahrgenommenen Intelligenz assoziiert waren.

In einer anderen Studie wurde sehr wohl eine Korrelation von genereller Intelligenz und Attraktivität gefunden.[22] Dabei wurden je 10 000 Probanden aus England und den USA getestet, hierbei ergaben sich statistisch signifikante Übereinstimmungen von Intelligenz und Attraktivität, wie es auch schon bei einer ganzen Reihe theoretischer und empirischer Analysen vorhergesagt worden war. Beide Merkmale haben übrigens eine relativ hohe Erblichkeit. Unlängst wurde auch eine statistisch signifikante Korrelation zwischen Körpergröße und Intelligenz nachgewiesen, die bei Frauen noch größer war als bei Männern.[23] Bekanntlich ist Körpergröße ein wichtiger Faktor, wenn es um Attraktivität geht. Die meisten Paare sind in etwa gleich groß, wobei Frauen im Durchschnitt immer noch 6 bis 7 Zentimeter kleiner sind als ihr männlicher Partner. Generell werden aber größere Partner bevorzugt. Diese Korrelation von Intelligenz und Körpergröße wird nach dieser Studie auf einen pleiotropischen Effekt derselben Gene sowohl auf Körpergröße als auch auf Intelligenz zurückgeführt sowie darauf, dass gleich große Menschen sich bevorzugt heiraten.[24] (»Pleiotropisch« bedeutet, dass ein Gen mehrere Merkmale beeinflusst, hier sowohl Körpergröße als auch Intelligenz.) Der Effekt beider Faktoren auf die Intelligenz-Körpergröße-Korrelation war etwa gleich groß.

Körpergröße, Attraktivität und Intelligenz spielen also allesamt eine wichtige Rolle bei der Partnerwahl. Im nächsten Kapitel wird es nun um Intelligenz gehen.

12

Gene, Geschlecht, Intelligenz oder warum nicht alle Kinder überdurchschnittlich sein können

Es scheint uns besonders wichtig zu sein, als intelligent zu gelten. IQ ist sexy! Das Erstaunliche daran ist, das man einem Menschen Intelligenz anscheinend auch ansieht, wie wir gerade im letzten Kapitel besprochen haben. Dies muss wohl auch so sein, denn wer sich mit wem fortpflanzt, scheint besonders viel mit Intelligenz zu tun zu haben. Misst man jeweils die Intelligenz beider Partner eines Paares, so stellt sich heraus, dass sie sich darin sehr ähneln – intelligente Menschen paaren sich bevorzugt mit anderen intelligenten Menschen. Der Korrelationskoeffizient dafür ist mit etwa 0,4 sogar größer als der für Körpergröße oder Körpergewicht (0,2) oder Persönlichkeitsmerkmale (0,1). Intelligenz scheint also eines der wichtigsten Kriterien bei der Partnerwahl zu sein. Unter den – wie wir noch sehen werden – verschiedenen Formen von Intelligenz ist »verbale« Intelligenz besonders leicht (wohl unbewusst) einzuschätzen, denn die Korrelation zwischen Partnern (0,5) ist hier höher als bei nichtverbaler Intelligenz (0,3).[1] Dabei treffen die Menschen ihre Entscheidung für einen Partner nach diesen Eigenschaften schon am Beginn einer Beziehung, sie gleichen sich nicht erst in der Partnerschaft an. Am höchsten ist die Korrelation in Bezug auf das Bildungsniveau (0,6), und Intelligenz ist mit Bildung stark assoziiert (0,45). Es stellt sich heraus, dass genetisch ähnlichere Menschen einander überdurchschnittlich oft heiraten.[2]

Intelligenz scheint verstärkt in bestimmten Familien angesiedelt zu sein. Vielleicht nicht ganz zufällig wurden daher die bisher 586 verliehenen Nobelpreise fünfmal an Paare und siebenmal an Kinder von Nobelpreisträgern vergeben. Wenn Sie einen Nobelpreis gewinnen wollen, dann suchen Sie sich also Ihre biologischen Eltern sehr genau aus! Spaß beiseite: Sicherlich haben Kinder von Nobelpreisträgern wohl nicht nur überdurchschnittliche Intelligenz geerbt, sondern auch eine sehr gute Erziehung genossen, sind auf die besten Universitäten gegangen und haben vielleicht sogar in den Labors von Nobelpreisträgern geforscht. Und auch »Vitamin B« ist wohl kein völlig unwichtiger Faktor bei der Vergabe von Nobelpreisen. Sicherlich spielt beides, gute Gene und eine gute Erziehung, eine bedeutende Rolle für die Entwicklung von Intelligenz. Aber was ist wichtiger? Und kann man das so pauschal sagen?

Unbeliebte Fragen, unbequeme Antworten

Kaum ein Thema wird so emotional diskutiert wie Intelligenz und insbesondere deren Erblichkeit. Bei vielen Menschen lösen Theorien über die Erblichkeit von Intelligenz fast so etwas wie allergische Reaktionen aus. Aber »empörtes Weghören«[3] oder gleich die Rassismus-Keule zu schwingen bringen uns nicht weiter. Die Aggressionen und die ideologische Voreingenommenheit, mit denen diese Debatte immer wieder geführt wird, sind erschreckend. Das sollte die Wissenschaft jedoch nicht davon abhalten, sich kritisch und konstruktiv mit diesem Thema von offensichtlich gesellschaftlicher Relevanz, beispielsweise im Hinblick auf die Berufswahl, auseinanderzusetzen.[4] Fragen und Forschen muss erlaubt sein, auch wenn die Antworten möglicherweise dem Geist des politischen Mainstream und der politischen Korrektheit nicht entsprechen mögen. Der Öffentlichkeit dürfen wissenschaftliche Fakten nicht vorenthalten werden, auch wenn sie uns vor moralische Hürden stellen. Andere Kulturen sind da weitaus offener und unvoreingenommener. So werden aktuell mehrere große internationale genomische Studien durchgeführt, insbesondere in England und den USA, aber auch in China, die den Zusammenhang von Genetik und Intelligenz und damit auch den Einfluss von Erziehung auf Intelligenz entschlüsseln sollen.

Zuletzt spaltete in diesem Punkt Thilo Sarrazins Buch *Deutschland schafft sich ab* (2010) die Nation. Ich möchte das Buch als Ganzes gar nicht verteidigen, aber viel zu oft drifteten die Diskussionen, die durch dieses Buch entfacht wurden, ins Emotionale ab, mündeten in persönliche Beschimpfung und Ausgrenzung, ja öffentliche Verunglimpfung. So wurde etwa von Andrea Nahles und Sigmar Gabriel gefordert, Thilo Sarrazin aus der SPD auszuschließen, weil seine Darstellung einer genetischen Komponente von Intelligenz in seinem Buch mit den Werten der SPD nicht übereinstimme. Sozialdemokratische Werte sind eine löbliche und notwendige Sache, gleichwohl bleibt festzuhalten, dass der Kenntnisstand zur genetischen Basis von Intelligenz in *Deutschland schafft sich ab* wissenschaftlich weitgehend korrekt dargestellt wurde (während man über Sarrazins eugenische Aussagen durchaus streiten sollte). Das unsachliche Niveau, auf dem die Debatte in Deutschland um die genetische Basis von Intelligenz damals geführt wurde, veranlasste den Wissenschaftsjournalisten Dieter E. Zimmer dazu, ein Buch[5] zum Thema zu schreiben. Auch die renommierten Psychologen und Bildungsforscher Heiner Rindermann und Detlef H. Rost kommentierten in einem Aufsatz[6] Sarrazins Buch aus entwicklungspsychologischer Sicht. Beide Publikationen bestätigen in großen Teilen Sarrazins Darstellung der Thematik, betreiben aber auch Medienschelte. Denn – und da stimme ich mit Zimmer voll überein – wenn jemand nicht wissen will, was Normalverteilung, Varianz oder der Unterschied zwischen Korrelation und Kausalität ist, dann soll er sich bitte aus der Diskussion um die erbliche Basis von Intelligenz heraushalten.

Zum Thema Intelligenz beziehungsweise Einfluss von Genen und von Erziehung auf Intelligenz wurden schon viele und auch sehr gute Bücher verfasst. Darunter ragt dasjenige von Dieter E. Zimmer heraus, das sehr verständlich geschrieben und auf dem aktuellen Stand ist. Ich kann es zur Vertiefung in das komplexe Thema nur empfehlen, ebenso wie die Bücher von Detlef H. Rost oder auch die *IQ-Bibel* von Hans Jürgen Eysenck.[7] Hier kann ich das Thema lediglich anreißen und einen Überblick über die wichtigsten bisherigen Erkenntnisse und noch offenen Fragen zu den zwei Themenkreisen »Genetik und Intelligenz« und »Geschlecht und Intelligenz« geben.

Evolution von Intelligenz

Eine hohe Erblichkeit von Intelligenz wäre aus evolutionärer Sicht sinnvoll, denn Intelligenz ist adaptiv, also von Vorteil für die Fitness. Eine Theorie besagt, dass Intelligenz in unserer evolutionären Linie möglicherweise deshalb so stark gestiegen ist, weil wir in sozialen Gruppen leben, in denen es wichtig ist, sich gegenseitig als Individuen zu kennen und wiederzuerkennen. Das »soziale Gehirn« ist wichtig, damit man sich erinnert, wer etwas wie und wo und wann und mit wem gemacht hat. Reputation, reziproker Altruismus, Werkzeugherstellung und -gebrauch, Jagd und Orientierung waren wohl sämtlich notwendige Zutaten bei der Entwicklung eines größeren und besseren Gehirns. Die stärkste Triebfeder der Evolution unserer außergewöhnlichen Intelligenz war möglicherweise unser soziales Mit- (und Gegen-)einander. Das Leben und das Jagen in Gruppen verliehen manchem erfolgreichen Jäger einen höheren sozialen Status. Man darf getrost davon ausgehen, dass die Jagd weitestgehend Männersache war, obwohl bei einigen Gruppen von Schimpansen auch ein Teil der Weibchen Werkzeuge zur Jagd herstellt und auch selber jagt.[8] Die nur bedingte Monogamie führte dann möglicherweise zur Evolution eines »machiavellistischen« Gehirns, das es intelligenteren Männern erlaubte, sich gegen andere Männer durchzusetzen und dadurch auch Zugang zu mehr Frauen zu bekommen.[9] Diese Hypothese geht davon aus, dass die Evolution unseres Gehirns und seiner sozialen Intelligenz durch Wettbewerb unter Männchen um Zugang zu Weibchen angetrieben wurde. Wenn dies wirklich evolutionär prägend gewesen sein sollte: Würden damit möglicherweise auch einige der Unterschiede zwischen den Geschlechtern im Hinblick auf Gehirn und kognitive Fähigkeiten zu erklären sein?

Gestatten Sie mir, schon jetzt die Katze aus dem Sack zu lassen: Erblichkeitsberechnungen der Variation von Intelligenz reichen von 30 Prozent bis zu 80 Prozent. Intelligenz hat damit eine erbliche Komponente, und zwar eine recht große! Damit ist die Erblichkeit von Variation der Intelligenz fast so hoch wie diejenige von Variation der Körpergröße. Im Detail hängt die Größe dieses Wertes davon ab, welcher Aspekt von Intelligenz gemessen wird, in welcher (sozialen) Population dies geschieht und vor allem in welchem Lebensalter die Erblichkeit errechnet wurde. Denn interessanterweise steigt die gemessene Erblichkeit mit dem Lebensalter an. Wir wissen nicht genau, warum dies so ist (es hat damit zu tun, dass die additiven genetischen Komponenten im Alter ansteigen, weil sich die G x E-Beziehung, also die Interaktion von Genen und Umwelt, ändert[10]) und warum insbesondere verschiedene Formen der Intelligenz, die beispielsweise bei Kindern und ihren Eltern gemessen wurden, sich diesbezüglich unterschiedlich verhalten. Die wissenschaftlichen Anstrengungen fokussieren sich heute hauptsächlich darauf, die dafür verantwortlichen Gene zu finden, denn wie und welche einzelnen Gene Intelligenz beeinflussen, ist noch weitgehend unbekannt. In diesem Kapitel soll deshalb einer der experimentellen Wege vorgestellt werden, wie man die für die Erblichkeit von Intelligenz verantwortlichen Gene zu finden versucht.

Was ist Intelligenz?

Intelligenzforschung ist kein einfaches Feld. Denn zuallererst muss hinreichend genau definiert werden, was exakt gemessen werden soll, damit das Ergebnis auch objektiv, ohne Bias – statistische Verzerrung –, nachvollziehbar und reproduzierbar ist. Allerdings geht es bei Intelligenz um intrinsisch schwer quantifizierbare geistige Fähigkeiten. Intelligenzunterschiede sind daher auch offensichtlich nicht so leicht zu messen wie etwa Körpergröße. Dazu gibt es noch verschiedene Formen oder Teilaspekte von Intelligenz, etwa generelle Intelligenz *g* (oder g-Faktor), Hochbegabung und Arbeitsgedächtnis. Intelligenz, die Fähigkeit also, über Ideen nachzudenken, Situationen zu analysieren und Probleme zu lösen, wird durch verschiedene Arten von Intelligenztests gemessen, die verbale, nonverbale und andere Arten der Intelligenz unterscheiden und quantifizieren. Weitere Formen der Intelligenz sind die mit dem Alter abnehmende fluide Intelligenz sowie die altersunabhängigere kristalline Intelligenz. Fluide Intelligenz ist die Fähigkeit, abstrakt induktiv und deduktiv zu denken und Probleme zu lösen (Rätsel, Mustererkennung, Problemlösungsstrategien), unabhängig von Lernen, Erfahrung oder Erziehung. Kristalline Intelligenz dagegen basiert auf Lernen und Erfahrung. Tests zu dieser Form von Intelligenz beinhalten daher auch Fragen zu Lese- und allgemeinem Verständnis, Analogien, Wortschatz- und Faktenkenntnis. Sie kann mit zunehmendem Lebensalter (zumindest bis 65 Jahre) anwachsen, während fluide Intelligenz in der Jugend am höchsten ist und ab einem Alter von 30 bis 40 Jahren abzunehmen beginnt. Egal jedoch, um welchen Aspekt von Intelligenz es geht: Der Phänotyp muss immer besonders genau, reproduzierbar und in definierten Gruppen von Menschen gemessen werden, um die Erblichkeit verlässlich berechnen zu können.

Intelligenztests haben eine über hundert Jahre lange Geschichte. Sie wurden zuerst in Frankreich von Alfred Binet mit dem Ziel entwickelt, leistungsschwächere Kinder zu identifizieren, um sie dann gezielter fördern zu können. Nebenbei bemerkt: Die Vorhersagekraft dieser Tests in Bezug auf den Schulerfolg – wie immer der auch definiert sein möge – ist hoch.[11] Er korreliert mit modifizierten PISA-Testergebnissen mit über 0,9.[12] Intelligenztests und andere psychometrische Methoden wurden ständig weiterentwickelt und verbessert, meist liegen die Ergebnisse bei Wiederholung nicht mehr als vier IQ-Punkte auseinander. Der Messfehler ist also recht gering. Man kann zwar durch gezieltes Training für Teile der Tests das Ergebnis verbessern, aber meist nur temporär und um nicht mehr als acht IQ-Punkte. Der IQ, der Intelligenzquotient, wurde 1912 vom deutsch-jüdischen Psychologen William (Wilhelm) Stern erfunden, der in den 1930er-Jahren in die USA emigrierte. Der Bestandteil »Quotient« im Namen impliziert bereits, dass es um ein Verhältnis von zwei Größen zueinander geht (grob gesagt um das gemessene »mentale Alter« einer Testperson, geteilt durch das chronologische Alter, multipliziert mit 100). Das Ergebnis des Intelligenztests wird somit eingeordnet oder normiert auf einen Durchschnittswert von 100 (Abb. 12.1).

Die teils erbitterte Emotionalität hierzulande – etwa im Vergleich zum relativ entspannten Umgang damit in den USA –, mit der heute um das Thema Intelligenz gestritten wird, hat zum großen Teil auch damit zu tun, dass die Wissenschaft, gerade auch die Biologie, im nationalsozialistischen Deutschland auf untolerierbare Weise zweckentfremdet wurde. Die Idee, Menschen aufgrund von Messwerten in »lebenswert« und »nicht lebenswert« zu klassifizieren, ist selbstverständlich abscheulich. Dass Juden in Intelligenztests durchschnittlich besser abschnitten als die Angehörigen der vermeintlich überlegenen nordischen Völker, passte nicht ins Weltbild der Nationalsozialisten, und so verbaten sie Intelligenztests. In der Sowjetunion unter Stalin galten Intelligenztests wiederum als bourgeoise, kapitalistische Idee und entsprachen nicht dem sowjetischen Welt- und Menschenbild, wonach alle Menschen mit den gleichen Fähigkeiten geboren werden. Daher waren sie auch dort verboten. Nicht so in den USA, wo seit einem Jahrhundert mit großer Selbstverständlichkeit standardisierte Tests das Leben von Schülern und Studenten bestimmen und in entscheidender Weise bei Zulassungen an Universitäten eingesetzt werden.

Deutsche Debattenkultur

Dass Intelligenztests in Deutschland mit seiner Nazi-Vorgeschichte ein besonders heikles und sensibles Thema sind, ist verständlich. Daher war der journalistische Reflex, mit dem Sarrazins Buch großteils verdammt wurde, ja auch der instinktivste, und so war auch zu erwarten, dass es in eine rassistische Ecke gestellt wurde. Aber Sarrazin hat dies offensichtlich vorhergesehen und versucht, mit vielen Fußnoten und wissenschaftlichen Zitaten seine Aussagen zu belegen. Seine Zahlen waren zum größten Teil auch wissenschaftlich fundiert, wie Rindermann und Rost bestätigt haben.[13] Geholfen hat es ihm nicht, und dies sagt nichts Gutes über die Debattenkultur in diesem Land aus.

Man hätte sich, wie es auch bei Dieter E. Zimmer nachzulesen ist, eine sachlichere und emotionslosere Diskussion gewünscht. Die Wissenschaft ist das eine – was dann aber gesellschaftspolitisch aus deren Erkenntnissen gemacht wird, ist etwas anderes. Eine auch unliebsame Debatte muss eine Demokratie aber nicht nur aushalten, sondern auch dezidiert begrüßen und ermöglichen – egal, wie politisch korrekt oder unkorrekt bestimmte Ergebnisse für einige Teile der Gesellschaft auch sein mögen. Und eine solche Debatte darf auch nicht in persönliche Beleidigungen ausarten. Es hilft niemandem auf lange Sicht, den Kopf in den Sand zu stecken. Eines meiner Anliegen ist es, dass wissenschaftliche Erkenntnisse gesellschaftlich mehr Gehör finden und politisch zum Guten der Allgemeinheit umgesetzt werden. Wissenschaftliche Wahrheiten oder Errungenschaften lassen sich letzten Endes sowieso nicht unterdrücken, sondern nur durch noch bessere, wissenschaftlich fundierte Erkenntnisse widerlegen oder ersetzen.

Wenn ich mich noch für einen Absatz aufs Glatteis der Politik begeben darf: Mir erscheint es plausibel, dass Gesellschaften, die Wissenschaft schätzen, finanzieren und deren Ergebnisse im politischen Entscheidungsfindungsprozess in Betracht ziehen, langfristig einen Vorteil haben gegenüber Gesellschaften, die das nicht tun. Nun gehört Deutschland zwar dankenswerterweise zur ersten Gruppe, macht aber trotzdem einiges falsch nach meiner Meinung, die sich auch aus über 15 Jahren Berufserfahrung in der akademischen Welt der USA speist.

Wir in Deutschland reagieren bei vielen Themen zu emotional, irrational und wissenschaftsfeindlich. Die Folge ist, dass zum Beispiel Biotechnologie, gentechnisch veränderte Pflanzen oder Kernkraft hierzulande negativ belegt sind. Oder man denke allein an das Wort »Gen«. In Deutschland hat es immer einen negativen Beigeschmack. Warum eigentlich? Unter anderem auch wegen einer überraschenden Wissenschaftsfeindlichkeit verliert Deutschland viel zu viele talentierte Wissenschaftler an die Konkurrenz in Großbritannien, der Schweiz und den USA. Auf Dauer können wir es uns nicht leisten, einer romantisierten Naturphilosophie nachzuhängen und das Neue und »Künstliche« von vornherein abzulehnen. Diese übervorsichtige Kultur der »Bedenkenträgerei«, deren erster Reflex es ist, sofort eine Kommission zu gründen (in denen vielleicht sogar paritätisch Kirchenvertreter und Wissenschaftler sitzen), Verbote zu erlassen und dann erst Jahre später eine Empfehlung in Form einer gedruckten Broschüre zu veröffentlichen, wird uns langfristig ins wirtschaftliche Abseits führen. Denn die internationale Konkurrenz schläft nicht und agiert sehr viel schneller und kapitalistischer als unsere soziale Marktwirtschaft.

Verteilung von Intelligenz in einer Population

Intelligenztests wird immer wieder vorgeworfen, dass sie einen Bias, also Ungleichheiten oder Verzerrungen in sprachlicher, ethnischer, kultureller oder geschlechtsspezifischer Hinsicht, enthielten. Sicherlich ist es schwierig, einen Test zu entwickeln, der in allen diesen Aspekten vollkommen neutral und problemlos ist. Aber man versucht es. Eine Methode, durch die beispielsweise ein geschlechtsspezifischer Bias eliminiert wurde, ist das Weglassen von speziellen Fragen, hinsichtlich deren Beantwortung sich Männer und Frauen systematisch voneinander unterschieden haben. Im Umkehrschluss heißt dies natürlich auch, dass eventuell vorhandene Unterschiede zwischen den Geschlechtern weniger offensichtlich sind.[14] Die Literatur zum Thema Bias ist kaum überschaubar und kann hier nicht einmal nur annähernd komplett besprochen werden. Einen Überblick bieten das (auch umstrittene) Standardwerk *Bias in Mental Testing* von Arthur R. Jensen[15], aber auch die Bücher von

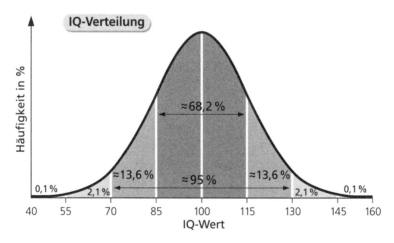

Abb. 12.1: Die typische Verteilung der Intelligenz in einer Population lässt sich in der Glockenkurve der Gauß'schen Normalverteilung darstellen. Dabei wird der durchschnittliche IQ-Wert auf 100 festgelegt. Die senkrechten weißen Linien geben jeweils eine Standardabweichung an, die hier 15 IQ-Punkte beträgt.

Detlef H. Rost, einem der führenden Intelligenzforscher Deutschlands. Insbesondere Rost geht in seinem *Handbuch Intelligenz*[16] sehr detailliert auf all diese Aspekte ein. Wer es wirklich genau wissen will, sollte es lesen.

Weil so viele Faktoren – genetische, aber auch verschiedenste Umweltbedingungen, Messfehler etc. – auf die Bestimmung des IQ einwirken, ist, wie in fast allen biologischen Systemen, eine Normalverteilung auch dieses Attributs um den Mittelwert herum zu erwarten (Abb. 12.1). Davon ausgehend liegt der Intelligenzquotient (IQ) der meisten Menschen (rund 68 Prozent) in einem Bereich innerhalb einer Standardabweichung von einem durchschnittlichen Wert von 100. Das heißt: Etwas mehr als zwei Drittel aller Menschen haben demzufolge einen IQ von 85 bis 115 und sind daher per definitionem »normal« intelligent. Bei etwa 5 Prozent der Menschen weicht der

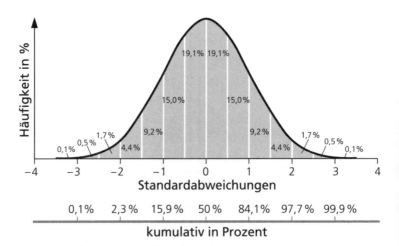

Abb. 12.2: Normalverteilung der Intelligenz. Die x-Achse bezeichnet die Standardabweichungen vom Mittelwert. Die Prozentzahlen innerhalb der Glockenkurve geben an, welcher Anteil der Probanden sich in welchem Bereich der Normalverteilung wiederfindet; die untere Skala zeigt den kumulativen Prozentsatz der Probanden an. Erst ab zwei Standardabweichungen (IQ 130) über dem Durchschnitt gilt man als Genie. Bei über drei Standardabweichungen (IQ 145) ist man ein wahres Genie. Nur 0,1% der Menschen gehören zu dieser Gruppe.

IQ um mehr als zwei Standardabweichungen nach oben oder nach unten vom Mittelwert ab. Lediglich etwa 2 Prozent von uns haben einen IQ von über 130 und qualifizieren sich so für die Mitgliedschaft bei MENSA, dem Klub der Hochintelligenten. Und einen IQ von 145 übertrifft lediglich 0,1 Prozent der Menschheit, also nur einer von 1000 Menschen. Offensichtlich ist daher am oberen Ende dieser Verteilung nur eine verschwindend kleine Anzahl von Menschen anzutreffen. Dies sind die wahren Genies, wie sie auch schon Galton, der Erfinder so vieler Dinge (auch der Eugenik), genannt hat, die dann Schachgroßmeister oder Physikprofessoren werden (Abb. 12.2).

Erblichkeit von Intelligenz

Wie bereits erwähnt, hat Intelligenz laut neuester Erkenntnisse der Intelligenzforschung[17] eine Erblichkeit von etwa 30 bis 80 Prozent (nach Rost[18] reicht h^2 von 0,32 bis 0,81 – h^2 ist die Erblichkeit im engeren Sinne, die sich nur auf additive genetische Effekte vieler Gene bezieht). Viele Zwillingsstudien belegen einen genetischen Einfluss auf Intelligenz von meist etwas über 50 Prozent (nach Rost 56 Prozent). Rost und Rindermann behandeln in ihren Büchern[19] im Detail die vielen strittigen Aspekte dieser Thematik. Beide Autoren attestieren Sarrazin in einem Artikel in der *Frankfurter Allgemeinen Zeitung*[20], dass sein Buch diesbezüglich frei von nennenswerten Fehlern ist und dass er im Wesentlichen richtig verstanden und wiedergegeben hat, was er in englischen und deutschen Quellentexten zum Thema Intelligenz und deren Vererbung gelesen hat. Rost und Rindermann konstatieren auch, dass Sarrazins Empfehlungen zu schulischen und erzieherischen Verbesserungsmaßnahmen im Umgang mit Kindern von Migranten in großen Teilen mit den bildungspolitischen Programmen der SPD und anderer deutscher Parteien übereinstimmen.

Nicht vergessen darf man bei dieser Diskussion und Thematik, dass eine errechnete Erblichkeit von 50 Prozent bedeutet, dass zwar etwa 50 Prozent der Variation der gemessenen Intelligenz einer Population auf genetische Faktoren zurückzuführen sind, dass aber damit die andere Hälfte der Variation Umwelteinflüssen wie Schule, Elternhaus, Ernährung etc. unterliegt. Die Berechnung der Erblichkeit ist ebenfalls abhängig von der Homogenität der Umwelt. Je gleicher, also je konstanter und besser die Umwelt ist, desto höher fällt der Erblichkeitsanteil aus, denn die Umwelteinflüsse und deren Interaktionen mit Genen (G x E, siehe Kapitel 3) werden dann minimiert. Dies bedeutet aber auch, dass die bei gleicher Umwelt zutage tretenden Unterschiede eben weitgehend genetischer Natur sind. Die Gene bilden im Hinblick auf Intelligenz die Obergrenze, die auch bei noch so guten Umweltbedingungen nicht überschritten werden kann. Gute Umweltbedingungen erlauben es, das genetisch Maximale zu erreichen, schlechte hingegen hindern das genetische Potenzial an seiner Manifestation. Es kann also auch bei noch so viel Förderung und Übung kein Mozart oder Einstein antrainiert werden. Talent und ein überdurchschnittlich großes Arbeitsgedächtnis sowie eine hohe Verrechnungsgeschwindigkeit – und das alles benötigt entsprechende genetische Faktoren – sind hierfür nötig. Sicherlich sind Fleiß, Selbstdisziplin und Erziehung ganz wichtige Komponenten, dennoch gilt: Je höher die Erblichkeit, desto geringer ist der Einfluss von Umweltfaktoren auf die gemessene Variation eines Merkmals.[21, 22, 23]

Bei 50 bis 80 Prozent Erblichkeit bei Erwachsenen lässt sich der IQ von Kindern von Eltern mit bekanntem IQ relativ gut vorhersagen – allerdings mit Einschränkungen, denn auch das soziale Umfeld hat auf die Entfaltung der Intelligenz einen Einfluss. Selbstverständlich – wie bereits am Beispiel der Körpergröße gezeigt – werden die genetischen Karten in jeder Generation durch Rekombination und Crossing-Over neu gemischt, ebenso darf man den Effekt der Regression zur Mitte(lmäßigkeit) nicht vergessen. Auch Eltern mit niedrigerem IQ können deshalb Kinder bekommen, die überdurchschnittlich intelligent sind, und umgekehrt. Der Effekt der Regression zur Mitte lässt dies sogar erwarten. Hinzu kommt, dass Erblichkeitsschätzungen immer nur Aussagen über Populationen sind, in deren Rahmen sich der Einzelfall nur begrenzt genau vorhersagen lässt. Und erneut sei in diesem Zusammenhang betont: Die Interaktion von Gen und Umwelt kann einen beträchtlichen Einfluss haben. Allerdings ist ihr Anteil schwer vorherzusagen, weil sie großteils noch nicht verstanden ist, erst recht bei einem so komplexen Merkmal wie Intelligenz, das so vielfältigen Faktoren unterliegt. Theoretisch wird sich die additive genetische Varianz, also die Erblichkeit von Intelligenz im engeren Sinn (h^2), erhöhen, weil Fortpflanzung nicht zufällig stattfindet, sondern weil Partner stark nach IQ ausgewählt werden.[24]

Nochmals: Eine hohe Erblichkeit heißt nicht, dass gute, insbesondere (vor)schulische Bildung, Zuneigung, Gespräche oder abendliches Vorlesen nicht von Vorteil für die Entwicklung des Kindes sind. Selbstverständlich sollte man jedem Kind, egal, wie groß dessen angeborene Intelligenz auch sein mag, die besten Umweltbedingungen zugutekommen lassen, damit sich sein Potenzial voll entfalten kann. Wobei auch klar sein muss, dass man, wie eine amerikanische Redewendung sagt, zwar ein Pferd zum Wasser führen, es aber nicht zwingen kann, zu trinken. Es kommt also bei noch so guten Lehrern, Kindergärten und Schulen am Ende immer noch auf den individuellen Schüler an. Denn 50 Prozent Erblichkeit bedeutet ja auch, dass nur 50 Prozent der Variabilität in diesem Merkmal innerhalb einer Population sich durch Umwelteinflüsse und die Interaktion von Genen mit Umweltfaktoren erklären. Die hohe Erblichkeit von Intelligenz impliziert keinen unausweichlichen Determinismus, sondern lediglich, dass man innerhalb einer *Population* genauere Vorhersagen machen kann, die aber immer noch mit einer Fehlerquote behaftet sind. Eine Erblichkeit von etwas über 50 Prozent ist ja auch irgendwie ein salomonisches Ergebnis, das auch denen Genugtuung verschafft, die die Macht der Gene verdammen und ausschließlich auf Erziehung und Umwelt zu setzen scheinen.

Für die relativ große Spannweite der berechneten Erblichkeit von Intelligenz von etwa 50 bis 80 Prozent bei Erwachsenen gibt es eine Reihe von Gründen. Denken Sie an das Beispiel der Rennpferde: Je genauer und reproduzierbarer man den Phänotyp messen kann (Laufgeschwindigkeit der Rennpferde unter Wettbewerbsbedingungen ohne Handicap), desto genauer lässt sich die Erblichkeit berechnen.

Zudem liegt die berechnete Erblichkeit bei kleinen Kindern zunächst nur bei etwa 30 bis 50 Prozent, steigt aber mit zunehmendem Alter auf etwa 70 bis 80 Prozent (Abb. 12.3). Dies liegt auch daran, dass die IQ-Tests, an denen Eltern und ihre Kinder teilnehmen nicht die gleichen sind. Daher wird Erblichkeit unterschätzt.

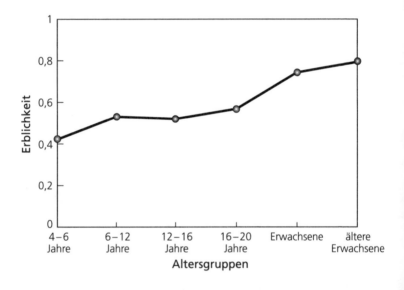

Abb. 12.3: Erblichkeit der Varianz der Intelligenz in verschiedenen Lebensaltern. Die Kurve zeigt, dass die gemessene Erblichkeit mit dem Lebensalter steigt.

Die berechnete Erblichkeit verändert sich also während der Lebensspanne eines Menschen. Daher sind Intelligenztests oft genauer und reproduzierbarer bei Kindern und Jugendlichen, die mindestens zehn Jahre alt sind – wo sich die Intelligenz also schon »gesetzt hat«, um die Zürcher Intelligenzforscherin Elsbeth Stern zu zitieren – oder die sogar bereits die Pubertät hinter sich haben. Das hat auch damit zu tun, dass Intelligenz in verschiedenen Formen auftreten kann. Diese sind unterschiedlich stabil, auf unterschiedliche Weise durch die Umwelt veränderbar und weniger zwischen Kindern und Eltern vergleichbar. Der Umwelteinfluss sinkt bezeichnenderweise mit zunehmendem Alter – dies wird als »Wilson-Effekt« bezeichnet. Im Erwachsenenalter fällt der IQ oft auf das genetische Niveau zurück, egal, wie gut vorher gefördert wurde.[25] Insbesondere die kristalline Intelligenz älterer Menschen weist eine besonders hohe Erblichkeit auf. Das heißt: Die Vorhersage des IQ wird bei einem älteren Menschen genauer sein als bei einem jüngeren, sofern man den der Eltern kennt. Der Einfluss der Umwelt ist also bis zur Pubertät beträchtlich, verringert sich jedoch mit zunehmendem Alter, bis die Ausprägung der Intelligenz hauptsächlich durch die genetische Komponente bestimmt ist (Abb. 12.3).

Intelligenz und Erfolg

Intelligente Menschen leben, so zeigen viele Studien, gesünder und länger und sind finanziell erfolgreicher.[26] Oder sind Menschen, die länger und gesünder leben und finanziell erfolgreicher sind, intelligenter? Hier spielt die Frage der Kausalität eine Rolle. Oft sind die Wirkungen wechselseitig: So sind zum Beispiel gestillte Babys als Erwachsene intelligenter, und gleichzeitig stillen intelligentere Mütter mit höherer Wahrscheinlichkeit ihre Kinder, denen sie die Intelligenz vererben. Es gibt zumindest eine eindeutige Korrelation zwischen IQ und Schulerfolg und eine weniger enge, aber immer noch statistisch signifikante zwischen IQ und der Höhe des Einkommens. Basierend auf einer Zwillingsstudie mit über 11 000 Schülern in England wurde unlängst eine Erblichkeit von 58 Prozent bei 16-Jährigen festgestellt.[27] Überdurchschnittlich intelligente Menschen verhalten sich weiser, haben größere berufliche Freiheiten und leben unter weniger belastenden Umweltbedingungen.

Intelligenz und schulische Leistungen, wie sie international in PISA-Studien gemessen werden, sind essenzielle Angelegenheiten. Warum sonst sollte ein Staat Milliarden für die Bildung der Kinder seiner Bürger ausgeben? Und es ist nicht nur eine Frage des nationalen Stolzes, wenn Deutschland in dem von der OECD organisierten PISA-Ranking ein paar Ränge weiter nach oben geklettert ist. Denn es besteht auch ein Zusammenhang zwischen der kognitiven Kompetenz der Bewohner eines Landes und dessen Wirtschaftsleistung, nicht nur korrelativ, sondern auch kausal. Insbesondere die 5 Prozent Leistungsstärksten eines Landes scheinen dafür besonders wichtig zu sein, denn sie tragen überproportional zur Innovationskraft eines Landes bei.

Diesem strittigen Thema widmeten sich Richard J. Herrnstein und Charles Murray in ihrem kontrovers diskutierten Buch *The Bell Curve: Intelligence and Class Structure in American Life* (1996). Darin geht es den Autoren vornehmlich darum, den Zustand der US-amerikanischen Gesellschaft bezüglich der Verteilung von Intelligenz zu analysieren und die Wirkung von nationalen Förderprogrammen wie »Head Start« zu evaluieren. Dieses Buch wurde oft, und zum Teil auch zu Recht, kritisiert.[28] IQ muss nicht direkt etwas mit beruflichem Erfolg zu tun haben, wie schon weiter oben angesprochen. Gruppenvergleiche werden detaillierter von dem Intelligenzforscher Robert Plomin vom King's College in London analysiert. Sie sind problematisch und basieren oft auf unsicheren Annahmen. So ist etwa Armut in einem Ausmaß, wie wir es in Deutschland zum Glück nicht kennen, ein Grund dafür, dass das genetische Potenzial für Intelligenz in vielen armen Ländern nicht voll abgerufen werden kann. Manchmal sind es nur schlichte Ernährungsprobleme wie fehlendes Jod im Salz. So wurde errechnet, dass allein dieses fehlende Spurenelement den

IQ-Wert um 10 bis 15 Punkte nach unten drückt.[29] Jodmangel ist für fast ein Drittel der Menschheit weltweit ein Ernährungs- und damit ein Intelligenzproblem. Auch andere Nahrungskomponenten wie Vitamin A, Eisen, Zink und Folsäure sind wichtig und insbesondere während der Schwangerschaft für eine gesunde Entwicklung der Intelligenz nötig.

Eine Beziehung zwischen dem sozioökonomischem Status und einer Reihe von kognitiven Messwerten ist schon lange bekannt (siehe den jüngsten Übersichtsartikel von Plomin und Deary[30]). Dies schließt IQ, Lese- und andere Sprachkompetenzen ein, aber auch die Fähigkeit, sich auf eine Aufgabe zu konzentrieren. In vielen Studien waren diesbezügliche Unterschiede korreliert mit Unterschieden in Gehirnarealen, die mit Gedächtnis oder Sprache zu tun haben. Dennoch war es oft schwierig, ethnische Zugehörigkeit, Bildungsniveau der Eltern und andere potenziell wichtige Faktoren vom sozioökonomischen Hintergrund statistisch zu trennen – die finanziell schwachen Gruppen in den USA sind eben eher nicht »kaukasisch«. So versuchte eine neue US-Studie[31], bei der per Magnetresonanztomografie eine Messung der Oberfläche der Großhirnrinde bei über 1000 Kindern (im Alter von drei bis zehn Jahren) sowie eine Reihe von kognitiven Tests und DNA-Analysen der ethnischen Herkunft durchgeführt wurden, auch sozioökonomische Faktoren in Betracht zu ziehen. Diese Studie zeigte eine lineare Korrelation zwischen dem Einkommen der Eltern und der Größe der Oberfläche der Großhirnrinde der Kinder, insbesondere in Gehirnarealen, die mit Sprache, Lesen, räumlichem Denken, Entscheidungsfindung und anderen Formen von Intelligenz zu tun haben. Die Ergebnisse waren besonders eindeutig bei Kindern aus den einkommensschwächsten Haushalten, deren Gehirnoberflächen etwa 6 Prozent kleiner waren als bei denjenigen aus den reichsten Haushalten. Was an Umweltbedingungen besonders schädlich für die Gehirnentwicklung der Kinder war, konnte allerdings nicht geklärt werden. Langzeitstudien mit diesen Kindern könnten näheren Aufschluss bringen, denn es kann nicht ausgeschlossen werden, dass genetische Unterschiede eine Rolle spielen ebenso wie epigenetische Einflüsse aufgrund negativer Umweltbedingungen, etwa wie Eltern ihre Kinder ans Lernen heranführen.

Es gibt in dieser Hinsicht aufschlussreiche gesellschaftliche Trends. An der University of California in Berkeley waren schon in den 1980er-Jahren viele Studenten nicht weiß, sondern asiatischer Herkunft. Diese Tendenz hat sich in den letzten Jahren verstärkt, Asiaten bilden unter den Studenten dieser sehr selektiven Universität längst die Mehrheit. Sie machen mindestens 40 Prozent eines Studentenjahrgangs aus, obwohl nur etwa 4 Prozent der US-Bevölkerung asiatischer Herkunft sind. Afroamerikaner hingegen, die etwa 13 Prozent der US-Bevölkerung ausmachen, sind in Berkeley mit nur 3 Prozent vertreten. Die Zulassung zum Studium in Berkeley basiert zum großen Teil auf den Zensuren in der Highschool (also dem Abiturnotendurchschnitt, GPA genannt, *Grade Point Average*) und auf den Ergebnissen des SAT-Tests (*Scholastic Aptitude Test*), der einem reinen Intelligenztest ähnelt und bei dem kognitive Fähigkeiten erfasst werden. Beide Ergebnisse (GPA und IQ) sind eng korreliert. Ein Grund für das erfolgreiche Abschneiden asiatischer Einwanderer der ersten Generation dürfte auch die »Wirksamkeit« konfuzianischer Ideale sein, in denen Bildung und Lehrer hohe Wertschätzung genießen. Die positiven Effekte dieser Art von »Lernkultur« zeigen auch Vergleiche von IQ und schulischem Erfolg bei Einwandererpopulationen in anderen Ländern.[32]

In den Jahrzehnten seit dem Zweiten Weltkrieg ist der gemessene IQ weltweit kontinuierlich angestiegen. Man nennt dies Flynn-Effekt, nach dem neuseeländischen Forscher James R. Flynn. Demnach wuchs der IQ im Durchschnitt um etwa zwei bis drei Punkte pro Jahrzehnt. Unsere Generation ist also – zumindest laut IQ-Tests – intelligenter als die Generation unserer Eltern und insbesondere die unserer Großeltern. Bei weißen Europäern und Amerikanern beträgt dieser Anstieg 0,3 IQ-Punkte pro Jahr, bei Afroamerikanern sogar

0,45 Punkte. Als Erklärung für dieses Phänomen werden unter anderem Faktoren wie bessere Ernährung (der Mütter und der Kinder), Konsum von mehr Milch, Abschaffung der Kinderarbeit, visuell stimulierendere Umgebungen etc. genannt. Mit anderen Worten: Eine bessere Umwelt, insbesondere ökonomisch gesehen, erlaubt es, dass sich das vorhandene genetische Potenzial besser entfaltet.[33]

Selbstverständlich sind die gemessenen Unterschiede zwischen Ethnien oder allgemein zwei Populationen immer nur Mittelwerte und sagen zunächst nicht viel über ein Individuum aus. Die Verteilung um den Mittelwert herum wird innerhalb einer Population gemessen; die ermittelten Werte, so sollte es zumindest a priori zu erwarten sein, folgen dann einer Normalverteilung. Aus diesen Verteilungen ist abzulesen (Abb. 12.4), dass der jeweils größte Anteil der beiden verglichenen Populationen aus Individuen besteht, die einen IQ zwischen 100 und 115 haben. (Stellen Sie sich bei dieser Abbildung vor, dass der Mittelwert der Männer einen IQ von 100 beschreibt und der von Frauen eine Standardabweichung darüber liegt, also bei einem IQ von 115). Diese hypothetische Verbreitung zeigt, dass fast die gesamte Bandbreite von Intelligenz in beiden Gruppen vorhanden ist – nur eben in unterschiedlichen Häufigkeiten und daraus resultierenden unterschiedlichen Mittelwerten. Die Überlappung ist beträchtlich, daher kann die Intelligenz eines einzelnen Individuums in beiden Gruppen fast im gesamten Messbereich angesiedelt sein, wenn auch mit unterschiedlich hohen Wahrscheinlichkeiten. Selbstverständlich gibt es innerhalb einer Gruppe größere Unterschiede zwischen Individuen als zwischen den Durchschnittswerten beider Populationen (Abb. 12.4). Die Zugehörigkeit eines Individuums zu einer bestimmten Gruppe erlaubt daher auch nur in begrenztem Maße und mit geringer A-priori-Genauigkeit eine Vorhersage des IQ – immer unter der Voraussetzung, dass es wirklich solche Gruppenunterschiede gibt. Das Individuum allein zählt, egal, zu welcher Gruppe es gehört.

Dennoch kann man statistische Aussagen machen. In diesem hypothetischen Beispiel (Abb. 12.4) würde man also vorhersagen, dass die durchschnittliche Frau einen IQ hat, der eine Standardabweichung über dem eines durchschnittlichen Mannes liegt. Auf das Individuum bezogen würde man dann erwarten, dass eine zufällig ausgewählte Frau auch dem zu erwartenden Mittelwert des IQ von Frauen entspricht, also hier 15 IQ-Punkte über dem Wert des durchschnittlichen Mannes liegt. Aber es könnte auch sein (wenn auch statistisch gesprochen umso unwahrscheinlicher, je weiter ihr tatsächlicher IQ vom Mittelwert für Frauen abweicht), dass sie nur den IQ eines durchschnittlichen Mannes hat oder sogar einen noch kleineren IQ-Wert.

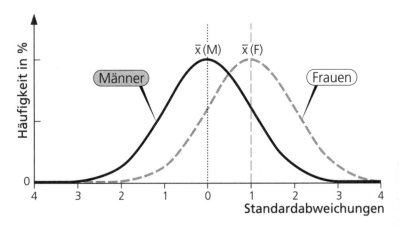

Abb. 12.4: Hypothetisches Beispiel von zwei unterschiedlichen Normalverteilungen (hier Männer und Frauen), deren Mittelwerte um genau eine Standardabweichung differieren.

Offensichtlich ist auch die soziale Durchlässigkeit einer Gesellschaft ein weiterer wichtiger Faktor für den wirtschaftlichen Erfolg eines Landes. Die Verwirklichung des amerikanischen Traums, vom Tellerwäscher zum Millionär aufzusteigen – dessen Realitätsnähe inzwischen durchaus bezweifelt werden darf –, hängt mit einer Reihe von Faktoren zusammen, die es den Intelligentesten, Fleißigsten und Diszipliniertesten aus unteren sozialen Schichten erlauben, sich nach oben hochzuarbeiten. Ein Gegenbeispiel dazu ist ein die soziale Abstammung betonendes System wie die Kastenstruktur in Indien, die den Angehörigen der unteren Kasten – unabhängig von den Fähigkeiten eines Individuums – gesellschaftlichen Aufstieg verwehrt und zu Fatalismus führt. Im immer noch sehr klassenbewussten England kann man immerhin gesellschaftlich aufsteigen. Allerdings fallen hier die Sprösslinge der oberen Klassen nicht ganz so rasch und tief, selbst wenn sie nicht so talentiert, fleißig oder intelligent sind.[34] Soziale Herkunft und Habitus sind sicherlich Faktoren, die auch in westlichen Gesellschaften beruflichen Erfolg beeinflussen.

Zwillingsstudien und Intelligenz

Woher stammen nun die Zahlen zur Erblichkeit von Intelligenz? Woher wissen wir, dass »mehr als 50 Prozent« richtig ist? Intelligenzforschung basierte bisher zu einem nicht unbeträchtlichen Teil auf Zwillingsstudien, aber auch auf Forschungen mit Adoptivkindern, die ähnlichen erzieherischen Umweltbedingungen ausgesetzt waren wie leibliche Kinder. All diese Studien, die über mehrere Jahrzehnte hinweg in mehreren Ländern und an Menschen unterschiedlicher ethnischer Herkunft durchgeführt wurden, bestätigen die schon erwähnte Spannbreite von 30 bis 80 Prozent Erblichkeit von Intelligenz (Abb. 12.5).

Abbildung 12.5. enthält eine Zusammenfassung, die verdeutlicht, dass Intelligenz eindeutig eine erhebliche erbliche Komponente hat und sich in Familien »fortpflanzt«. Erblichkeit ist nichts anderes als eine statistische Beschreibung des Anteils der gemessenen Unterschiede (in diesem Fall den IQ betreffend) zwischen Individuen einer Population. Sie kann durch Korrelationen (denken Sie an Abbildung 3.3, wobei eine Re-

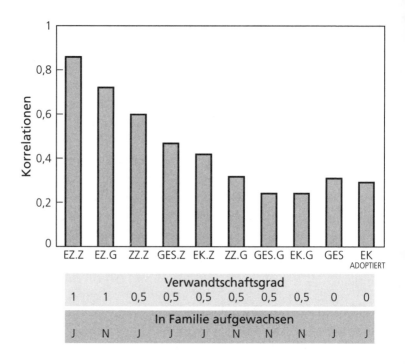

Abb. 12.5: Korrelationen der gemessenen Intelligenz zwischen eineiigen (EZ) und zweieiigen Zwillingen (ZZ), zwischen Geschwistern (GES) sowie zwischen Eltern und Kindern (EK). Z bedeutet, dass die Familienmitglieder zusammen, G, dass sie getrennt aufgewachsen sind.[35]

gression nicht exakt das Gleiche ist wie eine Korrelation) zwischen Familienmitgliedern gemessen werden.

Die Korrelation im gemessenen IQ zwischen Eltern und Kindern, die sie selber aufgezogen haben, beträgt etwa 0,45. Das heißt: Der gemessene IQ der Eltern sagt mit einer Wahrscheinlichkeit von 0,45 (Korrelationskoeffizient von 0,45) den IQ ihrer Kinder voraus. Zum IQ der Kinder tragen sowohl die Gene als auch die Erziehung durch die Eltern bei. Wie lassen sich diese beiden Effekte nun auseinanderdividieren? Dabei helfen Adoptionsstudien, bei denen Geschwister getrennt in unterschiedlichen Umwelten aufwachsen, und Zwillingsstudien, bei denen eineiige (Verwandtschaftsgrad 1,0) mit zweieiigen Zwillingen (Verwandtschaftsgrad 0,5) verglichen werden. Wenn getrennt aufwachsende Zwillinge in puncto IQ ähnlicher zueinander sind als zu ihren jeweiligen Adoptiveltern, ist dies ein Hinweis darauf, dass Genetik einen größeren Einfluss auf Intelligenz hat als Umwelt, Ernährung und Erziehung. Genetisch verwandte Familienmitglieder, die gemeinsam leben, sollten dann ähnlicher zueinander sein als adoptierte Kinder zu den Adoptiveltern, denn diese sind ja nicht genetisch miteinander verwandt.

In Abbildung 12.5 ist zu erkennen, dass die Korrelation zwischen Geschwistern, die in unterschiedlichen Familien aufgewachsen sind, etwa 0,24 beträgt. Das bedeutet, dass etwa 24 Prozent der Variation im gemessenen IQ dieser Population durch genetische Einflüsse erklärbar sind. Da der Verwandtschaftsgrad zwischen Geschwistern (oder auch Eltern und ihren Kindern) 0,5 beträgt, muss dieser Wert verdoppelt werden. So kommt man auf eine Berechnung der Erblichkeit von etwa 50 Prozent (48 Prozent, um genau zu sein). Ähnlich können dann auf diese Weise die relativen Effekte von Genetik und Umwelt auseinanderdividiert werden. Da eineiige Zwillinge genetisch identisch sind, ist der Einfluss der Umwelt auch dementsprechend kleiner. So liegt die Korrelation des IQ bei ihnen über 0,80 und selbst noch bei über 0,70, wenn sie von unterschiedlichen Adoptivfamilien aufgezogen werden.

Eineiige Zwillinge teilen sich nicht nur die gleichen Gene, sondern werden ja meist auch unter sehr ähnlichen Umweltbedingungen aufgezogen. Ihre IQ-Werte sind deshalb mit einem Korrelationskoeffizienten von 0,86 sehr ähnlich.[36] Wenn Zwillinge zur Adoption auf zwei verschiedene Familien verteilt werden, sinkt der Korrelationskoeffizient ihrer IQ-Werte auf 0,72. Daraus lässt sich ablesen, dass ein Teil der vorher gemessenen Variation des IQ auf Umwelteinflüsse zurückgeführt werden kann. Aber selbst in derselben Familie ist die Umwelt nicht völlig gleich, denn da gibt es zum Beispiel pränatale Differenzen. Zwillinge leben auch sonst in ihrer jeweils eigenen Umwelt.

Weitere Informationen zum Einfluss der Umwelt (Erziehung, Elternhaus etc.) sind vergleichenden Adoptionsstudien zu entnehmen, bei denen der IQ von leiblichen mit dem von adoptierten Kindern derselben Familie verglichen wurde. Der Korrelationskoeffizient beträgt dabei nur etwa 0,25 (Abb. 12.5) und ist geringer als derjenige zwischen Eltern und leiblichen Kindern, welcher der Erblichkeit des IQ von etwa 50 Prozent entspricht. Ab einem Alter von etwa 20 Jahren, sobald die Kinder also das Zuhause verlassen haben, ist dieser »Familieneffekt« nicht mehr messbar. Ab dem Erwachsenenalter kann diese Familienkomponente (als ein Effekt der Variation) also ignoriert werden. Intelligenz ist dann mit zunehmendem Alter zu etwas mehr als 80 Prozent genetisch bedingt und nur zu etwas weniger als 20 Prozent durch die verschiedensten Effekte der Umwelt, wie Erziehung oder sozioökonomischer Status (Abb. 12.5).[37]

Als Naturwissenschaftler versucht man, einem Problem auf den Grund zu gehen, indem man bei einem Experiment alle Faktoren möglichst konstant hält und nur eine Variable verändert, um den entsprechenden Effekt auf das System zu messen. Das ist aber bei psychologischen und soziologischen Studien mit Menschen nicht möglich wie etwa mit Mäusen oder Ratten im Labor, weil Menschen aus ethischen Gründen nicht so manipuliert werden dürfen (etwa durch gezielte Trennung von eineiigen Zwillingen nach der Geburt), dass man naturwissenschaftlich exakte Ergebnisse erhält. Deshalb sind Zwillingsstudien beim Menschen auch so wichtig und aussagekräftig, weil man dabei genetisch identische Menschen untersucht. In den sehr seltenen Fällen, in denen diese dann noch in unterschiedlichen Umgebungen aufwachsen, lässt sich der Einfluss der Genetik am saubersten von demjenigen der Umwelt trennen. Wobei Zwillinge selbst im Bauch keine strikt identische Umgebung haben, da sie um Nährstoffe konkurrieren. Zumeist ist einer der Zwillinge besser entwickelt als der andere. Dennoch bieten eineiige Zwillinge (zusammen und auch getrennt aufgewachsene) die beste Methode, um Genetik und Außeneinfluss zu trennen.

Die Bestrebungen gehen in der Genetik also dahin, Umwelteinflüsse möglichst konstant zu halten, mit einem möglichst gut definierten genetischen Background zu arbeiten und durch komplexe statistische Modelle den Einfluss verschiedener Parameter auf die zu erforschende Variable, hier die Intelligenz, zu berechnen. Darunter fallen auch altersabhängige Veränderungen (Abb. 12.3). Deshalb sollte man Intelligenz immer im etwa gleichen Alter messen und unter optimalen Umwelteinflüssen, unter denen sich das gesamte genetische Potenzial entfalten kann. Messfehler in Intelligenzstudien sind geringer, wenn die Probanden älter und unter günstigen Bedingungen aufgewachsen sind. Die Steigerung der kognitiven Leistungen in Kindheit und Jugend kann unter besonders förderlichen Umweltbedingungen in Kindergarten und Schule pro Lebensjahr etwa fünf IQ-Punkte betragen.[38] Während des Studiums ist es schon zu spät, auf weiteres IQ-Wachstum zu hoffen. Frühkindliche und schulische Umweltfaktoren haben also einen immensen Einfluss auf den realisierten IQ (der in diesem Alter zum größeren Teil von Umwelteinflüssen abhängt). Offensichtlich ist es nicht einfach, den Effekt des Alterns aus demjenigen der schulischen Bildung herauszudividieren, denn natürlich haben ältere Kinder eine längere Zeit schulischer Bildung genossen als jüngere. Studien von Rost und Rindermann zeigen, dass nur etwa 20 Prozent der Steigerung des IQ (im Alter von zehn Jahren gemessen) allein auf »Reifungseffekt und außerschulische Anregungen« zurückzuführen sind, während jeder Monat Schule vor dem zehnten Lebensjahr eine erstaunliche Verbesserung des IQ um 0,2 bis 0,5 Punkte pro Monat bewirkt.

Das ist die Datenlage. Sie beinhaltet zwar gewisse Unsicherheitsfaktoren, lässt aber doch eindeutige Schlüsse zu und unterstreicht klar die Bedeutung von guter, insbesondere vorschulischer Förderung und Bildung. Aber dieser Punkt ist ja eigentlich nicht umstritten.

Auf der Suche nach dem »Intelligenz-Gen«?

Wenn die Variation in gemessener Intelligenz schon bis zu 80 Prozent genetisch bedingt ist, hat man dann schon »Intelligenz-Gene« gefunden? Nun, Erblichkeit sagt zunächst nichts aus über die Anzahl und die Identität der dafür verantwortlichen Gene. Sicher wissen wir nur, dass es verschiedene Regionen in unserem Genom gibt, die jeweils einen kleinen, aber messbaren Einfluss auf das Gesamtmerkmal »Intelligenz« haben.[39] Sonst gäbe es auch keine Normalverteilung dieses Merkmals (Abb. 12.1). Wie lassen sich diese genetischen Faktoren aufspüren? Eine Methodik für das Auffinden von »Intelligenz-Genen« sind die bereits erwähnten GWAS-Studien, die genomweiten Assoziationsstudien, die es erst seit wenigen Jahren gibt.

Nachdem das menschliche Genom in seiner Gesamtheit entschlüsselt war und immer schnellere und kostengünstigere Methoden zur Analyse der genetischen Variation eines Menschen aufgekommen waren, können seit einigen Jahren die äußeren Merkmale eines Menschen besser mit seiner genetischen Variation korreliert werden. Vereinfacht ausgedrückt misst man zuerst bei einer großen Anzahl Menschen äußere Attribute, also Körpergröße, Krankheit oder eine bestimmte Form von Intelligenz. Dies sollte im Interesse der Exaktheit bei einer möglichst einheitlichen Population von Menschen geschehen, denn der sogenannte »genetische Hintergrund«, der je nach Population unterschiedlich ausgeprägt sein kann, hat möglicherweise einen Einfluss auf die Analyse so komplexer Attribute wie Intelligenz. So wäre denkbar, dass unter sonst gleichen Bedingungen unter, beispielsweise, Pakistanis andere Ergebnisse erzielt werden als unter Norwegern – allein aufgrund genetischer Unterschiede und der Art und Weise, wie bestimmte Genvarianten, die in unterschiedlichen Populationen unterschiedlich oft anzutreffen sind, mit Umwelteinflüssen interagieren. Solche Unterschiede wären wahrscheinlich kleiner oder nicht vorhanden, wenn man britische und deutsche Versuchspersonen verglich, die ja sowieso genetisch eng verwandt sind – schließlich stammt ein guter Teil der britischen Bevölkerung von den Angeln und Sachsen ab (Abb. 5.3). Deshalb kann man sie auch getrost zusammen analysieren. Bei einem so komplexen Merkmal wie Intelligenz jedoch, bei dem so viele Genvarianten jeweils einen kleinen Beitrag leisten, ist der Effekt eines potenziell unterschiedlichen genetischen Hintergrunds – wie in unserem Beispiel Pakistani versus Norweger – vernachlässigbar klein. Die für GWAS-Studien notwendige Stichprobenzahl muss in die Tausende gehen, denn es liegt in der Natur dieser Art von Studien, dass sie pro Proband nicht so aussagekräftig und präzise sein können wie Zwillingsstudien, aber ja auch – eine etwas andere Frage beantworten. Was GWAS-Studien auch so kompliziert und teuer macht.

Als Nächstes werden genetische Varianten im gesamten Genom all dieser Individuen gemessen. Jeder Teilnehmer einer solchen Studie macht nicht nur einen Intelligenztest, sondern spendet auch Blut oder Speichel, wovon dann genügend DNA entnommen wird für eine ausführliche genetische Analyse. Diese findet meist in Form sogenannter SNP-Analysen statt, bei denen mithilfe von DNA-Chip-Technologie Hunderttausende von genetischen Varianten – SNPs genannt, *Single Nucleotide Polymorphism*, also Variationen eines Basenpaares im DNA-Strang – im gesamten Genom gleichzeitig analysiert werden können. Auch 23andMe, die Firma, die den eingangs erwähnten genetischen Test für meine Frau und mich gemacht hat, verwendet einen solchen DNA-Chip. DNA-Varianten gibt es auf allen Chromosomen, meist nicht nur direkt in den proteinkodierenden Genen, sondern überall im Genom verstreut, mal näher, mal weiter entfernt von den eigentlichen Genen oder Genschaltern, die für den Unterschied verantwortlich sind. Man kann auf diese Weise das komplette Genom mit seinen etwa drei Milliarden Nukleotiden (G, A, T, C) nach Variation an etwa 500 000 oder sogar 1 000 000 SNPs untersuchen.

Im einfachsten Fall einer GWAS-Studie wird eine gesunde Kontrollgruppe mit einer Gruppe von Patienten verglichen und überprüft, ob sich eine statistisch signifikante Häufung von SNPs samt bestimmten Genvarianten (Allelen) mit dem Krankheitsbild assoziieren lässt. Da bekannt ist, wo im Genom die einzelnen SNPs liegen, lässt sich feststellen, welches unserer über 20 000 verschiedenen Gene sich in der Nachbarschaft zu den SNPs auf einem Chromosom befindet. Im besten Fall weiß man schon aus vorherigen Studien, dass bestimmte Genvarianten ein Krankheitsrisiko mit sich bringen, und baut den Chip dann so, dass diagnostische SNPs an solchen Stellen in den Genen getestet werden. Ansonsten bedeutet die räumliche Nähe eines SNPs zu einem Gen nicht notwendigerweise, dass dieses Gen für die Krankheit verantwortlich ist. Man kann aber so zumindest sogenannte »Kandidaten-Gene« identifizieren, die man genauer unter die Lupe nehmen sollte.

In puncto Intelligenz oder auch Körpergröße ist die Lage jedoch komplizierter als bei einem Experiment, in dem es lediglich um ja oder nein, krank oder nicht krank geht. Denn hier gilt es etwas zu erforschen, was kontinuierlich variiert, nämlich den Grad der Intelligenz, und es geht darum, unter den typischerweise etwa drei Millionen Mutationen, die je zwei Menschen voneinander unterscheiden, diejenigen zu finden, die erklären, warum eine Person einen IQ von beispielsweise 102 und die andere von 112 hat. Diese drei Millionen Unterschiede treten ja nicht nur in Form von Punktmutationen auf, wenn etwa ein G irgendwo im Genom gegen ein A ausgetauscht wird, sondern auch als Deletionen (Verluste auch größerer DNA-Stücke), Insertionen (ein Stück DNA wandert von einer Stelle in einem Chromosom zu einer anderen irgendwo im gesamten Genom) oder als variierende Anzahl von Genkopien. Trotzdem kann eine GWAS-Studie mit vielen Teilnehmern, bei denen an zahlreichen Stellen des Genoms nach Variationen gesucht wird, erfolgreich sein, indem bei Tausenden Probanden in jeweils Millionen Kombinationen von Mutationen nach statistischen Korrelationen von SNPs und IQ gesucht wird.

Rekombination und genetische Landkarten

Genetische Analysemethoden funktionieren unter anderem auch wegen der Durchwürfelung von Chromosomen und Chromosomenteilen bei der Fortpflanzung. Bei der Produktion von Ei- und Samenzellen während der Meiose findet diese Durchwürfelung (Rekombination) durch Trennung und Neuverbindung der Chromosomen und Chromosomenteile (Crossing-Over) statt (Abb. 4.1). Dabei werden Chromosomen auseinandergebrochen und neu zusammengesetzt. Dies bedeutet, dass Gene, die eigentlich Nachbarn sind, gelegentlich getrennt werden. Typischerweise, aber eben nicht immer, bleiben Gene, die auf einem Chromosom liegen, auch zusammen und werden daher gekoppelt an die nächste Generation weitergegeben. Deshalb werden Chromosomen auch Kopplungsgruppen genannt. Dies hat zur Folge, dass auf einem Chromosom liegende Gene die dritte Mendel'sche Regel, die Unabhängigkeitsregel (siehe Kapitel 2), brechen (denn sie sind ja nur bedingt unabhängig) und lediglich auf unterschiedlichen Chromosomen liegende Gene ihr folgen. Wie sollte es auch anders sein, wenn über 20 000 Gene auf nur 23 Chromosomen verteilt sind?

Man kann sich die durch die Meiose bedingte Entkoppelung von Genvarianten, das Auseinanderbrechen von genetischen Nachbarschaften, zunutze machen, indem man kartiert, auf welchem Chromosom Gene wie nahe beieinanderliegen. Der Effekt dieser Entkoppelung ist, dass sich auch die Assoziation der SNP-Marker (also die bekannte Nachbarschaft von zwei SNPs) verändern kann, denn diese werden entkoppelt, durch Rekombination getrennt, in Abhängigkeit von ihrer Entfernung auf dem Chromosom. Wenn also beispielsweise in einem gesunden Individuum zwei SNP-Marker in einer bestimmten Entfernung voneinander auf einem Chromosom liegen, so kann durch eine Mutation einer dieser Marker verschwinden, sich die Entfernung beider Marker voneinander ändern oder durch Rekombination einer der Marker sogar auf ein anderes Chromosom wandern. Nach diesem Prinzip werden Genkarten errechnet und Gene, die für bestimmte Krankheiten oder Merkmale verantwortlich sind, ausfindig gemacht.

Dies ist eine mühsame, extrem rechnerintensive Detektivarbeit. Im einfachsten Fall wäre lediglich ein Gen für eine Krankheit verantwortlich, was eher selten vorkommt (siehe Kapitel 2 und 3). Man würde dann eine statistisch relevante Assoziation bestimmter SNP-Varianten in der Nähe dieses Gens erwarten. Allerdings werden die meisten Krankheiten, wie zum Beispiel Schizophrenie, durch eine Kombination mehrerer Genvarianten hervorgerufen. Komplexe Merkmale haben immer polygene Ursachen, die meist über mehrere Chromosomen verteilt sind. Wir hatten bereits bei Trisomie 21 oder den Genen auf dem Y-Chromosom gesehen, dass Gene mit anderen Genen auf anderen Chromosomen interagieren. Anhand der Analyse dieser Koppelungen (englisch *linkage*) lassen sich aufgrund der relativen Häufigkeit des Austausches von Chromosomenteilen bei genügend großen Stichprobenzahlen in der Enkelgeneration unterschiedliche Nachbarschaften entdecken. Dabei werden Genvarianten, die nahe beieinanderliegen, weit seltener durch Rekombination voneinander getrennt als solche, die sich an entgegengesetzten Enden eines Chromosoms befinden. Aus der Häufigkeit von Gentrennungen kann so errechnet werden, auf welchem Chromosom und in welcher genetischen Nachbarschaft ein Gen liegt.

Diese Methode der Genkartierung wird in Landwirtschaft und Genetik schon seit Jahrzehnten angewandt. Die Rekombinationsentfernung, die relative genetische Distanz zwischen zwei Genen, wird in der Einheit Centimorgan (cM) – benannt nach dem Genetiker Thomas H. Morgan – ausgedrückt. Wenn zwei Genvarianten alle 100 Meiosen einmal getrennt werden, so wird dies als 1cM bezeichnet. Centimorgan ist eine relative Einheit, im menschlichen Genom bezieht sich 1cM auf etwa eine Million Basenpaare. Das heißt, dass zwei Gene oder genauer die SNP-Marker, die eine Million Basenpaare voneinander entfernt auf einem Chromosom liegen, in einem von 100 Kindern durch Crossing-Over getrennt werden. Je mehr Marker im Genom vorliegen, desto genauere genetische Karten können erstellt werden. Anhand dieser Form der »Nachbarschaftsanalyse«, der Koppelungsbrechung, lässt sich einschätzen, ob bestimmte Regionen des Genoms beispielsweise etwas mit einer Krankheit, der durchschnittlichen Anzahl der gelegten Eier bei Hühnern oder eben auch mit Intelligenz zu tun haben.

Mit dieser Methode können auch quantitative Merkmale, die eine polygene Ursache haben, etwa Körpergröße und Intelligenz, untersucht und die Anzahl von Genen oder zumindest Genregionen im gesamten Genom und deren jeweiliger Effekt auf diese Merkmale errechnet werden. In einer der jüngsten Studien zu diesem Thema[40] wurden das Genom von über 3500 britischen und norwegischen Teilnehmern auf Variation und Assoziation bezüglich von über 500 000 SNPs analysiert sowie verschiedene Komponenten der Intelligenz gemessen: die generelle (g-Faktor), die fluide und die kristalline Intelligenz. Dabei wurde für fluide beziehungsweise kristalline Intelligenz eine Erblichkeit von wenigstens 51 beziehungsweise mindestens 40 Prozent ermittelt. Das Ergebnis basierte auf mehreren Kopplungsanalysen von über 500 000 im ganzen Genom verteilten SNP-Markern. Die GWAS-Methode lieferte also ähnliche Ergebnisse – wobei die Erblichkeit hier etwas geringer geschätzt wurde – wie Zwillings- und Adoptionsstudien. Dabei wurden über das ganze Genom verteilt zahlreiche genetische Regionen identifiziert, die jeweils einen kleinen, messbaren Einfluss auf Intelligenz haben. Bisher hat man nur wenige »Kandidaten-Gene« ausfindig gemacht[41], die etwas mit Intelligenz zu tun haben könnten. Wie und warum diese speziellen

Gene Intelligenz beeinflussen, ist noch relativ unklar. Es gibt eine Reihe von methodischen und theoretischen Gründen, auf die ich hier nicht näher eingehen will, warum GWAS-Studien bisher systematisch geringere Erblichkeiten ergeben haben als Zwillingsstudien.

Ein ähnliches, etwas frustrierendes Ergebnis lieferte eine GWAS-Studie mit über 350 000 SNPs von 7900 siebenjährigen Kindern aus England.[42] Auch dort konnte eine statistische Assoziation von 28 genetischen Regionen im Genom mit gemessener Intelligenz ermittelt werden. Leider konnten jedoch nicht die Gene beziehungsweise genetischen Varianten im Detail identifiziert werden. Zwar gibt es Hunderte Gene, von denen vermutet wird, dass deren Mutationen mit Lernschwierigkeiten im Zusammenhang stehen, aber hinsichtlich der Identität und Funktionsweise von Genen im Hinblick auf Intelligenz tappt man leider noch großteils im Dunkeln. Mit großer Regelmäßigkeit und steigender Geschwindigkeit werden neue Studien zu diesem Thema publiziert. Die bisherigen, eher ernüchternden GWAS-Ergebnisse sind nicht überraschend, denn auch andere komplexe Merkmale wie Schizophrenie oder Körpergröße sind durch eine Vielzahl im ganzen Genom verteilter genetischer Faktoren mit jeweils nur kleinem Beitrag bedingt.

Bei einer noch umfangreicheren ambitionierten neueren GWAS-Studie mit über 125 000 Teilnehmern[43] wurde nicht direkt Intelligenz gemessen, sondern »educational attainment and cognitive function«, was vielleicht am besten mit »Bildungserfolg« übersetzt werden kann. Dies ist ein schwer zu quantifizierendes Merkmal, weil es auch stark von kulturellen Faktoren beeinflusst wird. Dabei wurden drei Regionen im Genom identifiziert, in deren Nachbarschaft einige Gene liegen, von denen bereits vorher angenommen wurde, dass sie einen Einfluss auf den Schulerfolg haben. Der ermittelte genetische Effekt betrug allerdings nur etwa 2 Prozent. Es bleibt abzuwarten, was weitere GWAS-Studien bringen werden, wie etwa ein chinesisch-amerikanisches Forschungsprojekt am BGI, dem größten Genomzentrum der Welt, bei dem das genetische Material von 2000 Jugendlichen mit einem IQ von über 150 analysiert werden soll.[44]

Fazit: Die Erblichkeit von Intelligenz wird durch viele im gesamten Genom verteilte genetische Faktoren bestimmt, die zwar jeweils nur einen kleinen Effekt haben, aber insgesamt mehr als die Hälfte der Variation der Intelligenz einer Population erklären können. Dies bedeutet, dass sich die Intelligenz eines Individuums mit einer gewissen Wahrscheinlichkeit anhand einer Analyse dieser Genvarianten immer besser vorhersagen lassen wird.[45]

Intelligenzunterschiede zwischen Männern und Frauen?

Ähnlich wie in Bezug auf Ethnien und geografisch definierte Bevölkerungsgruppen ist auch die Debatte über vermeintliche oder tatsächliche Intelligenzunterschiede zwischen den Geschlechtern von großer Brisanz. Bedauerlicherweise werden auch diese Diskussionen oft ideologisch voreingenommen und emotional geführt. Es ist bemerkenswert, dass bisher nur sehr wenige Nobelpreise (etwa 5 Prozent) und nur eine einzige Fields-Medaille (2014), der »Nobelpreis« der Mathematiker, an eine Frau verliehen wurde. Das kann natürlich eine ganze Reihe von Gründen haben, die nichts mit Intelligenz und Intelligenzunterschieden zu tun haben müssen. Die meisten Studien zeigen, dass es zwischen Männern und Frauen keinen oder nur einen sehr kleinen Unterschied hinsichtlich des Durchschnitts und/oder der Varianz ganz bestimmter Formen der Intelligenz gibt. Die Ergebnisse variieren auch je nach Art des Tests, der getesteten Population und der Altersstruktur der Teilnehmer. Das Alter etwa spielt eine Rolle, weil Jungen und Mädchen sich unterschiedlich schnell entwickeln und nicht zur gleichen Zeit in die Pubertät kommen. So wären Tests mit Jungen und Mädchen im Alter von 12 oder 13 Jahren suspekt, weil dann viele

Mädchen schon in der Pubertät sind, die meisten Jungen aber noch nicht. In manchen Tests schneiden Mädchen besser ab, in anderen Jungen. Je spezifischer bestimmte Aspekte der Intelligenz getestet werden, desto größer fallen tendenziell die Unterschiede aus. Das hat auch damit zu tun, dass Tests, in denen die generelle Intelligenz möglichst ohne geschlechtsspezifischen Bias gemessen werden soll (also nur anhand von Aufgaben, die von beiden Geschlechtern gleichermaßen gut gelöst werden), eine vermutlich vorhandene biologische Differenz eliminieren.[46]

Das widerspricht jedoch der Tatsache, das schon in frühkindlichem Alter geschlechtsspezifische Unterschiede hinsichtlich Verhalten, Aufmerksamkeit etc. nachgewiesen werden können (siehe Kapitel 14). Oft werden Mädchen als sprachlich versierter, Jungen hingegen als mathematisch kompetenter beschrieben (Abb. 12.6).

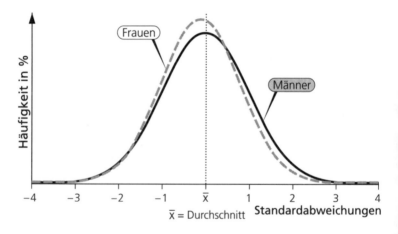

Abb. 12.6: Unterschiede zwischen den Geschlechtern hinsichtlich mathematischer Begabung. Die Normalverteilungskurve für die Frauen ist im Vergleich zu derjenigen für die Männer leicht nach links versetzt, was heißt, dass zumindest laut einigen Studien der weibliche Durchschnitts-IQ knapp unter dem männlichen liegt. Aus den Verteilungen wird ersichtlich, dass es im Bereich der extremen Begabungen, rechts von zwei Standardabweichungen, mehr Männer gibt als Frauen.

Mehrere fundierte Studien mit dem Fokus auf mathematischen Fähigkeiten belegen, dass der Intelligenzquotient bei Männern diesbezüglich eine breitere Streuung um den Mittelwert hat, als dies bei Frauen der Fall ist. Die exzellenten Studien von Deary, die auf den Daten von fast 80 000 Schülern aus Schottland basieren, zeigen auch für die generelle Intelligenz (g) eine »Jungenlastigkeit« bei den extremen IQ-Werten. In mathematischen Tests treten zwischen Männern und Frauen leichte Unterschiede in der Größenordnung von etwa 0,163 Standardabweichungen und etwa 2,43 IQ-Punkten zutage (Abb. 12.6).[47]

Die Normalverteilung ist bei Männern und bei Frauen also etwas unterschiedlich. Die Variation des IQ um den Mittelwert ist bei Männern ein klein wenig größer als bei Frauen, insbesondere im extrem rechten Teil der Kurve, also bei den sehr hohen IQ-Werten (Abb. 12.6 und 12.7). Das macht aber einen großen Unterschied in der Häufigkeit der wenigen extrem Begabten aus. Unter den besten 1 oder sogar 0,1 Prozent (drei bis vier Standardabweichungen vom Mittelwert) sind dann in speziellen Tests für mathematische Fähigkeiten fast viermal mehr Männer als Frauen zu erwarten. Steven Pinker drückt diesen Unterschied etwas flapsig so aus, dass es bei Männern ein paar Genies mehr gibt als bei Frauen, dafür am anderen Ende des Spektrums aber eben auch ein paar männliche Idioten mehr.[48] All das sagt jedoch für sich genommen noch nichts darüber aus, was an geschlechtsspezifischen Intelligenzunterschieden genetisch und was kulturell bedingt ist

Eine der besten Studien zum Thema ist »Project Talent«[49], eine langfristige US-Studie aus den 1960er-Jahren, bei der mehr als 73 000 15-jährige Jugendliche untersucht und einer Reihe von Intelligenztests unterzogen wurden (23 kognitive Tests an einem Tag). Auch hier wurden ein geschlechtsspezifischer Unterschied von 0,12 Standardabweichungen und eine größere Varianz bei Jungen ermittelt. Hier wie bei weiteren Studien, bei denen auf spezielle Fähigkeiten hin getestet wurde, gab es zwischen Mädchen und Jungen oder Männern und Frauen durchaus leichte Unterschiede im Mittelwert und/oder in der Variation um den Mittelwert. Aber auch wenn gelegentlich kleine Unterschiede zwischen den Geschlechtern selbst in der allgemeinen Intelligenz (g) festgestellt werden, sind sie im »normalen« Leben wohl eher irrelevant. Wie bereits erwähnt, lassen sich Intelligenztests »bereinigen«, indem solche Fragen ausgeschlossen werden, die konsistent vom einen oder anderen Geschlecht besser beantwortet werden. Daher sind sie auch von geringerer Aussagekraft hinsichtlich vermeintlicher oder realer geschlechtsspezifischer Unterschiede.[50]

In Metaanalysen von Lynn und Irwing[51], basierend auf dem *Raven Progressive Test*, einem Intelligenztest, der die generelle Intelligenz g am besten misst, sind rechts von zwei Standardabweichungen nach oben, also jenseits eines IQ von 130, durchschnittlich etwa doppelt so viele Männer wie Frauen vertreten (Abb. 12.7). Die unterschiedliche Verteilung bei Männern ist

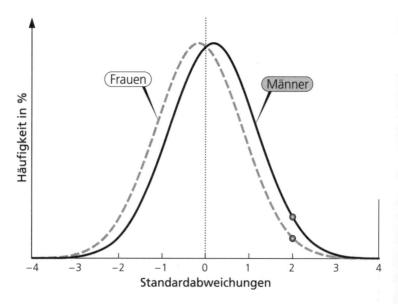

Abb. 12.7: Intelligenzunterschiede zwischen den Geschlechtern (Erwachsene) nach Ravens Matrizentest.

nach Pinker auch eine der möglichen Erklärungen dafür, dass eben mehr Männer unter Mathematik- oder Physikprofessoren anzutreffen sind als Frauen – unabhängig von kulturellen und sozialen Einflüssen, die dabei ebenfalls eine Rolle spielen mögen.

Unabhängig von objektiv messbaren mathematischen Fähigkeiten ist die Berufswahl jedoch oft von einer ganzen Reihe von »weichen« Faktoren abhängig, und da bevorzugen Frauen tatsächlich doppelt so häufig wie Männer ein Biologiestudium und dreimal häufiger das Studium eines geisteswissenschaftlichen Fachs. Dies zeigen Analysen einer auf 50 Jahre ausgelegten Studie, die den Bildungs- und Lebensweg mathematisch hochbegabter Schüler und Studenten verfolgt.[52] Dass Männer und Frauen unter Physik- und Mathematikprofessoren in so unterschiedlichem Ausmaß vertreten sind, hat sicher nicht nur genetische Gründe, also die bei Frauen im Durchschnitt etwas geringer ausgeprägten räumlichen und extremen mathematischen Fähigkeiten. Möglicherweise spielen auch geschlechtsspezifische Neigungen und auch die wiederum mit einer genetischen Komponente behafteten Interessen und Präferenzen im Hinblick auf den Lebensentwurf eine Rolle.[53]

Alle erwähnten Studien haben ihre Stärken und Schwächen und sind mit methodischen Problemen behaftet. So ist es statistisch wohl nicht eindeutig erwiesen, dass die durchschnittliche Intelligenz von Männern über 15 Jahren ein wenig höher ist als diejenige von Frauen, wie es die Studie von Lynn und Irwing von 2004 nahelegt, die einen Unterschied von etwa 0,33 SD (= vier bis fünf IQ-Punkten) konstatiert.[54] Es gibt eine ganze Reihe von Variablen, die das Ergebnis beeinflussen: Anzahl der Teilnehmer, Berücksichtigung von Varianzen bei Metaanalysen, Art des Intelligenztests, Größe und Repräsentativität der Stichproben usw. Problematisch an Metaanalysen wie derjenigen von Lynn und Irwing ist, dass die Gewichtung der einzelnen Studien nach Stichprobenzahl und nicht nach Qualität der Studien erfolgt.

Fazit: Variation der Intelligenz in ihren verschiedenen Formen wird von vielen Genen im Genom mit einem jeweils kleinen Effekt beeinflusst. Dies resultiert in einer Erblichkeit, die einen Wert von bis zu 80 Prozent (in Form der kristallinen Intelligenz) in hohem Alter erreichen kann. Zwischen den Geschlechtern gibt es durchaus, wenn auch nur kleine, Unterschiede (Mittelwert und/oder Varianz betreffend) hinsichtlich spezieller Formen der Intelligenz. Einigermaßen gesichert scheint lediglich zu sein, dass bei den extrem hohen IQ-Werten Männer stärker vertreten sind als Frauen. Interessanterweise ist auch die überwiegende Mehrzahl sogenannter »Savants« (Menschen mit außergewöhnlichen mentalen Fähigkeiten) männlich, wie auch weit mehr Jungen im Vergleich zu Mädchen autistisch sind. Autismus ist eine tiefgreifende Entwicklungsproblematik, eine unheilbare Wahrnehmungs- und Informationsstörung des Gehirns, die zu Schwächen bei sozialer Interaktion und Kommunikation führt, jedoch manchmal mit einer sogenannten Inselbegabung, einer selektiven Hochbegabung im Bereich klassisch männlicher Domänen wie Kopfrechnen, Musikkomposition, Merkfähigkeit oder technisches Zeichnen führt. Sowohl Steven Pinker als auch der britische Entwicklungspsychologe und Autismusforscher Simon Baron-Cohen von der Cambridge University sehen dafür geschlechtsspezifische Unterschiede im Gehirn als Ursache an. Diese werden, weil es bei Männern sowohl mehr Genies als auch weitaus häufiger psychopathologische Probleme gibt, als Extremformen eines »männlicheren Gehirns« interpretiert.

13

Homosexualität: »Born this way« oder »Made this way«?

Kaum mehr jemand in Europa hat noch etwas gegen Homosexualität oder Transsexualität. Sexuelle Toleranz ist politisches Programm und wird inzwischen auch in Schulen gelehrt, gerade auch im ehemals christlich-konservativ regierten Baden-Württemberg. Homosexuelle sind in Deutschland in höchste politische Ämter aufgestiegen, stehen als TV-Moderatoren oder mehr oder weniger prominente Talkshow-Gäste im Blickpunkt der Öffentlichkeit. Jüngster Beweis für diese Entwicklung ist Conchita Wurst, ein österreichischer Sänger, der als Travestiekünstler in Frauenkleidern, aber mit Vollbart 2014 den Eurovision Song Contest gewann. Homophobie gilt allgemein als verpönt. Und das ist auch gut so.

Trotzdem machen sich einige Eltern privat Sorgen um die zukünftige sexuelle Orientierung ihrer Kinder. Man hat zwar nichts gegen den schwulen Sohn der Nachbarn und hat auch eine lesbische Freundin, die man gern zu Festen einlädt. Aber wenn es um den eigenen Sohn oder die eigene Tochter geht, hätten viele es schon lieber, wenn die heterosexuell wären. Man will ja schließlich auch Enkel haben. Ist das Kind dann doch schwul oder lesbisch, fragen sich viele Eltern, ob sie etwas falsch gemacht haben oder ob sie dies gar hätten »verhindern« können. So eine Einstellung impliziert ja unter anderem, dass sexuelle Orientierung etwas mit Kultur oder Erziehung, also Umwelteinflüssen, zu tun hat.

Was sagt die Wissenschaft dazu? Wenn die Gene hauptsächlich für die sexuelle Orientierung verantwortlich wären, könnten sich die Eltern zwar fragen, warum ihr Sohn homosexuell ist, wo sie doch beide heterosexuell sind. Aber sie könnten dann jedenfalls nichts dafür, oder jedenfalls nur genauso viel oder wenig wie für die braune Augenfarbe oder die spitze Nase des Filius.

In der Genderforschung gibt es starke Tendenzen zu behaupten, dass es biologisch determinierte Geschlechter sowie biologisch vorgegebene Geschlechterrollen gar nicht gibt, sondern dass dies alles nur ein Produkt kultureller Einflüsse sei. In der extremsten Version dieser Sicht auf die Welt wird reklamiert, dass Menschen als ursprünglich »genderneutrale« Wesen in kulturell vorgeformte Normen gepresst würden und sich erst auf diese Weise »Genderidentitäten« herausbildeten. Ferner wird postuliert, dass es ein Geschlechterkontinuum gebe, innerhalb dessen heterosexuelle Menschen nicht typisch, sondern nur eine denkbare Variante an den Enden eines »Regenbogens« seien. Diese Sichtweise würde also implizieren, dass Gene keine Rolle spielen. Wenn dann – unter dieser Genderprämisse – das Kind trotz der heterosexuellen Präferenz der Eltern homosexuell wird, müssten sich die Eltern logischerweise fragen, in welchem Maße sie verantwortlich für die sexuelle Orientierung ihres Kindes sind.

Gestatten Sie mir, in diesem Kapitel aus Sicht des Biologen in gebotener Kürze meinen Beitrag zur Debatte »Gene versus Erziehung und Kultur« im Hinblick auf Homosexualität zu leisten. Sexuelle Identität (sich als Mann oder als Frau zu fühlen) und sexuelles Verhalten beziehungsweise sexuelle Orientierung (zu welchem Geschlecht man sich hingezogen fühlt) sind verschiedene Dinge. Sexuelle Gefühle wiederum sind nicht gleichzusetzen mit sexuellem Verhalten, das eher sozialen Normen unterliegt.

In den meisten menschlichen Populationen sind etwa 1 bis 2, gelegentlich auch 3, meist weniger als 4 bis 5 Prozent aller Individuen homosexuell, oder anders herum: nicht strikt heterosexuell. Diese Zahlen schwanken aus einer Reihe von bekannten – wie der ungenauen Definition von Homosexualität – und unbekannten Gründen. Sicherlich spielt dabei auch die Akzeptanz (oder umgekehrt die Kriminalisierung) von Homosexualität eine Rolle, denn in toleranteren Gesellschaften ist der (öffentlich bekannte) Anteil natürlich tendenziell höher. Die Definition von Homosexualität ist nicht ganz einfach, auch weil die sexuelle Orientierung nicht immer ein Leben lang die gleiche bleiben muss. Sicher haben mehr Frauen und Männer als nur die, die sich selbst als homosexuell bezeichnen, gelegentlich gleichgeschlechtliche Kontakte. Insbesondere scheint bei Frauen die sexuelle Orientierung labiler zu sein als bei Männern, bei denen Bisexualität wohl weitaus seltener vorkommt. Männer identifizieren sich selbst sehr viel häufiger entweder als strikt hetero- oder als strikt homosexuell in Bezug auf die Kinsey-Skala von sexuellen Präferenzen (die von 0 für strikt heterosexuell bis zu 6 für ausschließlich homosexuell reicht), als dies Frauen tun. Trotzdem ist bei Frauen in den meisten Ländern die offizielle Homosexualitätsrate etwa nur halb so hoch wie bei Männern.

Ein Anteil von 3 Prozent, der sich selbst als homosexuell bezeichnet, ist aus evolutionsbiologischer Sicht eine überraschend hohe Zahl. Schließlich ist die Existenz von Homosexualität ein evolutionäres Paradoxon. Denn aus der Sicht evolutionsbiologischer Theorie entspricht es nicht den Erwartungen, dass solch ein Verhalten entsteht und dann auch noch über Generationen hinweg erhalten bleibt. Schließlich haben lesbische und schwule Menschen ja keine oder zumindest weniger Kinder als heterosexuelle Menschen, auch wenn seit Kurzem Leihmutterschaften möglich und zunehmend sozial akzeptiert sind. Es ist deshalb nicht leicht zu erklären, warum solch ein Merkmal mit einem wohl entscheidenden genetischen Anteil, wie wir noch sehen werden, nicht wieder ausgestorben ist. Denn wenn sich Individuen mit diesem Merkmal nicht oder nur weniger fortpflanzen, hätte es schon längst ausgestorben sein müssen. Hat es also nichts mit Genen zu tun? Ist es wirklich ein rein kulturell bedingtes Verhalten? Oder liegt diesem Merkmal ein genetischer oder einprogrammierter epigenetischer Mechanismus zugrunde, der es immer wieder in jeder Generation neu entstehen lässt? Unter Epigenetik versteht man bekanntlich eine Reihe biologischer Mechanismen, durch die, ausgelöst durch Umwelteinflüsse, Funktionen von Genen verändert werden können.

Homosexualität ist keine jüngere Erfindung der Natur, sondern ein Teil der Menschheitsgeschichte, zumindest seit es Geschichtsschreibung gibt. Wahrscheinlich lebten homo- und bisexuelle Menschen in vielen Kulturen und Zivilisationen ihre Präferenz offen aus, waren rein äußerlich in Familien integriert und pflanzten sich auch fort. Homosexualität scheint nicht einmal auf *Homo sapiens* beschränkt zu sein, denn es gibt immer wieder Berichte von angeblich homosexuellem Verhalten nicht nur bei Schimpansen oder Bonobos, sondern auch bei Schwänen, Pinguinen, Delfinen oder Bisons. Und in manchen dieser Fälle lässt sich dies auch nicht einfach als Produkt eines einsamen, aberranten Lebens in Zoos abtun.[1] Dennoch: Homosexualität ist aus biologischer Sicht nur schwer erklärbar. Am Ende dieses Kapitels werde ich auf vier mögliche evolutionsbiologische Erklärungen für Homosexualität zurückkommen.

Homosexualität wird einerseits weltweit zunehmend toleriert, in vielen, vor allem westlichen Ländern sind gleichgeschlechtliche Beziehungen mittlerweile nicht nur moralisch akzeptiert, sondern auch gesetzlich weitestgehend gleichgestellt. Etwa ein Drittel (37 Prozent) aller gleichgeschlechtlichen Paare in den USA haben laut einer Studie des Williams Institute der University of California Los Angeles School of Law (das sich der rechtlichen Gleichstellung von LGBT verpflichtet fühlt) von 2014 sogar Kinder, auch wenn diese nicht immer die biologischen sind. Auf der anderen Seite wurden jedoch in jüngerer Zeit, etwa in einigen Ländern Afrikas oder auch in Russland, drakonische Gesetze gegen Homosexualität verabschiedet, die dort im Extremfall sogar mit Todesstrafe bedroht wird. Von islamischen Ländern und deren offiziell homophober Sexualmoral sei hier erst gar nicht die Rede! Das ist aus westlicher Sicht völlig unzeitgemäß und weicht in eklatanter Weise von unserem Verständnis von Menschenrechten ab. So bleibt zu hoffen und darauf hinzuwirken, dass sich islamische oder andere in dieser Hinsicht fundamentalistische Länder auch im Hinblick auf die Akzeptanz von Homosexualität bald liberaler und weltoffener zeigen.

Für die Gesetzgebung zumindest einiger Länder, wie der USA, scheint es dabei von Bedeutung zu sein, ob Homosexualität angeboren oder ob sie das Ergebnis der freien Wahl einer sexuellen Orientierung ist. Eine genetische Basis wäre eben Schicksal – so wie etwa Trisomie 21 ein mögliches Resultat in der Lotterie des Lebens ist –, und Homosexualität wäre dann verständlicher und leichter (juristisch) zu akzeptieren.

Ist Homosexualität genetisch bedingt?

In den letzten zwei Jahrzehnten wuchs die Zahl der wissenschaftlichen Studien zur Homosexualität, die die Hypothese einer teilweisen genetischen Anlage bejahen. Diese Schlussfolgerung wird durch eine ganze Reihe von Beobachtungen und Ergebnissen unterstützt. Dazu gehört, dass Homosexualität gehäuft unter Brüdern und Verwandten insbesondere der matrilinearen (mütterlichen) Abstammungslinie auftritt. Diese Erklärung ist aber wohl nicht ganz hinreichend, denn Brüder und Verwandte sind ja auch gleichen Umwelteinflüssen ausgesetzt. Es ist also nicht einfach, Umwelt von Genetik zu trennen. Um den »Umwelt- und Erziehungseffekt« herauszurechnen, müssen wieder eineiige von zweieiigen Brüdern (oder Schwestern) unterschieden werden. Auch Studien über Adoptivkinder wären hilfreich.

Wenn man von einer umweltbedingten (also kulturellen)

Basis von Homosexualität ausgeht, dann sollte man erwarten, dass diese Häufigkeit in allen Familien etwa gleich groß ist, also die Wahrscheinlichkeit von Homosexualität bei maximal 3 Prozent liegt. Ist die Häufigkeitsrate bei eineiigen Zwillingen jedoch höher, so ist dies ein Hinweis auf einen genetischen Beitrag zu Homosexualität.

In einer Reihe von Studien Anfang der 1990er-Jahre fand man heraus, dass sich die Wahrscheinlichkeit von Homosexualität auf bis zu 22 Prozent erhöht, wenn das Zwillingsgeschwister homosexuell ist. Unter eineiigen Zwillingen stieg die Wahrscheinlichkeit bei dieser Konstellation laut einiger Studien sogar auf 50 bis 70 Prozent. Unter 54 homosexuellen Männern mit einem Zwillingsgeschwister fanden sich 14, deren zweieiige Zwillingsbrüder ebenfalls schwul waren. Bei 56 eineiigen Zwillingspaaren war in sogar 29 Fällen auch der andere Bruder homosexuell. Da beide Typen von Zwillingen jeweils in der gleichen Umgebung und zur gleichen Zeit aufwuchsen, spricht auch dieses Ergebnis dafür, dass sexuelle Orientierung eine genetische Komponente hat, denn eineiige Zwillinge sind doppelt so ähnlich wie zweieiige Zwillinge und waren auch fast doppelt so häufig homosexuell.[2]

Ein Problem früherer Zwillingsstudien dieser Art war, dass nach Probanden in Schwulenmagazinen gesucht wurde. Dies hat möglicherweise eine statistische Verzerrung verursacht, die die erwähnten beiden Prozentzahlen zu hoch ausfallen ließ – weil sich möglicherweise bevorzugt homosexuelle Zwillingspaare für die Studien angemeldet hatten. Eine andere große Untersuchung hat dann auch etwas geringere Werte hinsichtlich der genetischen Komponente ergeben. Dabei wurden nach dem Zufallsprinzip 50000 Haushalte ausgewählt. In etwa 3 Prozent davon – wie zu erwarten war – fanden sich Homosexuelle, darunter auch genetisch besonders informative 1380 Zwillingspaare. Bei etwa 32 Prozent der eineiigen Zwillingspaare waren beide schwul, unter den zweieiigen Zwillingen war dies nur bei 13 Prozent der Fall. Bei allen Zwillingspaaren zusammengenommen betrug der Wert 21 Prozent. Auch diese Ergebnisse sprechen für eine teilweise genetische Basis von Homosexualität, der Erblichkeitsanteil liegt dann vielleicht nicht bei 50, sondern eher bei 20 bis 30 Prozent. Unter zweieiigen Zwillingsgeschwistern unterschiedlichen Geschlechts übrigens waren in dieser Studie nur in 5 Prozent der Fälle Bruder und Schwester homosexuell. Dies war also nur ein wenig mehr als die gesamtgesellschaftliche Häufigkeit (etwa 3 Prozent) von Homosexualität.[3]

»Xq28 – thanks for the genes, mom!«

1993 hat ein Bericht des Genetikers Dean H. Hamer in der Zeitschrift *Science* weltweit Aufmerksamkeit erregt. Demnach soll auf dem X-Chromosom die genetische Basis für Homosexualität entdeckt worden sein. Zumindest fand Hamer eine starke statistische Korrelation zwischen Homosexualität und einer Variante in einer bestimmten Region des X-Chromosoms, die 75 Prozent seiner homosexuellen Studienteilnehmer aufwiesen.[4] Hamer bemerkte, dass viele homosexuelle Männer auch homosexuelle Brüder haben. Das war zwar schon vorher bekannt, aber es sagt noch nichts direkt darüber aus, ob Gene oder die Umwelt dafür verantwortlich sind, denn Geschwister wachsen ja meist auch zusammen auf. Auffälliger war aber, dass homosexuelle Männer viel häufiger als erwartet auch homosexuelle Onkel und Vettern mütterlicherseits haben, die ja Gene teilen, aber sicherlich in unterschiedlichen Umgebungen und natürlich mit anderen Eltern und Geschwistern aufgewachsen sind. Diese statistische Häufung homosexueller Cousins war besonders häufig in Bezug auf Söhne der Schwester der Mutter. Dies war der entscheidende Hinweis darauf, dass Gene auf dem X-Chromosom eine Rolle spielen könnten. Auch einige ältere Studien schienen zu zeigen, dass Homosexualität bei Männern vermehrt entlang der weiblichen Linie auftritt.

Nicht immer waren alle Vettern der mütterlichen Linie homosexuell, zudem konnten spätere Studien, beispielsweise die von J. Michael Bailey, diese Korrelation nicht bestätigen.

Damals gab es im Castro District, dem schwulen Stadtteil San Franciscos – ich lebte Anfang 1993 dort –, T-Shirts mit der Aufschrift »Xq28 – thanks for the genes, mom« zu kaufen. Kann es sein, dass ausgerechnet auf dem (nicht wirklich) weiblichen X-Geschlechtschromosom die genetische Veranlagung für männliche Homosexualität lokalisiert ist? Die Sache ist nicht so einfach, wie wir noch sehen werden, denn in der Xq28-Region des X-Chromosoms sind zwölf Gene verortet, die seit den Studien von Hamer nicht wieder in der Literatur auftauchten. Zumindest nicht im Zusammenhang mit Homosexualität. Auch konnte diese genetische Assoziation mit dem X-Chromosom nicht bei lesbischen Individuen nachgewiesen werden.

Ist der Sohn schwul, so war in der vorherigen Generation eher nicht der Vater homosexuell, sondern tendenziell der Onkel mütterlicherseits, also der Bruder der Mutter, oder ein Vetter in der mütterlichen Linie. Es war diese Art von genealogischer Verteilung, die Hamer auf die Fährte des X-Chromosoms kommen ließ, denn dieses vererbt sich ja immer von der Mutter und nie vom Vater auf die Söhne. So glaubte der homosexuelle Homosexuellenforscher Hamer einen Teil der genetischen Basis für Homosexualität auf dem langen Arm des X-Chromosoms gefunden zu haben – genauer in der Xq28-Region des X-Chromosoms, in der zunächst etwa zehn Gene als potenzielle Kandidaten für »Schwulen-Gene« infrage kamen.[5]

Hamers Forschungen schienen nicht nur zu zeigen, dass Homosexualität offensichtlich keine völlig »freiwillige« sexuelle Orientierung ist, sondern sie identifizierten sogar Gene oder zumindest eine Chromosomenregion, die wohl eine Rolle dabei spielen. Homosexualität wäre somit keine Neigung die man sich aussucht, sondern man wird mit ihr geboren. Sie hätte zum wohl größeren Teil eine genetische Basis. Das war politisch wichtig, denn daraus ergibt sich, dass man Homosexualität nicht wegerziehen, medikamentös »heilen« oder »wegbeten« kann.

Aber der Reihe nach. Denn nach Hamers Studie von 1993 sollte es wissenschaftlich komplizierter werden. Hamer fand in 40 Familien mit zwei homosexuellen Brüdern eine starke statistische Assoziation zwischen bestimmten genetischen Varianten in dieser Region des X-Chromosoms und Homosexualität. 75 Prozent (33 Brüderpaare) seiner schwulen Studienteilnehmer wiesen diese genetische Korrelation auf. Da die Chance, dass zwei Brüder das gleiche X-Chromosom von ihrer Mutter erben, nur 50 Prozent beträgt, waren 75 Prozent ein unerwartet hoher Korrelationswert. Sieben Brüderpaare jedoch waren zwar homosexuell, hatten aber nicht diesen genetischen Marker in der Xq28-Region. Das heißt, dass genetische Variation in der Form, wie Hamer sie vor über 20 Jahren identifiziert hat, nicht zu 100 Prozent für Homosexualität verantwortlich sein kann. Hamers Studie wurde 2003 wiederholt, diesmal ließ sich nur noch in 67 Prozent der Fälle eine Beziehung zwischen Homosexualität und den Varianten in der Xq28-Region nachweisen.[6] Allerdings konnte dieses Ergebnis bei lesbischen Individuen nicht verifiziert werden. Auch eine andere Studie mit einer größeren Stichprobe[7] vermochte Hamers ursprüngliche Ergebnisse nicht exakt zu bestätigen.

Es mussten also noch andere Gene auf anderen Chromosomen eine Rolle spielen. Und Hamer selbst hatte schon 1993 gesagt, dass die Region Xq28 natürlich nicht für alle Formen und Fälle von Homosexualität verantwortlich sein muss. Es ist denkbar, dass unterschiedliche Gene auf unterschiedlichen Chromosomen den gleichen Effekt haben. Hamers Labor versuchte später mit einer GWAS-Studie, bei der das gesamte Genom nach assoziierten genetischen Variationen abgesucht wird und nicht nur das X-Chromosom, die früheren Ergebnisse zu verifizieren.[8] Dabei diagnostizierte man nicht nur eine schwächere genetische Assoziation zwischen der Xq28-Region auf dem X-Chromosom und Homosexualität als in den vorherigen Studien, sondern auch drei neue Korrelationen auf Chromosom 7 (7q36) und zwei weitere auf den Chromosomen 8 und 10 (8p12 und 10q26). Auch hier zeigte sich, dass die Mütter wohl eine größere genetische Rolle spielen als die Väter, denn nur dann, wenn das Chromosom 10 mit der relevanten Region von der Mutter vererbt wurde, waren die Söhne oft homosexuell. Dass es manchmal darauf ankommt, von wem ein Chromosom stammt, wurde schon bei der Beschreibung des Prader-Willi-Syndroms besprochen. Diese Ergebnisse konnten jedoch in einer neueren GWAS-Studie[9] nicht exakt bestätigt werden. Dies kann mit einer Reihe von komplizierten methodischen und analytischen Unterschieden zu tun haben. Weil vieles für die Erblichkeit von zumindest männlicher Homosexualität spricht, muss die Suche nach den genetischen Mechanismen nun auch die Epigenetik einschließen.

Ein weiteres Indiz dafür, dass das X-Chromosom bei der Vererbung von Homosexualität eine Rolle spielt, ergab sich aus einer anderen Studie, die zeigte, dass bei Müttern, die wenigstens zwei homosexuelle Söhne hatten, überdurchschnittlich oft nur ein bestimmtes ihrer beiden X-Chromosomen epigenetisch (methyliert) inaktiviert war.[10] Die Körperzellen dieser Mütter waren also auffällig homogen und nicht ein Mosaik, bei dem durch Zufall einmal das eine, einmal das andere X-Chromosom abgeschaltet war.

Als vorläufiges Fazit lässt sich konstatieren, dass alle Zwillingsstudien eine relativ hohe Erblichkeit von Homosexualität belegen. Lediglich der Grad der Erblichkeit bleibt umstritten. Allerdings ist es bisher nicht gelungen, die verantwortlichen Gene zu finden. Trotz der wissenschaftlichen Kritik an Teilen dieser Studien trugen all diese Ergebnisse und die Aufmerksamkeit, die sie in den Medien fanden, dazu bei, die gesellschaftliche Akzeptanz von Homosexualität zu erhöhen. Denn sie legen es nahe, dass es eine biologische, vielleicht sogar überwiegend genetische Erklärung für Homosexualität gibt – trotz aller Komplikationen mit Zwillingsstudien, wie etwa unterschiedliche hormonelle Einflüsse vor der Geburt, bisher unidentifizierte Umwelteinflüsse oder potenziell epigenetische Mechanismen vor und nach der Geburt. Die Präferenz für gleichgeschlechtliche Geschlechtspartner ist demnach zu einem nicht unerheblichen Teil angeboren, der Mensch kann sich nicht völlig frei in dieser Richtung entscheiden und auch nicht entsprechend erzogen oder entsprechend kulturell geprägt werden.

Trotzdem dominiert in den radikalsten Teilen der LGBT-Community die wissenschaftlich nicht fundierte Ansicht, dass Sexualität in jeglicher Form ein soziales Konstrukt und damit auch nicht von Biologie beeinflusst sei – eine Haltung, auf die ich noch im Kapitel 15 über Gendermainstreaming eingehen werde.

Unterschiede im Gehirn

Nun ist es eine Sache zu wissen, dass wissenschaftliche Erkenntnisse für einen genetischen Beitrag zur Ausprägung der sexuellen Orientierung sprechen, eine andere jedoch herauszufinden, welche Gene dafür verantwortlich sind oder auf welche Weise genetische Variationen Verhaltensunterschiede im Gehirn bewirken. Denn es ist meist ein weiter Weg mit vielen Zwischenschritten vom Gen zum sichtbaren Unterschied – insbesondere bei einem so komplexen Phänomen wie dem der sexuellen Orientierung. So wurde etwa – bisher ohne Erfolg – im Androgenrezeptor und im Aromatase-Gen (CPY19) nach Unterschieden gesucht, weil beide für das Funktionieren von Testosteron relevant sind. Man kann aber auch zunächst im Gehirn nach (zum Beispiel hormonellen oder mikroanatomischen) Unterschieden zwischen homo- und heterosexuellen Individuen suchen. In mehreren Studien wurden hinsichtlich des Gehirns und dessen Aktivitätsmuster Differenzen zwischen

Homo- und Heterosexuellen festgestellt. Das ist auch der erste Ort, an dem man suchen sollte, denn wo anders als im Gehirn sollte sich die sexuelle Orientierung manifestieren? Bekanntermaßen befindet sich ja das wichtigste Geschlechtsorgan nicht zwischen den Beinen, sondern zwischen den Ohren.

Wiederum Anfang der 1990er-Jahre wies der (homosexuelle) Neurobiologe Simon LeVay vom Salk Institute in San Diego in einer Studie, die auf der Post-mortem-Vermessung von Teilen des Gehirns basierte[11], nach, dass homo- und heterosexelle Männer im Gehirn – genauer gesagt im Hypothalamus – einen unterschiedlich großen Nukleus namens INAH3 haben. Der Hypothalamus spielt bei vielen hormonell bedingten Verhaltensweisen wie Schlaf, Hunger und Sex eine wichtige Rolle. LeVays Forschungen ergaben, dass der INAH3-Nukleus von homosexuellen Männern etwa gleich groß ist wie der von heterosexuell orientierten Frauen und nur etwa halb so groß wie der von heterosexuellen Männern. Die anderen Nuklei – INH1, INH2 und INH4 – waren bei allen drei Gruppen gleich groß. Weil aber die 19 Gehirne der homosexuellen Männer der LeVay-Studie von an AIDS verstorbenen Patienten stammten, war man sich nicht sicher, ob dieser Größenunterschied so sehr mit Homosexualität zu tun hatte oder vielmehr etwas mit dieser Krankheit. Auch sechs heterosexuelle Männer dieser ursprünglichen Studie waren an AIDS gestorben, es waren also nicht alle AIDS-Patienten homosexuell.

Nicht alle Ergebnisse dieser Studie konnten bisher bestätigt werden. Eine spätere Studie[12] mit mehr Probanden und homosexuellen Männern, die nicht an HIV gestorben waren, ergab lediglich Trends, aber keine statistisch signifikanten Unterschiede zwischen homo- und heterosexuellen Männern hinsichtlich Größe und Anzahl der Neuronen im INH3-Nukleus des Hypothalamus. Auch wenn noch nicht abschließend geklärt ist, was der Größenunterschied dieses Nukleus biologisch wirklich bedeutet, stellt er dennoch eine biologisch interessante Korrelation dar. Aber eben auch nur eine Korrelation. Eine weitere neurologische Studie[13] hatte zum Ergebnis, dass eine bestimmte Querverbindung (die sogenannte *Commissura anterior*) im Gehirn bei homosexuellen Männern größer war als bei heterosexuellen Männern oder Frauen. Aber auch die Ergebnisse dieser Studie wurden in späteren Analysen infrage gestellt.[14]

Unzweifelhaft gibt es jedoch nicht nur zwischen Männern und Frauen, sondern auch zwischen Homosexuellen und Heterosexuellen Unterschiede in Bezug auf die morphologische Symmetrie sowie auf die Funktion beider Gehirnhälften. Dies zeigt sich beispielsweise in der statistischen Verteilung von Links- und Rechtshändern. 70 bis 90 Prozent von uns sind Rechtshänder. Händigkeit hat eine, wenn auch relativ schwache genetische Komponente, denn bei linkshändigen Eltern beträgt die Wahrscheinlichkeit, dass die Kinder ebenfalls Linkshänder sind, 25 Prozent. Sie ist damit etwas höher als die Wahrscheinlichkeit von rechtshändigen Eltern, linkshändige Kinder zu haben. Bei Homosexuellen ist die Wahrscheinlichkeit der Links- oder Gemischthändigkeit um zirka 50 Prozent erhöht. Bei einem schwulen Mann ist die Wahrscheinlichkeit, linkshändig zu sein, um 34 Prozent höher, bei lesbischen Frauen sogar um 91 Prozent.[15] Als mögliche Ursachen für die unterschiedliche Häufigkeit von Linkshändigkeit bei schwulen, lesbischen und heterosexuellen Menschen werden Lateralität des Gehirns, pränatale Hormonunterschiede und maternal immunologische Reaktionen genannt.

Auch in puncto kognitive Eigenschaften und Fähigkeiten gibt es Hinweise darauf, dass Homosexualität eine Art Feminisierung des Gehirns impliziert. Einer der am besten erforschten und generell akzeptierten Unterschiede zwischen den Geschlechtern besteht darin, dass Männer Frauen in sogenannten *Mental Rotation Tests* (MRT) weit überlegen sind. Dabei wird die Fähigkeit getestet, optisch rotierte dreidimensionale Körper als gleich zu erkennen. Schwule Männer schneiden bei diesen MRTs schlechter ab als heterosexuelle Männer, lesbische Frauen hingegen besser als heterosexuelle.[16]

Hormone und Homosexualität

In allen bisherigen Studien zeigte sich, dass es durchaus auch Umwelteinflüsse gibt, die sich auf die Ausprägung der sexuellen Orientierung auswirken. Denn sonst müsste man bei 100 Prozent Erblichkeit erwarten, dass eineiige Zwillinge immer jeweils beide homo- oder heterosexuell sind. Zu diesen externen Faktoren zählen die Geburtsreihenfolge sowie pränatale Hormoneinflüsse, insbesondere die Konzentration von Testosteron, aber auch epigenetische Veränderungen. Die hormonellen Umgebungen können sich vorgeburtlich selbst im Falle von Zwillingen, ja gelegentlich sogar von eineiigen Zwillingen, voneinander unterscheiden.

Bis zur fünften oder sechsten Schwangerschaftswoche ist die Entwicklung von Jungen und Mädchen noch identisch, aber schon kurz nach der achten Schwangerschaftswoche weisen Jungen eine höhere Konzentration von Testosteron auf. Dieser Testosteroneinfluss zeigt sich auch im Hypothalamus, der Hirnregion, die für den Hormonhaushalt des Körpers enorm wichtig ist. Wenn ein genetisch männlicher Fötus während der Embryonalentwicklung nicht genügend großen Testosteronkonzentrationen ausgesetzt ist, findet keine maskulinisierende Entwicklung im Hypothalamus statt. Diese Männer bevorzugen dann später Männer als Sexualpartner, wie es auch Frauen mit einem Nukleus in dieser für Frauen typischen Größe tun. Dies ist zumindest eine Schlussfolgerung aus LeVays Ergebnissen. Allerdings ist sie nicht unumstritten, weil sie nicht eindeutig die sexuelle Präferenz von homosexuellen Männern erklärt.

Ein weiterer Hinweis auf eine mögliche Verbindung von Testosteron, Hypothalamus und Homosexualität kommt von Töchtern, deren Mütter an CAH (*Congenital Adrenal Hyperplasia*) leiden, einer genetisch bedingten Krankheit, die zur Überproduktion von androgenen Hormonen wie Testosteron führt. Ich bin darauf schon einmal im Zusammenhang mit disqualifizierten Athletinnen eingegangen. CAH führt bei weiblichen Föten zu einer Maskulinisierung, was sich je nach Schwere des Falles in einer stark vergrößerten Klitoris äußern kann, sodass die davon Betroffenen äußerlich intersexuell sind. Die übergroße Klitoris wird in den meisten Fällen nach der Geburt operativ entfernt, sehr oft sind diese Mädchen auch in ihrer sexuellen Orientierung maskulinisiert. Was bedeutet, dass sie zu mehr als 50 Prozent lesbisch sind. CAH-Frauen sind auch sonst in ihrem Verhalten eher männlich in dem Sinn, dass sie seltener traditionelle weibliche Rollen übernehmen und als Kinder kaum mit Puppen spielen.[17]

Eine ganze Reihe morphologischer Unterschiede deutet darauf hin, dass Hormone, insbesondere Testosteron, während der Schwangerschaft die spätere sexuelle Orientierung beeinflussen. Ein Beispiel sind die Hände, die bei Männern gewöhnlich länger und breiter sind als bei Frauen. Auch zwischen Homo- und Heterosexuellen sind diesbezüglich statistische Unterschiede zu verzeichnen. So haben homosexuelle Männer tendenziell kürzere Hände als heterosexuelle, »Butch«-Lesben (sich betont männlich gebende Lesben) längere Hände als heterosexuelle Frauen und diese wiederum größere Hände als die feminin auftretenden »Femme«-Lesben.[18]

Aber auch die relative Länge von Fingern unterscheidet sich je nach sexueller Orientierung. So gibt etwa das Verhältnis der Länge des Zeigefingers (2D) zu derjenigen des Ringfingers (4D) Aufschluss über die vorgeburtliche embryonale hormonelle Umgebung eines Menschen, genauer gesagt darüber, wie viel Testosteron der sich entwickelnde Embryo während der Schwangerschaft ausgesetzt war. Männer haben typischerweise längere Ring- als Zeigefinger. Bei Frauen ist es umgekehrt. Testosteron steigert die »Männlichkeit« von Händen, was man aus dem 2D:4D-Verhältnis ablesen kann.[19] Homosexuelle Männer haben deshalb eher »verweiblichte« Hände, Lesben eher »vermännlichte«. Bei der linken Hand ist dieser Trend stärker ausgeprägt als bei der rechten. Auch scheinen ethnische Unterschiede hinsichtlich der relativen Fingerlänge zu bestehen.[20] Töchter von CAH-Müttern haben männliche 2D:4D-Relationen. Jüngst wurde ein Gen auf Chromosom 14, das SMOC1 heißt und mit Knochenwachstum zu tun hat, mit den unterschiedlich langen Fingern von Männern und Frauen, Homo- und Heterosexuellen in Zusammenhang gebracht.[21] Wichtig ist hier jedoch zu betonen, dass es sich dabei um statistische Aussagen (Korrelationen) handelt, die keinen Kausalzusammenhang bedeuten müssen.

Geburtsreihenfolge: Der »Großer-Bruder-Effekt«

Wie schon vorher erwähnt, hat wohl auch die Reihenfolge der Geburt Einfluss auf die Sexualpräferenz. Je mehr ältere Brüder ein Junge hat, desto größer ist die Wahrscheinlichkeit, dass er homosexuell sein wird. Mit jedem älteren Bruder steigt die Wahrscheinlichkeit von Homosexualität um etwa 30 Prozent.[22] Dies gilt nur bei biologischen Brüdern und nicht bei adoptierten[23], was darauf hinweist, dass der »Großer-Bruder-Effekt« nur vorgeburtlich wirkt. Und er kommt nur bei Rechtshändern vor. Bei Linkshändern sinkt die entsprechende Wahrscheinlichkeit sogar etwas, ebenso bei älteren Schwestern oder ausschließlich jüngeren Geschwistern.[24] Interessanterweise ist der Effekt der Geburtsreihenfolge bei lesbischen Frauen nicht nachzuweisen.

Es spricht einiges dafür, dass ältere Brüder Spuren in der Gebärmutter hinterlassen, die die sexuelle Orientierung jüngerer Brüder zunehmend beeinflussen. Unter Verdacht stehen drei Gene auf dem Y-Chromosom, die eine Funktion im Immunsystem haben (*H-Y Minor Histocompatibility Antigen*). Doch was genau sie tun, ist nicht bekannt.[25] Sie sind auffallend ähnlich zum Anti-Müller-Hormon, das ebenfalls dazu beiträgt, den Embryo zu maskulinisieren, indem es den weiblichen Müller'schen Gang (das sind die embryonalen Genitalanlagen, aus denen sich Eileiter, Gebärmutter und Scheide bilden) im frühen Stadium eines genetisch männlichen Embryos zurückbildet. Die H-Y-Antigene eines männlichen Fötus (bei weiblichen Embryos gibt es diesen Effekt nicht) reizen das Immunsystem der Mutter. Möglicherweise reagiert dieses von Schwangerschaft zu Schwangerschaft mit einem männlichen Baby immer stärker darauf und unterbindet zunehmend diesen maskulinisierenden Effekt. Man kann hier wohl weder von einem rein genetischen noch von einem Umwelteinfluss sprechen, eher liegt hier eine Interaktion von Gen und Umwelt vor, die die sexuelle Orientierung beeinflusst. Man schätzt, dass die Homosexualität von etwa 15 Prozent aller schwulen Männer auf diesen »Großer-Bruder-Effekt« zurückzuführen ist.

Homosexualität und Evolution

Wie schon zu Beginn dieses Kapitels erwähnt, ist Homosexualität aus evolutionsbiologischer Sicht nur schwer zu erklären. In dieser Perspektive stellt sie eine Sackgasse dar, weil Homosexuelle im evolutionären Sinn nicht fit sind: Sie können sich, zumindest untereinander, nicht fortpflanzen und haben deshalb keine eigenen Nachfahren, die ihre Gene tragen. Warum existiert dann Homosexualität schon so lange? Dafür gibt es vier potenzielle Erklärungsansätze:[26]

1) Heterozygotenvorteil: Analog zum Fall der Malaria wäre ein homozygotes Individuum homosexuell, also evolutionär benachteiligt, weil es sich nicht fortpflanzt, ein heterozygotes Individuum (mit einem Teil der genetischen Anlagen für Homosexualität, aber nicht homosexuell, doch möglicherweise besonders attraktiv) hingegen besonders fit (weil es besonders viele Kinder hat – dies scheint in den italienischen Studien[27] der Fall zu sein, bei denen die Schwestern von Homosexuellen besonders viele Kinder haben). Eine Genvariante, die als Doppelkopie (also im homozygoten Zustand) einen negativen Effekt hat, kann unter bestimmten Umweltbedingungen im hetero-

zygoten Zustand (zum Beispiel bei hübschen Schwestern) von Vorteil sein und sich so in der Population halten.

2) Sexueller Antagonismus: Homosexuelle Männer (das Argument funktioniert auch anders herum bei lesbischen Frauen) wären benachteiligt, aber ihre weiblichen Verwandten (die auch die Genvarianten für Homosexualität haben) hätten einen Fitnessvorteil.

3) Inklusive Fitness: Das Prinzip der inklusiven Fitness beruht darauf, dass Genvarianten nicht nur in einem Individuum zu finden sind, sondern auch in (in diesem Fall) nicht-homosexuellen Verwandten. Die Fitness (also die Häufigkeit einer Genvariante in der nächsten Generation im Vergleich zu anderen Genvarianten) kann so indirekt ansteigen, auch wenn sich ein Homosexueller nicht selbst fortpflanzt, sondern seinen Verwandten hilft, mehr Nachfahren zu haben als ohne seine Hilfe. Man kann dies auch Verwandtenselektion nennen.

4) Der Biologe und Wissenschaftshistoriker Thomas Junker schlägt eine vierte Erklärung vor: Für Menschen war die Fähigkeit zu Teamwork ein wichtiger Überlebensvorteil. Dafür musste vor allem auch die sexuelle Aversion unter Männern abgebaut werden. Eine gewisse Homophilie wurde dadurch gefördert – nach den Gesetzen der Normalverteilung gibt es ja an den Rändern besonders homophile und besonders homophobe Männer. Ein amüsanter Beleg dafür ist, wie intensiv sich die männlichen Spieler einer Fußballmannschaft nach einem Tor herzen – was ja als Zeichen für den Erfolg und inneren Zusammenhalt der »elf Freunde« gewertet wird.

Für diese evolutionäre Erklärung der Homosexualität durch inklusive Fitness und Verwandtenselektion sprechen einige, wenn auch schwache empirische Daten. Aber aufgrund der Verwandtenselektion und der damit verbundenen »indirekten« Fitness können Kopien der Gene von Homosexuellen sehr wohl in der nächsten Generation repräsentiert sein – etwa dadurch, dass Schwule besonders gute Onkel sind, die, obwohl sie nur 25 Prozent ihrer Genvarianten mit Nichten und Neffen teilen, gut zum Gedeihen und vielleicht Überleben dieser Verwandten beitragen. Die empirische Evidenz für diese These ist allerdings umstritten. Auf Samoa, wo es sogar einen besonderen Namen für diese Gruppe homosexueller Menschen gibt – *fa'afafine* –, mag dies zutreffen, aber vergleichende Studien aus Japan, Kanada und den USA konnten dies nicht bestätigen.

Basierend auf italienischen Studien[28] wurde die Hypothese aufgestellt, dass Homosexuelle überproportional viele Schwestern mit sehr vielen Kindern haben – dies würde die sexuelle Antagonismustheorie unterstützen. Auch im Sinne der Verwandtenselektion kann Homosexualität über diesen Umweg – durch »Homosexualitätsgene« in den Schwestern von Schwulen – weitervererbt werden und so evolutionär erhalten bleiben. Man bedenke auch, dass X-Chromosomen mehr (evolutionäre) Zeit in weiblichen Individuen als in männlichen verbracht haben, also mehr und längeren selektiven Drücken ausgesetzt sein sollten. Angenommen, ein Teil des genetischen Beitrags zu Homosexualität bei Männern wäre auf dem X-Chromosom angesiedelt, so wäre dies eine zumindest potenzielle Erklärung dafür, dass diese genetische Disposition noch nicht ausgestorben ist. Denn wenn diese »homosexuellen« Genvarianten Männer schwul, aber ihre weiblichen Verwandten besonders attraktiv machten und Letztere deshalb überdurchschnittlich viele Kinder hätten, könnten sich diese Genvarianten in der Population erhalten. Der italienische Forscher Andrea Camperio Ciani von der Universität in Pisa fand zudem heraus, dass auch Mütter und Tanten mütterlicherseits (neben den oben erwähnten Schwestern) von Homosexuellen im Durchschnitt mehr Kinder haben als Mütter, die keine schwulen Söhne haben.[29] Man nennt dies die »ausgleichende Selektionshypothese«. So können dieselben Gene beim Mann in die evolutionäre Sackgasse der Homosexualität führen, gleichzeitig aber für besseren evolutionären Erfolg (mehr Nachfahren) bei seinen weiblichen Verwandten sorgen. Dies ist wie gesagt nur ein hypothetisches Argument. Die eventuell dafür verantwortlichen Gene sind noch vollkommen unbekannt, aber es wäre denkbar, dass einige davon auf dem X-Chromosom liegen. Der überdurchschnittliche Reproduktionserfolg von Frauen (zumindest in Italien), die diese Gene in sich tragen, könnte damit zu tun haben, dass diese sie besonders fertil, extrovertiert, attraktiv und auch promiskuitiv machen.[30] So zumindest die Theorie.

Epigenetik und Homosexualität

Unsere DNA ist ein äußerst komplexes Gebilde. Selbst wenn die vier Basen, G, A, T und C in ihrer Sequenz unverändert bleiben, können biochemische Veränderungen auftreten und einzelne Basen »ausgeschaltet« werden durch einen Prozess, den man Methylierung nennt und der epigenetische Markierungen (*Epimarks*) auf der DNA hinterlässt. Anzahl und Platzierung dieser Epimarks auf dem DNA-Strang können dazu führen, dass Gene ganz aus- oder weniger häufig angeschaltet werden. Dies ist ein normaler Vorgang, durch den auch während der Entwicklung des Embryos bestimmte Gene in bestimmten Zellen ausgeschaltet werden. So werden (als einer von mehreren Mechanismen) aus einer befruchteten Eizelle, die zunächst noch ein allumfassendes Potenzial hat, schließlich spezialisierte Nerven-, Leber- und Hautzellen, aus denen nach jeder Zellteilung wiederum nur Nerven-, Leber- oder Hautzellen entstehen. Man darf nicht vergessen, dass jede unserer Zellen das komplette Genom in sich trägt. Trotzdem wird bei der Teilung einer Nervenzelle immer nur eine Nervenzelle entstehen und die Tochterzelle einer Knochenzelle immer eine Knochenzelle sein und sich auch so verhalten. Diese Epimarks an den Schaltern für bestimmte Gene in bestimmten Zellen werden normalerweise bei der Produktion von Eizellen von der Mutter »weggewischt«, sodass in der nächsten Generation alle Veränderungen der vorherigen Generation quasi

»wegradiert« sind und im Kind wieder alle Zelltypen neu geschaffen werden.

Wenn nun aber bei der Mutter dieser Prozess nicht vollständig funktioniert, sodass beispielsweise die Gene auf dem X-Chromosom nicht wieder »rejuveniert« werden, kann eine solche epigenetische Veränderung von einer Generation auf die nächste übergehen. Möglicherweise ist dies auch der molekularbiologische Mechanismus, der den theoretisch vorhergesagten Geburtsreihenfolgeneffekt (bei dem jüngere Brüder desto häufiger schwul sind, je mehr ältere Brüder sie haben) erklärt. Wenn ein Epimark nun ein Gen wie das Androgenrezeptor-Gen so modifiziert, dass es weniger aktiv oder sogar ganz ausgeschaltet ist, reagiert dieser Embryo weniger empfänglich auf Testosteron – und es resultiert daraus ein feminisierter männlicher Embryo, der möglicherweise auch homosexuell ist.[31]

Für diese noch sehr neue »Epigenetik-Theorie« zur Entstehung von Homosexualität wurden bisher noch keine entsprechenden Studien am Menschen durchgeführt. Es ist aber heute bereits technisch möglich, das gesamte Genom auf epigenetische Marker hin zu untersuchen. Bei einem entsprechenden Experiment müsste man eineiige Zwillinge, von denen einer homosexuell ist und der andere nicht, daraufhin untersuchen, ob Unterschiede in den epigenetischen Markierungen mit unterschiedlichen sexuellen Orientierungen korrelieren. Noch ist nicht geklärt, ob für dieses Experiment Blut genügt oder ob man dafür Gehirngewebe braucht, was diese Studie sehr viel schwieriger machen dürfte. Wie auch immer: Man darf gespannt sein, was bei diesen Epigenetikexperimenten herauskommen wird.

Bisher gibt es nur wenige Studien in dieser Richtung. Dazu gehören die Rattenversuche von Bridget Nugent.[32] Diese Studien gehen davon aus, dass die Entwicklungsachse im Mausembryo (und Gehirn) eine feminine Grundausrichtung hat, was eine »weibliche Identität« bedingt und somit eine sexuelle Präferenz für Männchen mitbringt. Durch einen Schwung pränatalen Testosterons, der in männlichen, aber nicht in weiblichen Embryos in einer sensiblen Phase ausgelöst wird, findet dann normalerweise eine Vermännlichung des Gehirns statt, die insbesondere eine POA genannte Region (präoptisches Areal) betrifft. Das führt bei männlichen Ratten dazu, dass das POA viermal größer und dichter mit Nervenzellen besetzt ist als bei heterosexuellen Rattenweibchen. Ratten mit solch einem POA bevorzugen Weibchen. Nugent hat nun Wirkstoffe in weibliche Rattenembryos injiziert, die das Enzym DNA-Methyltransferase (DNMT3a) blockieren, das in den männlichen Ratten üblicherweise zu epigenetischen Veränderungen durch die Methylierung von DNA führt. Dies bewirkte in den weiblichen Ratten eine Vermännlichung dahingehend, dass sie nun weibliche Ratten als Paarungspartner bevorzugten und nicht mehr männliche. Durch das Blockieren der Methylierung wurden aus heterosexuellen also lesbische Ratten.

Der gleiche Effekt konnte auch erreicht werden, wenn man das DMRT-Gen in den Ratten genetisch ausschaltete. Diese Experimente legen nahe, dass Epigenetik durch Methylierung eine Rolle bei der sexuellen Orientierung von Ratten spielt, indem bestimmte Nervenzellen in bestimmten Hirnarealen in sensiblen Phasen besonders stark darauf reagieren. Man hätte also eine Kausalkette gefunden, die vom Gen (und epigenetischen Mechanismus) über das Gehirnareal bis zur sexuellen Orientierung reicht. Epigenetik bewirkt also, dass in weiblichen Gehirnen Genschalter funktionieren, die zu einer Vermännlichung führen. Es sind die gleichen Gene in der weiblichen wie in der männlichen Ratte, die angeschaltet werden oder eben auch nicht. Allerdings sind Menschen keine Ratten, und diesen Mechanismus im Menschen nachzuweisen wird weitaus schwieriger sein. Dennoch haben diese Studien Aufschluss über eine Reihe von sehr interessanten Genen und über potenzielle Mechanismen gegeben, die nun auch beim Menschen untersucht werden könnten.

Am Ende wird die Antwort sicher nicht sein, dass es ein spezifisches »Schwulen-Gen« gibt. Denn eines ist gewiss: Es existiert kein einziges Gen, dass nur bei homosexuellen Menschen vorkommt. Wäre es so einfach, hätte man es schon gefunden. Wie bei allen komplexen Verhaltensweisen wie Intelligenz oder Schizophrenie dürfte es auch im Falle der Homosexualität so sein, dass Dutzende, vielleicht sogar Hunderte von Genen mit einem jeweils kleinen Effekt – wohl im Zusammenspiel mit pränatalen Umwelteinflüssen wie Hormonkonzentrationen und durch ältere Brüder verursachten Antikörpern – oder Epigenetik zu einer homosexuellen Orientierung beitragen.

Erziehung zur Homosexualität?

Teile der Gendercommunity bestreiten jegliche biologische Basis von Geschlecht und insbesondere der Genderidentität und der sexuellen Orientierung. Alle Unterschiede seien lediglich kulturelle Konstrukte. Wer oder was aber sind diese Konstrukte und Einflüsse in diesem Fall? Sind es Eltern, Erzieher, Schulkameraden oder Pop-Idole? Einige Studien scheinen die Hypothese nahezulegen, dass physische und/oder sexuelle Misshandlungen von Jungen die Wahrscheinlichkeit einer späteren nicht-heterosexuellen Orientierung erhöhen. Dies wäre also ein Hinweis auf einen Umwelteinfluss. Allerdings sind diese Ergebnisse umstritten, und die American Psychiatric Association sieht keine Tendenz für eine Korrelation von Kindesmisshandlung und Homosexualität. Sind es vielleicht gar gesteigerte gesellschaftliche Toleranz und die Legalisierung gleichgeschlechtlicher Ehen, die die Entstehung von Homosexualität befördern?

Wie bereits erwähnt, haben mehr als ein Drittel aller lesbischen und schwulen Menschen Kinder. 80 Prozent davon sind Frauen, der Kinderwunsch oder dessen Realisierbarkeit scheint bei Schwulen vielleicht weniger stark ausgeprägt zu sein. Noch weitaus mehr haben Adoptivkinder. Etwa 3,5 Prozent der Einwohner der USA klassifizieren sich als LGBT. Wie viele der geschätzten drei Millionen Kinder in den USA, die wenigstens ein LGBT als biologisches Elternteil haben, und der sechs Millionen Kinder, die in LGBT-Lebensgemeinschaften aufwachsen[33], werden als Erwachsene keine heterosexuelle Orientierung haben? Eine demografische Erhebung des bereits erwähnten Williams Institute in Los Angeles enthält keine Informationen zur sexuellen Orientierung der Kinder aus diesen gleichgeschlechtlichen Ehen oder Partnerschaften. Das ist bedauerlich, denn in diesen Familien hätte man ja potenziell beide Komponenten vereinigt: Gene wie auch Umwelt oder Kultur, die einer homosexuellen oder zumindest nicht-heterosexuellen Orientierung förderlich sein könnten.

Im Zuge der Bestrebungen zur Legalisierung der gleichgeschlechtlichen Ehe wurden in den USA die wissenschaftlichen Argumente zur Ursache von Homosexualität – Umwelt versus Genetik – auch vor einzelnen Gerichten erörtert. Dabei ging es auch um die Problematik, ob Kinder, die aus gleichgeschlechtlichen Beziehungen resultieren, in irgendeiner Form benachteiligt sind. Dass sie in der Schule öfter gehänselt werden, ist eine bedauernswerte Tatsache, aber in diesem Zusammenhang ging es eher um die seltsame Frage, ob Kinder von Lesben und Schwulen häufiger lesbisch oder schwul sind. A priori würde man dies wohl erwarten, denn sowohl Gene als auch Kultur wirken in diesen Familien in Richtung Homosexualität.

Wenn die Berechnungen einer Metaanalyse von Schumm[34], die auf mehreren soziologischen Studien basiert, richtig sind, dann wären 33 oder sogar 57 Prozent der Kinder aus diesen Partnerschaften selber homosexuell. Das wäre ein sehr hoher Prozentsatz – wenigstens eine Verzehnfachung der typischen Homosexualitätsrate von vielleicht 3 Prozent. Die Studien von Schumm und vor allem die narrative Basis der Datenerhebung – sie beruhte auf Erzählungen statt auf systematisch gesammelten Daten – wurden von der LGBT-Community massiv in Zweifel gezogen, meines Erachtens teils zu Recht. Die

Schlussfolgerung von Schumm, dass das Elternhaus und die Erziehung einen so starken Einfluss auf die spätere sexuelle Orientierung der Kinder haben, darf wohl bezweifelt werden.

Methodisch exaktere Studien sind also gefordert. Mit künftig mehr gleichgeschlechtlichen Familien und auch mehr Leihmüttern (ein globaler, ethisch sehr fragwürdiger Trend bei männlichen homosexuellen Paaren nicht nur in den USA) wird sich diese Datenbasis verbessern lassen, sodass in Zukunft eindeutigere und belastbarere Ergebnisse zu erwarten sind.

Nicht nur Zwillingsstudien zeigen, dass es eine relativ hohe Erblichkeit von Homosexualität gibt. Lediglich der Grad der Erblichkeit ist noch unklar, ebenso dessen genetische Basis. Die interessante und wahrscheinlich wichtige Rolle von epigenetischen und hormonellen Einflüssen auf sexuelle Verhaltensweisen muss noch stärker erforscht werden. Zuletzt ist auch der Einfluss von Erziehung und Kultur auf sexuelle Orientierung ein Thema, das mit verlässlicheren wissenschaftlichen Methoden angegangen werden muss.

14

Wie unterschiedlich sind Frauen und Männer wirklich?

Sie interessieren sich verständlicherweise eher für die Unterschiede als für die Gemeinsamkeiten zwischen den Geschlechtern. Mehr als 30 000 wissenschaftliche Artikel sind allein in den letzten 15 Jahren zu diesem Thema erschienen. Grob gerechnet wären das etwa fünf bis sechs neue Publikationen pro Tag! Auch gute und weniger gute Bücher gibt es zu dem Thema zuhauf.[1] Ein besonders empfehlenswertes ist dasjenige von Geary[2], das evolutionär argumentiert, aber leider nicht in deutscher Übersetzung vorliegt. Besondere Beachtung verdient auch die Metastudie von Ellis[3] und seinen Mitautoren von 2008, die auf rund 1000 Seiten (plus einer CD) die Ergebnisse von 18 000 Studien in über 1900 Tabellen zusammenfasst. 2011 trug Ellis seine Erkenntnisse in einer etwas leichter verdaulichen tabellarischen Kurzfassung auf zehn Seiten zusammen. Darin werden 65 universelle (kulturübergreifende) Geschlechtsunterschiede aufgeführt, die jeweils in über zehn in mehreren Ländern erhobenen Studien mit statistisch signifikanten Ergebnissen bestätigt werden konnten. Auch das Buch von Susan Pinker (2008)[4], einer kanadischen Entwicklungspsychologin und Schwester des berühmten Harvard-Linguisten Steven Pinker, ist zu empfehlen, weil aktuell und leicht lesbar. Es gibt noch viel mehr, aber leider werden tendenziell nur die spektakulärsten und meistens auch kontroversesten Studien in den Medien diskutiert. Da werden dann immer wieder alte Gräben aufgerissen, indem man so tut, als ob noch nichts als etabliert und erforscht gelten dürfte. Konflikt und Dissens werden ausgebreitet, aber es ist keine Meldung wert, wenn etwas nicht kontrovers ist. Dabei ist sehr vieles bei diesem Thema wissenschaftlich längst unstrittig.

In diesem Kapitel soll es um die zentrale Frage gehen, in welchem Ausmaß die Unterschiede zwischen Männern und Frauen einerseits genetisch – oder allgemeiner: biologisch – zu erklären sind und wie stark andererseits Kultur – oder genereller: Umwelteinflüsse – zu diesen Unterschieden beitragen. Viele der Unterschiede zwischen Jungen und Mädchen sind sicherlich durch beides, Biologie und Kultur – aber in je unterschiedlichem Ausmaß –, zu erklären, manches aber scheint ganz entscheidend durch Gene oder allein durch Kultur bedingt zu sein. Darüber wird nicht nur äußerst aktiv geforscht und fast täglich Neues herausgefunden, sondern diese Frage ist auch ein politisch heiß umkämpftes Thema, das von weit mehr als nur von wissenschaftlichem Interesse ist und in vielfältigster Form Einfluss auf unser tägliches Leben hat. Meiner Meinung nach sind es gerade diese politischen und politisierten Aspekte, die auf soliden wissenschaftlichen Erkenntnissen und nicht auf ideologischen Einstellungen basieren sollten. Und darum sollten sich Wissenschaftler auch mehr in gesellschaftliche Debatten und in die Politik einmischen und diese nicht den Ideologen überlassen.

Wie ein Mädchen werfen?

Ein durchschnittlicher Mann kann einen Ball weiter werfen als 98 Prozent aller Frauen. Somit wäre die durchschnittliche Wurfweite von Männern fast drei Standardabweichungen größer als beim Durchschnitt der Frauen. Bei so einem Unterschied kann man wirklich bedenkenlos und kategorisch behaupten: »Männer werfen weiter als Frauen.« Es scheint also etwas dran zu sein an der Phrase »wie ein Mädchen werfen«. Die bisher erwähnten kognitiven Unterschiede zwischen den

Geschlechtern sind dagegen winzig – die extremen mathematischen Begabungen bewegten sich eher im Bereich von lediglich 0,1 bis 0,15 Standardabweichungen.

Auch beim Werfen scheinen Übung (ich gehe davon aus, dass Jungs weitaus öfter werfen) und nicht nur Gene eine Rolle zu spielen. Im Alter von drei Jahren sind Jungs nur etwa 1,5 Standardabweichungen besser, aber bereits in der Pubertät ist der Unterschied auf drei bis fünf Standardabweichungen angestiegen. Natürlich spielen beim Werfen anatomische Unterschiede zwischen den Geschlechtern eine wesentliche Rolle, die sich durch die Pubertät noch vergrößert haben. Obwohl es durchaus Frauen gibt, die weitaus besser werfen können als der Durchschnittsmann – man denke etwa an die Baseball-Sensation Jennie Finch –, würde sich für die meisten Frauen trotz noch so intensiven Trainings nichts an diesem riesigen Unterschied zwischen Mann und Frau ändern. Frauen sind im Mittel nun einmal kleiner, haben relativ kürzere Arme und weniger Muskulatur. Man muss aber aufpassen: Selbst bei einer so banalen und korrekten Aussage wie »Männer werfen weiter als Frauen« fühlen sich sofort bestimmte Leute, gerade Kulturwissenschaftler, Anthropologen und Feministinnen, auf den Plan gerufen, um selbst einen so offensichtlichen biologischen Unterschied kulturell zu erklären und eine systematische Benachteiligung von Frauen zu beklagen. Als ob es über natürliche Unterschiede etwas zu lamentieren gäbe.

Der Adamsapfel und anderes evolutionäres Erbe

Der Adamsapfel, ein Vorsprung des Schildknorpels am Kehlkopf (*Larynx*), ist bei Männern größer als bei Frauen. Damit erzeugen die im Kehlkopf liegenden Stimmbänder die tiefere männliche Stimme. Aufgrund von Testosteronzufuhr wächst der Adamsapfel in der Pubertät, was zunächst zum Stimmbruch führt, bis die Stimmbänder nachgewachsen sind. Der

Name wird aus der Bibel abgeleitet: Adam sei beim Sündenfall die verbotene Frucht in Form des Apfels im Hals stecken geblieben – seither seien alle Männer durch dieses Körpermal gezeichnet. Ähnliche Geschichten über Unterschiede zwischen Männern und Frauen kennen wir zuhauf. Männer sind aber nicht wirklich vom Mars und Frauen nicht von der Venus. Sie sind vom selben Planeten und das Produkt einer gemeinsamen evolutionären Geschichte, wobei sie sich auch darin gegenseitig beeinflusst haben. Dennoch sind die Geschlechter natürlich und offensichtlich nicht gleich, sondern unterscheiden sich in vielerlei Hinsicht, nicht nur körperlich, sondern auch hinsichtlich Verhaltensweisen, Fähigkeiten und Emotionen.

Dabei spielte und spielt auch heute noch die Evolution, insbesondere die sexuelle Selektion, eine entscheidende Rolle. Es geht letztlich darum, sich erfolgreich fortzupflanzen oder, besser gesagt, sich so fortzupflanzen, dass man Nachkommen hervorbringt, die ihrerseits in der nächsten Generation »fit« sind, das heißt, sich wieder erfolgreich fortpflanzen können. Diesen evolutionären Erfolg zu maximieren – daran feilt die Evolution. Durch sie haben sich die Geschlechtsunterschiede verändert. Diese Vergangenheit und diese Unterschiede sind zunächst einmal in den Genen festgeschrieben. Darüber hinaus kann die Umwelt, beispielsweise in Form von Kultur, auf diesem Fundament aufbauen.

Beide Geschlechter unserer Spezies teilen sich eine gemeinsame evolutionäre Geschichte, die sich vor fünf bis sechs Millionen Jahren von derjenigen der Schimpansen, unserer nächsten lebenden Verwandten, trennte. Wenn man so will, geht die gemeinsame Geschichte beider Geschlechter sogar bis an den Anfang des Lebens auf diesem Planeten zurück. Denn die allermeisten Arten haben zwei Geschlechter – dies ist eine uralte Erfindung der Evolution. Die Gründe für die Existenz von zwei Geschlechtern haben wir schon genauer besprochen: Durch Sex werden in jeder Generation neue genetische Kombinationen und Variationen erzeugt. Dies scheint für das Überleben einer Art, auch der unsrigen, eine Notwendigkeit zu sein. Wir schützen uns damit vor Krankheiten, Bakterien und Parasiten, die uns ansonsten zu deren eigenem evolutionären Vorteil töten würden. Man muss sich ebenfalls vor Augen halten, dass die Gene auf den Chromosomen, die innerhalb eines Genoms zusammenarbeiten, um daraus einen funktionierenden Körper zu bauen, sich zur Hälfte ihrer langen evolutionsbiologischen Vorgeschichte in weiblichen und in männlichen Körpern befunden haben. Sie mussten sich also miteinander arrangieren, um die egoistischen Tendenzen der einzelnen Gene zu unterdrücken und zum gemeinsamen Guten einen weiblichen oder einen männlichen Körper herzustellen, je nachdem, ob sie sich zusammen mit einem Y-Chromosom im Zellkern befunden haben oder nicht.

Medizinische Unterschiede

Aufschlussreich ist, dass es zahlreiche Geschlechtsdifferenzen hinsichtlich der Anfälligkeit für Krankheiten wie auch in Bezug auf Todesursachen gibt. Diese medizinischen Unterschiede zwischen den Geschlechtern wurden zunächst in vielen Studien übersehen oder ignoriert und fanden erst in den letzten Jahren zunehmend mehr Beachtung. So reagieren Frauen beispielsweise anders als Männer auf die gleiche Dosis Aspirin oder bestimmter Schlafmittel. Weil in der Vergangenheit oft mehr Männer als Frauen an medizinischen Studien teilgenommen haben – vielleicht, weil die Mehrheit der Forscher männlich ist? –, überrascht es dann auch nicht, dass Frauen häufiger als Männer Probleme mit Nebenwirkungen von Medikamenten zu haben scheinen. Daher hat die oberste US-amerikanische Gesundheitsbehörde NIH (*National Institutes of Health*) unlängst neue Empfehlungen publiziert, dass bei künftigen biomedizinischen Studien Geschlechtsunterschiede beachtet und gezielter erforscht werden sollen.[5] So soll selbst bei Versuchstieren in der biomedizinischen Forschung vermehrt berücksichtigt werden, dass Männchen und Weibchen gleichermaßen benutzt werden und dass die Geschlechtszugehörigkeit in die Bewertung der Forschungsergebnisse einfließt. Selbst Zellkulturen sollen zukünftig daraufhin katalogisiert werden, ob sie von einer Frau oder von einem Mann stammen. Denn sogar in Zellkulturen von Nervenzellen konnten je nach Geschlecht unterschiedliche Reaktionen auf bestimmte Reize festgestellt werden. Vielleicht sind diese bei bisherigen medizinischen Studien zu wenig beachteten Unterschiede im Geschlechterverhältnis mit eine Erklärung dafür, dass deren Ergebnisse nicht immer wiederholt werden konnten.

Ein Beispiel für unterschiedliche Krankheitsanfälligkeit und Krankheitsverläufe zwischen den Geschlechtern ist die multiple Sklerose, die häufiger bei Frauen auftritt, bei diesen aber oft auch einen milderen Verlauf nimmt. Bei weiblichen Versuchsmäusen konnte gezeigt werden, dass eine Östrogentherapie positive Wirkungen hatte. Möglicherweise schlägt diese dann auch besser bei Patientinnen an. Andere Nervenkrankheiten, wie Morbus Parkinson, Schizophrenie oder auch Gehirnschläge, die bei beiden Geschlechtern unterschiedlich oft auftreten, haben möglicherweise ihre Ursache auch in der unterschiedlichen Anzahl von X-Chromosomen, im genetischen Mosaizismus des weiblichen Körpers und im Vorhandensein des Y-Chromosoms und der Gene, die auf diesem liegen.

Neurologische Unterschiede

Medizinische Unterschiede zwischen den Geschlechtern sind politisch akzeptiert(er), denn die Datenbasis ist erdrückend und eindeutig. Sobald es jedoch um Unterschiede im Gehirn oder Verhalten geht, wird das Thema schon weitaus kontroverser diskutiert und ist ideologisch stärker vorbelastet. Politik beginnt hier eine ungute Rolle zu spielen. Dabei ticken Männer auch im Kopf anders als Frauen.

Männliche Schädel enthalten um 10 bis 15 Prozent größere Gehirne. Dass daraus aber nicht zwingend folgt, dass Männer intelligenter sind als Frauen, wurde schon erwähnt. Es gibt viele Studien, die Unterschiede zwischen Mann und Frau im Hinblick auf verschiedene Aspekte der räumlichen Orientierung (etwa Kartenlesen) belegen konnten. Ja, im Durchschnitt sind Frauen darin weniger gut. Je nachdem, welche Studie man heranzieht, unterscheiden sich Männer und Frauen hierin jedoch durch vielleicht höchstens eine Standardabweichung. Dies würde bedeuten, dass etwa zwei Drittel aller Männer eine bessere räumliche Orientierung haben als die durchschnittliche Frau. Männer scheinen besser beim Lösen mechanischer und räumlicher Aufgaben zu sein und haben ein größeres Faktenwissen. Sie sind auch aktiver, kompetitiver, selbstbewusster und aggressiver als Frauen. Allerdings treten Lernschwierigkeiten und Verhaltensprobleme bei Jungs weitaus häufiger auf als bei Mädchen, Männer haben mehr Unfälle, verüben weitaus mehr Verbrechen (vor allem Morde) als Frauen und machen daher auch einen erheblich größeren Teil der Gefängnispopulation aus.

Weil Mädchen vorsichtiger und ängstlicher sind, sterben auch weit weniger von ihnen als Jungen. Frauen haben tendenziell eine bessere Feinmotorikkontrolle und sind im Durchschnitt auch empathischer und fürsorglicher als Männer. Und sie gelten auch als stressanfälliger und emotionaler als Männer. In der Schule sind Mädchen weitaus besser als Jungen, und sie mögen die Schule auch lieber.

Körperliche Unterschiede

Offensichtlich tragen wir in unseren Genen und damit schließlich auch in vielen Aspekten unseres Verhaltens unsere evolutionäre Vergangenheit weiter mit uns herum, von Generation zu Generation. Männer haben nicht nur größere Gehirne, sie sind im Durchschnitt auch 6 bis 7 (je nach Population) Zentimeter größer als Frauen. Das lässt sich zum Teil durch sexuelle Selektion in unserer evolutionären Vergangenheit erklären: Männer kämpften gegeneinander um den Zugang zu weiblichen Mitgliedern ihrer Spezies. Männer sind auch stärker und laufen schneller. Frauen leben in den meisten Kulturen durchschnittlich wenigstens fünf Jahre länger als Männer. Warum dies auch heute noch so ist, konnte bisher nicht ganz geklärt werden, denn die meisten Männer unserer Generation gehen ja keinem risikobehafteten Nahrungserwerb mehr nach, etwa als Jäger in der Savanne. Frauen können sich bekanntlich im Gegensatz zu Männern nicht ihr Leben lang fortpflanzen, auch dafür gibt es evolutionäre Erklärungen wie den »Großmutter-Effekt«, der zu größerer inklusiver Fitness führt, wenn Großmütter (aber eben nicht Großväter) bei der Aufzucht ihrer Enkel mithelfen und damit etwas für die eigenen Gene tun.

Dabei fangen die Differenzen zwischen den Geschlechtern mit nur wenigen genetischen Unterschieden an, in Form einer sehr überschaubaren Zahl von Genen, die alle auf dem Y-Chromosom liegen, und der unterschiedlichen Dosis (und Anzahl von Genvarianten) der Gene auf dem X-Chromosom. Wie schon in den vorherigen Kapiteln ausgeführt, reicht manchmal (wenn auch selten) das bloße Vorhandensein eines Y-Chromosoms nicht aus, um auf der Ebene der Chromosomen entscheiden zu können, wer körperlich Mann und wer Frau ist. Nach der Entdeckung des so wichtigen SRY-Gens im Jahr 1990 wurden in den letzten zehn bis fünfzehn Jahren immer mehr andere Gene wie das WNT4- und das RSPO1-Gen gefunden, die beim Prozess der Geschlechtsbildung die noch unentschiedene Balance zwischen Mann und Frau in die eine oder andere Richtung verschieben. Bei Jungen wird das ursprüngliche Entwicklungsprogramm eines Embryos hin zur Frau hauptsächlich (aber eben nicht ausschließlich) durch das SRY-Gen auf dem Y-Chromosom als ersten Auslöser verändert.

Das SRY-Gen führt zur Entstehung von Hoden, die die Entwicklung etwa ab der zehnten Schwangerschaftswoche durch Testosteron weiter in Richtung Junge vorantreiben. Wie aus der Diskussion um die Testosteronkonzentrationen bei Athletinnen hervorgeht, bleibt dieser geschlechtsspezifische Unterschied erhalten. Wenn das Ballett der Interaktionen dieser Gene nicht fehlerfrei klappt (was zum Glück nur selten geschieht), kann das Komplikationen bei der körperlichen Entwicklung zur Folge haben. XY-Menschen mit AIS können je nach Stärke des Syndroms zwar interne Hoden haben, aber externe weibliche Genitalien, während XX-Menschen mit CAH dazu tendieren, hinsichtlich der Genitalien intersexuell zu sein.

Diese wenigen unterschiedlichen Gene treten hauptsächlich während der Embryonalentwicklung und der Pubertät eine Lawine von Gen-Gen-Interaktionen und Veränderungen hauptsächlich hormoneller Art los. Viele der relevanten Hormone können heute künstlich verabreicht werden, um eine Verweiblichung oder Vermännlichung, beispielsweise bei Transgender-Menschen, zu bewirken. Sie sind damit ein Mechanismus der sexuellen Entwicklung, die ursprünglich strikt genetisch aus dem Individuum heraus erfolgen musste (oder durch dessen Mutter während der Schwangerschaft), die heute aber auch von außen veranlasst werden kann, falls so gewollt. Dabei erreichen die Testosteronkonzentrationen im typischen männlichen Embryo die zehnfache Dosis im Vergleich zum weiblichen, insbesondere in der 12. bis 18. Woche und der 34. bis 41. Woche. In der Pubertät sind die Sexualhormone erneut entscheidend bei der Herausbildung sekundärer Geschlechtsunterschiede wie Brüste und Bartbehaarung. Und diese Unterschiede in der Testosteronkonzentration bleiben ein Leben lang messbar.

Später wird das SRY-Gen auch noch im Gehirn angeschaltet, ebenso sind auch einige Gene des X-Chromosoms im Gehirn aktiv. Insbesondere der Hypothalamus, die Hirnanhangdrüse, ist eine Art Kommunikationsbrücke zwischen Gehirn und dem Rest des Körpers, mit dem über Hormone kommuniziert wird. Und genau hier, in dieser Struktur, sind wieder das SRY-Gen und andere Gene, die auf dem Y-Chromosom liegen, angeschaltet, allerdings nur beim Mann und nicht bei der Frau. Heute ist es möglich, durch sogenannte Transkriptomanalysen zu erfahren, welche Gene wann und wo im Genom und Körper angeschaltet sind. Dabei fanden sich über 1300 Gene (von den gut 20 000 Genen, die wir haben), die im weiblichen Gehirn anders angeschaltet wurden als im männlichen.[6]

Durch epigenetische Veränderungen kann die Umwelt auch Genaktivität beeinflussen. Hauptsächlich durch Methylierung können Gene (meist) abgeschaltet werden. Dies ist dann der Fall, wenn diese »CpG-Inseln« (Abfolgen von C und G) in »Schaltern« liegen, durch die Gene gesteuert werden. Diese Methylierungen werden oft durch Stress ausgelöst. Mein Labor war zusammen mit der Trauma-Arbeitsgruppe von Thomas Elbert Teil einer Studie[7], in der wir zeigen konnten, dass Kinder von während ihrer Schwangerschaft misshandelten Müttern noch bis nach der Pubertät ein anderes Methylierungsmuster in einem Gen, das in der »Stressachse« des Körpers eine Rolle spielt, aufwiesen als Kinder, die sich eher ungestresst entwickelten. Stresshormone und andere Hormone wie Testosteron wirken so auch auf andere Gene und schließlich auf die Entwicklung des Gehirns, wo sich durchaus geschlechtsspezifische Unterschiede finden lassen, die auch beobachtbare Verhaltensunterschiede erklären können. So sind Männer öfter Linkshänder als Frauen, was möglicherweise auf pränatale Unterschiede in den Testosteronkonzentrationen zurückzuführen ist. Auch kann die Chemikalie Diethylstilbestrol, eine Art künstliches Hormon, vorgeburtlich zu mehr Linkshändern führen. Über unterschiedlich lange Zeige- und Mittelfinger und die Beziehung zu Testosteron hatten wir schon gesprochen.

Verhaltensunterschiede und ihre neurologische Basis

Susan Pinker[8] argumentiert als praktizierende Familien- und Psychotherapeutin, dass die Gehirne von Frauen – selbstverständlich, so sollte man vielleicht hinzufügen – nicht »schlechter« sind als die von Männern, aber eben anders. Das sei auch die Ursache für die unterschiedlichen Präferenzen der Geschlechter in den heutigen Gesellschaften. Frauen, so zeigen viele Studien, sind »hilfsorientierter« und empathischer als Männer – ein Unterschied, der sich schon bei ganz jungen Kindern messen und nachweisen lässt. Außerdem sind sie mehr auf ein harmonisches soziales Miteinander fokussiert und darin auch talentierter als Männer. Empathie zeigt sich bei Mädchen schon früher und in stärkerem Ausmaß als bei Jungen, und dieser Unterschied bleibt auch bei Erwachsenen bestehen. Mädchen können besser erkennen, was eine andere Person denkt oder fühlt. Und schließlich können sie auch besser und sozial adäquater emotional reagieren. In einer US-Studie von 1993, bei der je 5000 Männer und Frauen interviewt wurden und die 2012 neu ausgewertet wurde, zeigte sich, dass Frauen insbesondere in puncto Zuneigung, Sensibilität und Besorgtheit höhere Werte erzielten als Männer. Diese hingegen waren beispielsweise bei Gleichmut, aber auch Herrschsucht voraus.[9]

Frauen sind oft schneller in der Auffassungsgabe und, wie immer wieder in verschiedensten Analysen nachgewiesen, sprachlich besser als Männer. Schon in den ersten beiden Trimestern der Embryonalentwicklung sind die männlichen Föten höheren Konzentrationen von Testosteron ausgesetzt, was sie ein Leben lang kompetitiver, aggressiver und mutiger macht. Andererseits hilft Frauen das Hormon Oxytocin, Emotionen besser zu interpretieren. Auch das Hormon Prolaktin, das bei Frauen während der Schwangerschaft, beim Stillen und bei der Kinderpflege in besonderem Maße ausgeschüttet wird, hat positiven Einfluss auf ihr Sozialverhalten.

Die Liste der Unterschiede ließe sich fortführen (Tabelle

14.1). Als Resümée der meisten Studien zum Thema kann man festhalten, dass sich Geschlechtsunterschiede eher biologisch als kulturell erklären lassen, denn oft zeigen sich diese schon im Kleinkindalter. Wenn ein Merkmal bei den Geschlechtern unterschiedlich ausgeprägt ist, egal in welcher kulturellen Umgebung, dann spricht auch dies eher für eine genetische, von der Evolution hervorgebrachte Differenz, die sich bis heute so erhalten hat.

Frauen verfügen über

- umfangreicheres Vokabular
- besseres sprachliches Ausdrucksvermögen
- mehr Empathie
- schnellere Auffassungsgabe
- besseres Vorstellungsvermögen
- bessere Gefühlserkennung
- höhere soziale Sensibilität
- bessere Feinmotorik

Männer haben beziehungsweise können

- ausgeprägtere Aggressivität
- bessere visuell-räumliche Fähigkeiten
- bessere mathematische Fähigkeiten
- mehr Durchsetzungskraft
- besser systematisieren
- besser 3D-Rotationen/mentale Rotationen nachvollziehen
- besser Landkarten lesen
- besser eine Form in einem größeren Design finden

Tabelle 14.1: (Relativ) unstrittige Geschlechtsunterschiede.

Lassen sich nun die beobachtbaren Verhaltensdifferenzen zwischen den Geschlechtern durch die unterschiedlichen Gehirne von Männern und Frauen erklären? Das Gehirn von Frauen hebt sich von dem der Männer auch durch die relative Größe von Gehirnarealen ab. Einzelne Gehirnregionen von Frauen sind proportional zum Teil größer, zum Teil kleiner als diejenigen von Männern. Der Frontallappen etwa, dem Entscheidungs- und Problemlösungsaufgaben zugeschrieben werden, ist bei Frauen relativ größer ausgeprägt als beim Mann. Dies trifft auch für Teile des limbischen Systems zu, die für die Regulation von Emotionen verantwortlich gemacht werden. Bei Männern wiederum ist der Parietallappen – neben Frontal-, Okzipital- und Temporallappen Bestandteil des Neocortex und für die räumliche Wahrnehmung zuständig – proportional größer als bei Frauen. Auch der Hippocampus, der für das Gedächtnis, insbesondere das räumliche, verantwortlich ist, fällt bei Männern größer aus. Der Hippocampus spielt aber auch eine Rolle beim Faktengedächtnis und dem autobiografischen Gedächtnis als eine Art Filter vom Kurz- zum Langzeitgedächtnis.

Dies ist nur ein kurzer Abriss der vielen bekannten mikro- und makroanatomischen Größenunterschiede von Gehirnstrukturen zwischen Männern und Frauen. Bis vor Kurzem konnte dies nur *post mortem* anhand anatomischer Untersuchungen von Leichen festgestellt werden. Heute ermöglichen es verschiedene bildgebende Verfahren, das lebende Hirn bis auf den Kubikmillimeter genau zu analysieren. Dabei lassen sich konsistent Unterschiede in den Aktivitätsmustern der Gehirnregionen nachweisen, was allein aufgrund anatomischer Messungen nicht möglich wäre.

So werden von den Geschlechtern bei einigen Aktivitäten die linke oder die rechte Hirnhälfte unterschiedlich in Anspruch genommen. Männer beispielsweise haben eine größere Amygdala mit mehr Nervenzellen; sie nutzen eher die rechte, Frauen eher die linke Seite, wenn emotionale Erinnerungen, die etwa mit Angst und Furcht zusammenhängen, wachgerufen werden.

Wie genau sich diese neurologischen Differenzen, die nicht nur die Größe von Hirnregionen betreffen können, sondern auch die Dichte von Nervenzellen oder deren »Verschaltung«, dann in entsprechenden Verhaltensunterschieden zwischen Männern und Frauen auswirken, ist noch nicht so gut verstanden. Bei anderen Strukturen, etwa dem *Corpus callosum*, der eine Art Kommunikationsbrücke zwischen den beiden Hirnhälften darstellt, sind Frauen im Vorteil, zumindest ist bei ihnen dieser Teil des Gehirns, vor allem der anteriore Teil, größer als bei Männern. Dies ist möglicherweise auch eine (nicht universell akzeptierte) Erklärung dafür, dass Frauen Männern oft sprachlich überlegen sind, denn hier werden vor allem die auf sprachliche Verarbeitung bezogenen Daten ausgetauscht.

Weiterhin sind geschlechtsspezifische Unterschiede bei vielen neurologischen Krankheiten bekannt. Generell sind mentale Krankheiten bei Jungen häufiger als bei Mädchen, insbesondere solche, die mit entwicklungsbiologischen Problemen zu tun zu haben scheinen. Bereits erwähnt wurde, dass Autisten, zum Beispiel Menschen mit Asperger-Syndrom (das zehnmal häufiger bei Jungen als bei Mädchen diagnostiziert wird), aber auch Savants mit bemerkenswerten Hirnleistungen unter Männern weitaus häufiger anzutreffen sind als unter Frauen. Dies trifft auch auf Dyslexie (Faktor 4) und ADHS (mindestens Faktor 2) zu. Allerdings sind Frauen öfter schizophren und von Depressionen geplagt als Männer, die wiederum weitaus häufiger Alkoholiker sind und pathologisch asozial.

Viele der erwähnten Unterschiede haben wahrscheinlich sowohl genetische als auch hormonelle Gründe. Wenn man etwa die Gehirne von Londoner Taxifahrern mit denen von Londoner Busfahrern vergleicht, haben die Taxifahrer einen größeren Hippocampus. Dies wird damit erklärt, dass Taxifahrer anders als Busfahrer, die immer dieselben Strecken abfahren, sich räumlich sehr viel besser auskennen und riesige Landkarten im Kopf behalten müssen. Das alte Dogma, dass sich Nervenzellen nicht teilen, ist schon lange überholt, denn offensichtlich reagieren zumindest Teile des Hirns wie eine Art Muskel, der auf Training anspricht, stärker wird und damit verbessert werden kann.

Welche Verhaltensunterschiede können, wissenschaftlich gesichert, als geschlechtsspezifisch gelten? Das sind besonders die Verhaltensweisen, die mit Fortpflanzung zu tun haben. Auch Durchsetzungsvermögen und Konkurrenzverhalten sind bei Männern sicherlich stärker ausgeprägt als bei Frauen.[10] Allerdings sind auch hier die Unterschiede im Durchschnitt nicht so groß (0,2–0,8 SD) wie etwa im Hinblick auf die Genderidentität, also darauf, wie sehr man sich als Mann oder als Frau fühlt, oder auch auf die sexuelle Orientierung, das heißt darauf, zu welchem Geschlecht man sich sexuell hingezogen fühlt. Hinsichtlich dieser beiden Kriterien liegen die Geschlechter mehrere Standardabweichungen auseinander. Die wenigen Ausnahmen bestätigen die Regel. In den meisten menschlichen Populationen sind etwa 3 bis 5 Prozent der männlichen Population homosexuell und nur etwa 1,5 Prozent lesbisch oder bisexuell. Da dies so kleine Teile der Population sind, fallen sie bei den Fragen nach der sexuellen Orientierung statistisch nicht so sehr ins Gewicht. Daher auch das klare Ergebnis. Der Unterschied in Standardabweichungen ist ähnlich groß wie bei der Körpergröße.

Niemand stellt infrage, dass Männer durchschnittlich größer sind als Frauen. Auch wenn es große Frauen gibt, selbst solche, die größer sind als der durchschnittliche Mann, und umgekehrt Männer, die kleiner sind als die durchschnittliche Frau, wird niemand anhand der Körpergröße als alleinigem Kriterium vorhersagen wollen, ob ein Mensch aus einer Population ein Mann oder eine Frau ist. Allerdings ist die Wahrscheinlichkeit einer korrekten Vorhersage des Geschlechts allein anhand der Größe (oder eines anderen Merkmals) umso größer, je mehr sich die Mittelwerte beider Merkmalverteilungen voneinander unterscheiden, gemessen in Standardabweichungen (siehe Abb. 12.4).

Jungs mögen Technik – schon ganz lange

Die jeweiligen Anteile der Gene und der Umwelt an den unterschiedlichen Begabungen von Männern und Frauen sind unter Wissenschaftlern heiß umstritten. Ein weiterer markanter Unterschied zwischen den Geschlechtern, der sich schon sehr früh nach der Geburt manifestiert – was auf eine starke genetische Komponente schließen lässt, da Kultureinflüsse da noch gering sind –, ist die Präferenz von Jungen für Technik und diejenige von Mädchen für Puppen.

Vielleicht illustriert die folgende Episode, was ich damit meine. Beim Verfassen dieses Buches bin ich nachmittags oft mit meiner Frau spazieren gegangen. Eines schönen Wintertags überholten wir auf unserem Weg ein junges Paar, das einen Kinderwagen vor sich her schob. Als sich unserer kleinen Gruppe ein Wagen näherte, rief der Vater: »Ein Auto!« Und aus dem Kinderwagen tönte es: »Ein Audi!« Verdutzt drehten wir uns um. Hatten wir richtig gehört? Dieses kleine Kind wusste, wie ein Audi aussieht? Wie alt ist es denn? Noch nicht einmal zwei Jahre, sagte die Mutter. Nun raten Sie mal, welchen Geschlechts dieses Kind war – richtig, ein Junge.

Dies ist natürlich nur ein unwissenschaftliches Geschichtchen. Nichtsdestotrotz bleibt zu konstatieren, dass hinsichtlich dieses Merkmals – Jungen bevorzugen technisches Spielzeug, Mädchen Puppen – (wie bei der Körpergröße Erwachsener) ein Unterschied von zwei Standardabweichungen gemessen wurde. Einige Verhaltensunterschiede zwischen männlichen und weiblichen Säuglingen und Kleinkindern lassen sich schon sehr früh feststellen, sie nehmen später noch zu, möglicherweise verstärkt durch kulturelle Einflüsse. Dazu gehören etwa Aggressivität und Spiele, bei denen es um Körperstärke und Teamzusammenhalt geht. Zwar würde man allein anhand dieses Kriteriums nicht immer zu 100 Prozent richtig entscheiden können, ob ein Junge oder ein Mädchen mit der Eisenbahn spielen wird, dennoch würde man sicher weitaus öfter richtig liegen, wenn man auf einen Jungen tippt. Neugeborene Jungen blicken weitaus häufiger auf ein Mobile oder andere bewegliche Objekte über ihrer Wiege als Mädchen, die dafür länger auf Gesichter schauen. Auch bei unseren Primatenverwandten sind diese Unterschiede zwischen jungen männlichen und weiblichen Affen festzustellen, wo die Affenjungs ebenfalls ein Spielzeugauto oder einen Ball bevorzugen, während die Affenmädchen öfter einen kleinen Kochtopf oder eine Puppe wählen.[11]

Bezüglich dieses Unterschieds scheint wieder Testosteron eine wichtige Rolle zu spielen. Man kann dessen Konzentration schon in der amniotischen Flüssigkeit messen, in der sich das Baby im Mutterleib entwickelt. Dabei lässt sich eine Korrelation zwischen der Konzentration dieses Hormons und dem späteren Sozialverhalten finden. Je mehr Testosteron nachweisbar war, desto weniger Augenkontakt wird der Säugling halten und desto langsamer wird er Sprache erwerben. Der maskulinisierende Effekt von Testosteron auf das Gehirn zeigt sich besonders stark bei genetisch weiblichen Säuglingen mit dem genetischen Defekt CAH, die zu viel Testosteron produzieren, später viel »jungenähnlicher« spielen und sich auch sonst eher so verhalten, wie Melissa Hines und Simon Baron-Cohen in entwicklungspsychologischen Studien an der Cambridge University nachgewiesen haben.[12]

Frauen und MINT-Fächer

Bei psychologischen Tests, bei denen im Raum rotierende geometrische Figuren identifiziert werden sollen, schneiden Männer typischerweise besser ab als Frauen. Gleiches trifft für die geografische Orientierung zu, wo sich Frauen eher an Landmarken halten (etwa an ein markantes Gebäude), während Männer sich eher Richtung und Distanz merken können.[13] Auch bezüglich mathematischer Fähigkeiten sind Männer im äußersten rechten Abschnitt der Normalverteilung überrepräsentiert, wie schon im Kapitel zur Intelligenz dargestellt wurde. Diese unterschiedlichen Anlagen tragen auch dazu bei, dass unterschiedliche Berufswahlen getroffen werden. Auch wenn Mädchen heute in der Schule im Durchschnitt bessere Noten erzielen als Jungen, sind doch die genialen Mathematiker und Physiker weitaus häufiger männlich als weiblich. Warum könnte das so sein?

Obwohl Frauen inzwischen an deutschen Universitäten die Studiengänge in Psychologie und Medizin dominieren und man aufgrund von standardisierten Tests, die quantitative Fähigkeiten messen, auch mehr Studentinnen in den MINT-Fächern (Mathematik, Informatik, Naturwissenschaft, Technik) erwarten sollte, ist die »Neigung« – was immer auch das genau sein mag – zu einem solchen Studium bei jungen Frauen eindeutig geringer als bei Männern. Dies zeigen ausführliche und langfristige neue Studien von Wendy Williams und Stephen Ceci von der Cornell University in den USA. Obwohl man in vielen westlichen Ländern inzwischen einiges dafür tut, junge Frauen zum Studium eines MINT-Faches zu ermutigen, beginnen von denjenigen Mädchen, die bei standardisierten mathematischen Tests zum besten Hundertstel gehörten, lediglich 1 Prozent auch ein Studium der Mathematik, Ingenieurwissenschaften oder Physik (gegenüber einer entsprechenden Quote von 8 Prozent bei Jungen).[14] Vieles[15] deutet darauf hin, dass die Alma mater nicht »sexistisch« ist, sondern dass die sogenannte *leaky pipeline* nicht so sehr mit irgendwelchen Vorbehalten und Vorurteilen gegenüber Frauen zu tun hat, sondern zum nicht unerheblichen Teil mit der freiwilligen Entscheidung von Frauen, wegen des Konflikts um den Wunsch nach Familiengründung Wissenschaft und Universitätskarriere aufzugeben. Dies ist ein weites soziologisches und psychologisches Forschungsfeld, das leider auch extrem politisiert wird.

Diese ungleiche Repräsentanz von Frauen und Männern (insbesondere in führenden Positionen) in den MINT-Fächern wäre, wenn man Studien wie denen von Ceci und Williams vertraut – und ich sehe nicht, warum man dies nicht tun sollte –, nur durch Ideologie und damit Quoten zu ändern. Das aber widerspricht dem Leistungsprinzip und ist den Männern gegenüber diskriminierend.[16] Die Anzahl der X-Chromosomen darf keine Rolle spielen. Auf Sinn und Unsinn von Quoten werde ich im nächsten Kapitel noch näher eingehen.

Die Hausfrau aus Oxford

Navigation und 3D-Orientierung könnten eine adaptive Rolle bei jagenden Männern in der grauen Vorzeit unserer Art gespielt haben. Sie kennen sicher die Szenarien vom Mann, der jagend durch die Savanne zieht, und der stillenden, Samen sammelnden Frau, die in der Höhle vielleicht das Feuer hütet. Sie sind sicher plausibel und wahrscheinlich sogar richtig. Sie sind aber auch lediglich adaptive »just-so-stories«, wie sie Rudyard Kipling im Dschungelbuch erzählt. Es kann sich so zugetragen und auch zu einem adaptiven, selektierten Vorteil von Männern gegenüber Frauen geführt haben, aber es muss nicht so gewesen sein.

Auch die Hypothese, dass es für die polygamen Männchen unserer Vorfahren von Vorteil war, besser navigieren zu können, ergibt Sinn, aber auch das lässt sich nur schwer beweisen. Ein Hinweis darauf ist, dass bei zwei Arten von Wühlmäusen genau dies beobachtet wurde. Die Männchen der monogamen Art – Ja, es gibt monogame Mäuse! – sind weitaus schlechtere Navigatoren, wie in einem Mäuseirrgarten gemessen wurde, als die Männchen der polygamen Art den Weg aus dem Labyrinth sehr viel schneller lernten.[17]

Zum Abschluss dieses Kapitels (zufällig am 8. März, dem internationalen Tag der Frau, verfasst) sei hier eine besonders beeindruckende Frau, Wissenschaftlerin und Nobelpreisträgerin vorgestellt: Dorothy Crowfoot Hodgkin (1910–1994). Sie interessierte sich bereits im zarten Alter von zehn Jahren für Kristallografie, eine höchst komplexe Wissenschaft, bei der es um die Analyse von Proteinen und deren primären, sekundären, tertiären Strukturen geht. Auch heute noch forschen Wissenschaftler mit extrem komplizierten Apparaturen und sehr leistungsfähigen Computern daran, die Regeln dieser Proteinfaltungen vorhersagen zu können. Die Methoden von Dorothy Hodgkin vor über 50 Jahren waren aus heutiger Sicht natürlich primitiv. Umso mehr Hochachtung verdient sie für ihre Forschungen, bei denen es darum ging, eine Apparatur zu entwickeln, anhand derer sie die dreidimensionale molekulare Struktur von Molekülen erkennen und errechnen konnte. Vereinfacht ausgedrückt funktioniert das so, dass man zunächst Kristalle des Proteins erzeugt, die dann mit Röntgenstrahlen beschossen werden, und aus den Mustern der von der Kristallstruktur abgeleiteten Röntgenstrahlen auf einem dadurch belichteten Film versucht man die Struktur eines Proteins abzuleiten. Hodgkin fand heraus, wie Penizillin, Vitamin B12 und Insulin aufgebaut sind. Eine enorme wissenschaftliche Leistung!

Wie hat nun die Presse vor rund 50 Jahren über die Verleihung des Nobelpreises 1964 an Dorothy Hodgkin berichtet? Aus heutiger Sicht beschämend sexistisch und herablassend: »Als sie 1964 den Nobelpreis zuerkannt bekam, behandelte sie da die Presse so wie einen Mann in der gleichen Position? Absolut nicht! Der *Daily Telegraph* machte auf mit: ›Britische Frau gewinnt Nobelpreis – 18 705 £ für eine Mutter von drei Kindern‹. Die Schlagzeile der *Daily Mail* war noch kürzer: ›Hausfrau aus Oxford gewinnt Nobelpreis‹. Der *Observer* kommentierte in seiner Rezension, ›die umgänglich aussehende Hausfrau Mrs. Hodgkin‹ habe den Preis für eine ›überhaupt nicht hausfrauliche Fähigkeit bekommen: die Analyse der Struktur von Kristallen, die für die Chemie von großem Interesse ist.‹«[18]

»Hausfrau aus Oxford?«, kann man sich da nur entrüstet fragen. Dorothy Hodgkin war Professorin in Oxford und seit

1960 sogar Wolfson Research Professor der Royal Society, eine ganz besondere Ehre, die nur sehr wenigen zuteil wird. Es gibt fast nichts Prestigeträchtigeres in Großbritannien. Dorothy Hodgkin war eine herausragende Wissenschaftlerin, die sich trotz großer gesundheitlicher Probleme (Rheuma), mit denen sie sich schon im Alter von 24 Jahren herumschlagen musste, nicht durch Sexismus und sonstigen Gegenwind von ihrer Forschung abhalten ließ.

Nun, warum stelle ich diese »unkonventionelle« Frau, wie der Nobelpreisträger Max Perutz sie nannte, so ausführlich vor? Ihre Forschungstätigkeit setzte höchst abstraktes und komplexes räumliches Denken voraus, sie musste Bewegungen im Raum perfekt nachvollziehen können. Dies ist eine kognitive Fähigkeit, die Männer typischerweise viel besser beherrschen als Frauen. Viele Studien, die nach Unterschieden hinsichtlich der kognitiven Leistungen zwischen Männern und Frauen suchen, bestätigen dies. Salopp gesagt ist ja etwas dran an dem Vorurteil »Frauen können schlechter einparken«. Im Durchschnitt, aber eben nur im Durchschnitt, können Frauen dies weniger gut als der durchschnittliche Mann. Das bedeutet aber nicht, dass Frauen nicht absolute Weltklasse in dieser Disziplin sein können, weit besser als der durchschnittliche Mann. Aber es gibt eben nicht so viele davon.

Es ist erfreulich, dass sich die Situation von Frauen in den Naturwissenschaften in den letzten 50 Jahren stark verbessert hat und Frauen auch auf diesem Feld Karriere machen können. Hoffentlich sind wir bald dort angekommen, wo weder Geschlecht noch sexuelle Neigung eines Wissenschaftlers sich in irgendeiner Form auf die Karriere auswirken. Allein die Leistung sollte zählen. Dazu mehr im nächsten Kapitel.

15

Gene, Gender und Gesellschaft

Der mit den Bullen rannte

Grace' erstes Kind, Marcelline, war 18 Monate älter als ihr zweites Kind. Das war ein Junge. Sie hatte sich aber zwei Mädchen als Zwillinge gewünscht. Und so zog sie dem Jungen die Kleider seiner älteren Schwester an, behielt Marcelline vor der Einschulung ein Jahr länger zu Hause, sodass beide in derselben Klasse eingeschult wurden, und gab vor, dass die beiden »Mädchen« Geschwister seien. So hat seine offensichtlich psychologisch instabile Mutter den Jungen in den ersten fünf bis sechs Jahren seines Lebens wie ein Mädchen gekleidet und sein Haar lang wachsen lassen (Abb. 15.1). Als Dreijähriger soll er sich Gedanken darüber gemacht haben, ob der Weihnachtsmann wirklich wisse, dass er ein Junge sei – denn seine Mutter nannte ihn gelegentlich sogar Ernestine – und ob er ihm die richtigen Geschenke bringen werde. Das passt zeitlich, denn im Alter von drei Jahren wird die Genderidentität, also das Bewusstsein, ob man ein Junge oder ein Mädchen ist, zum ersten Mal ausgebildet. Er wollte Jungensachen und nicht Spielzeug, das typisch für Mädchen ist. Erst im Alter von sechs Jahren durfte er sein Haar kurz schneiden und in der Öffentlichkeit Jungenkleidung tragen. Später wurde aus ihm der Typ der Typen – Literaturnobelpreisträger, Macho, Großwildjäger, Boxer, Schürzenjäger und Hochseeangler.

Solch ein bizarres Experiment war also die frühe Kindheit von Ernest Hemingway. Vielleicht ist es da nicht überraschend,

Abb. 15.1: Ernest Hemingway als Kind um 1901, angezogen wie ein Mädchen.

dass er dann für den Rest seiner Tage ein besonders risikoreiches Leben, man kann wohl sagen: »Macho-Leben« führte (Abb. 15.2). Er schien sich und aller Welt unbedingt seine Maskulinität beweisen zu müssen. Der junge Ernest mochte Sportarten wie Football und Boxen, dazu Jagen und Fischen. Er soll sich auch oft geprügelt haben. Schon sechs Monate nach seinem Schulabschluss zog er in den Ersten Weltkrieg. Dort tat er sich mit besonders heroischen Aktionen hervor, für die er militärische Auszeichnungen erhielt. Hemingway machte das Bullenrennen von Pamplona berühmt. Und er hatte offensichtlich Probleme mit dem weiblichen Geschlecht. So war er nicht weniger als viermal verheiratet und gab zu, seine Mutter zu hassen. Diese schwierige Beziehung zu Frauen zeigt sich nach Meinung einiger Literaturkritiker auch in seinen Werken.

Berühmt-berüchtigt ist sein Zitat: »There is nothing to writing. All you do is sit down at a typewriter and bleed.« (»Schreiben

Abb. 15.2: Ernest Hemingway 1934 auf Großwildjagd in Afrika.

ist nichts Besonderes. Man setzt sich einfach an die Schreibmaschine und blutet.«) »Papa«, wie er genannt werden wollte, hat, obwohl Nobel- und Pulitzer-Preisträger, wohl ziemlich geblutet und psychisch gelitten. Sowohl Ernest als auch sein Vater und sein Bruder begingen Selbstmord. Laut Ernests Enkelin, der Schauspielerin Mariel Hemingway, hatte der ganze Familienclan Probleme mit Alkohol und Geisteskrankheiten. Was war denn nun los mit Hemingway? War seine durch die Mutter verkorkste Kindheit schuld, oder waren es die Gene, die ihn und auch andere seiner Verwandten in Alkoholismus und Selbstmord trieben?

Warum habe ich dieses Kapitel mit einer Anekdote begonnen? Generell kann man kaum Schlüsse aus Anekdoten ziehen. Manche mögen da ein Narrativ ausmachen. Mich macht so ein Wort eher misstrauisch, denn es sind Geschichtchen, deren wissenschaftlicher Wert gegen null geht. Warum sollten aus einem singulären Ereignis Regeln abgeleitet werden können?

Geschichten sind die Art und Weise, wie wir die Welt verstehen, daher ist es verständlich, dass wir so kommunizieren. Wir versuchen unbewusst, ein Muster, ein Allgemeinbild, eine Regel aus anschaulichen Einzelfällen abzuleiten. Aber auch wenn Geschichtenerzählen Teil der menschlichen Kultur ist und seit vielen Generationen Parabeln und Märchen weitererzählt werden, sollte allen bewusst sein, dass ein Narrativ nicht die Wirklichkeit abbilden kann. Denn woher soll man wissen, wie repräsentativ (wie nahe am Mittelwert einer Normalverteilung, wenn Sie so wollen) die Moral einer Geschichte ist? So ist es meines Erachtens eine Unsitte, zu Talkshows betroffene Einzelpersonen einzuladen, deren Erfahrungen, Schicksale oder Meinungen dann eingängig und emotional »rübergebracht« und als repräsentativ dargestellt werden. Allein empirisch gesicherte und experimentell überprüfte Aussagen enthalten brauchbare Informationen, aus denen sich Zusammenhänge erkennen und Vorhersagen ableiten lassen.

Charakter und Geschlecht

In diesem Buch geht es mir unter anderem darum, zu vermitteln, dass ein wissenschaftlicher Ansatz und die Kenntnis eines Mittelwerts und einer Standardabweichung viel aussagekräftiger sind als Geschichtchen, die vielleicht typisch, vielleicht aber auch gerade nicht typisch sind. Sicherlich sind Anekdoten zunächst unterhaltsamer – und deshalb habe ich dieses Kapitel mit einer solchen begonnen. Psycholinguisten sagen, dass eher Frauen in Anekdoten reden als Männer. So werden eben auch die meisten Gäste in Talkshows nicht notwendigerweise nach Qualifikation ausgesucht, sondern um Emotionen beim Zuschauer zu schüren und vermeintlich beispielhaft ein Schicksal, eine bestimmte Sichtweise oder eine gesellschaftliche Gruppe zu repräsentieren und eine attraktive Story daraus zu machen.

Wir Menschen haben den Drang zur Kategorisierung, zur Systematisierung und wollen aus singulären Ereignissen, Erfahrungen und Fallbeispielen allgemeine Regeln ableiten. Dieser Hang scheint im Übrigen stärker bei Männern als bei Frauen ausgebildet zu sein – Simon Baron-Cohen hält männliche Gehirne für viel systematisierender als weibliche.[1] Auch bei der Geschichte Ernest Hemingways ist ja keineswegs klar, was bei diesem Mann weshalb geschehen ist, was genau sein Leiden und seinen Tod verursacht hat. War der wohl wirklich negative Einfluss der Mutter – also Kultur und Erziehung – oder doch eher die familiäre, sprich genetische Vorbelastung dafür verantwortlich? Am wahrscheinlichsten ist wohl eine Kombination von genetischen und familiären Einflüssen. Aber es ist schlicht unmöglich, dies aus einem Einzelfall mit Sicherheit abzuleiten.

Wie aber kann man Wege und Methoden aufzeigen, anhand derer man die Macht von Genen und damit der Evolution von derjenigen der Kultur, Erziehung und Gesellschaft zu unterscheiden lernt? Die meisten emotionalen Unterschiede zwischen den Geschlechtern sind, in Standardabweichungen gemessen, nicht sehr groß. Dennoch gibt es kaum einen begründeten wissenschaftlichen Zweifel mehr an bestimmten generellen Charakterunterschieden: Generell scheinen Frauen häufiger als Männer Depressionen zu entwickeln, und zwar insbesondere nach einem Kindheitstrauma, wobei allerdings zu berücksichtigen ist, dass Mädchen häufiger Missbrauch erleiden als Jungen.[2] Männer sind aggressiver als Frauen und oft stärker im Systematisieren, Frauen dafür empathischer als Männer. Die Liste weiterer tendenzieller Unterschiede ist lang: So glauben Frauen etwa häufiger an einen Gott, sind abergläubischer, vertrauen eher der Astrologie oder glauben öfter als Männer, mit Toten kommunizieren zu können. Was aber an diesen Unterschieden kulturell ist und was genetisch, ist eine andere, ausgesprochen schwierig zu beantwortende Frage.

Klare Unterschiede in Technikaffinität oder in sprachlicher Begabung scheinen universell zu sein und wohl auch eine genetische Basis zu haben. So kennen und benutzen Mädchen schon vor der Einschulung über einhundert Wörter mehr als Jungs und bleiben ihnen auch sonst hinsichtlich sprachlicher Kompetenzen voraus. Selbst wenn Jungen und Mädchen gleichartig unterrichtet werden, haben sie in den meisten Fällen unterschiedliche Interessen. Wir sollten daher nicht versuchen, weibliche Gehirne »umzumodellieren« und in männliche zu verwandeln. Wenn Mädchen andere Neigungen haben als Jungs, dann sollten wir auch keine weiteren Ressourcen auf »Girls' Days« und »Boys' Days« verschwenden.[3] Statt uns zu bemühen, geschlechtsspezifische Unterschiede zu ändern, sollten wir vielmehr die jeweiligen geschlechtsspezifischen Stärken nutzen.

Nochmals: Es ist schwierig zu bestimmen, welche Unterschiede zwischen den Geschlechtern biologisch und welche kulturell bedingt sind. Der extreme Ansatz von Simone de Beauvoir, man werde nicht als Frau geboren, sondern zu einer gemacht, ist ganz sicherlich genauso falsch wie die Behauptung, dass alles genetisch determiniert sei.

Wie lässt sich nun feststellen, ob Aussagen zu unterschiedlichen Charaktereigenschaften der Geschlechter zutreffend sind? Die Vorgehensweise ist im Prinzip immer die gleiche: Man misst zunächst eine bestimmte Eigenschaft bei Männern und bei Frauen und erhält Ergebnisse, die typischerweise eine symmetrische Normalverteilung um einen Mittelwert haben. Die meisten Frauen und Männer werden einen Wert aufweisen, der nahe beim Durchschnitt liegt, und je weiter man sich von diesem Mittelwert entfernt, desto weniger Probanden bilden die »Ausreißer« nach oben und nach unten. Um diese absoluten Zahlen (beispielsweise für Körpergröße oder Aggression) vergleichbar zu machen, werden sie standardisiert und in Einheiten der Standardabweichung (der Quadratwurzel aus der Varianz) von einem Mittelwert ausgedrückt (Abb. 15.3).

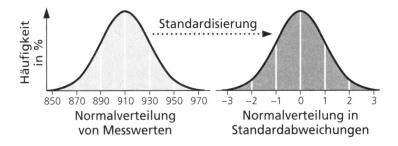

Abb. 15.3: Umwandlung einer Normalverteilung von Messwerten in eine standardisierte Normalverteilung mit einem Mittelwert und Standardabweichungen (SD). Etwa 95% aller Probanden liegen innerhalb von zwei Standardabweichungen über und unter dem Mittelwert.

Man kann beispielsweise Empathie messen, indem man Neuroimaging im Computertomografen oder andere Methoden beim Anblick deprimierender Bilder anwendet. Dabei wurde immer wieder herausgefunden, dass sich Frauen und Männer in diesem Merkmal im statistischen Mittel unterscheiden. Unterstellen wir einmal, dass Frauen um eine Standardabweichung – immer durchschnittlich natürlich – empathischer sind als Männer. Was hat solch eine statistische Aussage zu bedeuten? Wie oft hätte man recht, wenn man sagte: »Frauen sind empathischer als Männer«? Wie aus Abbildung 12.4 (Seite 272) zu ersehen ist, überschneidet sich die Verteilung der Ergebnisse von Männern und von Frauen immer noch relativ stark, selbst wenn sich die Durchschnittswerte um eine Standardabweichung unterscheiden. Aus dieser Verteilung ließe sich ableiten, dass etwa vier von fünf Frauen oberhalb des Mittelwerts der Männer liegen. Umgekehrt geht daraus aber auch hervor, dass immerhin noch etwa 16 Prozent der Männer den Mittelwert der Frauen übertreffen. Die Aussage »Frauen sind empathischer als Männer« wird bei diesem Beispiel also nicht auf jedes beliebig gewählte Paar von Mann und Frau zutreffen.

Meist liegen die Unterschiede zwischen den Geschlechtern, wie schon im vorherigen Kapitel angesprochen, im Bereich von weniger als einer Standardabweichung – oft beträgt die Differenz sogar nur 0,5 SD oder noch weniger, etwa bei einigen kognitiven mathematischen Tests wie den visuellen und mentalen »Rotationstests«, bei denen Männer um etwa 40 Prozent besser abschneiden als Frauen. Aus Abbildung 12.2 (Seite 262) lässt sich ablesen, dass jeweils rund 19 Prozent der Testpersonen im Bereich von 0,5 Standardabweichungen über beziehungsweise unter dem Mittelwert liegen. Je geringer also der Geschlechtsunterschied in Standardabweichungen ist, desto öfter werden kategorische Aussagen wie »Männer sind dies« oder »Frauen sind das« falsch sein. Um es nochmals hervorzuheben: Nicht jeder Mann hat ein »männliches« und nicht jede Frau ein »weibliches« Gehirn, wie Baron-Cohen dies nennen würde.

Man kann wissenschaftlich korrekt spekulieren, dass ein großer Teil der typischen sozialen Verhaltensunterschiede zwischen Männern und Frauen sich auf die entsprechenden Unterschiede hinsichtlich Empathie, Aggression und Systematisierungsvermögen zurückführen lässt. Hinweise darauf, dass dabei der vorgeburtliche Testosteronspiegel eine Rolle spielt, kommen von genetischen Jungen, die nicht auf Testosteron reagieren und schlechter »systematisch denken«, sowie von genetischen Mädchen, die beispielsweise mit CAH geboren wurden und sich eher jungenhaft benehmen.

Interessanterweise zeigen neueste Neuroimaging-Studien, die sich mit den kognitiven Funktionen und der Größe der grauen Substanz bestimmter Hirnareale befassen und bei denen deren Volumen (GMV) gemessen wurde, dass sowohl Empathie als auch Systematisieren in diesen Arealen stattfinden, vermutlich in Konkurrenz zueinander.[4] Individuen, die sich durch besondere Empathie auszeichneten, waren schlecht im Systematisieren, und umgekehrt. Vielleicht sind in diesen Gehirnarealen die Hauptursachen für die unterschiedlichen Verhaltensweisen von Mann und Frau zu suchen?

Gender und Gesellschaft

Im Folgenden soll es um die gesellschaftlichen Auswirkungen des im Prinzip natürlich lobenswerten und selbstverständlichen Kampfes um Gleichberechtigung von Mann und Frau gehen, wie ihn sich der Feminismus auf die Fahnen schreibt. Kein Mensch im aufgeklärten Westen wird heute noch ernsthaft infrage stellen, dass Frauen und Männer gleiche Rechte (und Pflichten) in allen Lebensangelegenheiten haben sollten. Damit stimme auch ich vollkommen überein und bin so wohl auch ein Feminist. Mit Christentum oder Judentum des Abendlandes übrigens hat die Gleichbehandlung von Frau und Mann nichts zu tun – man bedenke nur, wie extrem patriarchalisch es in der katholischen Kirche oder im orthodoxen Judentum zugeht und wie Frauen dort behandelt werden. Dass keine Hexen mehr verbrannt werden, verdanken wir der Aufklärung und nicht der Einsicht einer Religion.

Bis vor ein oder zwei Generationen wurden Frauen in vielerlei Hinsicht gesellschaftlich benachteiligt, ihre meist auch finanzielle Abhängigkeit vom Ehemann war gesetzlich zementiert. Schon in den Ohren meiner Generation klingt es vollkommen anachronistisch und geradezu unglaublich, dass es Frauen noch bis vor einer Generation nicht erlaubt war, ein Bankkonto zu eröffnen oder einen Beruf frei zu wählen. Ich hatte eine Doktormutter und einen Doktorvater, und die Gleichberechtigung von Mann und Frau war während meines Studiums im zugegebenermaßen notorisch liberalen Berkeley längst kein Thema mehr. Auch für die heutige Generation von Studierenden in Deutschland – zumindest die der Naturwissenschaften – ist Gleichberechtigung eher ein historisches denn ein aktuell vordringliches Thema. So zumindest mein Eindruck. Die Frauenbewegung der 1970er-Jahre hat viel bewegt, und das ist gut so.

Aber der Feminismus ist meiner Meinung nach in seiner extremsten politischen Form, dem Gendermainstreaming, über das Ziel hinausgeschossen, hat geradezu zersetzende Wirkung und wird sich auch für Frauen und die Gesellschaft auf lange Sicht als kontraproduktiv erweisen, denn Gleichmacherei statt Gleichberechtigung wird sowohl Frauen als auch Männern nicht gerecht. Als Wissenschaftler jedoch sollte man zumindest versuchen, Fakten zu ermitteln und sie zu interpretieren. Dabei sind Dogmatik und Ideologie nicht hilfreich, denn sie verstellen den unvoreingenommenen Blick auf die Dinge, wie sie wirklich sind.

Zunächst nochmals zurück zu Sex, wie es im Englischen genannt wird, dem Geschlecht: Das biologische Geschlecht (das, wie wir gesehen haben, nicht ganz einfach zu definieren ist) wird heute vom Gender unterschieden. Unter Letzterem versteht die Genderideologie die *sozial* konstruierten Geschlechterrollen, die dazu dienen, in einer Gesellschaft zwischen Männern und Frauen zu unterscheiden. In Australien und in Deutschland werden Kinder bei der Geburt nicht mehr ausschließlich als Junge oder als Mädchen kategorisiert, sondern es ist auch ein »X« erlaubt, eine dritte, zunächst undefinierte Kategorie für diese oft bedauernswerten Menschen, die mit uneindeutigen äußerlichen Geschlechtsmerkmalen geboren werden. »Bedauernswert« ist hier nicht in irgendeiner Form wertend gemeint – es bezieht sich vielmehr darauf, dass diese Kinder mehrheitlich große psychologische Probleme haben und weit überdurchschnittliche Suizidraten aufweisen.

Aber selbst mit diesen drei Kategorien ist es nicht mehr getan: Mittlerweile können »trans- and gender-nonconforming users« bei der Anmeldung in Facebook zwischen sage und schreibe 56 zusätzlichen Gendern – neben Mann und Frau – wählen (Abb. 15.4). Hier eine kleine Auswahl: Male, Female, Gender Neutral, Androgyn, Pangender, Bigender, Agender, Trans, Trans Woman, Trans Female, Trans Male, Trans Man, Trans Person, Trans* Female, Trans* Male, Transsexual, Cis Woman… Falls Sie das verwirren sollte, kann ich Ihnen versichern, dass Sie nicht allein sind. Anscheinend lässt sich die

Menschheit in so viele Kategorien einteilen, die dann neben der chromosomalen und genetischen Ebene, dem Fokus dieses Buches, auch zunehmend höhere Ebenen biologischer Komplexität, nämlich die Psychologie, betreffen. Dazu gehört etwa, welche Geschlechterrollen jemandem gefallen, was jemanden sexuell erregt und welche Sexualpraktiken bevorzugt werden. Die Weltgesundheitsorganisation (WHO) macht denn auch einen feinen Unterschied zwischen Mann und Frau als Kategorien biologischen Geschlechts und männlich und weiblich als Attribute von Genderkategorien. Da gibt es dann, jenseits der Ebene des Geschlechts, noch die Ebenen von Genderidentität, Genderrollen und sexueller Präferenz. Dabei gerät leicht in Vergessenheit, dass es sich bei den morphologischen oder genetischen intersexuellen und transsexuellen Individuen um seltene Ausnahmen handelt – nur etwa jeder 10 000. bis 20 000. Mensch ist davon betroffen. Damit will ich das oft große psychische Leid dieser Menschen nicht trivialisieren; es soll nur verdeutlicht werden, dass es sich um ganz kleine Minderheiten handelt.

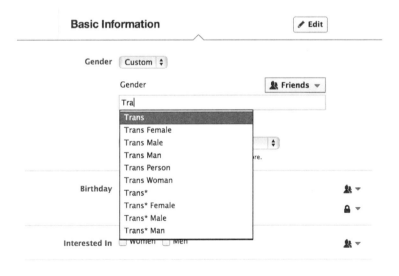

Abb. 15.4: Unter 56 zusätzlichen »Gendern« – neben »männlich« und »weiblich« – kann man sich seit 2014 bei Facebook anmelden.

Transsexualität

Genderidentität ist nicht dasselbe wie Genderrolle. Letztere ist der Ausdruck eines Gender in stereotypischer, »gendered« (also kulturell und sozial beeinflusster) Art und Weise, wie sich die Gendercommunity ausdrücken würde, während der Begriff Genderidentität beschreibt, ob man sich als Mann oder Frau fühlt, egal, ob man biologisch Mann oder Frau ist. Aber was biologisch gesehen dazu beiträgt, ob jemand sich als Mann oder Frau fühlt – also was die Genderidentität ausmacht –, ist noch weitestgehend unklar. Studien mit transsexuellen Menschen können dabei helfen, diese biologische Basis, falls vorhanden, zu entschlüsseln. Denn es sind ja Menschen, die mit einem bestimmten Geschlecht geboren wurden, sich aber dem anderen Geschlecht zugehörig fühlen.

Eric Vilain, der als Molekularbiologe an der University of California in Los Angeles zur genetischen Basis von Geschlecht und Gender forscht und den ich für die Recherchen zu diesem Buch dort besucht habe, hat dazu Magnetresonanztomografien (MRI, Kernspin) von 24 Male-to-Female-Transsexuellen (MTF) gemacht und die Ergebnisse mit den Aufnahmen von 30 Männern, die das gleiche biologische Geschlecht haben wie die MTF, und von 30 Frauen, die die gleiche Genderidentität wie die MTF aufweisen, als Kontrollgruppen verglichen.[5] Natürlich sind dies keine besonders umfangreichen Stichprobengrößen, denn es ist schwierig, genügend Probanden zu finden, die sich als MTF fühlen, aber noch keinerlei Hormonbehandlungen durchgeführt haben, welche die Ergebnisse gegebenenfalls verändern könnten. In diesen MRI-Studien wurden trotz der geringen Stichprobenzahlen Unterschiede im Gehirn gefunden dergestalt, dass die MTF-Probanden hinsichtlich der Größe bestimmter Gehirnregionen eher den Männern ähnlich waren als den Frauen. Allerdings waren bestimmte Volumen von anderen Gehirnarealen (gemessen als »regional gray matter«, also die graue Substanz im Gehirn), insbesondere im rechten Putamen (einer runden

Struktur an der unteren Seite des Vorderhirns), bei MTF statistisch signifikant größer als bei Männern und »feminisiert« (bei Frauen ist diese Hirnregion größer als bei MTF).

Vilain und seine Kollegen schließen daraus, dass die Größe bestimmter Gehirnareale oder genereller die Anatomie des Gehirns auch bei der Genderidentität eine Rolle spielen könnte. Einige Studien zu Zwillingen und Familien scheinen Hinweise auf eine zumindest teilweise genetische Basis für Transsexualität erbracht zu haben.[6] Weitere Untersuchungen sind nötig, um herauszufinden, ob diese Hirnareale wirklich etwas mit Genderidentität zu tun haben und vor allem ob sie die Ursache oder die Folge von MTF-Verhalten sind. Zumindest in puncto Hormonkonzentration scheinen sich MTF nicht von männlichen Kontrollgruppen zu unterscheiden. Dies ist bei Erwachsenen der Fall; allerdings ist ungeklärt, ob unterschiedliche Hormonkonzentrationen während der Embryonalentwicklung eine Rolle spielen könnten.

Transsexualität ist eine komplizierte Angelegenheit, denn auch ihre häufigste Form, nämlich als biologischer Mann geboren zu werden und sich später als Frau zu fühlen, kann verschiedene Ausprägungen haben, indem diese MTF sich zu Männern oder zu Frauen oder zu beiden oder zu keinem Geschlecht hingezogen fühlen. Da aber Transsexuelle sehr selten sind – entsprechende Zahlen sind verständlicherweise schwer zu erheben, da sie oft stigmatisiert werden; ihr Anteil wird grob auf 1 : 20 000 bis 1 : 30 000 geschätzt, sicher weniger als 0,01 Prozent der Bevölkerung –, ist seriöse Forschung, für die man eine Mindestanzahl Probanden benötigt, auf diesem Gebiet schwierig. Einige Schätzungen gehen jedoch von einer größeren Häufigkeit von *Gender Dysphoria* (0,1 bis 0,3 Prozent der Bevölkerung) aus, also dem Gefühl, sich in seinem Körper in Bezug auf das Geschlecht nicht wohlzufühlen, andere sogar von 1 Prozent der Bevölkerung, das irgendeine Form von DSD (*Disorders of Sex Development*) zeigt.[7]

Transsexuelle sind Menschen, die von einem Geschlecht zum anderen wechseln. Dies erfolgt mithilfe von Hormonen oder sogar chirurgischen Eingriffen. Bei diesen Menschen werden dadurch nicht die genetischen Grundlagen geändert, und sie erlangen auch nicht die reproduktiven Fähigkeiten des neuen Geschlechts. »Transgender« ist dagegen ein viel umfassenderer Begriff, der zum Beispiel auf Menschen angewandt wird, die in ihrer Genderidentität, also ihrem Verhalten oder ihrem Gefühl von sich selbst, einen Konflikt verspüren zwischen dem biologischen Geschlecht einerseits und ihrer gefühlten Identität andererseits. So würde man einen (genetischen) Mann, der sich wie eine Frau anzieht, als Transgender bezeichnen.

Traditionelle Geschlechterrollen und Genderstudies

In praktisch allen indigenen oder vorindustriellen Gesellschaften sind die Rollen zwischen den Geschlechtern so getrennt, dass die Männer gefährliche Tätigkeiten wie Jagen oder Fischen ausüben, während die Frauen für Sammeln, Garten- und Landwirtschaft, Wasserversorgung und Pflege und Ernährung der Kinder zuständig sind. Unsere Körper haben sich dafür hoch spezialisiert – man denke etwa an die vielen komplexen körperlichen, psychischen, epigenetischen, endokrinologischen Vorgänge sowie die kognitiven und Verhaltensanpassungen, die eine Frau zur Schwangeren und dann zur Mutter machen. Sogar die Gehirnarchitektur hat sich dabei geändert, ganz zu schweigen vom Umbau der Brustdrüsen oder von emotionaler Neuorientierung. Selbst bei unseren nächsten Verwandten, den Neandertalern, scheint es eine geschlechtsspezifische Arbeitsteilung gegeben zu haben – unterschiedliche Abnutzungsmuster der Zähne sprechen dafür, dass sie je nach Geschlecht unterschiedlich genutzt wurden. Aber selbst wenn die traditionellen Genderrollen älter wären als unsere Art, heißt das nicht, dass dies zu 100 Prozent eine biologische Basis hätte oder dass diese Rollen auf ewig beibehalten werden müssten. Jeder Mensch sollte selber frei entscheiden können, inwieweit er solche Rollen annimmt. Doch bei der Recherche für dieses Buch ist mir immer häufiger aufgefallen, dass dogmatische Feministinnen aus dem Bereich der Genderstudies sich offensichtlich schwer damit tun, sich mit den Erkenntnissen der Biologie zu arrangieren. Ja, die Biologie wird sogar verteufelt und als eine Form von Irrglauben dargestellt.

Natürlich sollten gerade Universitäten Freiräume für unkonventionelles Denken sein – und die freie Meinungsäußerung ist ein hohes Gut unserer Gesellschaft, das es nachdrücklich zu verteidigen gilt. Jeder soll (fast) alles sagen können, egal, wie dumm oder idiotisch es auch sein mag (solange jedenfalls niemand verleumdet wird). Leider beschränkt sich aber die Ideologie, die hinter Genderstudies dieser Form steckt, nicht nur auf die deutsche Universitätslandschaft, wo es bereits mehr als 200 »Gender-Lehrstühle« gibt, sondern sie hat sich mittlerweile auch in fast alle Bereiche der Gesellschaft hinein verbreitet – von Ministerien bis zu Wirtschaftsunternehmen. Wissenschaftlich sind Genderstudies fragwürdig. Biologie ist keine Kränkung. Weder für Frauen noch für Männer. Biologie beschreibt schlicht Fakten unseres evolutionsbiologischen Erbes und ist mächtiger und nachhaltiger als jegliche Ideologie.

Viele Aspekte der Genderstudies erscheinen geradezu absurd, irrational und antiwissenschaftlich. Vielleicht findet einfach zu wenig Austausch über die Fächergrenzen hinweg statt. Von daher wäre es zu begrüßen, wenn für Kulturwissenschaftler im Grundstudium einige Semester Naturwissenschaften obligatorisch wären, auch für die Studenten der zahlreichen »Gender-Lehrstühle«. Biologie versucht beschreibend und experimentell Tatsachen und Gesetze herauszufinden und darzustellen, die weder moralisch noch unmoralisch sind. Welche Konsequenzen man aus diesen Erkenntnissen zieht, darüber kann man gerne diskutieren. Aber die politischen Intentionen der Genderstudies zeigen ja, dass es oft nicht primär um Wissenschaft zu gehen scheint, sondern um Ideologie und darum, eine politische Agenda durchzusetzen. Nur weil besonders laut protestiert wird, ist es dann nicht wahrer, auch wenn es richtig ist – auch aus Sicht der Biologen –, dass sich kein Mensch allein durch *ein* Kriterium auf das Attribut »männlich« oder »weiblich« reduzieren lässt. Es gibt zu denken, dass sich vorwiegend Frauen gegen ihre Geschlechterrolle auflehnen und sich in einer Opferrolle sehen. Offenbar fühlen sie sich innerhalb unserer gesellschaftlichen Rahmenbedingungen mit ihrer biologischen Disposition benachteiligt. Aber kann man denn wirklich davon ausgehen, dass wir kurzlebigen Männer es besser haben? Ich jedenfalls finde es sehr ungerecht, dass nur Männer zum Kampfeinsatz in den Krieg geschickt werden und sie immer noch vier bis acht Jahre kürzer leben und länger arbeiten.

Der Fall John/Joan

Leider richtet die Ideologie des Gendermainstreaming auch außerhalb der Seminarräume von Universitäten, im realen Leben sozusagen, großes Unheil an. Das ist nicht nur männerdiskriminierend und schädlich für die Volkswirtschaft, sondern kann einzelnen Menschen auch großes Leid zufügen. Dies ist die traurige Geschichte des Falles John/Joan.

John hieß nicht wirklich John, sondern er wurde am 22. August 1965 als ein gesunder Junge namens Bruce (später nannte er sich David Peter) Reimer und als eineiiger Zwillingsbruder von Brian in dem kleinen Ort Brenda bei Winnipeg in Kanada geboren. Während Bruce' Beschneidung im Alter von sechs Monaten, also bei der Entfernung seiner Vorhaut, einer Prozedur, die weltweit einem Viertel bis zu einem Drittel aller Jungen, meist aus religiösen Gründen, angetan wird, ging etwas schief, und sein Penis wurde versehentlich zerschnitten. Daraufhin verzichtete man bei Brian auf die Prozedur und traf die fatale Entscheidung, Bruce zu einem Mädchen umzuoperieren. Als er 22 Monate alt war, wurden ihm die Hoden entfernt – aus Bruce wurde Brenda. Verantwortlich dafür war John Money, ein Sexologe von der Johns Hopkins University in Baltimore. Er ordnete auch bestimmte »therapierende« Kopulationsübungen an, bei denen Brian mit Bruce Bewegungen ausführen musste, die Sexualakte imitieren sollten. Bruce/Brenda spielte dabei immer die weibliche Rolle.

Money nannte dies den Fall John/Joan, den er bis ans Ende seines Lebens als gelungenes Beispiel für eine erfolgreiche Feminisierung eines biologisch als Junge geborenen Individuums präsentierte. Bruce/Brenda bekam auch Östrogen, um die gewünschte Feminisierung hormonell zu forcieren. Weil es sich um eineiige Zwillinge handelte, schien diese »Verhaltenstherapie« – wenn man dies so nennen kann – besonders aufschlussreich zu sein, denn beide waren ja genetisch völlig gleich und wuchsen dazu noch im selben Haushalt unter fast identischen kulturellen Bedingungen auf. Brian war sozusagen die Kontrollperson für das Experiment an Bruce. Folglich mussten alle späteren Verhaltensunterschiede zwischen beiden Zwillingen allein von der Therapie herrühren. Money berichtete in wissenschaftlichen Publikationen, dass die chirurgische Entfernung der männlichen Genitalien von Bruce und die Umwandlung in einen weiblichen Körper und auch in eine weibliche Genderidentität erfolgreich verliefen. Hinter Moneys Agieren steckte der Gedanke einer »Genderneutralität« bei der Geburt, er unterstellte, dass allein kulturelle und nicht-genetische Faktoren die spätere Genderidentität und das Sexualverhalten beeinflussen. Doch diese Operation sollte am Ende David Reimers Leben zerstören.

Milton Diamond, Professor für Anatomie und Reproduktionsmedizin, berichtete später, dass John sich ganz und gar nicht wie das Mädchen »Joan«, sondern sich bereits ab einem Alter von neun Jahren wie ein Junge fühlte und benahm, trotz

Hormongaben und Rüschenkleidern, die er tragen und ertragen musste. Er mochte typische Jungenspielzeuge wie Pistolen und Lastwagen, obwohl er wie ein Mädchen aussah und auch als solches erzogen wurde. Er wurde in der Schule gehänselt, ab dem 13. Lebensjahr litt er an Depressionen und trug sich mit Suizidgedanken.

Schließlich erzählten ihm seine Eltern, was passiert und was mit ihm gemacht worden war. Verständlicherweise hatte er bis an sein Lebensende ein schwieriges Verhältnis zu ihnen. Im Alter von 14 Jahren beschloss Brenda, sich David zu nennen, und begann sich wie ein Junge zu verhalten und zu leben. David ging sogar so weit, sich mehreren Operationen, darunter einer Mastektomie, der operativen Entfernung der östrogeninduzierten Brüste, zu unterziehen, und bekam auch Testosteroninjektionen. Er wollte die ursprüngliche Operation rückgängig machen, heiratete 1990 eine Frau und adoptierte deren drei Kinder. Dann wandte er sich an die Öffentlichkeit mit dem Appell, intersexuelle Kinder, zu denen er ja genetisch gesehen gar nicht gehörte, nicht sofort nach der Geburt zu operieren, sondern zu warten und den Kindern oder Jugendlichen ein Mitspracherecht bei dieser Entscheidung zu geben. 1997 vertraute er sich dem erwähnten Milton Diamond an, der seinen Fall einem breiteren Publikum bekannt machte, und im selben Jahr erschien auch ein Artikel über sein Schicksal im Magazin *Rolling Stone*[8], 2001 ein Buch[9] über ihn. Als sich seine Frau 2004 von ihm trennen wollte, erschoss er sich im Alter von 38 Jahren mit einer abgesägten Schrotflinte. Sein Zwillingsbruder Brian war bereits zwei Jahre zuvor an einer Tablettenüberdosis verstorben.

John Money war dem damaligen Zeitgeist erlegen, wonach Gene nicht so wichtig seien. In Deutschland kolportierte Alice Schwarzer Mitte der 1970er-Jahre den Fall John/Joan, der ihr – die tragische Wahrheit kam ja erst später ans Licht – als positiver Beleg für die These diente, dass »die Geschlechtsidentität, Weiblichkeit und Männlichkeit [...] nicht eine biologische, sondern eine psychische« sei, und beeinflusste damit zahlreiche Feministinnen, beispielsweise auch meine Frau. Für Schwarzer war John Money damals eine der wenigen Ausnahmen im patriarchalischen Wissenschaftssystem, »die nicht manipulieren, sondern dem aufklärenden Auftrag der Forschung gerecht werden«[10]. So kann man sich täuschen!

Der kulturelle und medizinische Einfluss der später als geschönt entlarvten Publikationen von John Money war enorm und hält bis heute an. Tausende von geschlechtsverändernden Operationen wurden in den letzten Jahrzehnten vorgenommen. Und der Kultur wurde bei der Geschlechtsbestimmung eine Rolle zugemessen, die sie schlicht nicht erfüllen kann. Es sei nochmals betont: David wurde als in jeder Hinsicht genetisch eindeutiger Junge geboren. Bei Intersex-Individuen verschiedenster genetischer Ausprägung, also Menschen mit uneindeutigen Geschlechtsmerkmalen, sind solche Operationen oft erfolgreicher als in diesem Fall und für das psychologische Wohlbefinden der Betroffenen möglicherweise sogar gut. Allerdings müssen solche Entscheidungen immer individuell getroffen werden.

Davon abgesehen ist die Wissenschaft auf diesem Gebiet noch nicht so weit, wie man sich dies wünscht. Eric Vilain schätzt, dass bisher nur bei etwa 30 Prozent der nicht eindeutig als Junge oder als Mädchen identifizierbaren Babys klar ist, auf welche genetische Veränderung deren Symptome zurückzuführen sind.

Offenkundig zeigt dieses tragische Experiment, dass Genetik eine weitaus größere Rolle als Kultur spielt, nicht nur bei der Bestimmung des Geschlechts, sondern auch hinsichtlich dessen, was Gender und Genderidentität genannt wird. In noch so unterschiedlichen Kulturen haben die meisten Menschen kein Problem zu entscheiden, was »männlich« und was »weiblich« ist. John Moneys Thesen sind so nicht haltbar. Und man würde sich wünschen, dass seine Jüngerinnen auch beginnen würden, dies so zu sehen.[11]

Die Kaiserin ohne Kleider

Nun zu Judith Butler, Professorin im Fachbereich Vergleichende Literaturwissenschaften an meiner Alma Mater, der University of California in Berkeley, Pionierin der Genderstudies und berühmteste und einflussreichste Vertreterin ihres Fachs. Als sie 2008/2009 zur gleichen Zeit wie ich im Rahmen des Wissenschaftskollegs, eines interdisziplinären Forschungsinstituts, an dem sich jährlich eine Kohorte von 40 bis 50 Wissenschaftlern unterschiedlicher Disziplinen aus aller Herren – oder sollte ich sagen: Damen? – Länder versammelt, um dort über Fächergrenzen hinweg in Seminaren und Vorträgen voneinander zu lernen, in Berlin weilte, löste dies eine wahre Wallfahrt zum größten Vorlesungssaal der Freien Universität aus. Aber nicht immer lässt sich die Kluft zwischen den beiden so verschiedenen Kulturen der Naturwissenschaft und der Geisteswissenschaft, wie C.P. Snow es einst konstatiert hat, überwinden, vielmehr prallen diese Welten immer wieder heftig aufeinander. Genderstudies ist so ein Gebiet, wo sich Naturwissenschaftler am Kopf kratzen und fragen, ob dies wirklich eine Wissenschaft ist. Sie können mit der undurchdringlichen Verbalakrobatik der Genderideologie nichts anfangen, umgekehrt scheinen Biologie und Naturwissenschaften die Anhängerinnen der Genderstudies nicht zu interessieren, oder sie werden einfach als vom »weißen Mann« dominiert abgetan.

Auch Judith Butler ist in ihrem Essayband *Undoing Gender* (dt. *Die Macht der Geschlechternormen und die Grenzen des Menschlichen*) auf den Fall John/Joan eingegangen.[12] Aufschlussreich ist der Titel des entsprechenden Kapitels: »Doing justice to someone: Sex reassignment and allegories of transsexuality«. Jemandem Gerechtigkeit widerfahren lassen? In diesem tragischen Fall, wo nun wirklich alles schiefgegangen ist und der ein so trauriges Ende gefunden hat? David Reimer als Allegorie der Transsexualität? In diesem Aufsatz verteidigt sie weiterhin den Ansatz von Money und stellt am Ende die Frage in den Raum, ob David Reimers Selbstmord nicht damit zu tun habe, dass er sich in seinem Geschlecht nicht wohl gefühlt hat. Es ist für mich erschreckend, wie unterschiedlich ein und dasselbe Schicksal interpretiert werden kann.

Butler hat große Vorbehalte gegen jegliche Form der Normierung von Menschen. Daher ist sie auch gegen die binäre Klassifizierung von Menschen als entweder Mann oder Frau. In gewisser Weise habe ich Sympathie und Verständnis für die Einstellung, dass man zuallererst das Individuum sehen und dass das Geschlecht zweitrangig sein sollte. So kenne ich es auch aus den USA, und ich befürworte die dortige Konvention, in Lebensläufen, anders als in Deutschland üblich, keine persönlichen Angaben über Alter, Familienstatus, Religionszugehörigkeit etc. machen zu müssen. Solche Informationen mögen zwar für den Arbeitgeber von Interesse sein, aber sie können in der Tat Vorurteile und Diskriminierung fördern. Ich weiß zu schätzen, dass in den USA der »Selfmademan« und die persönliche Leistung zählen, und nicht, wie allzu oft noch in Deutschland, ein »von« im Nachnamen oder die Abstammung von einer berühmten Familie (was natürlich nicht heißt, dass in den USA nicht gerne erwähnt wird, dass die Vorfahren schon mit der »Mayflower« über den Atlantik gekommen seien – das gute Schiff muss wirklich sehr voll gewesen sein – oder dass schon viele Generationen der Familie in Yale oder Princeton studiert hätten).

Trotz meiner Sympathien für gewisse Gleichheitsprinzipien stimme ich aber mit Butler und den Vertreterinnen der Genderstudies (weniger als 5 Prozent der Professuren in diesem Fach in Deutschland werden von Männern bekleidet – warum eigentlich?) nicht überein. Man muss sich nur nachdrücklich in Erinnerung rufen, was sich aus unserer evolutionsbiologischen Geschichte und derjenigen von Millionen anderer Arten von Lebewesen eindeutig schließen lässt: nämlich dass es diese beiden Kategorien – männlich und weiblich – nun einmal gibt. So ist es, lebt damit! (Übrigens sind »Norm« und »Normativ« nichts anderes als kulturwissenschaftlicher Jargon für ebendiese Form der Klassifikation.) Es ist schlicht lächerlich, die biologische Realität – trotz aller Kultur – zu ignorieren. Weit weniger als 1 Prozent der gesamten Menschheit sieht sich als nicht einer dieser beiden »Normen« zugehörig. Sie bilden damit die Ausnahme von der Regel. (Und selbst Transgender-Menschen wollen ja in den allermeisten Fällen entweder »Mann« oder »Frau« sein, sie fühlen sich lediglich als im falschen Körper geboren.) Sie sind damit nicht besser oder schlechter als die anderen gut 99 Prozent der Bevölkerung. Es ist selbstverständlich, dass diese Minderheit – wie jede andere – jegliche Form von gesellschaftlichem Schutz vor Mobbing oder Diskriminierung genießen sollte.

Für mich lässt sich der Erfolg von Judith Butler, ähnlich wie derjenige der berühmt-berüchtigten poststrukturalistischen französischen Philosophen wie Foucault, Baudrillard, Derrida oder Lacan, teils durch ihren Schreibstil erklären, der so undurchdringlich und absichtsvoll unverständlich ist, dass jeder darin lesen kann, was er mag. Für mich ist dies – mit Verlaub! – schlicht intellektueller Unsinn. Ich will daher nicht weitere unschuldige Bäume opfern, indem ich auf Papier in extenso ausbreite, warum ich die Schriften von Judith Butler für jargonbehaftet und nebulös halte. Wollen Sie einen Beweis? Dann lassen Sie sich folgenden Satz von ihr auf der Zunge zergehen, mit dem sie 1998 den von Denis Dutton, dem langjährigen Herausgeber der Zeitschrift *Philosophy and Literature*, veranstalteten »Bad Writing Contest«, den Wettbewerb für schlechtestes und unverständlichstes akademisches Schreiben, gewann. Ich gebe das bemerkenswerte Zitat übrigens hier nur auf Englisch wider, denn ich könnte es beim besten Willen nicht ins Deutsche übersetzen:

>»The move from a structuralist account in which capital is understood to structure social relations in relatively homo-

logous ways to a view of hegemony in which power relations are subject to repetition, convergence, and rearticulation brought the question of temporality into the thinking of structure, and marked a shift from a form of Althusserian theory that takes structural totalities as theoretical objects to one in which the insights into the contingent possibility of structure inaugurate a renewed conception of hegemony as bound up with the contingent sites and strategies of the rearticulation of power.«[13]

Naturwissenschaftler können sich nur wundern darüber, was in den letzten Jahrzehnten in einigen Bereichen der Geisteswissenschaften passiert ist. Es ist offensichtlicher Humbug, der da zum Teil verzapft wurde und wird. Man erinnere sich etwa an den berühmten, von Alan Sokal fabrizierten Nonsense-Artikel – weltweit bekannt unter dem Schlagwort »Sokal Hoax« –, der tatsächlich in einer angesehenen kulturwissenschaftlichen Zeitschrift veröffentlicht wurde.[14] Dekonstruktivismus und Poststrukturalismus werden zunehmend auch von Geisteswissenschaftlern als der Quatsch und der weltfremde Unsinn entlarvt, der sie sind. Diese Moden in den Kulturwissenschaften sind eben nur Moden, die keine wirklichen Einsichten bringen. Man hat den Eindruck, dass einige Kulturwissenschaftler nicht an Fortschritt in der Wissenschaft glauben, was bedauerlicherweise zur Folge hat, dass Generationen von Studenten lediglich Diskurse führen. Deshalb halte ich auch den Begriff »Humanities«, wie er im angelsächsischen Raum verwendet wird, für viel passender als das im deutschsprachigen Raum verwendete Wort »Geistes*wissenschaft*«.

Wer so schreibt wie oben zitiert, hat nichts anderes verdient, als ignoriert zu werden. Es wäre ja auch nicht weiter schlimm, wenn sich diese Art von Diskurs auf ein paar Fachbereiche für vergleichende Literaturwissenschaften in der reichen westlichen Welt beschränken würde. Aber »Gender dies« und »Gender das« ist dabei, Deutschland wie ein Geschwür zu durchdringen. Die Gendermode ist leider nicht auf einige nur von ein paar Dutzend Professorinnen bevölkerte Inseln beschränkt, sondern die Jüngerinnen von Judith Butler & Co. in der westlichen Welt haben inzwischen das Festland – also die Mitte der Gesellschaft – erobert und versuchen per Dekret auch die Sprache zu verändern. In Deutschland haben in den letzten Jahren ganze Kader von Gendermainstreaming-Anhängerinnen unsere Universitäten, Parteien und Ministerien unterwandert. Sie beherrschen auch zunehmend das öffentliche Meinungsbild, obwohl die Genderideologie offensichtlich selber diskriminierend (weil männerfeindlich) ist, sodass sie für den Zusammenhalt der Gesellschaft, für Wissenschaft und Wirtschaft zu einem echten Problem geworden ist. Warum ist Gender so ein großes Thema in den Medien? Will man sich lediglich am Absurden voyeuristisch befriedigen? Ist es die Lust an der Selbstzerstörung? Wenn Conchita Wurst wenigstens singen könnte, wäre dieses Spektakel nicht so absurd. Mir ist rätselhaft, was die Faszination der Genderideologie ausmacht und warum einige junge Menschen sie zum Mittelpunkt ihres Lebens machen und damit der Mehrheit der Bevölkerung ihre Ideologie aufoktroyieren.

Genderrollen und Genderidentität

Aber zurück zu den realen Problemen. Selbst so offensichtlich kulturell stark beeinflusste Dinge wie Genderrollen wurden selbstverständlich auch durch Hormone, Gene und letztlich Selektion und Evolution hervorgebracht und geformt. Genderidentität ist etwas, was es nur beim Menschen zu geben scheint. Wie dieses Gefühl im Detail in einem Individuum entsteht, ist aber nicht nur komplex, sondern auch *per definitionem* schwer zu erforschen. Was wir bisher wissen, ist, dass Kindern schon früh, manchmal schon mit drei oder vier Jahren klar ist, dass sie ein Junge oder ein Mädchen sind. Sie wissen es nicht nur, sie fühlen sich auch wohl in dieser und weniger wohl in jener Rolle. So »wusste« Joan, dass sie sich als Mädchen nicht wohlfühlte, auch wenn ihr durch jegliche Form kultureller und sogar hormoneller Manipulation das Gefühl gegeben werden sollte, dass sie ein normales Mädchen sei. Aber woher wusste Joan, dass sie doch John ist? Leider ist dies auf genetischer, neurologischer oder hormoneller Ebene noch nicht ausreichend verstanden. Im Fall von John ist es aber so, dass er als gesunder und genetisch eindeutiger Junge geboren wurde und daher auch die typischen Dosen von androgenen Hormonen vorgeburtlich bekommen hat. Es ist deshalb davon auszugehen, dass sein Gehirn schon vor der Entfernung seiner Hoden im Alter von 22 Monaten genügend »vermännlicht« war, sodass auch die späteren Östrogengaben und die kulturellen Einflüsse daran nichts mehr ändern konnten. Aber was genau im Gehirn bereits in dieser Richtung irreversibel verändert war, ist noch ungeklärt.

Letztlich können wir aus dem Fall John/Joan schließen, dass die Erwartungshaltung, *nurture*, also Kultur, sei immer stärker als *nature*, also Gene, schlicht falsch und nur eine Ideologie ist. Sicherlich ist die Wahrheit nicht schwarz oder weiß, sondern komplexer und bei zum Glück nur wenigen Individuen voller Grautöne. Auch die eindimensionale Sichtweise, dass hier Prozesse entlang einer von Genen bis Kultur reichenden Achse linear ablaufen, ist sicherlich zu simpel. Wahrscheinlich kommt man der Wahrheit viel näher, wenn man sich die Entwicklung des menschlichen Individuums als multidimensionales Wechselspiel vorstellt, bei dem eben auch Zeit und sensitive Prägungsphasen eine Rolle spielen, bei dem sich immer wieder Fenster zur Umwelt öffnen, was dann etwa durch epigenetische Veränderungen ein Feedback auf künftige Geninteraktionen bewirkt.

Gendermainstreaming, die neue Geschlechterdiskriminierung

Es gibt eine zunehmend einschränkende und a priori verurteilende Gesinnungshaltung, die vorschreibt, was man denken oder sagen darf. Gendermainstreaming wirkt sich dabei klar zum Nachteil von Männern aus. Frauen werden in vielen Lebenslagen, mittlerweile per Gesetz, privilegiert behandelt. Mit Gleichberechtigung, gegen die ja niemand etwas haben kann, hat dies alles herzlich wenig zu tun. Es scheint mittlerweile darum zu gehen, Frauen in einer bestimmten Weise zu bevorzugen und Männer zu benachteiligen. Wider besseres Wissen wird einer Ideologie eine politische Macht verliehen, die weder inhaltlich gerechtfertigt ist noch politisch zum Ziel führen kann. Denn Gendermainstreaming gibt vor, dass alle Menschen bei der Geburt gleich sind, bevorzugt aber letztendlich Frauen per Gesetz oder Quote. Wie passt es dann zusammen, das Geschlecht auf der einen Seite zu leugnen und es auf der anderen Seite zur Basis von Diskriminierung zu machen?

Es wirkt wie ein Schildbürgerstreich: Schließlich ist Genderismus der Versuch, den Sexismus mithilfe des Sexismus zu bekämpfen, das Übel der Geschlechterdiskriminierung ausgerechnet durch eine neue Geschlechterdiskriminierung zu überwinden.[15] Mehr noch: Paradoxerweise macht gerade die Ideologie, die die Bedeutung des biologischen Geschlechts kleinredet, das biologische Geschlecht zu einem entscheidenden Qualifikationsmerkmal für den Beruf! Dies ist nicht nur in sich völlig widersprüchlich, es zeugt auch von einem geringen Vertrauen in die Durchsetzungskraft junger, selbstbewusster Frauen, die längst keiner Quote mehr bedürfen, um sich im Beruf durchzusetzen. Viele von ihnen lehnen Quotenregelungen ohnehin entschieden ab, denn sie möchten wegen ihrer fachlichen Qualifikationen und Leistungen angestellt werden – nicht wegen ihres Geschlechts. Und das ist auch gut so!

Dennoch: Es ist Realität in unserem Land, dass es als politisch nicht korrekt gilt, real existierende biologische Unterschiede zwischen Mann und Frau zu akzeptieren. Nennen sie mich ruhig unmodern und in diesem Punkt politisch nicht korrekt, denn die Leugnung von Biologie und Natur gilt ja als fortschrittlich, progressiv und eben politisch korrekt. Wie spätestens nach der Lektüre dieses Buches offenkundig sein sollte, ist dies wissenschaftlich infrage zu stellen. Und auch politisch ist es höchst fragwürdig, an die Stelle der Gleichberechtigung von Mann und Frau eine Gleichschaltung von Mann und Frau zu setzen. Denn mit dieser Gleichmacherei tut man sowohl Männern als auch Frauen Gewalt an.

Gendermainstreaming basiert auf einer die biologischen Fakten großteils ignorierenden politischen Ideologie. Aber gäbe es nicht bessere Ziele für genderbewegte Feminist_innen (so, jetzt habe ich den Unterstrich der Feministinnen wenigstens auch einmal benutzt)? Frauen waren in der Vergangenheit in den allermeisten Gesellschaften unterdrückt. Zum Glück hat sich das zumindest in der westlichen Welt in den letzten Jahrzehnten merklich verbessert. In vielen Teilen der Welt jedoch werden Frauen – aus religiösen oder aus kulturell-historischen Gründen – auch heute noch massiv unterdrückt, beschnitten und von Männern dominiert. Dort sollten wir uns vermehrt engagieren zum Wohle der Frauen.

Wir alle sollten dankbar sein, dass sich das Patriarchat in unseren Breitengraden seinem wohlverdienten Ende zuneigt. Denn die Emanzipationsbewegung hat nicht nur die Frauen, sondern auch die Männer von einem Joch befreit. Lassen wir es also nicht mehr zu, dass Menschen aufgrund ihres Geschlechts diskriminiert werden – weder in die eine noch in die andere Richtung.

Epilog

Die Tugend wissenschaftlichen Denkens

Deutschland ist ein Land der Zukunftsangst, der Innovationsfeindlichkeit und der Mutlosigkeit geworden. So kann es nicht weitergehen. Ein Anliegen dieses Buches ist es deshalb, dass Sie, geschätzte Leser (alle Geschlechter sind gemeint), nach der Lektüre naturwissenschaftlichen Methoden und Argumenten gegenüber ein klein wenig aufgeschlossener sind als vorher. Und ich hoffe auch, dass Sie mir meine spitze Feder – es gibt sogar Wissenschaftler mit Humor, kein Witz! – nachsehen werden und ich Sie nicht nur etwas zum Nachdenken anregen, sondern auch zum Schmunzeln bringen konnte.

Nach meiner Überzeugung sollten Gesellschaft und Politik die experimentell und empirisch gesicherten Erkenntnisse der Naturwissenschaften als Entscheidungsgrundlage heranziehen und nicht so sehr bloße Meinungen. Was, wenn nicht die Sachkenntnis der Wissenschaften, sollte die Grundlage der Meinungsbildung bei Themen wie etwa Atomenergie, Tierversuche oder genetisch veränderte Lebensmittel sein? Naturwissenschaftler sind Experten auf diesen Gebieten, und sie sollten deshalb auch Gehör finden.

In zu vielen Bereichen ist Deutschland sehr unreflektiert und irrational. Glücklicherweise werden wir im Ausland noch nicht so gesehen. In den USA und in vielen anderen Teilen der Welt wird immer noch angenommen, dass wir das Land der rationalen, autobauenden Ingenieure sind. Hoffentlich hält sich dieses Vorurteil noch ein wenig, denn es hilft unserer Wirtschaft – und ohne sie und die dadurch generierten Steuereinkommen gäbe es all die Sozialprogramme nicht, die sich unser Land hoffentlich auch in Zukunft noch leisten kann. Deshalb wünsche ich mir, dass sich Wissenschaftler (und damit meine ich natürlich immer auch Wissenschaftlerinnen, um das an dieser Stelle noch einmal zu betonen) mehr exponieren und sich damit auch angreifbarer machen, dass sie aus ihrem komfortablen Elfenbeinturm herauskommen, um sich Gehör zu verschaffen und sich einzumischen in gesellschaftlich relevante Diskussionen und Entscheidungsprozesse.

Eine Umfrage des Pew Research Center in den USA unter der allgemeinen Öffentlichkeit einerseits und den Mitgliedern der Nationalen Akademie der Wissenschaften andererseits hat Anfang 2015 mit Zahlen belegt, wie unterschiedlich beide Teilgruppen über bestimmte gesellschaftlich relevante Themen denken. So befürworten die meisten Wissenschaftler beispielsweise genmanipulierte Lebensmittel, denn sie wissen, dass die sich qualitativ nicht von den Zuchtexperimenten der Evolution unterscheiden und dass es bisher keinen einzigen Nachweis für einen negativen Effekt von Konsum oder Produktion dieser Lebensmittel gibt. Wie sonst sollte denn eine immer größer werdende menschliche Population ernährt werden? Dennoch halten in den USA nur weniger als 40 Prozent der Bevölkerung gentechnisch veränderte Lebensmittel für sicher, gegenüber fast 90 Prozent unter den Wissenschaftlern. Ähnlich große Unterschiede gibt es hinsichtlich der Haltung zu Tierversuchen, Pestiziden, Klimawandel und Evolution (Abb. 16.1).

Sicherlich ist die Allgemeinbevölkerung der USA zu vielen dieser Themen schlecht informiert, noch schlechter als die deutsche. Wenn allerdings wir den Kopf darüber schütteln, dass nur so wenige Amerikaner an die Evolution »glauben«, so tun dies meine Kollegen in den USA ihrerseits, wenn ich ihnen erzähle, wie negativ genetische Forschung hierzulande be-

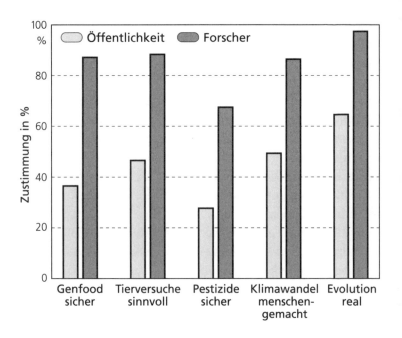

Abb. 16.1: Das auf einer Umfrage des Pew Research Center beruhende Diagramm zeigt, wie extrem unterschiedlich in den USA Öffentlichkeit und Wissenschaftler bestimmte Themenfelder beurteilen.

wertet wird oder wie viele meiner sonst so rational denkenden Freunde in Deutschland zum Homöopathen gehen.

Unsere genetische Vergangenheit und Zukunft

Aber zurück zur Genetik. Seit Tausenden von Generationen existiert unsere Art. Vieles hat eine Rolle in der Evolution unseres Genoms gespielt. Biologie, Fortpflanzung, Ökologie, aber auch Kultur haben bis heute Spuren darin hinterlassen. Wir leben in einem Zeitalter, in dem wir durch vergleichende Genomanalysen von mehr und mehr Menschen die evolutionäre Geschichte unserer Spezies in immer genauerem Detail verstehen lernen. So kann bereits heute jeder von uns ein wenig

Speichel verschicken und sich von einer Biotech-Firma für nur 99 US-Dollar sein Genom analysieren lassen. Diese Unternehmen machen das für diesen Spottpreis natürlich nicht aus reiner Menschenliebe, sondern weil sie die gewonnenen Daten an große Pharmakonzerne verkaufen, die dann damit neue Medikamente und personalisierte, also auf jedes Individuum abgestimmte Therapien entwickeln. Diese personalisierte Medizin wird Behandlungsmöglichkeiten optimieren, und es ist absehbar, dass in spätestens 10 bis 15 Jahren die Daten unseres Genoms auf einer Chipkarte gespeichert sind und wir damit zum Arzt gehen. Computerprogramme werden dann helfen zu entscheiden, welche personalisierte Medizin (Dosis und Zusammensetzung) man als Rezept verschrieben bekommen wird.

Natürlich gibt man etwas preis von sich, wenn man seine DNA über den Atlantik zu einer Firma wie 23andMe schickt (die zudem noch von Anne Wojcicki, der Frau von Google-Mitbegründer Sergey Brin, geleitet wird). Aber Sie wissen ja, wie es ist: Man ist zwar gegen Tierversuche, will dann aber doch dadurch gewonnene lebensrettende Medikamente haben, wenn man selber an Krebs erkrankt ist. Das eine geht nicht ohne das andere – wobei in Tierversuchen bereits jetzt hohe ethische Standards gelten, deren Ausweitung auf kommerzielle Tierhaltung wünschenswert wäre. Alternativer Firlefanz hilft bei lebensbedrohender Krankheit nicht. Wir sollten glücklich sein über den Fortschritt, auch über den medizinischen. Warum das Wort »klassische Medizin« oft fast abfällig benutzt wird, kann ich nicht verstehen. Die klassische Medizin, und mit ihr die Wissenschaft, hat unser Leben verlängert, die Lebensqualität verbessert, und sie rettet Leben, und zwar täglich!

Meine Frau und ich hatten uns also entschlossen, unsere DNA untersuchen zu lassen. Die Ergebnisse unserer Gentests waren aufschlussreich, in gewisser Weise. So erfuhren wir, dass meine Frau mehr Neandertaler-Gene hat als ich, genau gesagt 3,1 versus 2,7 Prozent – was mich nicht sonderlich verwunderte, denn sie sieht so viel besser aus als ich. Die weiteren Informationen zum geografischen Ursprung meiner Gene waren weniger überraschend, denn ich wusste ja, woher meine Großeltern stammten – unsere Familienchronik reicht mehrere Generationen weit zurück.

23andMe verriet mir, dass ich zum größten Teil (76,4 Prozent) nordeuropäisch bin und zu 18,6 Prozent osteuropäisch. In mir gibt es französisch-deutsche Anteile, etwas weniger britisch-irische und dann noch eine Prise skandinavische. Mein rein väterlich vererbtes Y-Chromosom gehört zum J2b2*-Typ, der seinen Ursprung vor etwa 20 000 Jahren im Mittleren Osten gehabt haben soll. Mit der Ausbreitung des Ackerbaus aus dieser Region und dank der jüdischen Diaspora verbreitete sich mein Y-Chromosom-Typ dann entlang des Mittelmeerraums über weite Teile Europas. Etwa 20 Prozent der aschkenasischen Juden haben auch den J2-Typ des Y-Chromosoms.

Ich konnte meine Mutter dazu überreden, auch ihre DNA untersuchen zu lassen. Ich selbst habe eine Mutation im Faktor-V-Gen, die wahrscheinlich für die Thrombose verantwortlich ist, die ich nach einer Operation bekam. Jetzt weiß ich, dass ich diese Mutation von meinem Vater geerbt habe. 23andMe hatte vorhergesagt, dass mein Thromboserisiko etwa drei- bis viermal höher ist im Vergleich zu demjenigen meiner europäischen Vergleichspopulation. Wie bezeichnend, dass mich die Genetik am eigenen Leib gerade zu dem Zeitpunkt eingeholt hat, als ich dieses Buch schrieb! Alle anderen gesundheitlichen Indikatoren aus meiner DNA waren nur leicht erhöht und scheinen wenig bedrohlich zu sein, abgesehen von einem etwas erhöhten Risiko für eine Stenose (Verengung) der Herzkranzgefäße. Aber dagegen kann man ja auch mit Sport und Ernährung etwas tun. Nachdem meine Frau und ich bereits unsere DNA-Variationsdaten erhalten hatten, hat die amerikanische FDA (*Food and Drug Administration*) 23andMe und ähnlichen Firmen die Weitergabe solcher Information an Kunden untersagt. Nicht, weil diese Daten nicht verlässlich sind oder fehlerhaft berechnet wurden, sondern weil die meisten Kunden statistische Aussagen wie »3,5-faches Risiko« nicht richtig verstehen. Hoffentlich hat dieses Buch zu einem etwas besseren Verständnis solcher Aussagen beigetragen.

Man kann heute vorhersagen, wie die Kinder von Eltern aussehen werden, wenn wir wissen, wie die Eltern genetisch beschaffen sind. Bei Merkmalen oder Krankheiten, die durch einzelne Gene bestimmt werden, ist dies noch einfacher und genauer möglich. Denken Sie nur an das Beispiel der Blutgruppen zurück. Wenn ich (homozygot) Blutgruppe A hätte und meine Frau 0, hätten alle unsere Kinder Blutgruppe A. Ähnlich ist es bei quantitativen Merkmalen (beispielsweise Körpergröße oder Intelligenz), für die es eine relativ hohe Erblichkeit gibt.

Da sowohl meine Frau als auch ich unsere jeweilige DNA testen ließen, kann man aus dem Vergleich einiger unserer Kombinationen von Genvarianten vorhersagen, welche Merkmale Kinder von uns haben würden. Beispielsweise würden sie kein rotes Gesicht bekommen, wenn sie Alkohol tränken. Sie würden ohne Probleme auch als Erwachsene Milch trinken können. Ihr Ohrenschmalz wäre nicht trocken, und sie wären eher Sprinter als Langstreckenläufer. Bei der Augenfarbe, bei der eine ganze Reihe von Genen eine Rolle spielen und wo Vorhersagen deshalb vager sind, ergaben die Daten die höchste Wahrscheinlichkeit für Blau/Grau.

Aber bei solchen eher harmlosen Vorhersagen wird es nicht bleiben. Menschen haben Vorlieben und wünschen sich neben Gesundheit auch ganz bestimmte Eigenschaften für ihre Kinder. So wie beispielsweise das lesbische Paar aus Weimar, das in der *Thüringischen Landeszeitung* vom 11. Februar 2015 einen Samenspender suchte, der »groß, intelligent und dunkelhaarig« sein sollte. In den USA ist man da weiter als in Thüringen, denn dort werden an Eliteuniversitäten schon längst studentische Eizellenspenderinnen gesucht (und mit mehreren zehntausend US-Dollar entlohnt), die nicht nur groß und athletisch sein sollen, sondern auch bestimmte Examensnoten und einen weit überdurchschnittlichen SAT-Score (eine Art IQ-Test) nachweisen müssen.

Selbst mit den vermeintlich besten Eizellen und Samen (es gibt Samenbanken, die Samen von Nobelpreisträgern anbieten) kauft man aber die Katze im Sack. Deshalb werden immer mehr PID-Tests (Präimplantationsdiagnostik) durchgeführt, bei denen die befruchteten Eizellen auf genetische Abnormitäten untersucht werden. Ob man es für richtig hält oder nicht: Jede weitere Information zur genetischen Basis diverser Merkmale wie Körpergröße, Augenfarbe oder Intelligenz wird künftig dazu benutzt werden, Babys zu »designen« und diese dann in die Leihmutter oder die biologische Mutter einzupflanzen. Dies wird wohl noch nicht so bald in Deutschland der Fall sein, aber es gibt genügend Länder im Rest der Welt und auch in Europa, deren ethische und medizinische Vorstellungen sich von den in Deutschland herrschenden unterscheiden – und wessen Ethik ist da »besser« als die andere?

Gendermainstreaming und die Ungerechtigkeit des Lebens

Die Zeiten unterschiedlicher Geschlechterrollen sind – so ist es zumindest politisch gewollt – fast vorbei. Dabei werden auch noch so viele durch Quoten und unser aller Steuern alimentierte Genderbeauftragte und Gleichstellungsdamen die biologischen Unterschiede zwischen den Geschlechtern nicht wegideologisieren können. Nur Frauen können Kinder gebären, daran wird auch die Politik nichts ändern können. Männer werden auch weiterhin gebraucht werden, ohne Samen geht es – zum Glück – nicht. Und ich finde, dass Kinder auch Väter brauchen, nicht nur Mütter – da sollte ein politischer Wandel ansetzen. Bei einem alleinerziehenden Elternteil aufzuwachsen – fast immer ist es ja die Mutter – ist nicht die beste Voraussetzung für ein Kind. Oft lässt es sich nicht vermeiden, aber intakte Familien bieten immer noch die besten Bedingungen dafür, dass psychisch intakte Kinder heranwachsen.

Das Leben ist nicht gerecht. Frauen gebären Kinder. Wie schön für sie, und wie ungerecht für die Männer, oder? Frauen leben vier bis acht Jahre länger als Männer – und zwar durchwegs in allen Kulturen. Ohne Ausnahme. Das finde ich als Mann ungerecht. Kann ich dagegen etwas tun? Nein, ich muss es akzeptieren. Männer sind stärker, mussten daher – zumindest in der Vergangenheit – in Kriegen kämpfen, sind aggressiver und leben riskanter. Sie richten ihre Gewalt gegen andere Männer (viel häufiger als gegen Frauen) oder gegen sich selbst (auch viel häufiger als Frauen).

Was Kultur aus diesen biologischen Gegebenheiten macht, ist eine andere, gesellschaftspolitische Frage. Wie wäre es mit Wehrpflicht für beide Geschlechter? Wäre doch nur konsequent. Und sollten Frauen aufgrund ihrer längeren Lebenserwartung nicht sechs bis sieben Jahre länger arbeiten müssen als Männer? Frauen bekommen heute wenigstens fünf bis sechs Jahre länger Rente als Männer. Wie soll sich das rechnen? Es ist vielleicht nicht politisch korrekt, solche Fragen zu stellen, aber sie lassen sich nicht mehr allzu lange ignorieren, und jeder mit gesundem Menschenverstand sollte sie sich stellen.

Wir konnten uns unsere Eltern nicht aussuchen und damit auch nicht unsere Gene, die so lebensbestimmend sind. Wir sind nicht gleich, denn jeder von uns ist genetisch einmalig. Menschen sind machtlos gegenüber den Genen, die sie von ihren Eltern bekommen, wie auch gegenüber der Erziehung, die ihnen Eltern und Staat angedeihen lassen. Und so sollte Gleichmacherei nicht im Zentrum einer klugen, menschenfreundlichen Politik stehen, sondern vielmehr die Ermöglichung von Wahlfreiheit und Chancengleichheit. Wir alle sind von unseren Erbanlagen her verschieden – und sollten endlich damit beginnen, diese Vielfalt als Chance zu begreifen und nicht als Nachteil! Der Philosoph Michael Schmidt-Salomon hat dies in seinem Buch *Hoffnung Mensch* treffend so beschrieben:

»Das menschliche Leben ist ein Glücksspiel, bei dem einige ein Traumlos ziehen, während es andere übel trifft. Wer sich darauf etwas einbildet, hat nur wenig vom Leben begriffen.« Im Hinblick auf die Lotterie des Lebens würde uns auch etwas mehr Bescheidenheit guttun.

Es ist ein unverdientes Glück der meisten Menschen in diesem Land, dass sie nicht in Jakarta oder Delhi, sondern im reichen und sicheren Europa aufgewachsen sind, wo es ihnen finanziell gut geht und sie mit der größten Selbstverständlichkeit in den Genuss der besten Gesundheits- und Bildungssysteme der Welt kommen. Dies verdanken wir den Generationen vor uns, auf die wir keinen Einfluss hatten und deren Fähigkeiten und Fleiß uns erst unseren Lebensstandard ermöglichten. Ja, es geht den meisten von uns so gut, dass wir die Muße haben, uns darüber Gedanken zu machen, dass wir es uns nicht aussuchen konnten, mit welchem Geschlecht wir geboren wurden. So viel Nabelschau können sich nur wenige Gesellschaften leisten, in vielen Teilen der Welt geht es immer noch darum, hungrige Mäuler zu füttern. Wir sollten aufpassen, unsere Werte und Lebensqualität nicht unbedacht zu verspielen.

Ich habe als Forscher viel Zeit in Afrika und Mittelamerika verbracht, in Ländern, in denen Sexismus an der Tagesordnung ist und Frauen wirklich unterdrückt werden. Wahrscheinlich hat mich dies besonders empfindlich gemacht gegenüber jener seltsamen Variante des »Genderfeminismus«, die bereits in der wissenschaftlichen Beschreibung und Erklärung der biologischen Unterschiede von Mann und Frau eine Form von Unterdrückung sieht. Meines Erachtens ist diese Ideologie nicht nur intellektuell unredlich, sie verkennt auch die eigentlichen Probleme, vor denen wir heute stehen.

Noch immer gibt es auf der Welt eine erdrückende soziale Ungerechtigkeit, noch immer werden große Teile der Weltbevölkerung durch religiöse Wahnsysteme fanatisiert, noch immer gehen wir mit den Ressourcen unseres Planeten um, als hätten wir noch eine zweite Erde in petto. Wenn wir diesen

Planeten künftigen Generationen bewohnbar und lebenswert hinterlassen wollen, müssen wir unser Verhalten entscheidend ändern. Wir sind gerade dabei, innerhalb von wenigen Generationen eine immense Zahl von Arten auszurotten und auch unseren Lebensraum zu zerstören. Wir leben im Anthropozän, dem ersten »vom Menschen gemachten« Erdzeitalter, wir gestalten und verändern nun aktiv unsere Umwelt und tragen damit auch die Verantwortung für die Zukunft dieses Planeten. Bemühen wir uns also, dieser Verantwortung gerecht zu werden! Ohne eine stärkere Berücksichtigung wissenschaftlicher Methoden und Erkenntnisse, da bin ich mir sicher, wird das nicht gelingen.

Dank

Mein Dank gilt meiner Frau Gabriele Legant, die mir beim Verfassen dieses Buches geduldig und kritisch über die Schulter gesehen hat. Sie half bei allen Aspekten dieses Prozesses, ohne sie hätte ich dieses Buch nie schreiben können. Norma Bunnick-Fielenbach, Thomas Elbert, Harald Fielenbach, Sergey Gavrilets, Frederico Henning, Lucia Jacobs, Andreas Kautt, Ferdinand Knauß, Sybille Knauß, Martin Korte, Claudius Kratochwil, Stefan Kühl, Hilger Ropers, Detlef H. Rost, Manfred Schartl, Maggie Schauer, Michael Schmidt-Salomon und Gudrun Wendland haben Teile des Manuskripts gelesen und mir viele Anregungen gegeben. Auch ihnen gebührt mein Dank, die Fehler sind jedoch meine. Offenkundig sind die in diesem Buch vertretenen Meinungen meine persönlichen und reflektieren nicht unbedingt die der Universität Konstanz. Dem Team vom Verlag C. Bertelsmann sowie Eckard Schuster danke ich für Geduld und Unterstützung, Harald Martenstein für sein Vorwort. Nicht zuletzt danke ich meiner Literaturagentin Rebekka Göpfert, die mich dazu ermuntert hat, dieses Buch zu schreiben, für ihre Unterstützung und ihr Vertrauen während dieser gemeinsamen Reise.

Anmerkungen

Einleitung

1 Siehe jedoch Orzack, S. H., et al.: »The human sex ratio from conception to birth«, in: *Proceedings of the National Academy of Sciences of the USA* 112 (2015): E2102–E2111
2 Austad, S. N.: »The human sex ratio: a major surprise«, in: *Proceedings of the National Academy of Sciences of the USA* 112 (2015): 4839–4840

1 Was heißt hier eigentlich genetisch?

1 The 1000 Genomes Project Consortium (Hg.): »A map of human genome variation from population scale sequencing«, in: *Nature* 467 (2010): 1061–1073
2 Fu, Q., et al.: »Genome sequence of a 45,000-year-old modern human from western Siberia«, in: *Nature* 514 (2014): 445–449
3 Judson, H. F.: *The eighth day of creation*, New York 1979
4 Eriksson, N., et al.: »Web-based, participant-driven studies yield novel genetic associations from common traits«, in: *PLOS Genetics* 6 (2010): e1000993
5 Pao G. M., et al.: »Role of BRCA1 in brain development«, in: *Proceedings of the National Academy of Sciences of the USA* 111 (2014): E1240–E1248

2 Die klassische Genetik nach Gregor Mendel

1 Reid, J. B., Ross, J. J.: »Mendel's genes: toward a full molecular characterization«, in: *Genetics* 189 (2011): 3–10
2 Liu, F., et al.: »Eye color and the prediction of complex phenotypes from genotypes«, in: *Current Biology* 19 (2009): R192–193

3 Vasile, F., et al.: »Comprehensive analysis of blood group antigen binding to classical and El Tor cholera toxin B-pentamers by NMR«, in: *Glycobiology* 24 (2014): 766–778
4 Ridley, M.: *Genome. The autobiography of a species in 23 chapters*, London 1999

3 Erblichkeit oder warum Holländer so groß sind

1 Sutter, N. B., et al.: »A single IGF1 allele is a major determinant of small size in dogs«, in: *Science* 316 (2007): 112–115
2 Rimbault, M.: »Derived variants at six genes explain nearly half of size reduction in dogs«, in: *Genome Research* 12 (2013): 1985–1995
3 Visscher, P. M., et al.: »From Galton to GWAS: quantitative genetics of human height«, in: *Genetic Research* 92 (2010): 371–379
4 Wood, A. R., et al.: »Defining the role of common variation in the genomic and biological architecture of adult human height«, in: *Nature Genetics* 46 (2014): 1173–1186
5 Allen, H. L., et al.: »Hundreds of variants clustered in genomic loci and biological pathways affect human height«, in: *Nature* 467 (2010): 832–838
6 Silventoinen, K., et al.: »Heritability of adult body height: a comparative study of twin cohorts in eight countries«, in: *Twin Research* 6 (2003): 399–408
7 Stulp, G., et al.: »Does natural selection favour taller stature among the tallest people on earth?«, in: *Proceedings of the Royal Society Ser. B.* 282 (2015): 2015.0211
8 Silventoinen et al. 2003, a. a. O.
9 Komlos, J., Kriwy, P.: »Biologischer Lebensstandard in den neuen und alten Bundesländern«, in: *Ifo Schnelldienst* (Institut für Wirtschaftsforschung, München) 11 (2001): 23–25
10 Komlos, J., Kriwy, P.: »Social status and adult height in the two Germanies«, in: *Annals of Human Biology* 29 (2002): 641–648
11 Komlos, J., Kriwy, P.: »The biological standard of living in the two Germanies«, in: *German Economic Review* 4 (2003): 493–507
12 Kriwy, P., Komlos, J., Baur, M.: »Soziale Schicht und Körpergröße in Ost- und Westdeutschland«, in: *Kölner Zeitschrift für Soziologie und Sozialpsychologie* 55 (2003): 543–556
13 Stulp et al. 2015, a. a. O.

4 Sex, Fitness und der Sinn des Lebens

1 Karmin, M., et al.: »A recent bottleneck of Y chromosome diversity coincides with a global change in culture«, in: *Genome Research* 25 (2015): 459–466
2 Fairbairn, D.: *Odd couples. Extraordinary differences between the sexes in the animal kingdom*, Princeton 2013
3 Lehtonen, J., et al.: »The many costs of sex«, in: *Trends in Ecology and Evolution* 27 (2012): 172–178
4 Judson, O.: *Die raffinierten Sexpraktiken der Tiere: Fundierte Antworten auf die brennendsten Fragen*, München 2006
5 Johnson, J., et al.: »Germline stem cells and follicular renewal in the postnatal mammalian ovary«, in: *Nature* 428 (2004): 145–150
6 White, Y. A. R., et al.: »Oocyte formation by mitotically active germ cells purified from ovaries of reproductive-age-women«, in: *Nature Medicine* 18 (2012): 413–421

5 Alle unsere Gene und was man in ihnen lesen kann

1 Crisp, A., et al.: »Expression of multiple horizontally acquired genes is a hallmark of both vertebrate and invertebrate genomes«, in: *Genome Biology* 16 (2015): 50
2 McCoy, R. C., et al.: »Common variants spanning PLK4 are associated with mitotic-origin aneuploidy in human embryos«, in: *Science* 348 (2015): 235–238
3 Conrad, D. F., et al.: »Variation in genome-wide mutation rates within and between human families«, in: *Nature Genetics* 43 (2011): 712–714
4 Kong, A., et al.: »Rate of de novo mutations and the importance of father's age to disease risk«, in: *Nature* 488 (2012): 471–475
5 Novembre, J., et al.: »Genes mirrow geography within Europe«, in: *Nature* 456 (2008): 98–101
6 Elhaik, E., et al.: »Geographic population structure analysis of worldwide human populations infers their geographic origins«, in: *Nature Communications* 5 (2014): 3513
7 Ebd.
8 Ebd.
9 Novembre et al. 2008, a. a. O.
10 Wang, C., et al.: »A quantitative comparison of the similarity between genes and geography in worldwide human populations«, in: *PLOS Genetics* 8 (2012): e1002886

11 Leslie, S., et al.: »The fine-scale genetic structure of the British population«, in: *Nature* 519 (2015): 309–314
12 Ebd.
13 Liu, F, et al.: »A genome-wide association study identifies five loci influencing facial morphology in Europeans«, in: *PLOS Genetics* 8 (2013): e1002932
14 Hallgrimsson, B., Mio, W., Marcucio, R. S., Spitz, R.: »Let's face it – complex traits are just not that simple«, in: *PLOS Genetics* 10 (2014): e1004724
15 Claes, P., et al.: »Modeling 3D facial shape from DNA«, in: *PLOS Genetics* 10 (2014): e1004224
16 Ebd.
17 Peng, S., et al.: »Detecting genetic association of common human facial morphological variation using high density 3D image registration«, in: *PLOS Computational Biology* 9 (2013): e1003375
18 Claes et al. 2014, a. a. O.
19 http://www.nytimes.com/2015/02/24/science/dna-generated-faces.html

6 Ein X macht noch keine Frau: das X-Chromosom

1 Richardson, S. S.: *Sex itself. The search for male & female in the human genome*, Chicago 2013
2 Übersichtsartikel von Arboleda, V. A., et al.: »DSDs: genetics, understanding pathologies and psychosexual differentiation«, in: *Nature Reviews Endocrinology* 10 (2014): 603–615
3 Richardson 2013, a. a. O.
4 Ebd.
5 Beukeboom, L. W., Perrin, N.: *The evolution of sex determination*, Oxford 2014
6 Ebd.
7 Wang, P. J., et al.: »An abundance of X-linked genes expressed in spermatogonia«, in: *Nature Genetics* 27 (2001): 423–426
8 Ross, M. T., et al.: »The DNA sequence of the human X chromosome«, in: *Nature* 434 (2005): 325–337
9 Sinclair, A. H., et al.: »A gene from the human sex-determining region encodes a protein with homology to a conserved DNA-binding motif«, in: *Nature* 346 (1990): 240–244
10 Wu, H., et al.: »Cellular resolution maps of X chromosome inactivation: implications for neural development, function and disease«, in: *Neuron* 81 (2013): 103–109
11 Cheng, M. K., Disteche, C. M.: »Silence of the fathers: early X inactivation«, in: *BioEssays* 26 (2004): 821–824

12 McGraw, S., et al.: »Loss of DNMT10 disrupts imprinted X chromosome inactivation and accentuates placental defects in females«, in: *PLOS Genetics* (2013): e1003873

13 Letourneau, A., et al.: »Domains of genome-wide gene expression dysregulation in Down's syndrom«, in: *Nature* 509 (2014): 345–350

14 Jiang, J., et al.: »Translating dosage compensation to Trisomy 21«, in: *Nature* 500 (2013): 296–300

15 Gammill, H. S., Nelson, J. L.: »Naturally acquired microchimerism«, in: *International Journal of Developmental Biology* 54 (2010): 531–543

16 Chan, W. F. N., et al.: »Male microchimerism in the human female brain«, in: *PLOS One* 7 (2012): e45592

17 Kara, R. J.: »Fetal cells traffic to injured maternal myocardium and undergo cardiac differentiation«, in: *Circulation Research* 110 (2012): 82–93

18 Miech, R. P.: »The role of fetal microchimerism in autoimmune disease«, in: *International Journal of Clinical and Experimental Medicine* 3 (2010): 164–168

19 Nelson, J. L.: »The otherness of self: microchimerism in health and disease«, in: *Trends in Immunology* 33 (2012): 421–427

20 McConnell, M. J., et al.: »Mosaic copy number variation in human neurons«, in: *Science* 342 (2013): 632–637

21 Neitz, J., Neitz, M.: »The genetics of normal and defective color vision«, in: *Vision Research* 51 (2011): 633–651

7   Madam, I'm Adam: das Y-Chromosom

1 Skaletsky, H., et al.: »The male-specific region of the human Y chromosome is a mosaic of discrete sequence classes«, in: *Nature* 423 (2003): 825–837

2 Wilson Sayres, M. A., Lohmueller, K. E., Nielson, R.: »Natural selection reduced diversity on human Y chromosomes«, in: *PLOS Genetics* 10 (2014): e1004064

3 Hacker, A., et al.: »Expression of SRY in the mouse sex determining gene«, in: *Development* 121 (1995): 1603–1614

4 Wilson Sayres/Lohmueller/Nielson 2014, a. a. O.

5 Helgason, A., et al.: »The Y-chromosome point mutation rate in humans«, in: *Nature Genetics* 47 (2015): 453-457

6 Cortez, D., et al.: »Origins and functional evolution of Y chromosome across mammals«, in: *Nature* 508 (2014): 488–493

7 Richardson, S. S.: *Sex itself. The search for male & female in the human genome*, Chicago 2013

8 Zerjal, T., et al.: »The genetic legacy of the Mongols«, in: *American Journal of Human Genetics* 72 (2003): 717–721
9 Cruciani, F., et al.: »A revised root for the Human Y chromosomal phylogenetic tree: The origin of patrilineal diversity in Africa«, in: *American Journal of Human Genetics* 88 (2011): 814–818
10 Olivieri, A., et al.: »The mtDNA legacy of the Levantine early Upper Palaeolithicine Africa«, in: *Science* 314 (2006): 1767–1770
11 Francallacci, P., et al.: »Low-pass DNA sequencing of 1200 Sardinians reconstructs European Y-Chromosome phylogeny«, in: *Science* 341 (2013): 565–569
12 Poznik, G. D., et al.: »Sequencing Y chromosomes resolves discrepancy in time to common ancestor of males versus females«, in: *Science* 341 (2013): 562–565

8 LGBTQIA und Genderchaos: die genetischen Grundlagen des »kleinen Unterschieds«

1 Judson, O.: *Die raffinierten Sexpraktiken der Tiere: Fundierte Antworten auf die brennendsten Fragen,* München 2006
2 Fairbairn, D.: *Odd couples. Extraordinary differences between the sexes in the animal kingdom,* Princeton 2013
3 Baxter, R. M., Vilain, E.: »Translational genetics for diagnosis of human disorders of sex development«, in: *Annual Review of Genomics and Human Genetics* 14 (2013): 371–392
4 Übersichtsartikel von Ma, F., et al.: »The genetic association of sports performance with ACE3 and ACTN3 genetic polymorphisms: a systematic review and meta analysis«, in: *PLOS One* 8 (2012): e54685
5 Yang, N., et al.: »The ACTN2 R577X polymorphism in East and West African Athletes«, in: *Medicine & Science in Sports & Exercise* 39 (2007): 1985–1988
6 Yang, N., et al.: »ACTN3 genotype is associated with human elite athletic performance«, in: *American Journal of Human Genetics* 73 (2003): 627–631
7 Epstein, D.: *The sports gene: Talent, practice and the truth about success,* London 2013
8 Übersichtsartikel von Ma et al. 2012, a. a. O.
9 Epstein 2013, a. a. O.
10 Bellott, D. W., et al.: »Mammalian Y chromosomes retain widely expressed dosage-sensitive regulators«, in: *Nature* 508 (2014): 494–499
11 Visootsak, J., Graham, J. M.: »Klinefelter syndrome and other chromosomal aneuploidies«, in: *Orphanet Journal of Rare Diseases* 1 (2006): 42

12 Übersichtsartikel von Arboleda, V. A., et al.: »DSDs: genetics, underlying pathologies and psychosexual differentiation«, in: *Nature Reviews Endocrinology* 10 (2014): 603–615
13 Swain, A., et al.: »Dax1 antagonizes Sry action in mammalian sex determination«, in: *Nature* 391 (1998): 761–767
14 Ainsworth, C.: »Sex redefined«, in: *Nature* 518 (2015): 288–291
15 Ebd.
16 Übersichtsartikel von Arboleda et al. 2014, a. a. O.
17 Ebd.
18 Ebd.
19 Baxter/Vilain 2013, a. a. O.
20 Matson, C. K., et al.: »DMRT1 prevents female reprogramming in the postnatal mammalian testis«, in: *Nature* 476 (2011): 101–104
21 Übersichtsartikel von Arboleda et al. 2014, a. a. O.
22 Burt, A., Trivers, R.: *Genes in conflict*, Harvard 2006
23 Ebd.
24 Bellott et al. 2014, a. a. O.
25 Matson et al. 2011, a. a. O.
26 Nicholson, L.: »Interpreting gender«, in: *Signs: Journal of Woman in Culture and Society* 20 (1994): 79–105
27 Money, J.: »Hermaphroditism, gender and precocity in hyperadrenocorticism: Psychologic findings«, in: *Bulletin of the Johns Hopkins Hospital* 96 (1955): 253–264, zit. n. Haig, D.: »The Inexorable Rise of Gender and the Decline of Sex: Social Change in Academic Titles, 1945–2001«, in: *Archives of Sexual Behavior* 33 (2004): 87–96
28 Haig 2004, a. a. O.

9 Fortpflanzung: Kampf ums Geschlecht

1 Lawn, J.: »Beyond newborn survival: the global burden of disease due to neonatal morbidity«, in: *Pediatric Research* 74 (2013): 1–3
2 Siehe jedoch Orzack, S. H., et al.: »The human sex ratio from conception to birth«, in: *Proceedings of the National Academy of Sciences of the USA* 112 (2015): E2102–E2111
3 Austad, A. N.: »The human sex ratio: a major surprise«, in: *Proceedings of the National Academy of Sciences of the USA* 112 (2015): 4839–4840
4 Ebd.
5 Trivers, R. L., Willard, D. E.: »Natural selection of parental ability to vary the sex ratio of offspring«, in: *Science* 179 (1973): 90–92
6 James, W. H.: »Sex ratios of births conceived during wartime«, in: *Human Reproduction* 18 (2003): 1133–1134

7 James, W. H.: »The variations of human sex ratio at birth during and after wars, and their potential explanations«, in: *Journal of Theoretical Biology* 257 (2009): 116–123
8 Ruder, A.: »Parental-age and birth-order effects on the human secondary sex ratio«, in: *American Journal of Human Genetics* 37 (1985): 362–372
9 Kanasawa, S.: »Big and tall soldiers are more likely to survive battle: a possible explanation for the ›returning soldier effect‹ on secondary sex ratio«, in: *Human Reproduction* 22 (2007): 3002–3008
10 Trivers, R.: »Parental investment and sexual selection«, in: Campbell, B. (Hg.): *Sexual selection and the descent of man*, 1972: 136–179. Dagegen Brown, G. R., et al.: »Bateman's principles and human sex roles«, in: *Trends in Ecology Evolution* 24 (2009): 279–304
11 Murdock, G. P.: »Ethnographic atlas: a summary«, in: *Ethnology* 6 (1967): 109–236
12 Anderson, K. G.: »Evidence from worldwide nonpaternity rates«, in: *Current Anthropology* 47 (2006): 513–500
13 Mathews, F., et al.: »You are what your mother eats: evidence for maternal preconception diet influencing foetal sex in humans«, in: *Proceedings of the Royal Society B* 275 (2008): 1661–1668
14 Cameron, E. Z.: »Facultative adjustment of mammalian sex ratios in support of the Trivers-Willard hypothesis: evidence for a mechanism«, in: *Proceedings of the Royal Society B* 271 (2004): 1723–1728; Edwards, A. M, Cameron, E. Z.: »Forgotten fathers: paternal influences on mammalian sex allocation«, in: *Trends in Ecology and Evolution* 29 (2014): 158–164
15 Ebd.
16 Burt, A., Trivers, R.: *Genes in conflict*, Harvard 2006
17 Liu, Y., et al.: »Transmission ratio distortion loci in pedigrees oft he Framingham heart study«, in: *Scientific Reports* 3 (2013): 2147
18 Neumann, L., et al.: »The imprinted NPAP1 gene in the Prader-Willi Syndrome region belongs to a POM121-related family of retrogenes«, in: *Genome Biology and Evolution* 6 (2014): 344–351
19 Haig, D.: »Troubled sleep. Night waking, breastfeeding and parent-offspring conflict«, in: *Evolution, Medicine, and Public Health* 1 (2014): 32–39
20 Trivers, R. L.: »Parent-offspring conflict«, in: *American Zoologist* 14 (1974): 249–264

10 Monogamie versus Polygamie oder warum strikte Treue nicht unser Ding ist

1. Martin, R. D.: *How we do it. The evolution and future of human reproduction,* New York 2013
2. Dixson, A. F.: *Primate Sexuality: Comparative Studies of the Prosimians, Monkeys, Apes and Human Beings,* Oxford ²2012
3. Martin, R. D., Willner, L. A., Dettling, A.: »The evolution of sexual size dimorphism in primates«, in: Short, R. V., Balaban, E. (Hg.): *The differences between the sexes,* Cambridge 1994: 159–200
4. Judson, O.: *Dr. Tatiana's sex advise to all creation. The definitive guide to the evolutionary biology of sex,* London 2002
5. Baker, R. R., Bellis, M. A.: *Human Sperm Competition: Copulation, Masturbation and Infidelity,* London 1995
6. Dixson, A. F., Anderson, M. J.: »Sexual selection, seminal coagulation and copulatory plug formation in primates«, in: *Folia Primatologica* 73 (2002): 63–69
7. Baker/Bellis 1995, a. a. O.
8. Baker, R. R.: *Sperm Wars: Infidelity, Sexual Conflict and Other Bedroom Battles,* New York 1996 (dt.: *Krieg der Spermien: weshalb wir lieben und leiden, uns verbinden, trennen und betrügen,* Bergisch Gladbach 2002)
9. Salzano, F. M., Neel, J. V., Maybury-Lewis, D.: »Further studies on the Xavante Indian. I. Demographic data on two additional villages: Genetic structure of the tribe«, in: *American Journal of Human Genetics* 19 (1967): 463–489
10. Birkhead, T. R., Møller, A. P. (Hg.): *Sperm Competition and Sexual Selection,* London 1998
11. Dixson/Anderson 2002, a. a. O.
12. Martin 2013, a. a. O.
13. Anderson, M. J., Dixson, A. F.: »Motility and the midpiece in primates«, in: *Nature* 416 (2002): 496
14. Martin 2013, a. a. O.
15. Jensen-Seaman, M. I., Li, W.-H.: »Evolution of the hominoid semenogelin genes, the major proteins of ejaculated semen«, in: *Journal of Molecular Evolution* 57 (2003): 261–270
16. Kingan, S. B., Tatar, M., Rand, D. M.: »Reduced polymorphism in the chimpanzee semen coagulating protein, semenogelin I.«, in: *Journal of Molecular Evolution* 57 (2003): 159–169
17. Wang, H., et al.: »Histone deacetylase inhibitors facilitate partner preference formation in female prairie voles«, in: *Nature Neuroscience* 16 (2013): 919–926

11 Gene und Schönheitsideale: Was macht uns attraktiv?

1 Darwin, C.: *The Descent of Man and Selection in Relation to Sex*, London 1871 (dt. Erstausgabe: *Die Abstammung des Menschen und die geschlechtliche Zuchtwahl*, Stuttgart 1871)
2 Hamilton, W. D., Zuk, M.: »Heritable true fitness and bright birds: a role for parasites?«, in: *Science* 218 (1982): 384–387
3 Thornhill, R., Gangestad, S. W.: »Human facial beauty«, in: *Human Nature* 4 (1993): 237–269
4 Schmidt-Salomon, M.: *Hoffnung Mensch. Eine bessere Welt ist möglich*, München 2014
5 Lonsdorf, E. V., et al.: »Sex differences in wild chimpanzee behavior emerge during infancy«, in: *PLOS One* 9 (2014): e99099
6 Zietsch, B. P., Santilla, P.: »No direct relationship between human female orgasm rate and number of offspring«, in: *Animal Behaviour* 86 (2013): 253–255
7 Grainger, J., et al.: »Orthographic processing in baboos (*Papio papio*)«, in: *Science* 336 (2012): 245–248
8 Shubin, N.: *Your inner fish: a journey into the 3.5-billion-year history of the human body*, New York 2008
9 Hwang, H. C., Matsumoto, D.: »Dominance Threat Display for Victory and Achievement in Competition Context«, in: *Motivation and Emotion* 38 (2014): 206–214
10 Tracey, J. L., Matsumoto, D.: »Spontaneous expression of pride and shame evidence for biologically innate nonverbal displays«, in: *Proceedings of the National Academy of Sciences of the USA* 105 (2008): 11655–11660; Matsumoto, D., Willingham, B.: »Spontaneous facial expression of emotion of congenitally and noncongenitally blind individuals«, in: *Journal of Personality and Social Psychology* 96 (2009): 1–10
11 Klailova, M., Lee, P. C.: »Wild Western Lowland Gorillas signal selectively using odor«, in: *PLOS One* 9 (2014): e99554
12 Rhodes, G.: »The evolutionary psychology of facial beauty«, in: *Annual Reviews of Psychology* 57 (2006): 199–206
13 Ebd.
14 Peters, M., Rhodes, G., Simmons, L. W.: »Does attractiveness in men provide clues to semen quality?«, in: *Journal of Evolutionary Biology* 21 (2007): 572–579
15 Lee, A. J., et al.: »Genetic factors that increase male facial masculinity decrease facial attractiveness of female relatives«, in: *Psychological Science* 25 (2014): 476–484
16 Puts, D. A.: »Beauty and the beast: mechanisms of sexual selection in humans«, in: *Evolution and Human Behavior* 31 (2010): 157–175

17 Mitchem, D. G., et al.: »Estimating the sex-specific effects of genes on facial attractiveness and sexual dimorphism«, in: *Behavioral Genetics* 44 (2014): 270–281
18 Ebd.
19 Puts, D. A., et al.: »Dominance and the evolution of sexual dimorphism in human voice pitch«, in: *Evolution and Human Behavior* 27 (2006): 283–296
20 Puts, D. A.: »Beauty and the beast: mechanisms of sexual selection in humans«, in: *Evolution and Human Behavior* 31 (2010): 157–175
21 Kleisner, K., Chvatalova, V., Flegr, J.: »Perceived intelligence is associated with measured intelligence in men but not women«, in: *PLOS One* 9 (2014): e81237
22 Kanazawa, S.: »Intelligence and physical attractiveness«, in: *Intelligence* 39 (2011): 7–14
23 Keller, M. C., et al.: »The genetic correlation between height and IQ: shared genes or assortative mating«, in: *PLOS Genetics* 9 (2013): e1003451
24 Ebd.

12 Gene, Geschlecht, Intelligenz oder warum nicht alle Kinder überdurchschnittlich sein können

1 Zit. n. Plomin, R., Deary, I. J.: »Genetics and intelligence differences: five special findings«, in: *Molecular Psychiatry* 20 (2015): 98–108
2 Domingue, B. W., et al.: »Genetic and educational assortative mating among US adults«, in: *Proceedings of the National Academy of Sciences of the USA* 111 (2014): 7996–8000
3 Zimmer, D. E.: *Ist Intelligenz erblich? Eine Klarstellung*, Reinbek 2012; Ceci, S. J., Williams, W. M.: »Should scientists study race and IQ?«, in: *Nature* 457 (2010): 788
4 Ceci, S. J., et al.: »Women's underrepresentation in science: sociocultural and biological considerations«, in: *Psychological Bulletin* 135 (2009): 218–261; Ceci, S. J., Williams, W. M.: »Sex differences in math-intensive fields«, in: *Current Directions in Psychological Science* 19 (2010): 275–279; Ceci, S. J., et al.: »Women in academic science: a changing landscape«, in: *Psychological Science in the Public Interest* 15 (2014): 75–141; Ceci, S. J., Williams, W. M.: »Understanding current causes of women's underrepresentation in science«, in: *Proceedings of the National Academy of Sciences of the USA* 108 (2011): 3157–3162
5 Zimmer 2012, a. a. O.
6 Rindermann, H., Rost, D. H.: »Was ist dran an Sarrazins Thesen?«,

in: *Frankfurter Allgemeine Zeitung*, 7.9.2010; Rindermann, H., Rost, D. H.: »Intelligenz, Kultur und Gesellschaft – Thilo Sarrazin und seine Thesen«, in: Bellers, J. (Hg.): *Zur Sache Sarrazin. Wissenschaft – Medien – Materialien*, Münster 2010: 77–96

7 Eysenck, H. J.: *Die IQ-Bibel: Intelligenz verstehen und messen*, Stuttgart 2004

8 Pruetz, J. D., et al.: »New evidence on the tool-assisted hunting exhibited by chimpanzees *(Pan troglodytes verus)* in a savannah habitat at Fongoli, Sénégal«, in: *Royal Society Open Science* 10 (2015): 140507

9 Gavrilets, S., Vose, A.: »The dynamics of Machiavellian intelligence«, in: *Proceedings of the National Academy of Sciences of the USA* 103 (2006): 16823–16828

10 Scarr, S., McCartney, K.: »How people make their own environments: a theory of genotype greater than environmental effects«, in: *Child Development* 54 (1983): 424–435

11 Rindermann, H.: »Was messen internationale Schulleistungsstudien? Schulleistungen, Schülerfähigkeiten, kognitive Fähigkeiten, Wissen oder allgemeine Intelligenz?«, in: *Psychologische Rundschau* 57, 2 (2006): 69–86

12 Rost, D. H.: *Handbuch Intelligenz*, Weinheim 2013

13 Rindermann/Rost 2010, a. a. O.; Rost 2013, a. a. O.

14 Jensen, A.: *Bias in mental testing*, New York 1980

15 Ebd.

16 Rost 2013, a. a. O.

17 Deary, I. J., et al.: »Genetics of intelligence«, in: *European Journal of Human Genetics* 14 (2006): 690–700

18 Rost 2013, a. a. O.

19 Ebd.

20 Rindermann/Rost 2010, a. a. O.

21 Deary, I. J., et al.: »Genetic foundations of human intelligence«, in: *Human Genetics* 126 (2009): 215–232

22 Deary, I. J., et al.: »The neuroscience of human intelligence differences«, in: *Nature Review Neuroscience* 11 (2010): 201–211

23 Davis, G., et al.: »Genome-wide association studies establish that human intelligence is highly heritable and polygenic«, in: *Molecular Psychiatry* 16 (2011): 996–1005

24 Plomin/Deary 2015, a. a. O.

25 Rost 2013, a. a. O.

26 Batty, G. D., et al.: »Premorbid (early life) IQ and later mortality risk: systematic review«, in: *Annals of Epidemiology* 17 (2007): 278–288

27 Shakeshaft, N. G., et al.: »Strong genetic influence on a UK nationwide

test of educational achievement at the end of compulsory education at age 16«, in: *PLOS One* 8 (2013): e80341
28 Jacobi, R., Glaubermann, N.: *The bell curve debate. History, documents, opinions*, New York 1995
29 Qian, M., et al.: »The effects of iodine on intelligence in children: a meta analysis of studies conducted in China«, in: *Asia Pacific Journal of Clinical Nutrition* 14 (2005): 32–42
30 Plomin/Deary 2015, a. a. O.
31 Nobel, K. G., et al.: »Family income, parental education and brain structure in children and adolescents«, in: *Nature Neuroscience* 18 (2015): 773–778
32 Zit. n. Rost 2013, a. a. O.
33 Pietschnig, J., Voracek, M.: »One century of global IQ gains: A formal meta analysis of the Flynn effect (1909–2012)«, in: *Perspectives in Psychological Science* 10 (2015): 282–306
34 Plomin/Deary 2015, a. a. O.
35 Plomin, R.: »Genetics and Intelligence: What's New?«, in: *Intelligence* 24 (1997), 53–77
36 Bouchard, T. J., McGue, M.: »Familial studies of intelligence: a review«, in: *Science* 212 (1981): 1055–1059
37 McGue, M., et al.: »Behavioral genetics of cognitive ability: a life-span perspective«, in: Plomin, R., McClearn, G. E. (Hg.): *Nature, nurture, and psychology*. American Psychological Association, Washington, D.C., 1993, zit. n. Zimmer 2012
38 Rost 2013, a. a. O.
39 Davis, G., et al.: »Genome-wide association studies establish that human intelligence is highly heritable and polygenic«, in: *Molecular Psychiatry* 16 (2011): 996–1005
40 Rietveld, C. A., et al.: »Common genetic variants associated with cognitive performance identified using the proxy-phenotype method«, in: *Proceedings of the National Academy of Sciences of the USA* 111 (2014): 13790–13794
41 Zum Beispiel Apolipoprotein E; Deary, I. J., et al.: »Cognitive change and the APOE epsilon 4 allele«, in: *Nature* 418 (2002): 392; Wisdom, N. M., et al.: »The effects of apolipoprotein E on non-impaired cognitive functioning: a meta analysis«, in: *Neurobiology of Aging* 32 (2011): 63–74. Siehe Übersichtsartikel von Deary, I. J., et al.: »Genetic foundations of human intelligence«, in: *Human Genetics* 126 (2009): 215–232
42 Davis, O. S. P., et al.: »Three-stage genome-wide association study of general cognitive ability: hunting the small effects«, in: *Behavioral Genetics* 4 (2010): 759–767
43 Rietveld, C. A., et al.: »GWAS of 126,559 individuals identifies gene-

tic variants associated with educational attainment«, in: *Science* 340 (2013): 1467–1471
44 Young, E.: »Chinese project probes the genetics of genius«, in: *Nature* 479 (2013): 297–299
45 Siehe Davis 2011. Ein anderer Ansatz, »Gene für Intelligenz« zu identifizieren, ist es, sich auf Genvariation zu konzentrieren, also auf mutierte Gene bei Patienten, die kognitive Probleme haben, wie beispielsweise Alzheimer-Patienten.
46 Siehe Details bei Rost 2013, a. a. O.: 255 ff.
47 Siehe Details ebd.
48 Pinker, S.: *The sexual paradox. Men, women, and the real gender gap*, New York 2008
49 Shaycoft, M. F., Dailey, J. T., Orr, D. B., Neyman, C. A., Sherman, S. W.: *Project Talent: The identification, development and utlilization of human talents. Studies of a complete age group – Age 15*, Pittsburgh 1963
50 Rost 2013, a. a. O.: 255 ff.
51 Lynn, R., Irwing, P.: »Sex differences on the progressive matrices: A meta-analysis«, in: *Intelligence* 32 (2002): 481–498; Lynn, R., Irwing, P.: »Sex differences on the Advanced Progressive Matrices in college students«, in: *Personality and Individual Differences* 37 (2004): 219–223; Lynn, R., Irwing, P.: »Sex differences in means and variability on the progressive matrices in university students: A meta-analysis«, in: *British Journal of Psychology* 96 (2005): 504–505
52 Lubinski, D., Benbow, C. P.: »Gender differences in abilities and preferences among the gifted: Implications for the math/science pipeline«, in: *Current Direction in Psychological Science* 1 (1992): 61–66; Lubinski, D., Benbow, C. P.: »Study of mathematically precocious youth after 35 years«, in: *Perspectives on Psychological Science* 1 (2006): 316–345
53 Robertson, K. F., et al.: »Beyond the threshold hypothesis: even among the gifted and top math/science graduate students, cognitive abilities, vocational interests, and lifestyle preferences matter for career choice, performance and persistence«, in: *Current Directions in Psychological Sciences* 19 (2010): 346–351. Siehe auch Zitate bei Ceci et al. 2009, Ceci/Williams 2010, Ceci et al. 2014, Ceci/Williams 2011
54 Blinkhorn, S.: »Intelligence: a gender bender«, in: *Nature* 438 (2005): 31–32

13 Homosexualität: »Born this way« oder »Made this way«?

1 Bagemihl, B.: *Biological exhuberance: animal homosexuality and natural diversity*, New York 1999

2 Bailey, J. M., Pillard, R. D.: »A genetic study of male sexual orientation«, in: *Archives of General Psychiatry* 48 (1991): 1089–1096; Bailey, J. M., Pillard, R. D.: »Genetics of human sexual orientation«, in: *Annual Review of Sex Research* 6 (1996): 126–150

3 Kendler, K. S., et al.: »Sexual orientation in a U.S. national sample of twin and nontwin siblings«, in: *American Psychiatry* 157 (2000): 1843–1846

4 Hamer, D. H., et al.: »A linkage between DNA markers and the X chromosome in male sexual orientation«, in: *Science* 261 (1993): 321–327

5 Hamer, D. H., Copeland, P.: *Living with our genes. Why they matter more than you think*, New York 1998

6 Hu, S., et al.: »Linkage between sexual orientation and chromosome Xq28 in males, but not in females«, in: *Nature Genetics* 11 (1995): 248–256

7 Rice, G., et al.: »Male homosexuality: absence of linkage to microsatellite markers at Xq28«, in: *Science* 284 (1999): 665–667

8 Mustanski, B. S., et al.: »A genomewide scan of sexual orientation«, in: *Human Genetics* 116 (2005): 272–278

9 Ramagopalan, S. V., et al.: »A genome-wide scan of male sexual orientation«, in: *Journal of Human Genetics* 55 (2010): 131–132

10 Bocklandt, S., et al.: »Extreme skewing of X chromosome inactivation in mothers of homosexual men«, in: *Human Genetics* 118 (2006): 691–694

11 LeVay, S.: »A difference in hypothalamic structure between heterosexual and homosexual men«, in: *Science* 253 (1991): 1034–1037

12 Byne, W., et al.: »The interstitial nuclei of the human anterior hypothalamus: an investigation of variation with sex, sexual orientation, and HIV status«, in: *Hormones and Behavior* 40 (2001): 86–92

13 Allen, L. S., Gorski, L. S.: »Sexual orientation and the size of the anterior commissure in the human brain«, in: *Proceedings of the National Academy of Sciences of the USA* 89 (1992): 7199–7202

14 Lasco, M. S., et al.: »A lack of dimorphism of sex or sexual orientation in the human anterior commissure«, in: *Brain Research* 17 (2002): 95–98

15 Lalumière, M. L., Blanchard, R., Zucker K. J.: »Sexual orientation and handedness in men and women: a meta-analysis«, in: *Psychological Bulletin* 126 (4), Juli 2000: 575–592

16 Peters, M., et al.: »The effects of sex, sexual orientation, and digit ratio (2D:4D) on mental rotation performance«, in: *Archives of Sexual Behavior* 36 (2007): 251–260. Siehe auch Manning, J. T., et al.: »The 2D:4D digit ratio, sexual dimorphism, population differences, and reproductive success. Evidence for sexually antagonistic genes?«, in:

Evolution and Human Behavior 21 (2000): 163–183; Manning, J. T., et al.: »Is digit (2D:4D) related to systemizing and emphathizing? Evidence from direct finger measurements reported in the BBC internet survey«, in: *Personality and Individual Differences* 48 (2010): 767–771

17 Brown, W. M., et al.: »Masculinized finger length patterns in human males and females with congenital adrenal hyperplasia«, in: *Hormones and Behavior* 42 (2002): 380–386

18 Martin, J. T., Nguyen, D. H.: »Anthropometric analysis of homosexuals and heterosexuals: implications for early hormone exposure«, in: *Hormones and Behavior* 45 (2004): 31–39

19 Williams, T. J., et al.: »Finger-length ratios and sexual orientation«, in: *Nature* 404 (2000): 455–456

20 Robinson, S. J., Manning, J. T.: »The ratio of 2nd and 4th digit length and male homosexuality«, in: *Evolution and Human Behavior* 21 (2000): 333–345

21 Lawrance-Owen, A. J., et al.: »Genetic association suggests that SSMOC1 mediates between prenatal sex hormones and digit ratio«, in: *Human Genetics* 132 (2013): 415–421

22 Blanchard, R.: »Fertility of the mothers of firstborn homosexual and heterosexual men«, in: *Archives of Sexual Behavior* 41 (2012): 551–556

23 Boegert, A. F.: »Biological versus nonbiological older brother and men's sexual orientation«, in: *Proceedings of the National Academy of Sciences of the USA* 103 (2006): 10771–10774

24 Blanchard, R., Bogaert, A. F.: »Homosexuality in men and number of older brothers«, in: *American Journal of Psychiatry* 153 (1996): 27–31

25 Blanchard, R., Klassen, P.: »H-Y antigen and homosexuality in men«, in: *Journal of Theoretical Biology* 185 (1997): 373–378

26 Gavrilets, S., Rice, W. R.: »Genetic models of homosexuality: general and testable predictions«, in: *Proceedings of the Royal Society* B 273 (2006): 3031–3038

27 Camperio Ciani, A., Corna, F., Capiluppi, C.: »Evidence for maternally inherited factors favouring male homosexuality and promoting female fecundity«, in: *Proceedings of the Royal Society* B 271 (2004): 2217–2221

28 Ebd.

29 Ebd.

30 Camperio Ciani, A., Pellizzari, E.: »Fecudity of paternal and maternal non-parental female relatives of homosexual and heterosexual males«, in: *PLOS One* 7 (2012): e51088

31 Rice, W. C., Friberg, U., Gavrilets, S.: »Homosexuality as a consequence of epigenetically canalized sexual development«, in: *Quarterly Review of Biology* 87 (2012): 343–368

32 Nugent, B. M., et al.: »Brain feminization requires active repression of masculinization via DNA methylation«, in: *Nature Neuroscience* 30 (2015): 690–697
33 Gates, G. J.: *LGBT Parenting in the United States*, The Williams Institute, Los Angeles 2013. Siehe auch Verweij, K. J. H., et al.: »Genetic and environmental influences on individual differences in attitudes toward homosexuality: an Australian twin study«, in: *Behavioral Genetics* 38 (2008): 257–265; Wells, J. E., et al.: »Multiple aspects of sexual orientation: prevalence and sociodemographic correlates in a New Zealand national survey«, in: *Archives of Sexual Behavior* 40 (2011): 155–168
34 Schumm, W. R.: »Children of homosexuals more apt to be homosexuals? A reply to Morrison and Cameron based on an examination of multiple sources of data«, in: *Journal of Biosociological Science* 42 (2010): 721–742

14 Wie unterschiedlich sind Frauen und Männer wirklich?

1 Baron-Cohen, S.: *The essential difference*, New York 2012. Siehe auch Eliot, L.: *Pink brain, blue brain*, Boston 2010; Fine, C.: *Delusions of gender*, London 2010; Wolpert, L.: *Why can't a man be more like a woman?*, New York 2014
2 Geary, D. C.: *Male, female. The evolution of human sex differences*, American Psychological Association, Washington D.C. ^{2}2010
3 Ellis, L.: »Identifying and explaining apparent universal sex differences«, in: *Personality and Individual Differences* 51 (2011): 552–561
4 Pinker, S.: *The sexual paradox: men, women and the real gender gap*, New York 2008
5 Clayton, J. A., Collins, F. S.: »Policy: NIH to balance sex in cell and animal studies«, in: *Nature* 509 (2014): 282–283
6 Trabzuni, D., et al.: »Widespread sex differences in gene expression and splicing in the adult human brain«, in: *Nature Communications* 22 (2013): 2771. Siehe auch Übersichtsartikel von Ngun, T. C., et al.: »The genetics of sex differences in brain and behavior«, in: *Frontiers in Neuroendocrinology* 32 (2011): 227–246
7 Radtke, K. M., et al.: »Transgenerational impact of intimate partner violence on methylation in the promoter of the glucocorticoid receptor«, in: *Translational Psychiatry* 1 (2011): e21
8 Pinker 2008, a. a. O.
9 Del Giudice, M., Booth, T., Irwing, P.: »The distance between Mars and Venus: Measuring global sex differences in personality«, in: *PLOS One* 7 (2012): e29265
10 Pfaff, D. W.: *Man & woman. An inside story*, Oxford 2011

11 Alexander, G. M., Hines, M.: »Sex differences in response to children's toys in nonhuman primates *(Ceropithecus ethics sabaeus)*«, in: *Evolution and Human Behavior* 23 (2002): 467–479

12 Baron-Cohen, S.: *Prenatal testosteron in mind: amniotic fluid studies*, Cambridge (MA) 2006

13 Dies haben viele Studien gezeigt. Leicht zu lesen ist: Kimura, D.: »Sex differences in the brain«, in: *Scientific American* 267 (1992): 118–125

14 Vgl. dazu Lubinski, D., Benbow, C. P.: »Gender differences in abilities and preferences among the gifted: Implications for the math/science pipeline«, in: *Current Directions in Psychological Science* 1 (1992): 61–66

15 Vgl. z.B. die Studien von Wendy Williams und Stephen Ceci (2015), zwei anerkannten Entwicklungspsychologen der Cornell University (USA). Ceci, S. J., et al.: »Woman in academic science: a changing landscape«, in: *Psychological Science in the Public Interest* 15 (2014): 75–141. Williams, W. M., Ceci, S. J.: »When scientists choose motherhood«, in: *American Scientist* 100 (2012): 138–145

16 Gurian, M., Stevens, K.: *The mind of boys: saving our sons from falling behind in school and life*, San Francisco 2005

17 Gaulin, S. J. C., Fitzgerald, R. W., Wartell, M. S.: »Sex differences in spatial ability and activity in two vole species«, in: *Journal of Comparative Psychology* 104 (1990): 88–93

18 Donald, A.: »Dorothy Hodgkin and the Year of Crystallography«, in: *The Guardian*, 14.1.2014

15 Gene, Gender und Gesellschaft

1 Baron-Cohen, S.: *The essential difference. Men, women and the extreme male brain*, London 2003

2 Bradley, R. G., et al.: »Influence of child abuse on adult depression: moderation by the corticotropin-releasing hormone receptor gene«, in: *Archives of General Psychiatry* 65 (2008): 190–200; Weis, E. L., et al.: »Childhood sexual abuse as a risk factor for adult depression in women. Psychosocial and Neurological Correlates«, in: *American Journal of Psychiatry* 156 (1999): 816–828

3 Sapienza, P., et al.: »Gender differences in financial risk aversion and career choices are affected by testosterone«, in: *Proceedings of the National Academy of Sciences of the USA* 106 (2009): 15268–15273

4 Takeuchi, H., et al.: »Regional gray matter volume is associated with empathizing and systemizing in young adults«, in: *PLOS One* 7 (2014): e84782

5 Luders, E., et al.: »Regional gray matter variation in male-to-female transsexualism«, in: *Neuroimage* 46 (2009): 904–907

6 Green, R.: »Family co-currence of ›gender dysphoria‹: ten sibling or parent-child pairs«, in: *Archives of Sexual Behavior* 29 (2000): 499–507; Coolidge, F. L., et al.: »The heritability of gender identity disorder in a child and adolescent twin sample«, in: *Behavior Genetics* 32 (2002): 252–257

7 Arboleda, V. A., et al.: »DSDs: genetics, underlying pathologies and psychosexual differentiation«, in: *Nature Reviews Endocrinology* 10 (2014): 603–615

8 Calopinto, J.: »The true story of John/Joan«, in: *Rolling Stone*, 11.12.1997: 54–97

9 Calopinto, J.: *As nature made him: the boy who was raised as a girl*, New York 2000

10 Schwarzer, A.: *Der »kleine Unterschied« und seine großen Folgen. Frauen über sich – Beginn einer Befreiung*, Frankfurt a. M. 1975

11 Geary, D. C.: *Male, female. The evolution of human sex differences*, American Psychological Association, Washington, D.C., ^{2}2010

12 Butler, J.: »Doing justice to someone: sex reassignment and allegories of transsexuality«, in: Butler, J.: *Undoing gender*, New York 2004, 57–74 (dt.: *Die Macht der Geschlechternormen und die Grenzen des Menschlichen*, Frankfurt a. M. 2009)

13 Aus »Further Reflections on Conversations of Our Time«, in: *Diacritics* 27, 1 (1997): 13–15

14 Sokal, A., Bricmont, J.: *Fashionable nonsense. Postmodern intellectual abuse of science*, New York 1998 (dt.: *Eleganter Unsinn. Wie die Denker der Postmoderne die Wissenschaften missbrauchen*, München 1999)

15 Benatar, D.: *The second sexism. Discrimination against men and boys*, Chichester 2012

Personenregister

Abe, Shinzo 51
Alexander der Große 246
Aristoteles 133

Baker, Robin 219
Baron-Cohen, Simon 290, 332, 341, 344
Barr, Murray 140
Bateman, Angus J. 202
Baudrillard, Jean 358
Beach, Frank 219
Beauvoir, Simone de 342
Bertram, Edward 140
Binet, Alfred 257
Blair, Anthony (»Tony«) 27
Brenner, Sydney 33
Brin, Sergey 367
Burt, Austin 190
Butler, Judith 356 ff., 360

Camperio Ciani, Andrea 309
Carroll, Lewis 92
Ceci, Stephen 333 f.
Chand, Dutee 176
Clinton, Bill 27, 31
Collette, Ulric 128
Collins, Francis 27
Coolidge, Calvin 219
Crick, Francis 23, 26, 33

Darwin, Charles 40, 56, 59, 90, 101 f., 202, 232 f., 242
Dawkins, Richard 98 f.
Derrida, Jacques 358
Diamond, Milton 353 f.
Drukker, J. W. 82
Dschingis Khan 163, 199 f.
Duncan, Isadora 94
Dutton, Denis 358

Elbert, Thomas 325
Ellis, Lee 316
Eysenck, Hans Jürgen 255

Fairbairn, Daphne 168
Foucault, Michel 358

Gabriel, Sigmar 254
Gage, Fred 147
Galton, Francis 56, 65, 71, 77
Geary, David 316
Gogh, Vincent van 82
Goodfellow, Peter 183
Gould, Stephen Jay 158
Graves, Jenny 156

Haig, David 194, 211
Hamer, Dean H. 297 ff.

Heinrich VIII. (engl. König) 134
Hemingway, Ernest 337 ff., 341
Hemingway, Mariel 339
Henking, Hermann 132
Herrnstein, Richard J. 268
Hines, Melissa 332
Hodgkin, Dorothy 334 ff.
Horsthemke, Bernhard 210

Irwing, Paul 288

Jacobs, Patricia 158
Jensen, Arthur R. 261
Jolie, Angelina 21, 37 ff., 98
Jones, Steve 72
Judson, Olivia 168
Junker, Thomas 308

Kayser, Manfred 46, 124
Kipling, Rudyard 236, 334
Klobukowska, Ewa 170
Komlos, John 80
Kriwy, Peter 80

Lacan, Jacques 358
bin Laden, Mohamed bin Awad 204
bin Laden, Osama 124, 204
Landsteiner, Karl 47
Langdon-Down, John 108
Lejeune, Jérôme 108
LeVay, Simon 302, 304
Lewontin, Richard 158
Linné, Carl von 167
Lynn, Richard 288
Lyon, Mary 140

Mendel, Gregor 40 ff., 45, 50, 59
Money, John 193 f., 353 ff., 357
Morgan, Thomas H. 282
Mullis, Kary 106
Murray, Charles 268

Nahles, Andrea 254
Nathans, Jeremy 141
Newton, Isaac 115
Nugent, Bridget 311 f.

Ohno, Susumo 140

Page, David 161
Perutz, Max 336
Pinker, Steven 71, 287, 289 f., 316
Pinker, Susan 316, 326
Plomin, Robert 268 f.
Punnett, Reginald 43 f.

Ratjen, Dora (später Heinz) 171
Reimer, David 352 f., 356 f.
Rindermann, Heiner 254, 259, 263, 277
Rost, Detlef H. 254 f., 259, 262 f., 277
Rumsfeld, Donald 117

Sarrazin, Thilo 254, 259, 263
Schmidt-Salomon, Michael 240, 371
Schumm, Walter 314 f.
Schwarzer, Alice 354 f.
Semenya, Caster 170, 176
Shaw, George Bernard 94
Shriver, Mark D. 126, 128
Snow, C. P. 356

Sobhuza II. (König von Swasiland) 163
Sokal, Alan 359
Spencer, Herbert 101 ff.
Steckel, Richard 81
Stern, Elsbeth 267
Stern, William (Wilhelm) 258
Stevens, Nettie 132

Tang, Kun 126
Tilly, Jonathan 96
Trivers, Robert 190, 199 f.

Van Valen, Leigh 92
Venter, Craig 27

Vilain, Eric 185, 348 f., 355
Visscher, Peter M. 57

Watson, James 23, 26, 114
Wedekind, Claus 245
Wiesner, Berthold 164
Willard, Dan 199 f.
Williams, George 98
Williams, Wendy 333 f.
Wojcicki, Anne 367
Wurst, Conchita 291, 360

Zahavi, Amotz 238
Zimmer, Dieter E. 254 f., 259

Sachregister

23andMe 22, 34, 118, 122, 128, 279, 367 f.
3D-Orientierung 334

Aborigines 52
Abstammung 26, 295
ACTN3-Gen 178
Adamsapfel 13, 191, 318
A(denin) 23, 25 f., 28, 31 ff., 35 f., 110 f., 136, 279, 310
ADHS (Aufmerksamkeitsdefizit-/Hyperaktivitätsstörung) 329
Adoptionsstudien 274, 276, 283
Adrenalin 231
Afrika 29 f., 37, 52, 54, 76, 81, 100 f., 125, 164 ff., 198, 212, 246, 294, 372
Ähnlichkeit, genetische 62
AIS (*Androgen Insensitivity Syndrome*/Androgenresistenz) 149, 169, 172, 175, 182, 324
Alanin 34
Allel siehe Genvariante (Genkopie/Allel)
Altruismus, reziproker 255
Alzheimer-Krankheit 14
American Psychiatric Association 313
Aminogruppe (NH2) 31
Aminosäuren 23, 31 ff., 47, 53, 111

Amniozentese (Fruchtwasseruntersuchung) 109
Androgene 177
Androgenrezeptor 183, 301, 311
Androgentherapie 181
Anemonenfische 168
Aneuploidie 97, 181
Angelsachsen 121
Antagonismus, sexueller 189, 208, 308 f.
Anti-Müller-Hormon (AMH) 182, 188, 306
Antibiotika 19, 107
AR-Gen 149 f., 172
Aromatase-Gen (CPY 19) 301
Asparaginsäure 33
Asperger-Syndrom 329
Australien 29, 346
Autismus 290, 329
Autosomen 24, 39, 110, 135, 137 f., 143, 147 f., 156 f.

Bakterien 24, 35, 49, 68, 92, 98, 105 ff., 320
Barr-Körperchen 140, 172, 175
Barr-Test 140, 172 f.
Basenpaare 23, 26, 27, 30, 110, 113, 116, 136, 153, 279, 283
Bateman-Prinzip 202, 204, 222
Beijing Genome Institute (BGI) 28

Betaglobin 53
Biodiversität 99
»Biologismus« 17
Biolumineszenz 90
Biotechnologie 260
Bisons 294
Blutgruppen (AB0-System) 46 ff., 51 f., 369
Blutkörperchen 46 f., 53, 103
Bluttransfusion 46 f.
Bonobos 34, 107, 216, 218 f., 223, 294
BRCA1-Gen 37 ff., 98
BRCA2-Gen 38
Brustkrebs 37 ff., 98

CAH *(Congenital Adrenal Hyperplasia)* 177, 304 ff., 324, 332, 344
CAIS *(Complete Androgen Insensitivity Syndrome)* 149
Cambridge University 332
Carboxygruppe (COOH) 31
Centimorgan (cM) 282 f.
Central Bearded Dragon Lizard (Eidechsenart) 135 f.
Cerebellum 37
Charaktereigenschaften 49, 51, 89 f., 340 ff.
Chirurgie, geschlechtsangleichende 176, 350, 353, 355
Chorea Huntington 55, 113
Chromatin 108
Chromosom(en) 23 f., 26 f., 31, 38, 42, 47, 50, 57, 91 ff., 97, 107 ff., 115, 131–165, 169, 180, 185, 187, 209 f., 279 ff., 299 f., 306, 320, 323
– W-Chromosom 134, 136
– X-Chromosom 24, 31, 104, 107, 108, 117, 131–153, 156 f., 160 ff., 172, 174, 179 ff., 189 ff., 193, 199, 201, 297 ff., 309 f., 321, 323 f., 334
– X-Chromosom-Inaktivierung 139 f., 142 ff., 147, 179
– Xi-Chromosom 139 f., 144
– Y-Chromosom 24, 31, 85, 105, 107, 108, 110, 131 ff. 137 f. 144, 146, 148 f., 152–165, 172 ff., 180 ff., 190, 199, 201, 211, 282, 306, 320 f., 323, 325, 368
– Z-Chromosom 134 f., 152
Chromosomenkombination 50
Chromosomenpaare 24, 26, 108
Chromosomensatz 24 f., 29, 37, 43, 91, 94, 109, 140, 143
Code, genetischer 32, 35
Codons 111
Cold Spring Harbor Laboratory (New York) 114
Coolidge-Effekt 219 f.
Crossing-Over siehe Rekombination (Crossing-Over)
Cyanobakterien (Blaualgen) 104 f.
C(ytosin) 23, 25 f., 28, 31 ff., 35 f., 110 f., 136, 279, 310

Darmflora 107
DAX1-Gen 183, 185, 189
Dekonstruktivismus 359
Delfine 294
Depressionen 329, 341, 354
Diabetes 14, 141
Dimorphismus, sexueller 225, 249
DMRT1-Gen 185, 191, 312
DNA (Desoxyribonukleinsäure) 22 ff., 25, 26 f., 29, 31 ff., 46, 59, 91, 104 ff., 110 ff., 116, 122, 124–129, 136, 140, 150, 153, 165, 269, 279 f., 310, 367 ff.

DNA-Sequenz 27, 29, 31, 33, 106, 124, 137, 153, 155, 161
Dopamin 229, 231
Doppelhelix 22 ff., 26
Dosiskompensation 139, 144, 180, 323 f.
Down-Syndrom (Trisomie 21) 108 f., 114, 145
DSD *(Disorders of Sex Development)* 169, 182, 349
Duchenne-Muskeldystrophie 148
Durchschnittswert 57, 77, 258, 271, 343, siehe auch Mittelwert
Dysmorphie, genitale 131

Eierstöcke 96 ff., 149, 168 f. 174, 182, 187, 189, 191
Eierstockkrebs 98
Eisen 269
Eisprung, verdeckter siehe Ovulation, verdeckte (Eisprung)
Eizellen 25 f., 42 ff., 61, 85, 91, 94 ff., 112, 133 f., 137 f., 143 f. 152, 160, 167, 184, 188, 199, 202, 218, 222, 227, 233, 310, 370
Elterngeneration 41, 44, 64 f., 67, 77 f., 86, 91
Embryonalentwicklung 25, 97, 138 f., 143, 145, 147, 154, 182, 187, 191, 247, 304, 324, 326, 349
Empathie 240, 322, 326 f., 341, 343 f.
ENCODE-Konsortium 113
Epigenetik 186, 192, 209, 230, 294, 300, 310 ff., 350
Erasmus-Universität (Rotterdam) 46, 124
Erbkrankheiten 28, 70, 87, 108, 112

Erblichkeit 55–79, 127, 128, 248, 251, 253, 255 ff., 263 ff., 273, 275 f., 278, 283 ff., 290, 297, 300, 304, 315, 369, siehe auch Heritabilität
Erblichkeitsberechnungen 61 f., 65, 67 ff.
Eugenik 103
Europa 29, 52, 74, 80, 109, 120
Evolution 15, 19, 26, 55, 59, 72, 83 f., 87, 97, 99 ff., 103, 156 f., 161 f., 165 f., 180, 188, 218 ff., 222, 234, 238, 241, 255 f., 307, 319, 327, 341, 360, 365
 – Geschichte der 14 f., 105, 112, 137, 166, 192, 225, 230, 236, 242, 319 f., 323, 357, 366,
 – Strategie der 85, 89 ff., 98
Evolutionsbiologie 11, 16, 101, 202, 238
Exon-Intron-Struktur 116
Exons 116
Expression (von Genen) 143

Facebook 346 f.
Faktor-V-Gen 368
Farbenblindheit 149 ff.
Farbgene 139
Feminismus/Feministinnen 318, 345, 351, 355, 363, 365, 372 f.
Fields-Medaille 285
Filialgeneration 41, 64, 78
Findet Nemo (Film) 168
Fitness, evolutionäre 83 f., 97 f., 100 f., 103, 160, 206, 232 ff., 255, 308, 319, 323
Follikel 96
Folsäure 269
Fortpflanzung, siehe auch Reproduktionserfolg
 –, asexuelle 86, 89, 91

–, sexuelle 50f., 84, 87ff., 93, 195f.
–, Strategie der 89, 93
Fötus 109, 146, 154, 169, 206, 304
FOXL2-Gen 187, 191
Fremdzellen 146
Fruchtfliegen 202, 209

Gameten (Keimzellen) 85, 91, 94f.
Gauß'sche Normalverteilung siehe Normalverteilung
Gebärmutter 149, 188, 306
Geburt 62f., 68f., 86, 96, 107, 109, 131
Geburtenziffer, zusammengefasste 100
Geisteswissenschaften/-wissenschaftler 195, 356, 359
Gen-Splicing 116f.
Genaustausch 30, 137, 156f.
Gender Dysphoria 349
Gene 14–19, 22–26, 28, 30, 34f., 38, 41f., 47, 50, 53, 55ff., 63, 77, 79, 88, 91, 104, 108, 110f., 113f., 116, 126ff., 131–165, 169, 173, 178ff., 183ff., 190, 206, 208f., 210ff., 225, 227, 229ff., 234, 237f., 244, 247, 249, 251ff., 256, 260, 263ff., 280ff., 290–325, 331, 337, 339, 341, 354, 360f., 368f., 371
–, An- und Abschalten von 37f., 58, 98, 111, 136, 138ff., 143ff., 185ff., 209f., 229, 279, 310ff., 324f.
Gender 16, 18, 193ff., 337, 345f., 348f., 355, 359
Gendercommunity 313, 348
Genderidentität 132, 177, 192, 292, 313, 330, 337, 347ff., 353, 355, 360

Gendermainstreaming 301, 345, 352, 360, 362f., 370
Genderstudies/-forschung 292, 350ff., 356f.
Genfluss 52, 119
Genkombinationen 88, 98
Genom 27–31, 34, 36, 44, 57f., 91, 104ff., 110–119, 124, 136, 145, 147, 155, 157, 159, 242, 278ff., 283f., 290, 299, 310f., 320, 325, 366f.
Genomforschung 30, 127, 129
Genomsequenzen 29f., 34, 117
Genomsequenzierung 28, 119
genomweite Assoziationsstudien siehe GWAS *(Genome-Wide Association Study)*
Genotyp 44ff., 53, 55, 58, 100, 130, 178
Genpool 102, 119, 190
Gensequenz 31, 34, 36, 150
Gentechnologie 19
Genvariante (Genkopie/Allel) 14, 30, 36ff., 41–48, 52, 58ff., 63, 67, 72, 76, 78, 84, 88, 91, 94, 100, 102ff., 118ff., 122, 124, 126, 189, 212, 237, 245, 278ff., 285, 308f., 323, 369
–, dominante 39, 43f., 60, 147
–, heterozygote 39f., 42, 44, 45, 48f., 53f., 59, 103, 148, 151, 307
–, homologe 91
–, homozygote 39f., 42, 45–50, 53, 60, 88, 151, 307
–, rezessive 39, 41, 43f., 47f., 60, 88, 147
Genverlust 157, 159ff., 210
»Geruchsgen« (OR2M7) 34, 58
Geruchsrezeptor 34
Geschlechterrollen 189, 192f., 346f., 350, 352, 360, 370

Geschlechterverhältnis 133, 199, 209, 321
Geschlechtschromosomen 24, 39, 104, 110, 134 ff., 147, 152, 156 f., 162 f., 169, 172, 179 f., 184, 190, 195, 298
Geschlechtsmerkmale 131, 169, 191, 346, 355
Geschlechtsunterschiede 13, 15 f., 19, 35, 149, 154, 158, 161, 191, 204, 316, 319 ff., 323 f., 327 f., 336, 344
Geschlechtszellen 25, 85 f., 94 ff., 134, 187, 220
Gesundheitssystem 82, 372
Gibbons 223, 226
Glutaminsäure 53
Glykosyltransferase 47
Gonaden 132, 149, 169, 182 f., 188, 191
Gonadotrophin 207
Gorillas 29, 34, 216 f., 223, 226, 243, 246
G(uanin) 23, 25 f., 28, 31 ff., 35 f., 110 f., 136, 279, 310
Guppys 162
GWAS *(Genome-Wide Association Study)* 278 ff., 283 f., 299 f.

Hämoglobin 53, 103
Hämophilie 148, 150 f.
Harem 85, 203 f., 216 f., 223, 227, 233
Harvard University 158, 194, 211, 316
Hefezellen 89
Heritabilität 58, siehe auch Erblichkeit
Hermaphroditismus 89, 167 f., 194
Herzversagen 14
Heterochromatin 108

Heterosexualität 169, 302 f., 305 f.
Heterosis 54, 87, 89
Himalaja 223
Hippocampus 37, 328
Histon-Trichostatin A (TSA) 229
HIV (Humanes Immundefizienz-Virus) 302
Hochbegabung 257, 290
Hoden 90, 96 f., 136, 149, 154, 159, 161, 168 f., 172 ff., 181 ff., 187 ff., 191, 215 ff., 219, 224, 226, 323 f., 353, 361
hodendeterminierender Faktor siehe TDF (*Testis Determining Factor*/hodendeterminierender Faktor)
Homophilie 308
Homophobie 291, 295
Homosexualität/Homosexuelle 170, 186, 291–315, 330
Hormonbehandlung 179, 192
Hormone 96, 131, 149, 169, 172 f., 181, 183, 187 f., 192, 207, 228, 231, 247, 304 ff., 324 ff., 332, 350, 360 f.
HTT-Gen 55, 113
Humangenom-Projekt 26 f., 31, 112 ff., 155
Hunde 244, 246
Hybridisierung 105
Hypothalamus 302, 304, 324

Immunabwehr 245
Immungene (MHC) 245, 247
Immunsystem 46, 107, 141, 144, 146, 197, 211, 306 f.
imprinting, genomic (genomische Prägung) 70, 143 f., 190, 210
Intelligenz 16, 29, 35, 55 f., 58, 63, 66, 69, 74, 159, 249–290, 313
–, figurative 250

–, fluide 250, 257, 283
–, generelle (g-Faktor) 251, 257, 283, 286 ff.
–, kristalline 257, 267, 283, 290
Intelligenzforschung 257, 263, 273
Intelligenzquotient (IQ) 63, 69, 71, 181 f., 152, 258, 262–277, 280 f., 285 ff., 370
Intelligenztest 257 ff., 261, 266, 270, 279, 287 ff.
Internationales Olympisches Komitee (IOC) 171, 175, 176
Intersexualität 167, 172 f., 175, 177, 184, 193 f., 347, 355
Introns 111, 116
Inzesttabu 224

John/Joan, Fall 352 ff.
Johns Hopkins University (Baltimore) 353

Kalzium 77
Katzen 139 f., 244
Kibbuzeffekt 224
King's College (London) 268
Kinsey-Skala 293
Klinefelter-Syndrom (XXY) 140, 152, 172, 180 ff.
Komodowaran 93
Kompatibilität, genetische 244 f.
Kontrollgene siehe Transkriptionsfaktoren
Körpergröße 29, 31, 55 ff., 61 ff., 71 f., 74–83, 124, 127, 129, 215, 233 f., 239, 215 f., 256 f., 264, 278, 280, 283 f., 330 f., 342, 369 f.
Korrelation 62, 65, 79, 126, 250 ff., 267, 269, 273 ff., 281, 297 f., 299 f., 302, 306, 313, 332

Korrelationskoeffizient 62, 252, 274 ff.
Krebs 14, 26, 37 f., 49, 94, 97 f., 141 f., 150, 367
Kreuzungsexperimente 40, 45
Krokodile 135
Kuckuckskinder 205 f., 217
Kulturwissenschaften/-wissenschaftler 17, 193, 318, 351, 359

Landkarte, genetische 120 ff., 123
Lebensmittel, genetisch modifizierte 364 f.
Leichtathletik (Geschlechtsbestimmung) 170–177
Leihmutterschaften 293, 315, 370
Lesben 170, 305, 314, 330
LGBTQIA 166, 169 f.
Links-Rechts-Symmetrie 248
Lyonisation 140

Magnetresonanztomografie 269, 348
Makaken 224, 226
Malaria 49, 53 f., 89, 103, 307
Mäuse 136, 141, 142, 143, 191, 209, 228 ff., 245, 276, 311, 321, 334
Meiose 26, 43, 50, 91, 93 ff., 97, 134, 137, 156 f., 183, 281 f.
Menstruation 96, 173, 201, 221
Messfehler 77, 79
Methylierung 209, 230, 325
Mikrobiom 69
Mikrochimärismus 145 f.
MINT-Fächer 332 f.
Mitochondrien 104 f., 165, 226
Mitose 25 f., 93, 95
Mittelwert 56, 56, 64 ff., 65, 56,

70 ff., 77 f., 262 f., 271 f., 287 f., 290, 330, 340, 342 ff., siehe auch Durchschnittswert
Monogamie 204 f., 215 ff., 219 f., 222 ff., 228 ff., 255
Mosaik, genetisches 138, 140, 142, 143, 147 f., 179, 300, 321
Mosaizismus siehe Mosaik, genetisches
multiple Sklerose 141, 146, 321
Muntjak, Indischer (asiatische Hirschart) 162
Mutationen 26, 29 f., 33–39, 41, 46 f., 51, 53 ff., 84, 94, 97, 103, 113, 117 ff., 122, 128, 147 f., 150, 153, 158, 169, 182 f., 213, 280, 282, 284, 368

ncDNA (non-coding DNA) 111
Neandertaler 22, 30, 112, 118, 367
Neocortex 37, 328
Neuroimaging 343 f.
Nordamerika 80, 82
Norepinephrin 231
Normalverteilung 56, 64, 70 f., 78, 254, 261, 262, 271, 272, 278, 286, 287, 308, 332, 340, 342, 343
Nukleotide 110, 113, 117 f., 155, 279

OECD 268
Ohio State University 81
Olympische Spiele 140, 171, 173
Oogoniazellen 96
Oozyten 96
Orang-Utans 29, 217, 233
Organismen
 –, diploide 24, 39, 42, 94
 –, eukaryotische 105
 –, genetisch modifizierte 19
 –, haploide 24, 43, 94
Orientierung, sexuelle 189, 192, 291 ff., 295 f., 298, 301 ff., 306, 311 ff., 330, 347
Östrogen 38, 96, 207, 231, 353
Östrogentherapie 321
Ovulation, verdeckte (Eisprung) 221, 227
Oxytocin 228 f., 241, 326

Paarungspartner 54, 86, 89 f., 97, 101
PAR (pseudoautosomale Regionen) 137, 144, 156 f.
Parabon NanoLabs 125
Parasiten 53, 59, 88, 90, 92, 98, 197, 211, 232, 234 f., 240, 320
Parkinson-Krankheit 321
Parthenogenese 88, 92 f.
Paviane 224, 226, 241
Penis 171, 173 f., 191, 215 f., 224, 226, 352
Penizillin 335
Pennsylvania State University 126
Pew Research Center 365
Pfau 232
Phänotyp 41 ff., 47 f., 50, 55, 58, 60, 66 ff., 130, 139, 148, 169, 180, 182, 257, 266
Pheromone 90, 246
PID (Präimplantationsdiagnostik) 370
Pinguine 294
PISA-Studien 258, 268
Plazenta 143 f., 146, 157, 198, 202, 211
Pleiotropie 98, 251
Polyandrie 204, 223
Polygamie 204, 215 f., 219 f., 222 ff., 230

Polygenität 55 f.
Polygynie 204, 222 f.
Polymerase-Kettenreaktion (PCR) 106
Populationen 29 f., 34, 36 f., 46, 52, 54, 56, 57 ff., 64, 66, 68, 70 f., 75 ff., 85, 89, 92 f., 100 ff., 122, 147, 164, 178, 204, 217, 256, 261, 264 f., 271, 273, 275, 278, 285, 292, 308 f., 323, 330, 366
Post-Traumatic Stress Disorder (PTSD) 52
Poststrukturalismus 359
Prader-Willi-Syndrom (PWS) 209 f., 300
Präriewühlmäuse 228 f., 334
Primaten 34 f., 37
Progesteron 96, 207
Prolaktin 326
Promiskuität 216, 219 ff., 226 ff.
Proteine 23, 31 ff., 36 f., 77, 111, 113 f., 116 f., 139, 151, 153 f., 178, 188, 227, 335
Protisten 166
Pseudogene 113, 136, 153, 157
Psychologie 79, 202, 333, 347
Pubertät 69, 74 f., 77, 95 f., 149, 177, 180 f., 183 f., 191, 197, 239, 249, 267, 285 f., 318, 324 f.
Punktmutationen 36, 47, 52, 117, 127, 280
Punnett-Quadrat 43 f., 48
Pygmäen 164

Quotenregelung 334, 362, 370

Reduktionsteilung 43, 93
Referenzgenom 36, 117
Regression 62, 65 f., 67, 77
Rekombination (Crossing-Over) 50 f., 77 f., 94, 137, 157, 163, 195 f., 264, 281 ff.
Reparaturenzyme 26
Reproduktionserfolg 85, 100, 102, 199, 202 f., 222 f., 232, 237, siehe auch Fortpflanzung
Rhesusaffen 155, 161
Rhesusfaktor 47
Rheuma 141, 146, 336
RNA (Ribonukleinsäure) 23, 32, 113
Römer 121

San (Volk) 164
Samenbanken 370
Samenzellen 25 f., 44 f., 61, 85, 91, 94, 97, 119, 134, 154, 159 f., 167, 199, 201 f., 207, 215, 218, 224, 226 f., 281, siehe auch Spermien(zellen)
Schildkröten 135, 139
Schildpattmuster 139 f.
Schimpansen 29, 34 f., 107, 155 f., 159 ff., 208, 216 ff., 223 ff., 240 f., 255, 294, 319
Schizophrenie 55, 321, 329
Schnabeltier 134, 156 f., 162
Schwäne 294
Schwangerschaft 86, 144 ff., 179, 186 f., 198 f., , 206, 211, 247, 269, 304 ff., 324 ff.
Schwiegermütter 205 f.
Schwule siehe Homosexualität/ Homosexuelle
See-Elefanten 202 ff., 216, 232 f.
Selektion
–, intersexuelle 233 f.
–, intrasexuelle 233
–, künstliche 78
–, natürliche 59, 83, 90, 101 f., 105, 215, 232, 238, 247

–, sexuelle 90f., 232ff., 238, 319, 323
Selektionsdruck 53f., 87, 99, 102
Serotonin 231
Sex(ualakt) 42, 50f., 84–103, 119, 195f., 221, 228, 302, 319, 353
Sexismus 336, 362, 372
Shanghai Institute for Biological Sciences 126
Sichelzellenanämie 52ff., 89, 103
Singvögel 205, 217, 234
SNP *(Single Nucleotide Polymorphism)* 117f., 120, 124, 127, 129, 154, 279ff.
SOX9-Gen 185, 187
Sozialdarwinismus 101f.
Soziobiologie 158
Spermatogonia (Ursamenzellen) 96
Spermien(zellen) 42f., 92, 133ff., 143, 154, 159, 160, 183, 201, 208, 216–227, 248, siehe auch Samenzellen
Spermienkonkurrenz 218f., 221, 223ff.
SRY-Gen *(Sex Determining Region of Y)* 149, 154, 156, 162, 172ff., 181–189, 323ff.
Stammzellen 96, 136, 145f.
Standardabweichung 56, 70f., 261, 262, 271f., 287f., 317f., 322, 330f., 340ff.
Statistik 18
Strategie, evolutionäre 85, 89, 92f., 98
Superfekundation (Überschwängerung) 160

TDF (*Testis Determining Factor*/ hodendeterminierender Faktor) 154, 181, 183
Testosteron 149f., 172ff., 181f., 185, 188, 197, 207, 231, 247, 249, 301, 304f., 311f., 324ff., 332, 344
T(hymin) 23, 25f., 28, 31ff., 35f., 110f., 136, 279, 310
Titin-Gen 111
Transgender 324, 348ff., 358
Transkriptionsfaktoren (Kontrollgene) 180, 187
Translokation 183
Transsexualität 169, 291, 347ff., 356
Triple-X-Syndrom 182
Trivers-Willard-Prinzip 206
Tumore 37f., 98
Turner-Syndrom 152, 179f.

Umwelteinflüsse 25, 28, 38, 52, 57ff., 62f., 66ff., 72, 75ff., 82, 86ff., 98, 126, 135, 167, 186f., 192, 206, 223, 262, 264f., 267ff., 273, 275ff., 289, 291, 294f., 301, 304, 307, 313, 317, 361
Unabhängigkeitsregel (3. Mendel'sche Regel) 49f.
Uniformitätsregel (1. Mendel'sche Regel) 43
University of California, Berkeley 27, 270, 345, 356
University of California, Los Angeles 185, 294, 348
Urin 33f., 36, 58, 245f.

Vagina 171, 173f., 182, 188, 191
Valin 34, 53
Variation, genetische 19, 26, 29f., 44, 54f., 58ff., 62, 64, 68, 72, 85, 87ff., 119f., 122, 127, 139, 157, 160, 163, 199, 202, 205, 222, 232, 245, 275, 278, 299, 301, 319

Vasopressin 228f.
Vererbung 19, 22, 39f., 45f., 48f., 55f., 97, 163, 208, 263, 300
Viren 35, 92, 98, 105
Vitamin A 77, 269
Vitamin B12 335
Vitamin D 77

Wasserflöhe 88, 92f.
Weltkrieg
 –, Erster 75, 81, 200f., 338
 –, Zweiter 51f., 75, 205, 270
Wikinger 121
Wildtypen 36f.
Wissenschaftsfeindlichkeit 18, 260

XIST-Gen 141, 145
xq28-Region 298f.
XX-Individuen 138, 156, 168, 170, 173f., 177, 183f., 324
XY-Individuen 138, 149, 168, 170, 172, 177, 182ff., 189, 324
XYY-Individuen 158f.

Yoruba (Volk) 212

Zapfenzellen 150
Zellteilung 25f., 94, 119, 132, 142f., 247, 310
Zelltypen 25, 113, 188, 311
Züchtungsexperimente 64f., 65
Zwillinge
 –, eineiige 13, 60f., 63, 68, 213, 275f., 304, 353
 –, zweieiige 60ff., 63, 68, 70, 160, 213
Zwillingsstudien 61, 79, 248, 263, 267, 273f., 276, 279, 283f., 296, 300f., 315, 349
Zygote 25, 61, 94

Bildnachweis

Illustrationen:

Peter Palm (25, 44, 48, 56, 65, 67, 95, 121, 123, 175, 195, 203, 261, 262, 266, 272, 274, 286, 288, 343, 365)

Tabellen:

115, 116: University of Houston/Dan Grauer

Fotos:

Bundesarchiv Koblenz: 171 (Bild 183-C10379)
Ulric Collette: 128
Karls-Universität, Prag: 250
Elsevier: 142 (Hao Wu/Jeremy Nathans/Cell Press/Elsevier Inc., 2014)
Facebook.com: 347
Getty Images, München: 243 (Jonathan Nackstrand)
Patrick Hardin: 99
T.C. Hsu, 1979: 108
John F. Kennedy Presidential Library and Museum, Boston/MA: 338, 339
TopicMedia, Putzbrunn: 243 (Dani Jeske)
Parabon-NanoLabs, Inc.: 125
Peter Claes/Catholic University Leuven und Marc Shriver/Penn State University: 129
Wikipedia: 240
Dr. Bob Willingham, FRPS: 244 r., 244 li.